D1703121

ALLE·ZEIT·WACH
1842

V. I. Arnol'd

Gewöhnliche Differentialgleichungen

Mit 259 Abbildungen

Springer-Verlag
Berlin Heidelberg New York 1980

Vladimir Igorevič Arnol'd
Staatliche Lomonosov-Universität Moskau
Moskau, Leninberge

Übersetzung aus dem Russischen: Brigitte Mai

Titel der russischen Originalausgabe:
„Obyknovennye differencial'nye uravnenija", izg. 2,

Lizenzausgabe für den Springer-Verlag Berlin Heidelberg New York,
Vertrieb in allen nicht-sozialistischen Ländern

AMS Subject Classification (1970): 34-01

ISBN 3-540-09216-1 Springer-Verlag Berlin Heidelberg New York
ISBN 0-387-09216-1 Springer-Verlag New York Heidelberg Berlin

Printed in the German Democratic Republic

Vorwort zur russischen Ausgabe

Bei der Auswahl des Materials für dieses Buch war ich bestrebt, mich streng auf das notwendige Mindestmaß zu beschränken. Den zentralen Platz nehmen zwei Fragenkomplexe ein: der Satz über die Begradigung eines Vektorfeldes (der den gewöhnlichen Sätzen von der Existenz, der Eindeutigkeit und der Differenzierbarkeit der Lösungen äquivalent ist) und die Theorie der einparametrigen Gruppen linearer Transformationen (d. h. die Theorie der linearen autonomen Systeme). Es wurde vermieden, auf einige spezielle Fragen einzugehen, die im allgemeinen in Vorlesungen über gewöhnliche Differentialgleichungen behandelt werden (elementare Integrationsverfahren; Gleichungen, die nicht nach der Ableitung auflösbar sind; singuläre Lösungen; die Sturm-Liouvillesche Theorie; partielle Differentialgleichungen erster Ordnung). Ein Teil dieser Themen läßt sich besser in Übungen behandeln; dagegen sollten die letzten Themen, ihrem Charakter entsprechend, in das Programm von Vorlesungen über partielle Differentialgleichungen oder Variationsrechnung aufgenommen werden.

Ausführlicher, als dies im allgemeinen üblich ist, wird in diesem Buch auf Anwendungen der gewöhnlichen Differentialgleichungen in der Mechanik eingegangen. Der Bewegungsgleichung des Pendels begegnet man schon auf einer der ersten Seiten; an ihrem Beispiel wird im folgenden die Effektivität der eingeführten Begriffe und Methoden jedesmal nachgeprüft. So erscheint in dem Abschnitt über erste Integrale der Energieerhaltungssatz, aus dem Satz von der Differenzierbarkeit nach dem Parameter wird die „Methode des kleinen Parameters“ erschlossen, und die Theorie der linearen Differentialgleichungen mit periodischen Koeffizienten führt auf natürliche Weise zum Studium der Schaukel (Parameterresonanz).

Die Darlegung vieler Probleme unterscheidet sich wesentlich von der traditionell üblichen Art. Ich war stets bemüht, die geometrische, qualitative Seite der zu betrachtenden Erscheinungen hervorzuheben. In Übereinstimmung damit gibt es in diesem Buch viele Zeichnungen und keine komplizierten Formeln. Dafür treten zahlreiche fundamentale Begriffe hervor, die bei der klassischen Koordinatenschreibweise im Verborgenen bleiben (Phasenraum und Phasenströme, glatte Mannigfaltigkeiten und Faserbündel, Vektorfelder und einparametrige Gruppen von Diffeomorphismen). Diese Vorlesungen würden bedeutend kürzer sein, könnte man diese Begriffe als bekannt voraussetzen. Aber leider werden diese Fragen gegenwärtig weder in Analysis- noch in Geometrievorlesungen behandelt. Daher war es mein Anliegen, diese Thematik detaillierter darzulegen, ohne vom Leser Vorkenntnisse zu verlangen, die über den Rahmen der klassischen Standardvorlesungen über Analysis oder lineare Algebra hinausgehen.

Grundlage zu diesem Buch waren die Vorlesungen, die ich in den Studienjahren 1968/69 und 1969/70 vor Studenten des zweiten Studienjahres an der Moskauer Lomonossow-Universität hielt. Bei der Vorbereitung zur Drucklegung des Buches wurde ich von R. I. Bogdanov tatkräftig unterstützt. Ihm und allen meinen Hörern und Kollegen, die mir ihre Bemerkungen zu den Vorlesungsskripten (Staatliche Moskauer Universität 1969) mitteilten, gilt mein Dank. Ferner möchte ich D. V. Anosov und S. G. Krejn meinen Dank für die aufmerksame Durchsicht des Manuskripts aussprechen.

1971 V. Arnol'd

Inhalt

1. **Grundbegriffe** 9

1.1. Phasenräume und Phasenflüsse 9
1.2. Vektorfelder auf einer Geraden 19
1.3. Phasenflüsse auf einer Geraden 26
1.4. Beispiele für Vektorfelder und Phasenflüsse auf einer Ebene 31
1.5. Nichtautonome Differentialgleichungen 35
1.6. Tangentialräume 40

2. **Grundlegende Sätze** 54

2.1. Das Vektorfeld in der Umgebung eines nichtsingulären Punktes 54
2.2. Anwendungen auf den nichtautonomen Fall 62
2.3. Anwendungen auf Gleichungen höherer als erster Ordnung 65
2.4. Phasenkurven eines autonomen Systems 73
2.5. Ableitung längs eines Vektorfeldes. Erste Integrale 77
2.6. Das konservative System mit einem Freiheitsgrad 84

3. **Lineare Systeme** 99

3.1. Lineare Probleme 99
3.2. Die Exponentialfunktion 102
3.3. Eigenschaften der Exponentialfunktion 109
3.4. Die Determinante der Exponentialfunktion 115
3.5. Praktische Berechnung der Matrix der Exponentialfunktion. Der Fall reeller und voneinander verschiedener Eigenwerte 120
3.6. Komplexifizierung und Reellifizierung 123
3.7. Die lineare Gleichung mit komplexem Phasenraum 128
3.8. Komplexifizierung der reellen linearen Gleichung 133
3.9. Klassifizierung der singulären Punkte linearer Systeme 142
3.10. Topologische Klassifizierung der singulären Punkte 147
3.11. Stabilität der Gleichgewichtslagen 157
3.12. Der Fall rein imaginärer Eigenwerte 162
3.13. Der Fall mehrfacher Eigenwerte 168
3.14. Quasipolynome 177

3.15. Lineare nichtautonome Gleichungen 189
3.16. Lineare Gleichungen mit periodischen Koeffizienten 199
3.17. Variation der Konstanten 207

4. Beweise der grundlegenden Sätze 210

4.1. Kontrahierende Abbildungen 210
4.2. Beweis des Existenzsatzes und des Satzes über die stetige Abhängigkeit von den Anfangsbedingungen 212
4.3. Satz von der Differenzierbarkeit. 222

5. Differentialgleichungen auf Mannigfaltigkeiten 232

5.1. Differenzierbare Mannigfaltigkeiten 232
5.2. Tangentialbündel. Vektorfelder auf einer Mannigfaltigkeit 242
5.3. Der durch ein Vektorfeld definierte Phasenfluß 248
5.4. Indexe der singulären Punkte eines Vektorfeldes 252

Prüfungsprogramm 267

Beispiele für Prüfungsaufgaben 268

Einige häufig benutzte Bezeichnungen 270

Sachverzeichnis 271

1. Grundbegriffe

1.1. Phasenräume und Phasenflüsse

Die Theorie der gewöhnlichen Differentialgleichungen ist eines der Hauptinstrumente der Mathematik. Sie gestattet, alle möglichen Entwicklungsprozesse zu untersuchen, die *determiniert, endlichdimensional* und *differenzierbar* sind. Bevor wir sie exakt mathematisch definieren, wollen wir einige Beispiele betrachten.

1.1.1. Beispiele für Entwicklungsprozesse. Ein Prozeß heißt *determiniert,* wenn sein gesamter Ablauf in Vergangenheit und Zukunft durch den Zustand zum gegenwärtigen Zeitpunkt eindeutig bestimmt ist. Die Menge aller möglichen Zustände des Prozesses wird der *Phasenraum* genannt.

So betrachtet z. B. die klassische Mechanik die Bewegung von Systemen, deren Zukunft und deren Vergangenheit durch die Anfangslagen und Anfangsgeschwindigkeiten aller Punkte des jeweiligen Systems eindeutig bestimmt sind. Der Phasenraum eines mechanischen Systems ist diejenige Menge, in der sich jedes Element aus den Lagen und Geschwindigkeiten aller Punkte des gegebenen Systems zusammensetzt.

Die Teilchenbewegung in der Quantenmechanik läßt sich nicht durch einen determinierten Prozeß beschreiben. Die Wärmeausbreitung ist ein halbdeterminierter Prozeß: Die Zukunft ist durch die Gegenwart bestimmt, die Vergangenheit dagegen nicht.

Ein Prozeß heißt *endlichdimensional,* wenn sein Phasenraum diese Eigenschaft besitzt, d. h., wenn die Anzahl der Parameter, die zur Beschreibung seines Zustands benötigt werden, endlich ist.

Die Newtonsche Mechanik eines Systems endlich vieler Massenpunkte oder fester Körper bezieht sich z. B. auf diese Klasse von Prozessen. Die Dimension des Phasenraumes eines Systems von n Massenpunkten ist gleich $6n$, eines Systems von n festen Körpern gleich $12n$. Die in der Hydrodynamik untersuchten Bewegungen einer Flüssigkeit, die Schwingungen einer Saite und einer Membran, die in Optik und Akustik untersuchte Ausbreitung von Wellen sind Beispiele für Prozesse, die sich nicht mit Hilfe eines endlichdimensionalen Phasenraumes beschreiben lassen.

Ein Prozeß heißt *differenzierbar,* wenn sein Phasenraum mit einer Struktur einer differenzierbaren Mannigfaltigkeit versehen ist und die Änderung des Zustands in

Abhängigkeit von der Zeit durch differenzierbare Funktionen beschrieben werden kann.

Die Koordinaten und die Geschwindigkeiten der Punkte eines mechanischen Systems sind z. B. nach der Zeit differenzierbar. Die in der Stoßtheorie auftretenden Bewegungen besitzen dagegen die Eigenschaft der Differenzierbarkeit nicht.

Somit kann in der klassischen Mechanik die Bewegung eines Systems mit Hilfe gewöhnlicher Differentialgleichungen beschrieben werden, während in der Quantenmechanik, der Theorie der Wärmeleitung, der Hydrodynamik, der Elastizitätstheorie, der Optik, der Akustik und der Stoßtheorie andere Hilfsmittel erforderlich sind.

Zwei weitere Beispiele für determinierte, endlichdimensionale und differenzierbare Prozesse sind der radioaktive Zerfall und die Vermehrung von Bakterien bei ausreichend vorhandener Nährsubstanz. In beiden Fällen ist der Phasenraum eindimensional, denn der Zustand, in dem sich der Prozeß befindet, wird allein durch die Menge des radioaktiven Materials bzw. durch die Menge der Bakterien bestimmt. Jeder dieser beiden Prozesse läßt sich durch eine gewöhnliche Differentialgleichung beschreiben.

Die Form der Differentialgleichung eines Prozesses und ebenfalls die Tatsache, daß ein Prozeß determiniert, endlichdimensional und differenzierbar ist, lassen sich nur experimentell feststellen, haben also infolgedessen nur einen gewissen Genauigkeitsgrad. Im folgenden werden wir diesen Umstand nicht jedesmal betonen, sondern die realen Prozesse so behandeln, als würden sie mit unseren idealisierten mathematischen Modellen übereinstimmen.

1.1.2. Phasenflüsse. Die exakte Formulierung der soeben dargelegten allgemeinen Prinzipien erfordert hinreichend abstrakte Begriffe: den des *Phasenraumes* und den des *Phasenflusses*. Um uns mit diesen Begriffen vertraut zu machen, betrachten wir ein Beispiel, bei dem schon allein die Einführung des Phasenraumes die Lösung des schwierigen Problems gestattet.

Aufgabe 1 (N. N. Konstantinov). Von der Stadt A nach der Stadt B führen zwei sich nicht schneidende Straßen (Abb. 1). Auf jeder dieser beiden Straßen fährt ein Auto von A nach B. Diese beiden Autos sind durch eine Leine der Länge $< 2l$

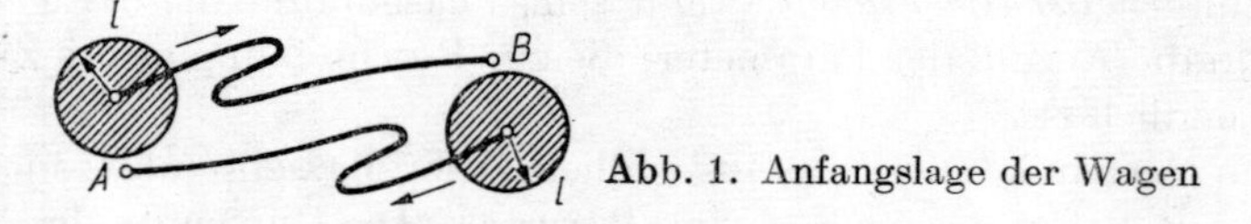

Abb. 1. Anfangslage der Wagen

verbunden, und die Straßenführung soll so verlaufen, daß die Autos von A nach B gelangen, ohne die Leine zu zerreißen. Kann man nun zwei kreisförmige Wagen vom Radius l, deren Mittelpunkte sich auf diesen Straßen bewegen, nachdem sie von A bzw. B gestartet sind, so fahren, daß die Wagen nicht zusammenstoßen?

Lösung. Wir betrachten das Quadrat

$$M = \{x_1, x_2 : 0 \leqq x_i \leqq 1\} \qquad (i = 1, 2);$$

vgl. Abb. 2. Die Lage der beiden Wagen (der eine auf der ersten, der andere auf der zweiten Straße) läßt sich durch einen Punkt des Quadrats M charakterisieren: Es genügt, den Abstand zwischen A und dem auf dem i-ten Weg befindlichen Wagen mit x_i zu bezeichnen. Den möglichen Lagen der beiden Wagen entsprechen dann alle möglichen Punkte des Quadrats M. Dieses Quadrat nennen wir *Phasenraum*,

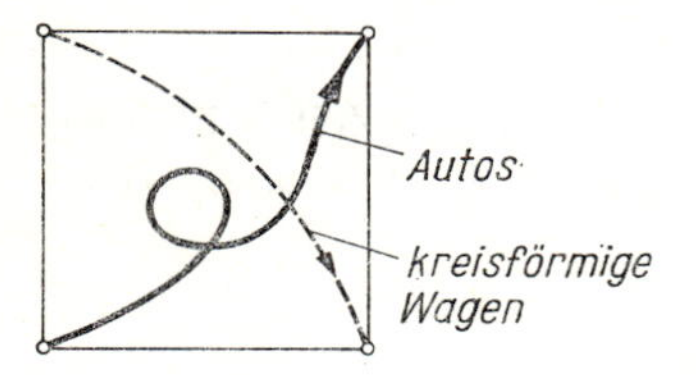

Abb. 2. Phasenraum der Autos und der Wagen

seine Punkte *Phasenpunkte*. Somit entspricht jeder Phasenpunkt einer bestimmten Lage des Wagenpaares, und jede Bewegung der Wagen läßt sich mit Hilfe der Bewegung eines Phasenpunktes im Phasenraum darstellen.

Die Anfangslage der Autos (in der Stadt A) entspricht z. B. dem linken unteren Eckpunkt des Quadrats ($x_1 = x_2 = 0$), und die Bewegung der Autos von A nach B wird durch die Kurve ausgedrückt, die in den diametral gegenüberliegenden Eckpunkt des Quadrats führt.

Analog entspricht die Anfangslage der Wagen dem linken oberen Eckpunkt des Quadrats ($x_1 = 0$, $x_2 = 1$), und die Bewegung der Wagen wird durch die Kurve charakterisiert, die in den diametral gegenüberliegenden Eckpunkt des Quadrats führt.

Nun schneiden sich in einem Quadrat je zwei Kurven, die die verschiedenen Paare diametral gegenüberliegender Eckpunkte verbinden. Daher tritt, unabhängig von der Bewegung der beiden Wagen, der Augenblick ein, daß das Wagenpaar eine Lage einnimmt, in der zu einem bestimmten Zeitpunkt das Autopaar gewesen ist. In diesem Moment ist der Abstand zwischen den Mittelpunkten der Wagen kleiner als $2l$. Damit ist klar, daß es den beiden Wagen nicht gelingen kann, aneinander vorbeizufahren, ohne zusammenzustoßen.

In dem betrachteten Beispiel traten zwar keine Differentialgleichungen auf, aber die Überlegungen sind denen ähnlich, mit denen wir uns im folgenden beschäftigen werden: Die Beschreibung der Zustände eines Prozesses als Punkte eines geeigneten Phasenraumes erweist sich oft als überaus nützlich.

Wir kehren nun zu den Begriffen der Determiniertheit, der endlichen Dimension und der Differenzierbarkeit eines Prozesses zurück.

Als mathematisches Modell für einen determinierten Prozeß kann man den *Phasenfluß* benutzen. Intuitiv läßt sich der Phasenfluß folgendermaßen beschreiben.

Es sei M der Phasenraum des Prozesses und $x \in M$ ein beliebiger Anfangszustand. Den Zustand des Prozesses im Moment t beim Anfangszustand x bezeichnen wir mit $g^t x$. Wir haben damit für jedes reelle t eine Abbildung

$$g^t\colon M \to M$$

des Phasenraumes auf sich definiert. Diese Abbildung g^t nennen wir *Abbildung nach der Zeit* t; sie führt jeden Zustand $x \in M$ in einen neuen Zustand $g^t x \in M$ über. Beispielsweise ist g^0 die identische Abbildung, die jeden Punkt aus M auf seinem Platz läßt.

Ferner ist

$$g^{t+s} = g^t g^s,$$

da der Zustand $y = g^s x$ (vgl. Abb. 3), in den x nach der Zeit s übergegangen ist, nach Ablauf der Zeit t derselbe Zustand $z = g^t y$ ist, in dem sich x nach der Zeit $t + s$ befindet, d. h., es ist $g^{t+s} x = z$.

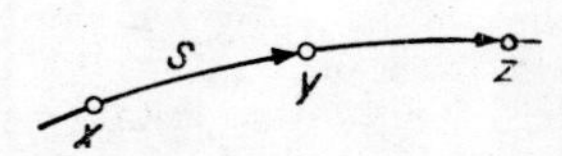

Abb. 3. Änderung des Zustands eines Prozesses im Laufe der Zeit

Wir halten nun den Phasenpunkt $x \in M$, den Anfangszustand des Prozesses, fest. Der Zustand des Prozesses ändert sich mit der Zeit, und der Punkt x beschreibt im Phasenraum M eine gewisse *Phasenkurve* $\{g^t x : t \in \boldsymbol{R}\}$; dabei ist $\boldsymbol{R}$ der Körper der reellen Zahlen. Die Abbildung g^t nach der Zeit t bildet einen *Phasenfluß*, und jeder Phasenpunkt bewegt sich auf seiner Phasenkurve.

Wir gehen nun zu den exakten mathematischen Definitionen über. Mit M bezeichnen wir eine beliebige Menge.

Definition. Die Familie $\{g^t\}$ der mit Hilfe der Menge aller reellen Zahlen ($t \in \boldsymbol{R}$) indizierten Abbildungen von M in sich heißt *einparametrige Gruppe von Transformationen*, wenn für alle $s, t \in \boldsymbol{R}$ die Beziehung

$$g^{t+s} = g^t g^s \tag{1}$$

gilt und g^0 die identische Abbildung ist, die jeden Punkt auf seinem Platz läßt.

Aufgabe 2. Man zeige, daß eine einparametrige Gruppe von Transformationen kommutativ und jede Abbildung $g^t \colon M \to M$ bijektiv ist.

Definition. Das Paar, das sich aus der Menge M und einer einparametrigen Gruppe $\{g^t\}$ von Transformationen von M zusammensetzt, nennen wir den *Phasenfluß* $(M, \{g^t\})$. Die Menge M heißt der *Phasenraum* des Flusses, und ihre Elemente sind die *Phasenpunkte*.

Es sei $x \in M$ ein beliebiger Phasenpunkt. Wir wollen nun die Abbildung

$$\varphi \colon \boldsymbol{R} \to M, \qquad \varphi(t) = g^t x, \tag{2}$$

betrachten.

Definition. Die Abbildung (2) der reellen Achse auf den Phasenraum (Abb. 4) heißt die *Bewegung* des Punktes x unter der Wirkung des Flusses $(M, \{g^t\})$.

Definition. Das Bild der Abbildung (2) heißt *Phasenkurve* (auch *Bahnkurve*, *Trajektorie* oder *Orbit*) des Flusses $(M, \{g^t\})$.

Somit ist eine Phasenkurve eine Teilmenge des Phasenraumes (Abb. 5).

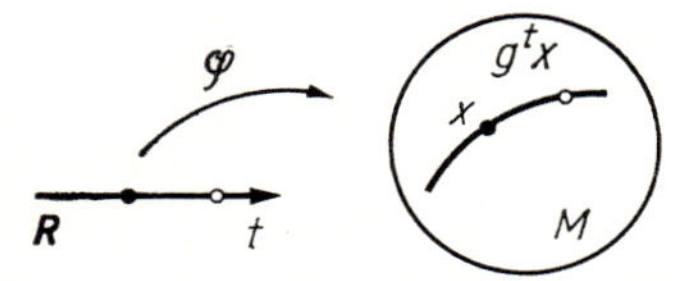

Abb. 4. Bewegung eines Phasenpunktes im Phasenraum M

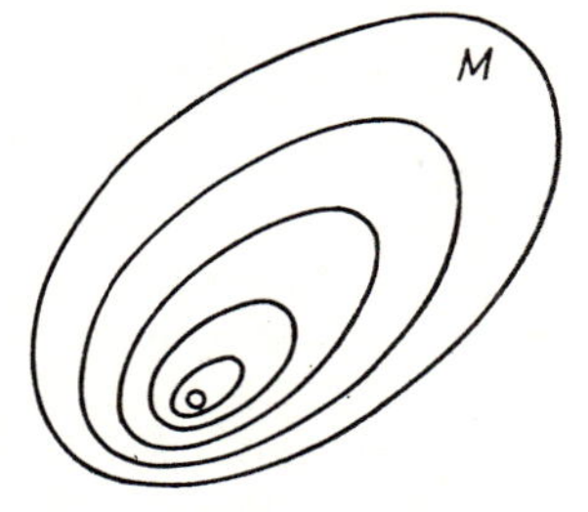

Abb. 5. Phasenkurven

Aufgabe 3. Man beweise, daß durch jeden Punkt des Phasenraumes genau eine Phasenkurve geht.

Definition. Denjenigen Phasenpunkt $x \in M$, der gleichzeitig Phasenkurve ist, d. h. für den

$$g^t x = x \qquad \text{für alle } t \in \boldsymbol{R}$$

gilt, nennen wir *Gleichgewichtslage* oder *Fixpunkt* des Flusses $(M, \{g^t\})$.

Mit dem Graphen der Abbildung φ sind die Begriffe des *erweiterten Phasenraumes* und der *Integralkurve* verknüpft. Wir erinnern daran, daß man unter dem *direkten Produkt* $A \times B$ zweier Mengen A, B die Menge der geordneten Paare (a, b) mit $a \in A$, $b \in B$ versteht. Dann ist diejenige Teilmenge des direkten Produkts $A \times B$, die aus allen Punkten $(a, f(a))$ mit $a \in A$ und $f\colon A \to B$ besteht, der *Graph* der Abbildung f.

Definition. Das direkte Produkt $\boldsymbol{R} \times M$ der reellen t-Achse mit dem Phasenraum M nennen wir den *erweiterten Phasenraum* des Flusses $(M, \{g^t\})$. Der Graph der Bewegung (2) ist die *Integralkurve* des Flusses $(M, \{g^t\})$; vgl. Abb. 6.

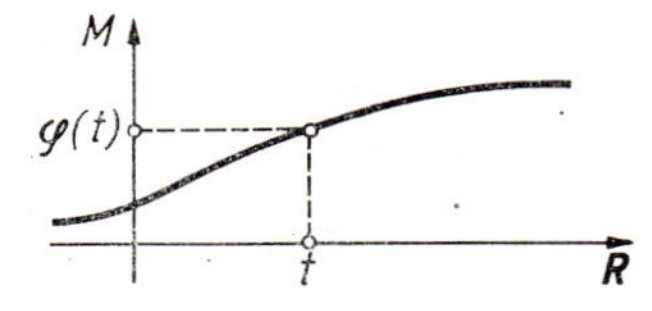

Abb. 6. Integralkurve im erweiterten Phasenraum

Aufgabe 4. Man zeige, daß durch jeden Punkt des erweiterten Phasenraumes genau eine Integralkurve geht.

Aufgabe 5. Man zeige, daß die horizontale Gerade $\boldsymbol{R} \times x$, $x \in M$, genau dann eine Integralkurve ist, wenn x Gleichgewichtslage ist.

Aufgabe 6. Man beweise, daß die durch

$$h^s\colon (\boldsymbol{R} \times M) \to (\boldsymbol{R} \times M), \qquad h^s(t, x) = (t + s, x)$$

definierte Verschiebung des erweiterten Phasenraumes längs der Zeitachse Integralkurven in Integralkurven überführt.

1.1.3. Diffeomorphismen. Die eben angegebenen Definitionen formalisieren den Begriff des determinierten Prozesses. Die Formalisierung der Bedingungen für die Endlichkeit der Dimension und für die Differenzierbarkeit besteht darin, daß der Phasenraum eine *endlichdimensionale differenzierbare Mannigfaltigkeit* und der Phasenfluß eine *einparametrige Gruppe von Diffeomorphismen* dieser Mannigfaltigkeit sein muß.

Wir wollen nun die Bedeutung dieser beiden Termini erklären. Beispiele für differenzierbare Mannigfaltigkeiten sind die euklidischen Räume, deren offene Mengen, die Kreislinie, die Sphären, der Torus. Die allgemeine Definition heben wir uns für Kapitel 5 auf. Bis dahin nehmen wir an, daß wir es mit einem offenen Gebiet eines euklidischen Raumes zu tun haben.

Unter einer *differenzierbaren Funktion* $f\colon U \to \boldsymbol{R}$, die in einem Gebiet U des n-dimensionalen euklidischen Raumes $\boldsymbol{R}^n$ mit den Koordinaten $x_1, \ldots, x_n$ gegeben ist, verstehen wir eine r-mal ($1 \leqq r \leqq \infty$) stetig differenzierbare Funktion $f(x_1, \ldots, x_n)$. In der Mehrzahl der Fälle interessiert uns der genaue Wert von r nicht, und wir erwähnen ihn nicht besonders. Ist seine Kenntnis erforderlich, so werden wir von *r-Differenzierbarkeit* oder von einer *Funktion der Klasse C^r* sprechen.

Wir nennen eine durch differenzierbare Funktionen $y_i = f_i(x_1, \ldots, x_n)$ gegebene Abbildung eine *differenzierbare Abbildung* eines Gebietes U des n-dimensionalen euklidischen Raumes $\boldsymbol{R}^n$ mit den Koordinaten $x_1, \ldots, x_n$ in das Gebiet V des m-dimensionalen euklidischen Raumes $\boldsymbol{R}^m$ mit den Koordinaten $y_1, \ldots, y_m$ und schreiben $f\colon U \to V$. Das bedeutet: Sind die $y_i\colon V \to \boldsymbol{R}$ Koordinaten in V, so sind die $y_i \circ f\colon U \to \boldsymbol{R}$ differenzierbare Funktionen in U ($1 \leqq i \leqq m$).

Diejenige bijektive Abbildung $f\colon U \to V$, die nebst ihrer Inversen $f^{-1}\colon V \to U$ differenzierbar ist, heißt *Diffeomorphismus*.

Aufgabe 1. Man untersuche, welche der folgenden Funktionen einen Diffeomorphismus $f\colon \boldsymbol{R} \to \boldsymbol{R}$ einer Geraden auf eine Gerade angibt:

$$f(x) = 2x,\ x^2,\ x^3,\ e^x,\ e^x + x.$$

Aufgabe 2. Man zeige: Ist $f\colon U \to V$ ein Diffeomorphismus, so sind die Dimensionen der euklidischen Räume, in denen die Gebiete U bzw. V liegen, einander gleich.

Hinweis. Man benutze den Satz über implizite Funktionen.

Definition. Unter einer *einparametrigen Gruppe* $\{g^t\}$ *von Diffeomorphismen* der Mannigfaltigkeit[1]) M versteht man die durch

$$g\colon \boldsymbol{R} \times M \to M, \qquad g(t, x) = g^t x, \qquad t \in \boldsymbol{R}, \quad x \in M,$$

gegebene Abbildung des direkten Produkts $\boldsymbol{R} \times M$ in die Mannigfaltigkeit M derart, daß

a) g eine differenzierbare Abbildung ist,

b) die Abbildung $g^t\colon M \to M$ für jedes $t \in \boldsymbol{R}$ ein Diffeomorphismus ist,

---

[1]) Man kann annehmen, daß es sich um ein Gebiet M in einem euklidischen Raum handelt.

c) die Familie $\{g^t : t \in \boldsymbol{R}\}$ eine einparametrige Gruppe von Transformationen von M ist.

Beispiel. $M = \boldsymbol{R}, \quad g^t x = x + vt \quad (v \in \boldsymbol{R})$.

Bemerkung. Die Eigenschaft b) ergibt sich aus den Eigenschaften a) und c). (Warum?)

1.1.4. Vektorfelder. Es sei $(M, \{g^t\})$ derjenige Phasenfluß, der durch eine einparametrige Gruppe von Diffeomorphismen der in einem euklidischen Raum liegenden Mannigfaltigkeit M gegeben ist.

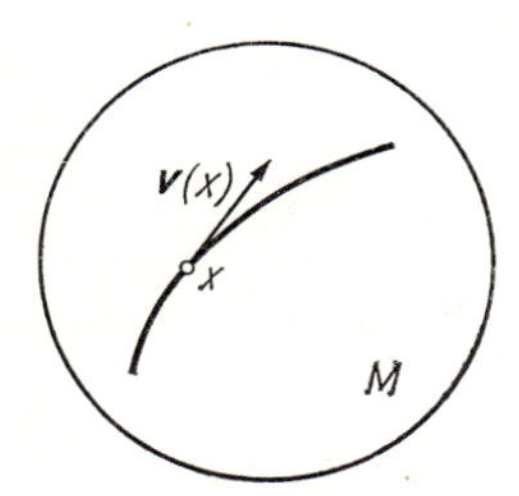

Abb. 7. Vektor der Phasengeschwindigkeit

Definition. Die *Phasengeschwindigkeit* $\boldsymbol{v}(x)$ des Flusses $(M, \{g^t\})$ im Punkt $x \in M$ (Abb. 7) wird durch den Geschwindigkeitsvektor für die Bewegung des Phasenpunktes dargestellt:

$$\left.\frac{d}{dt}\right|_{t=0} g^t x = \boldsymbol{v}(x). \tag{3}$$

Die linke Seite von (3) werden wir manchmal auch mit $\dot{x}$ bezeichnen.

Es sei erwähnt, daß eine Bewegung eine differenzierbare Abbildung in das Gebiet eines euklidischen Raumes ist, so daß die Abbildung definiert ist.

Aufgabe 1. Man beweise die Beziehung

$$\left.\frac{d}{dt}\right|_{t=\tau} g^t x = \boldsymbol{v}(g^\tau x),$$

d. h., der Geschwindigkeitsvektor für die Bewegung eines Phasenpunktes ist in jedem Moment gleich dem Vektor der Phasengeschwindigkeit an derjenigen Stelle des Phasenraumes, an der sich der bewegte Punkt in dem betrachteten Moment befindet.

Hinweis. Vgl. (1). Die Lösung wird in 1.3.2. angegeben.

Sind $x_1, \ldots, x_n$ Koordinaten im euklidischen Raum, $x_i : M \to \boldsymbol{R}$, so ist der Geschwindigkeitsvektor $\boldsymbol{v}(x)$ durch n Funktionen $v_i : M \to \boldsymbol{R}$ $(i = 1, \ldots, m)$ gegeben die sogenannten *Komponenten des Geschwindigkeitsvektors*:

$$v_i(x) = \left.\frac{d}{dt}\right|_{t=0} x_i(g^t x).$$

Aufgabe 2. Man zeige, daß die v_i Funktionen der Klasse C^{r-1} sind, wenn die einparametrige Gruppe $g : \boldsymbol{R} \times M \to M$ zur Klasse C^r gehört.

Es sei M wieder ein Gebiet eines mit den Koordinaten $x_1, \ldots, x_n$ versehenen euklidischen Raumes ($x_i: M \to \boldsymbol{R}$).

Definition. Das *Vektorfeld* $\boldsymbol{v}$ auf M ordnet jedem Punkt $x \in M$ den von diesem Punkt ausgehenden Vektor $\boldsymbol{v}(x)$ zu. Im $x_1, \ldots, x_n$-Koordinatensystem wird das Vektorfeld durch n differenzierbare Funktionen $v_i: M \to \boldsymbol{R}$ gegeben.

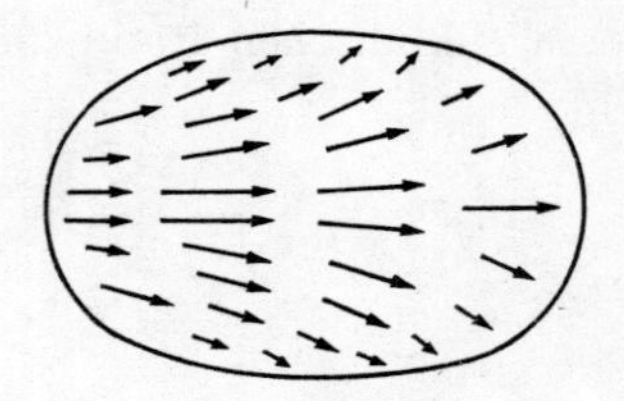

Abb. 8. Vektorfeld

Somit bilden die Vektoren der Phasengeschwindigkeit auf dem Phasenraum M das Vektorfeld $\boldsymbol{v}$ der Phasengeschwindigkeit (Abb. 8).

Aufgabe 3. Man beweise: Ist x Fixpunkt eines Phasenflusses, so ist $\boldsymbol{v}(x) = 0$.

Denjenigen Punkt des Vektorfeldes, in dem der Vektor gleich dem Nullvektor ist, nennen wir *singulären Punkt*[1]) des Vektorfeldes. Also sind die Gleichgewichtslagen des Phasenflusses die singulären Punkte des Feldes der Phasengeschwindigkeit. Auch die Umkehrung gilt, ist aber nicht so leicht zu beweisen.

1.1.5. Das Hauptproblem der Theorie der gewöhnlichen Differentialgleichungen. Das Hauptproblem dieser Theorie besteht in der Untersuchung der einparametrigen Gruppen von Diffeomorphismen der Mannigfaltigkeit M, der Vektorfelder auf M und des Zusammenhangs zwischen ihnen.

Wir haben schon gesehen, daß die Gruppe $\{g^t\}$ vermöge (3) ein Vektorfeld — das Feld $\boldsymbol{v}$ der Phasengeschwindigkeit — definiert. Umgekehrt wird durch das Vektorfeld $\boldsymbol{v}$ ein Phasenfluß eindeutig bestimmt (unter gewissen Bedingungen, die im folgenden präzisiert werden).

Ohne Benutzung von Formeln kann man sagen, daß das Vektorfeld der Phasengeschwindigkeit das *momentane Entwicklungsgesetz* des Prozesses ausdrückt und die Theorie der gewöhnlichen Differentialgleichungen — durch Kenntnis dieses Zustands — die vergangenen Zustände beschreiben und die zukünftigen voraussagen muß.

1.1.6. Beispiele für Vektorfelder.

Beispiel 1. Durch Experimente ist bekannt, daß *die Geschwindigkeit des radioaktiven Zerfalls proportional der Menge x der radioaktiven Substanz ist.* Hier ist der

[1]) In einem singulären Punkt haben die Komponenten des Feldes nicht etwa Singularitäten; sie sind stetig differenzierbar. Der Name „singulärer Punkt" kann dadurch erklärt werden, daß sich in einer Umgebung dieses Punktes die Richtung der Feldvektoren im allgemeinen unstetig ändert.

Phasenraum die Halbgerade

$$M = \{x \colon x > 0\}$$

(Abb. 9). Die erwähnte, empirisch gefundene Tatsache bedeutet, daß

$$\dot{x} = -kx, \qquad \boldsymbol{v}(x) = -kx, \qquad k > 0, \tag{4}$$

ist, d. h., das Vektorfeld $\boldsymbol{v}$ auf der Halbgeraden zeigt in Richtung des Nullpunktes, und die Länge des Vektors der Phasengeschwindigkeit ist proportional x.

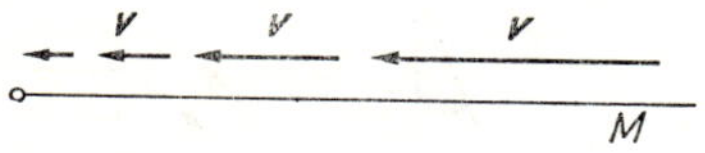

Abb. 9. Phasenraum beim radioaktiven Zerfall

Beispiel 2. Experimentell wurde festgestellt, daß *die Geschwindigkeit, mit der sich Bakterien vermehren, bei ausreichend vorhandener Nährsubstanz proportional der Anzahl x der Bakterien ist.*

Hier ist M ebenfalls die Halbgerade $x > 0$, das Vektorfeld unterscheidet sich jedoch von dem aus Beispiel 1 durch das Vorzeichen:

$$\dot{x} = kx, \qquad \boldsymbol{v}(x) = kx, \qquad k > 0. \tag{5}$$

Die Gleichung (5) entspricht einer Vermehrung, bei der das Wachstum proportional der vorhandenen Anzahl von Einzelwesen ist.

Beispiel 3. Man stelle sich eine Situation vor, bei der *das Wachstum proportional der Anzahl aller möglichen Paare ist*:

$$\dot{x} = kx^2, \qquad \boldsymbol{v}(x) = kx^2 \tag{6}$$

(diese Situation tritt eher in physikalisch-chemischen als in biologischen Problemen auf). Wir werden im folgenden sehen, welche katastrophalen Folgen eine zu schnelle Vermehrung hat, die dem Gesetz (6) folgt.

Beispiel 4. Der *freie Fall eines Massenpunktes* aus nicht zu großer Höhe auf die Erde wird durch das experimentell gefundene Galileische Fallgesetz beschrieben, welches besagt, daß die Beschleunigung dieser Fallbewegung konstant ist.

Hier ist der Phasenraum M die x_1, x_2-Ebene (x_1 Höhe, x_2 Geschwindigkeit), und das Fallgesetz läßt sich durch Formeln der Gestalt (3) ausdrücken:

$$\dot{x}_1 = x_2, \qquad \dot{x}_2 = -g; \tag{7}$$

dabei ist g die Erdbeschleunigung.

Das entsprechende Vektorfeld der Phasengeschwindigkeit besitzt die Komponenten $v_1 = x_2$, $v_2 = -g$ (Abb. 10).

Beispiel 5. Die *kleinen Schwingungen des ebenen Pendels* lassen sich durch eine zweidimensionale Phasenebene mit den Koordinaten x_1, x_2 beschreiben, wobei x_1 den Winkel der Auslenkung von der Vertikalen, x_2 die Winkelgeschwindigkeit und M eine Umgebung des Koordinatenursprungs bezeichnet.

In Übereinstimmung mit den Gesetzen der Mechanik ist die Geschwindigkeit proportional dem Winkel der Auslenkung:

$$\dot{x}_1 = x_2, \qquad \dot{x}_2 = -kx_1, \qquad k = g/l; \tag{8}$$

l ist die Länge des Pendels und g die Erdbeschleunigung. Das Vektorfeld der Phasengeschwindigkeit hat also die Komponenten $v_1 = x_2$, $v_2 = -kx_1$. Der Koordinatenursprung ist singulärer Punkt dieses Vektorfeldes (Abb. 11).

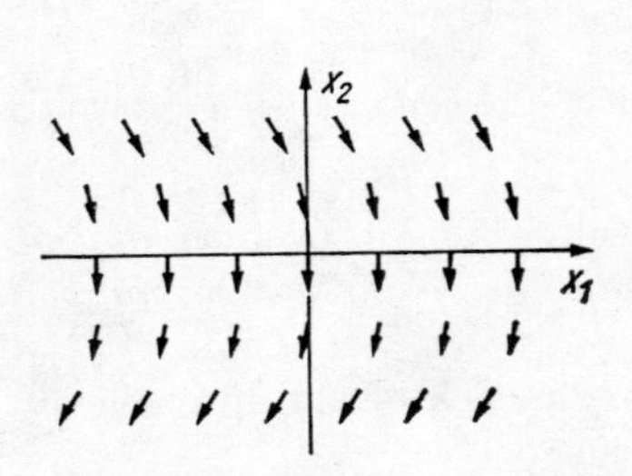

Abb. 10. Phasenebene beim freien Fall

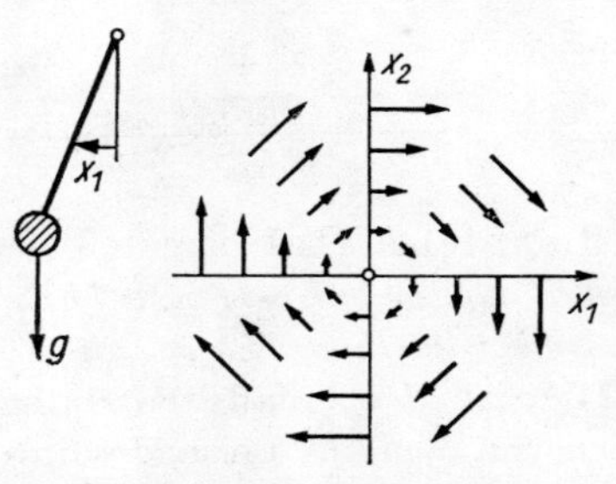

Abb. 11. Kleine Schwingungen eines Pendels

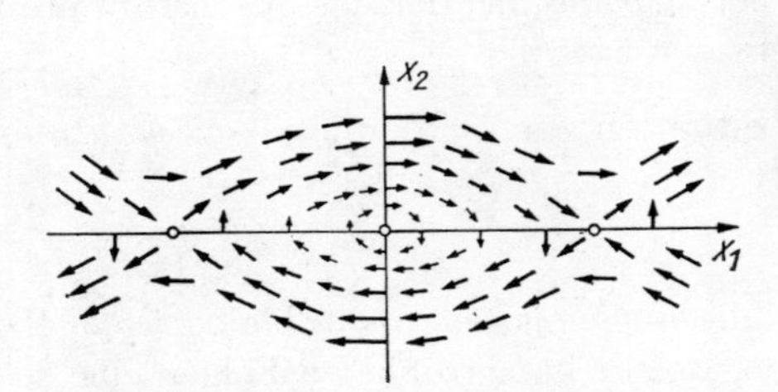

Abb. 12. Das Vektorfeld der Phasengeschwindigkeiten eines Pendels

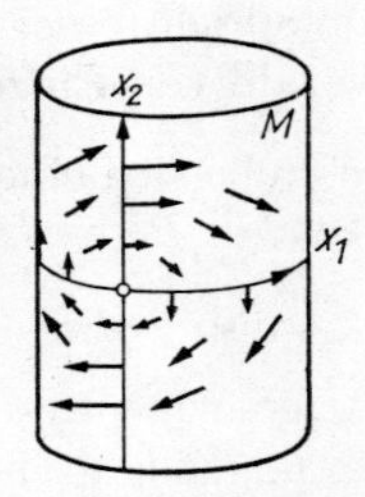

Abb. 13. Zylindrischer Phasenraum eines Pendels

Beispiel 6. Eine *genauere Beschreibung der (nicht unbedingt kleinen) Schwingungen eines Pendels* führt auf das Gesetz

$$\dot{x}_1 = x_2, \qquad \dot{x}_2 = -k \sin x_1. \tag{9}$$

Das entsprechende Vektorfeld in der Phasenebene mit den Koordinaten x_1, x_2 ist das Feld mit den Komponenten

$$v_1 = x_2, \qquad v_2 = -k \sin x_1$$

(Abb. 12). Die singulären Punkte sind $x_1 = m\pi$ $(m = 0, \pm 1, \pm 2, \ldots)$, $x_2 = 0$.

Als Phasenraum für das Pendel bietet sich statt der Ebene $\{(x_1, x_2)\}$ auf natürliche Weise die Zylinderfläche $\{(x_1 \bmod 2\pi, x_2)\}$ an, da sich das Pendel nach einer Änderung des Winkels x_1 um 2π im gleichen Zustand befindet. Das den Gleichungen (9) entsprechende Vektorfeld kann man sich auch auf einer Zylinderfläche gegeben denken (Abb. 13).

Aufgabe 1. Man zeichne die Phasenkurven für die Beispiele 4 und 5 und die Integralkurve für die Beispiele 1, 2 und 3.

1.2. Vektorfelder auf einer Geraden

Wir wollen zeigen, daß die Newton-Leibnizsche Formel (der Hauptsatz der Differential- und Integralrechnung) erlaubt, Differentialgleichungen, die durch Vektorfelder auf einer Geraden gegeben sind, durch Integration zu lösen. Zuvor definieren wir noch einige Begriffe, mit denen wir es im folgenden ständig zu tun haben werden.

1.2.1. Definition der Lösungen einer Differentialgleichung. Es sei U ein offenes Gebiet des n-dimensionalen euklidischen Raumes und $\boldsymbol{v}$ ein Vektorfeld auf U (Abb. 14).

Die Gleichung

$$\dot{x} = \boldsymbol{v}(x), \qquad x \in U, \tag{1}$$

ist die *durch das Vektorfeld* $\boldsymbol{v}$ *definierte Differentialgleichung*.[1] Das Gebiet U heißt *Phasenraum* der Gleichung (1).

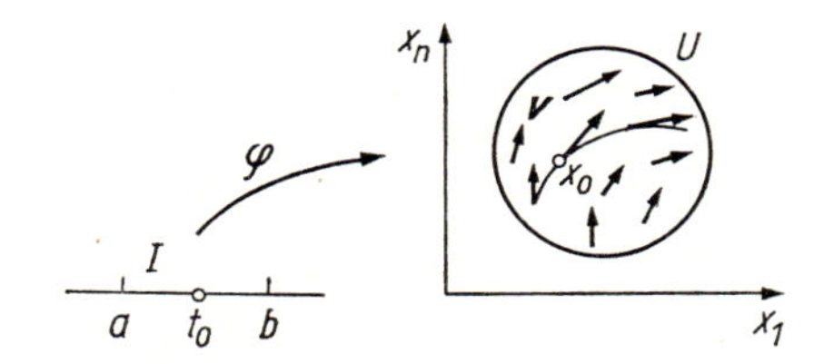

Abb. 14. Lösung der Differentialgleichung $\dot{x} = \boldsymbol{v}(x)$ unter der Anfangsbedingung $\varphi(t_0) = x_0$

Definition. Eine differenzierbare Abbildung $\varphi: I \to U$ des Intervalls $I = \{t \in \boldsymbol{R}: a < t < b\}$ der reellen t-Achse ($a = -\infty$ und $b = +\infty$ sind zugelassen) in den Phasenraum U heißt *Lösung* der Differentialgleichung (1), wenn für jedes $\tau \in \boldsymbol{I}$ die Beziehung

$$\left.\frac{d}{dt}\right|_{t=\tau} \varphi(t) = \boldsymbol{v}(\varphi(\tau))$$

erfüllt ist.

Mit anderen Worten: Bei Änderung von t muß sich der Punkt $\varphi(t)$ so in U bewegen, daß seine Geschwindigkeit in jedem Zeitpunkt $t = \tau$ gleich dem Vektor $\boldsymbol{v}(x)$ des Feldes $\boldsymbol{v}$ in demjenigen Punkt $x = \varphi(\tau)$ ist, in dem sich der sich bewegende Punkt in diesem Moment befindet.

[1] Oft wird gesagt, daß man unter einer Differentialgleichung eine Gleichung versteht, in der die unbekannte Funktion und deren Ableitungen auftreten. Das ist nicht korrekt, denn z. B. ist $\frac{dx}{dt} = x(x(t))$ keine Differentialgleichung.

Das Bild der Abbildung φ nennen wir die *Phasenkurve* der Differentialgleichung (1).

Definition. Eine Lösung $\varphi\colon I \to U$ der Differentialgleichung (1) *genügt der Anfangsbedingung*

$$\varphi(t_0) = x_0 \qquad (t_0 \in \boldsymbol{R},\ x_0 \in U), \tag{2}$$

wenn $a < t_0 < b$ und $\varphi(t_0) = x_0$ ist, d. h., wenn die Phasenkurve $\varphi(t)$ im Moment t_0 durch den Punkt x_0 geht.

Beispiel 1. Ist x_0 ein singulärer Punkt des Vektorfeldes, $\boldsymbol{v}(x_0) = 0$, so ist $\varphi \equiv x_0$ eine Lösung von (1), die der Anfangsbedingung (2) genügt. Eine solche Lösung heißt *Gleichgewichtslage* oder *stationäre Lösung.* Der Punkt x_0 ist ebenfalls eine Phasenkurve.

Im allgemeinen ist die explizite Bestimmung einer Lösung allein aus der Kenntnis des Vektorfeldes nicht möglich. Am häufigsten gelingt eine explizite Lösung im Fall $n = 1$, d. h. im Fall der Vektorfelder auf einer Geraden. Diesen wollen wir jetzt untersuchen.

1.2.2. Integralkurven.

Definition. Das direkte Produkt $\boldsymbol{R} \times U$ heißt *erweiterter Phasenraum* der Gleichung (1). Den Graphen einer Lösung von (1) nennen wir *Integralkurve* von (1).

In dem jetzt zu betrachtenden Fall $n = 1$ ist der erweiterte Phasenraum der Streifen $\boldsymbol{R} \times U$ im direkten Produkt der t- und der x-Achse (Abb. 15).

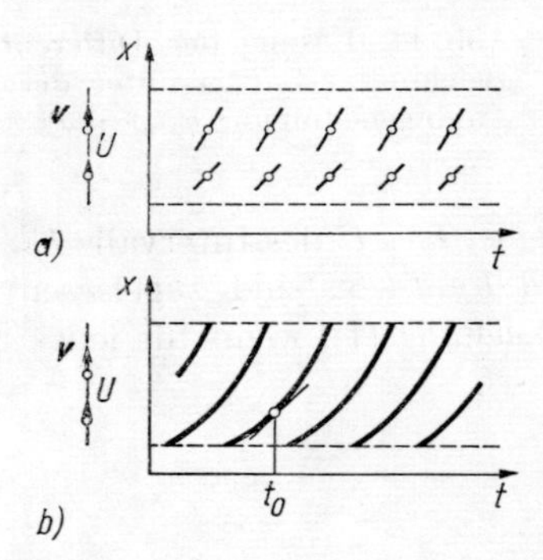

Abb. 15. a) Richtungsfeld und b) Integralkurven im erweiterten Phasenraum

Wir legen durch jeden Punkt (t, x) des erweiterten Phasenraumes eine Gerade, so daß der Tangens des Neigungswinkels gegen die t-Achse gleich $\boldsymbol{v}(x)$ ist. Diese Geradenschar nennen wir das *der Gleichung* (1) *entsprechende Richtungsfeld* oder einfach das *Richtungsfeld* $\boldsymbol{v}$.

Eine Integralkurve tangiert in jedem ihrer Punkte das Richtungsfeld $\boldsymbol{v}$. Umgekehrt ist jede Kurve, die in jedem ihrer Punkte von dem zugehörigen Richtungsfeld tangiert wird, eine Integralkurve (Beweis!).

Eine Lösung genügt der Bedingung (2) genau dann, wenn die entsprechende Integralkurve durch den Punkt (t_0, x_0) geht. Also bedeutet das Aufsuchen der der

Anfangsbedingung (2) genügenden Lösung nichts anderes, als durch den Punkt (t_0, x_0) diejenige Kurve zu legen, die in jedem ihrer Punkte das Richtungsfeld $\boldsymbol{v}$ tangiert.

Es sei erwähnt, daß die Integralkurven eine Horizontale ($x = \text{const}$) stets unter demselben Winkel schneiden.

Aufgabe 1. Es sei $x = \arctan t$ Lösung der Gleichung (1). Man zeige, daß $x = \arctan (t + 1)$ ebenfalls Lösung von (1) ist.

Hinweis. Man findet die Lösung in 2.4.1.

1.2.3. Satz. *Es sei* $\boldsymbol{v}: U \to \boldsymbol{R}$ *eine auf dem Intervall*

$$U = \{x \in \boldsymbol{R}: \alpha < x < \beta\}, \qquad -\infty \leqq \alpha < \beta \leqq +\infty,$$

definierte differenzierbare Funktion. Dann gilt:

a) *Für alle* $t_0 \in \boldsymbol{R}$, $x_0 \in U$ *besitzt die Gleichung* (1) *mit der Anfangsbedingung* (2) *eine Lösung.*

b) *Je zwei Lösungen* φ_1, φ_2 *von* (1), (2) *stimmen in einer gewissen Umgebung des Punktes* $t = t_0$ *überein.*

c) *Eine Lösung* φ *von* (1), (2) *genügt der Beziehung*

$$\begin{aligned} t - t_0 &= \int\limits_{x_0}^{\varphi(t)} \frac{d\xi}{\boldsymbol{v}(\xi)} && \textit{im Fall } \boldsymbol{v}(x_0) \neq 0, \\ \varphi(t) &= x_0 && \textit{im Fall } \boldsymbol{v}(x_0) = 0. \end{aligned} \tag{3}$$

Bemerkung. Da $\boldsymbol{v}(\xi)$ bekannt ist, erlaubt die Formel (3), die zu φ inverse Funktion ψ durch Quadratur zu bestimmen ($t = \psi(x)$, $\varphi(t) = x$). Danach kann man φ mit Hilfe des Satzes über implizite Funktionen berechnen. Somit liefert (3) ein Verfahren zur Lösung von (1) unter der Bedingung (2).

1.2.4. Beginn des Beweises.

1. Im Fall $\boldsymbol{v}(x_0) = 0$ setzen wir $\varphi(t) \equiv x_0$. Dann ist φ eine Lösung von (1), (2), die (3) genügt.

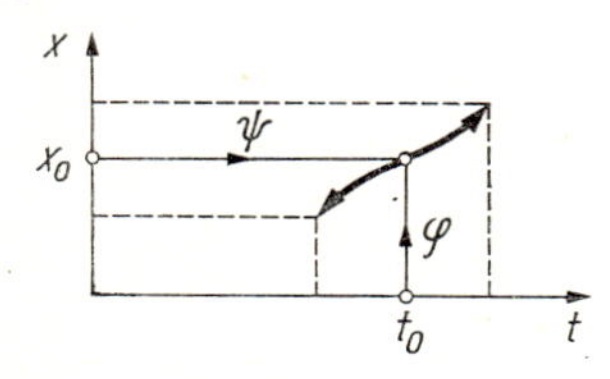

Abb. 16. Die Lösung φ und die zu ihr inverse Funktion ψ

2. Nun sei $\boldsymbol{v}(x_0) \neq 0$, und φ sei Lösung von (1), (2). Dann ist auf Grund des Satzes über implizite Funktionen in einer hinreichend kleinen Umgebung des Punktes x_0 (Abb. 16) die zu φ inverse Funktion ψ definiert ($t = \psi(x)$, $\psi(x_0) = t_0$), wobei

$$\left.\frac{d\psi}{dx}\right|_{\xi} = \frac{1}{\boldsymbol{v}(\xi)}$$

gilt. Wegen $\boldsymbol{v}(x_0) \neq 0$ ist die Funktion $\dfrac{1}{\boldsymbol{v}(\xi)}$ in einer hinreichend kleinen Umgebung von $\xi = x_0$ stetig. Nach der Newton-Leibnizschen Formel gilt

$$\psi(x) - \psi(x_0) = \int_{x_0}^{x} \frac{d\xi}{\boldsymbol{v}(\xi)}.$$

Durch diese Formel ist die Funktion ψ in einer hinreichend kleinen Umgebung von $x = x_0$ eindeutig bestimmt. Die zu ψ inverse Funktion φ ist durch die Bedingung $\varphi(t_0) = x_0$ in einer gewissen Umgebung des Punktes $t = t_0$ ebenfalls eindeutig bestimmt (der Satz über implizite Funktionen ist wegen $\dfrac{1}{\boldsymbol{v}(x_0)} \neq 0$ anwendbar). Also genügt jede Lösung von (1), (2) in einer hinreichend kleinen Umgebung des Punktes $t = t_0$ der Beziehung (3). Damit ist die Behauptung b) über die Eindeutigkeit bewiesen.

3. Es bleibt zu prüfen, ob die zu ψ inverse Funktion φ Lösung von (1), (2) ist. In der Tat gilt

$$\frac{d\varphi}{dt} = \frac{d\psi^{-1}}{dt}\bigg|_{x=\varphi(t)} = \left(\frac{1}{\boldsymbol{v}(x)}\right)^{-1}\bigg|_{x=\varphi(t)} = \boldsymbol{v}(\varphi(t)), \qquad \varphi(t_0) = x_0.$$

Damit ist der Satz bewiesen.

Aufgabe 1. Man zeige, daß dieser Beweis eine Lücke enthält.

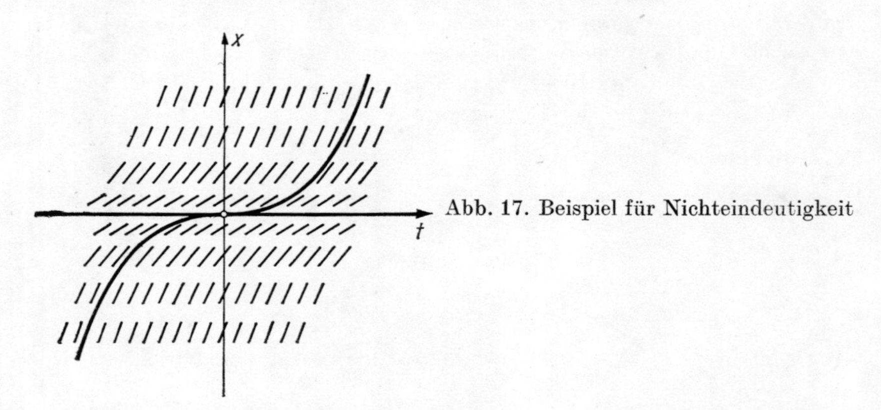

Abb. 17. Beispiel für Nichteindeutigkeit

1.2.5. Ein dagegensprechendes Beispiel. Es sei $\boldsymbol{v} = x^{2/3}$, $t_0 = 0$, $x_0 = 0$ (Abb. 17). Man kann leicht zeigen, daß die beiden Lösungen $\varphi_1 \equiv 0$, $\varphi_2 = (t/3)^3$ sowohl der Gleichung (1) als auch der Bedingung (2) genügen.

Die Funktion $\boldsymbol{v}$ ist nicht differenzierbar, so daß das Beispiel nicht der *Behauptung* des Satzes widerspricht. Jedoch benutzte der obige *Beweis* nirgends die Differenzierbarkeit von $\boldsymbol{v}$; er läßt sich auch dann führen, wenn $\boldsymbol{v}$ nur stetig ist. Infolgedessen ist dieser Beweis nicht korrekt. In der Tat wurde die Behauptung b) über die Eindeutigkeit nur unter der Bedingung $\boldsymbol{v}(x_0) \neq 0$ bewiesen. Wir sehen, daß die Lösung unter der Bedingung $\varphi(t_0) = x_0$ (x_0 singulärer Punkt, $\boldsymbol{v}(x_0) = 0$) nicht die einzige zu sein braucht, wenn das Feld $\boldsymbol{v}$ nur stetig (aber nicht differenzierbar) ist. Es zeigt sich, daß die Differenzierbarkeit von $\boldsymbol{v}$ die Eindeutigkeit auch in diesem Fall garantiert.

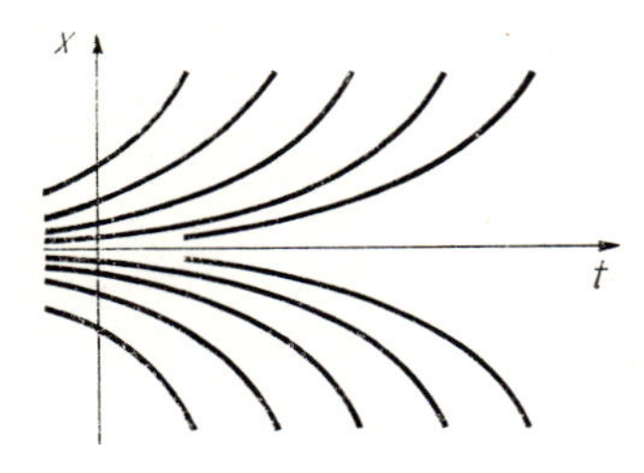

Abb. 18. Integralkurven der Gleichung $\dot{x} = kx$

1.2.6. Ein dafürsprechendes Beispiel. Es sei $\boldsymbol{v}(x) = kx$, $U = \boldsymbol{R}$ (Abb. 18). Wir lösen eine Differentialgleichung der Gestalt (1),

$$\dot{x} = kx, \qquad k \neq 0, \tag{4}$$

unter der Bedingung (2) mit Hilfe der Formel (3).

Ist φ eine Lösung, $\varphi(t_0) = x_0 > 0$, so ist

$$t - t_0 = \int_{x_0}^{\varphi(t)} \frac{d\xi}{k\xi} = \frac{1}{k} \ln \frac{\varphi(t)}{x_0},$$

woraus

$$\varphi(t) = x_0 e^{k(t-t_0)} \tag{5}$$

für alle t aus einer hinreichend kleinen Umgebung von t_0 folgt.

Die rechte Seite von (5) ist auf der ganzen t-Achse definiert und stellt eine überall differenzierbare Funktion dar, die überall der Gleichung (4) und der Bedingung $\varphi(t_0) = x_0$ genügt. (Die Exponentialfunktion als Lösung von (4) wurde von Neper eingeführt.)

Aufgabe 1. Man zeige, daß jede Lösung φ von (4), die der Bedingung $\varphi(t_0) = x_0 > 0$ genügt, auf dem ganzen Intervall $a < t < b$, auf dem sie definiert ist, durch (5) gegeben ist.

Lösung. Man kann z. B. folgendermaßen vorgehen. Es sei T die obere Schranke der Zahlen τ derart, daß (5) für alle t mit $t_0 \leqq t < \tau$ gilt. Nach Voraussetzung ist $t_0 \leqq T \leqq b$. Im Fall $T < b$ gilt Formel (5) auf Grund der Stetigkeit von φ für $t = T$. Dann ist sie auch in einer gewissen Umgebung von T gültig (zum Beweis braucht man nur die Überlegungen zu wiederholen, die auf (5) führten, wobei t_0 durch T und x_0 durch $\varphi(T)$ zu ersetzen ist; wegen (5) ist $\varphi(T) > 0$). Somit ist $T = b$ und die Formel (5) für $t_0 \leqq t < b$ bewiesen. Der Fall $a < t \leqq t_0$ läßt sich analog untersuchen.

Damit liefert (5) alle Lösungen der Gleichung (4) mit $x_0 > 0$.

Bemerkung. Wir haben damit die Aufgaben aus 1.1. über den radioaktiven Zerfall bzw. die Vermehrung von Bakterien gelöst. Die Menge an radioaktiver Substanz nimmt mit der Zeit exponentiell ab. Zur Verringerung der radioaktiven Substanz auf die Hälfte ist die Zeit $T = k^{-1} \ln 2$ erforderlich, unabhängig von der Anfangsmenge. Diese Zeit T wird die *Halbwertzeit* genannt.

Die Menge der Bakterien wächst exponentiell mit der Zeit. Nach der Zeit $T = k^{-1} \ln 2$ hat sie sich verdoppelt (solange genug Nährsubstanz vorhanden ist).

Formel (5) liefert auch die Lösung vieler anderer Aufgaben (Abb. 19).

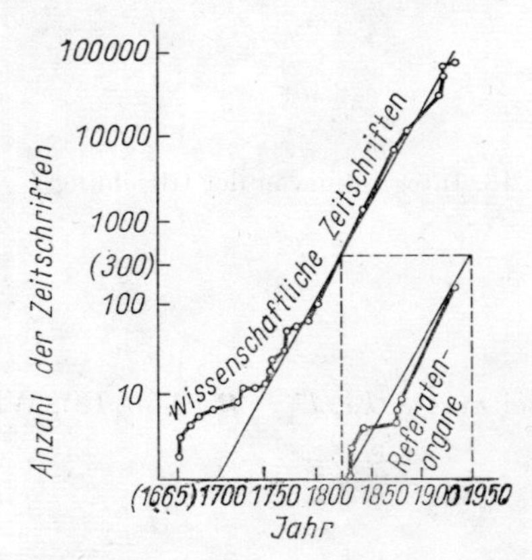

Abb. 19. Die Anzahl der wissenschaftlichen Zeitschriften und der Referatenorgane (nach V. V. Nalimov und Z. M. Mul'čenko, Naukometrija [russ.], Moskau 1969)

Aufgabe 2. In welcher Höhe ist die Luftdichte halb so groß wie auf der Erdoberfläche? Die Temperatur werde als konstant angenommen; ein Kubikmeter Luft wiegt 1250 g (auf der Erdoberfläche).

Lösung. $8 \ln 2$ km $\approx 5{,}6$ km (d. i. etwa die Höhe des Elbrus).

Aufgabe 3. Man beweise, daß alle Lösungen der Gleichung (4), die der Anfangsbedingung $\varphi(t_0) = x_0 < 0$ genügen, ebenfalls durch (5) gegeben werden.

Wir weisen darauf hin, daß im Fall $x_0 \neq 0$ keine der Funktionen (5) für beliebiges t verschwindet. Daher ist die einzige Lösung von (4) unter der Bedingung $x_0 = 0$ die stationäre Lösung $x \equiv 0$.

Durch die Beziehung (5) *werden also sämtliche Lösungen von* (4) *ausgeschöpft.*

Insbesondere gilt für die Gleichung (4) die Eindeutigkeitsaussage des in 1.2.3. zitierten Satzes. Daraus läßt sich leicht die Eindeutigkeit für jede Gleichung (1) mit differenzierbarem Vektorfeld $\boldsymbol{v}$ und auch für allgemeinere Gleichungen folgern.

Im Fall $\boldsymbol{v}(x) = x^{2/3}$ besteht der Grund für die Nichteindeutigkeit darin, daß dieses Feld beim Übergang zu $x = 0$ nicht schnell genug abnimmt. Daher mündet die Lösung nach endlicher Zeit in den singulären Punkt. Im Fall $\boldsymbol{v}(x) = kx$ benötigt die Lösung unendlich lange, um zum singulären Punkt zu gelangen: Die Integralkurven nähern sich ihm exponentiell. Die höchstens exponentielle Annäherung der Integralkurven ist für jede Differentialgleichung mit differenzierbarem Vektorfeld $\boldsymbol{v}$ charakteristisch. Die Eindeutigkeit der Lösungen hängt von der Art dieser Annäherung ab.

Der Beweis der Eindeutigkeitsaussage des Satzes aus 1.2.3. läßt sich insbesondere dann leicht führen, wenn man die allgemeine Gleichung (1) mit einer geeigneten Gleichung (4) vergleicht.

1.2.7. Ein Vergleichssatz. Es seien $\boldsymbol{v}_1, \boldsymbol{v}_2$ auf einem Intervall U der reellen Achse stetige reelle Funktionen mit $\boldsymbol{v}_1 < \boldsymbol{v}_2$, und φ_1, φ_2 seien Lösungen der Differentialgleichungen

$$\dot{x} = \boldsymbol{v}_1(x), \qquad \dot{x} = \boldsymbol{v}_2(x) \tag{6}$$

mit derselben Anfangsbedingung $\varphi_1(t_0) = \varphi_2(t_0) = x_0$ (Abb. 20). Die beiden Lösungen φ_1, φ_2 mögen auf dem Intervall $a < t < b$ mit $-\infty \leqq a < b \leqq +\infty$ definiert sein.

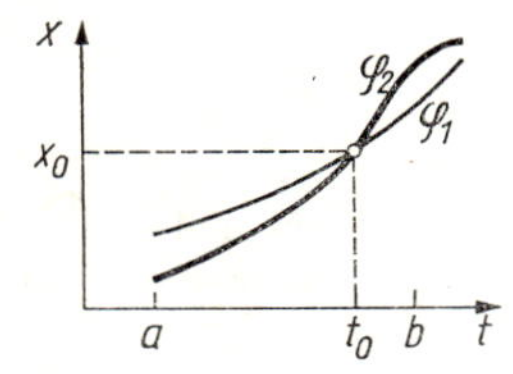

Abb. 20. Die Neigung von φ_2 ist größer als die von φ_1 in Punkten mit gleichen x, aber nicht in Punkten mit gleichen t

Satz. *Für alle $t \geqq t_0$ aus dem Intervall (a, b) ist die Ungleichung*

$$\varphi_1(t) \leqq \varphi_2(t) \tag{7}$$

erfüllt.

Beweis. Die Ungleichung (7) ist fast evident („Wer schneller fährt, kann weiter fahren").[1]) Mit anderen Worten: Wir betrachten die obere Grenze T der Menge der Zahlen τ, für welche die Ungleichung (7) für alle t, $t_0 \leqq t < \tau$, erfüllt ist. Nach Voraussetzung ist $t_0 \leqq T \leqq b$. Ist $T < b$, so gilt auf Grund der Stetigkeit von φ_1 und φ_2 die Beziehung $\varphi_1(T) = \varphi_2(T)$. Dann ist nach Voraussetzung

$$\left.\frac{d\varphi_1}{dt}\right|_{t=T} < \left.\frac{d\varphi_2}{dt}\right|_{t=T},$$

und das bedeutet, daß $\varphi_1 < \varphi_2$ in einer rechten Halbumgebung des Punktes T gilt. Also ist T nicht obere Grenze. Dieser Widerspruch zeigt, daß $T = b$ sein muß, was zu beweisen war.

Bemerkung. Analog läßt sich nachweisen, daß $\varphi_1(t) \geqq \varphi_2(t)$ für $t \leqq t_0$ ist.

1.2.8. Ende des Beweises von Satz 1.2.3. Es sei x_0 ein singulärer Punkt des differenzierbaren Vektorfeldes $\boldsymbol{v}$, $\boldsymbol{v}(x_0) = 0$. Wir zeigen, daß unter der Bedingung (2) eine einzige Lösung der Gleichung (1) existiert, d. h., daß für jede Lösung φ, die der Anfangsbedingung $\varphi(t_0) = x_0$ genügt,

$$\varphi(t) \equiv x_0$$

ist. Ohne Beschränkung der Allgemeinheit können wir $x_0 = 0$ annehmen. Da das Feld $\boldsymbol{v}$ differenzierbar und $\boldsymbol{v}(0) = 0$ ist, gilt für hinreichend kleine $|x| \neq 0$

$$|\boldsymbol{v}(x)| < k|x|, \tag{8}$$

wobei k eine gewisse positive Konstante ist.

[1]) Dennoch sei bemerkt, daß die Geschwindigkeit, mit der sich φ_1 *im gegebenen Moment ändert*, größer sein kann als die Geschwindigkeit, mit der sich φ_2 im gleichen Moment ändert (Abb. 20).

Die Eindeutigkeit folgt jetzt daraus, daß die von $x = 0$ verschiedenen Integralkurven von (4), die in einer Umgebung von $x = 0$ steiler als die Integralkurven von (1) verlaufen, die Gerade $x = 0$ nicht in endlicher Zeit erreichen können, wie wir schon in 1.2.6. bemerkten.

Der exakte Beweis läßt sich z. B. folgendermaßen führen. Es sei φ eine Lösung von (1), (2), $\varphi(t_0) = 0$ (Abb. 21). Wir setzen $\varphi(t_1) > 0$ für ein $t_1 > t_0$ voraus. Da φ eine stetige Funktion ist, existiert ein Intervall (t_2, t_3) mit folgenden Eigenschaften: a) $\varphi(t_2) = 0$; b) $\varphi(t) > 0$ für $t_2 < t \leqq t_3$; c) $x = \varphi(t)$ genügt der Beziehung (3) für $t_2 < t \leqq t_3$.

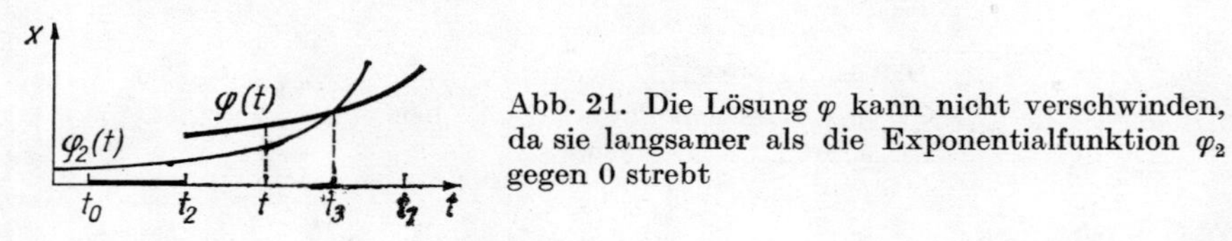

Abb. 21. Die Lösung φ kann nicht verschwinden, da sie langsamer als die Exponentialfunktion φ_2 gegen 0 strebt

Als t_2 kann man die untere Schranke τ nehmen, für die $\varphi(\tau) > 0$ für $\tau < t \leqq t_1$ ist, und als t_3 jeden hinreichend nahe an t_3 liegenden Punkt $t_3 > t_2$. Jetzt vergleichen wir die Lösung $\varphi(t)$, $t_2 < t \leqq t_3$, mit der Lösung

$$\varphi_2(t) = \varphi(t_3)\, e^{k(t-t_3)}$$

der Gleichung (4) unter der Anfangsbedingung $\varphi_2(t_3) = \varphi(t_3)$. Nach dem vorhergehenden Satz ist auf Grund von (8) für jedes t mit $t_2 < t \leqq t_3$

$$\varphi(t) \geqq \varphi(t_3)\, e^{k(t-t_3)}.$$

Infolge der Stetigkeit gilt

$$\varphi(t_2) \geqq \varphi(t_3)\, e^{k(t_2-t_3)} > 0.$$

Der erhaltene Widerspruch zur oben genannten Eigenschaft a) zeigt, daß es kein t_1 gibt, für welches $\varphi(t_1) > 0$, $t_1 > t_0$, gilt. Der Fall $t_1 < t_0$ oder $\varphi(t_1) < 0$ läßt sich analog behandeln. Damit ist der Satz bewiesen.

Aufgabe 1. Man führe den Beweis der Eindeutigkeit mit Hilfe der in 1.2.6. entwickelten Methode, ohne den Vergleich mit (4) anzustellen. Man zeige, daß für die Eindeutigkeit die Divergenz des Integrals $\int\limits_{x_0}^{x} \frac{d\xi}{\boldsymbol{v}(\xi)}$ im Punkt x_0 hinreichend ist.

Aufgabe 2. Man beweise die Eindeutigkeit der Differentialgleichung $\dot{x} = \boldsymbol{v}(x, t)$, $\boldsymbol{v}$ eine differenzierbare Funktion, unter der Voraussetzung, daß eine der Anfangsbedingung $\varphi(t_0) = x_0$ genügende Lösung $x = \varphi(t)$ existiert.

Hinweis. Man betrachte $y = x - \varphi(t)$ und vergleiche mit einer geeigneten Differentialgleichung (4).

1.3. Phasenflüsse auf einer Geraden

Wir haben gelernt, Differentialgleichungen zu lösen, die durch ein Vektorfeld auf einer Geraden definiert sind. Nun wollen wir sehen, wie sich die Resultate durch Phasenflüsse beschreiben lassen.

1.3.1. Einparametrige Gruppen linearer Transformationen. Wir gehen von der einfachsten Gleichung aus:

$$\dot{x} = kx, \qquad x \in \boldsymbol{R}. \tag{1}$$

Die Lösung φ dieser Gleichung unter der Anfangsbedingung $\varphi(0) = x_0$ ist uns bekannt:

$$\varphi(t) = e^{kt}x_0.$$

Wir definieren nun eine *Abbildung nach der Zeit t*,

$$g^t : \boldsymbol{R} \to \boldsymbol{R},$$

die den Anfangswert x_0 in die Lösung zur Zeit t transformiert:

$$g^t x_0 = e^{kt}x_0.$$

Die Familie $\{g^t\}$ der Abbildungen nennen wir den *der Gleichung* (1) (oder dem Vektorfeld $\boldsymbol{v} = kx$) *entsprechenden Phasenfluß*.

Die Abbildung g^t ist eine lineare Transformation einer Geraden, genauer eine e^{kt}-fache Dehnung (Streckung). Für alle reellen s und t gilt

$$g^{s+t} = g^s g^t, \qquad g^0 x = x.$$

Ferner ist $g^t x$ nach t und nach x differenzierbar.

Somit stellt der Phasenfluß $\{g^t\}$ eine einparametrige Gruppe von Diffeomorphismen dar, die lineare Transformationen einer Geraden sind. Eine einparametrige Gruppe von Diffeomorphismen eines linearen Raumes, die lineare Transformationen sind, wird kürzer auch *einparametrige Gruppe linearer Transformationen* genannt.[1]) Also ist der der Gleichung (1) entsprechende Phasenfluß $\{g^t\}$ eine einparametrige Gruppe linearer Transformationen. Die Bewegungen eines Punktes unter der Wirkung dieses Phasenflusses sind Lösungen der Gleichung (1).

Satz. *Jede einparametrige Gruppe $\{g^t\}$ linearer Transformationen der Geraden $\boldsymbol{R}$ ist der Phasenfluß einer Differentialgleichung der Form* (1), *so daß*

$$g^t x = e^{kt}x$$

für ein gewisses k gilt.

Dem Beweis dieses Satzes schicken wir eine Bemerkung allgemeinen Charakters voraus.

1.3.2. Die Differentialgleichung einer einparametrigen Gruppe. Es sei $\{g^t\}$ eine einparametrige Gruppe von Diffeomorphismen des Gebietes U und $\boldsymbol{v}$ das durch

$$\boldsymbol{v}(x) = \left.\frac{d}{dt}\right|_{t=0} g^t x, \qquad x \in U,$$

definierte Vektorfeld der Phasengeschwindigkeit.

[1]) In die Definition der einparametrigen Gruppe linearer Transformationen g^t geht somit die *Differenzierbarkeit* nach t ein.

Satz. *Die Bewegung des Phasenpunktes* $\varphi: \boldsymbol{R} \to U$, $\varphi(t) = g^t x$, *ist Lösung der Differentialgleichung*

$$\dot{x} = \boldsymbol{v}(x). \tag{2}$$

Beweis. Es muß gezeigt werden, daß die Geschwindigkeit des Phasenpunktes $g^t x$ in jedem Moment t_0 mit der Phasengeschwindigkeit im Punkt $g^{t_0}x$ übereinstimmt. Dies ist offenbar der Fall da die Transformationen g^t eine Gruppe bilden:

$$\left.\frac{d}{dt}\right|_{t=t_0} g^t x = \left.\frac{d}{d\tau}\right|_{\tau=0} g^{t_0+\tau} x = \left.\frac{d}{d\tau}\right|_{\tau=0} g^\tau(g^{t_0}x) = \boldsymbol{v}(g^{t_0}x).$$

1.3.3. Allgemeine Gestalt der einparametrigen Gruppen linearer Transformationen einer Geraden. Es sei $\{g^t\}$ eine einparametrige Gruppe *linearer* Transformationen eines linearen Raumes L. Dann hängt die Phasengeschwindigkeit $\boldsymbol{v}(x)$ *linear* von $x \in L$ ab, da die Ableitung $\left.\frac{d}{dt}\right|_{t=0}$ der in x linearen Funktion $g(t, x) = g^t x$ nach dem Parameter t ebenfalls eine in x lineare Funktion ist.[1]) Insbesondere hat jede in x lineare Funktion, wenn L die Gerade $\boldsymbol{R}$ ist, die Gestalt $\boldsymbol{v}(x) = kx$ mit $k = \boldsymbol{v}(1)$. Also ist die Bewegung $\varphi(t) = g^t x$ Lösung von (2) mit $\boldsymbol{v}(x) = kx$, d. h. Lösung von (1).

Die einzige Lösung φ dieser Gleichung unter der Bedingung $\varphi(0) = x$ hat die Gestalt $g^t x = e^{kt}x$, womit der Satz aus 1.3.1. bewiesen ist.

Bemerkung. Die Forderung nach Differenzierbarkeit der Familie der linearen Transformationen g^t nach t in der Definition der einparametrigen Gruppe könnte durch die Forderung nach *Stetigkeit allein* ersetzt werden.

Aufgabe 1.* Man zeige, daß jede stetige einparametrige Gruppe linearer Transformationen einer Geraden differenzierbar ist.

Hinweis. Man erinnere sich an die Definition der Exponentialfunktion für ganze, gebrochene und irrationale Werte des Arguments.

Aufgabe 2.* Man bestimme alle einparametrigen Gruppen linearer Transformationen folgender linearer Räume:

$\boldsymbol{R}^2$ (reelle Ebene),

$\boldsymbol{C}^1$ (komplexe Gerade: eindimensionaler linearer Raum über dem Körper der komplexen Zahlen).

Hinweis. In Kapitel 3 werden alle einparametrigen Gruppen linearer Transformationen des n-dimensionalen reellen Raumes $\boldsymbol{R}^n$ und des n-dimensionalen komplexen Raumes $\boldsymbol{C}^n$ beschrieben.

1.3.4. Ein nichtlineares Beispiel. Wir betrachten die kompliziertere Differentialgleichung $\dot{x} = \sin x$, $x \in \boldsymbol{R}$.

Aufgabe 1. Man bestimme eine der Anfangsbedingung $\varphi(0) = x_0$ genügende Lösung φ dieser Gleichung.

---

[1]) Es sei erwähnt, daß die lineare inhomogene Funktion $f(x) = ax + b$ für $b \neq 0$ nicht linear ist.

Hier können wir wieder eine Abbildung nach der Zeit t definieren:

$$g^t: \boldsymbol{R} \to \boldsymbol{R}, \qquad g^t x_0 = \varphi(t).$$

Dabei ist $\varphi(t)$ diejenige Lösung, die der Anfangsbedingung $\varphi(0) = x_0$ genügt. Die Abbildungen g^t bilden eine einparametrige Gruppe von Diffeomorphismen einer Geraden oder den der gegebenen Differentialgleichung entsprechenden Phasenfluß. Die Punkte $x = k\pi$ $(k = 0, \pm 1, \pm 2, \ldots)$ sind Fixpunkte des Phasenflusses $\{g^t\}$, und die Diffeomorphismen g^t $(t \neq 0)$ sind nichtlineare Transformationen einer Geraden. Im Fall $t > 0$ verschiebt g^t jeden Punkt x um das nächste ungerade Vielfache von π, im Fall $t < 0$ um das nächste gerade Vielfache von π (Abb. 22).

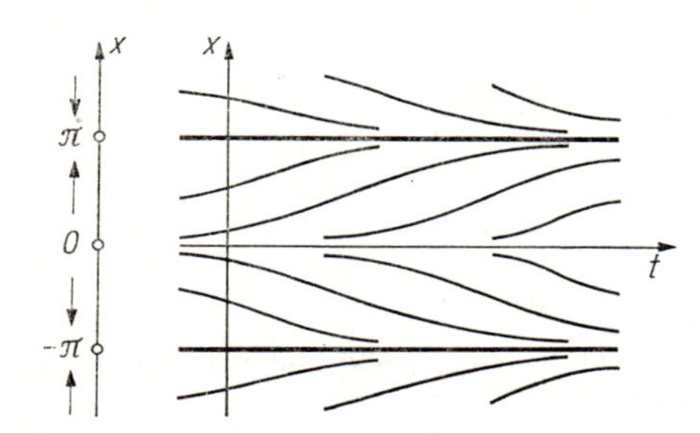

Abb. 22. Phasenraum und erweiterter Phasenraum für die Gleichung $\dot{x} = \sin x$

Aufgabe 2. Man zeige, daß die Folge der Funktionen g^{t_i} für $t_i \to \infty$ konvergiert, aber nicht gleichmäßig konvergiert.

Die betrachteten Beispiele lassen hoffen, daß *jeder Differentialgleichung auf einer Geraden,*

$$\dot{x} = \boldsymbol{v}(x), \qquad x \in \boldsymbol{R},$$

eine einparametrige Gruppe von Diffeomorphismen g^t der Geraden zugeordnet werden kann ($g^t x = \varphi(t)$; $\varphi(t)$ ist diejenige Lösung, die der Anfangsbedingung $\varphi(0) = x$ genügt).

1.3.5. Gegenbeispiel zu der Behauptung aus 1.3.4. Wir betrachten die Differentialgleichung

$$\dot{x} = x^2$$

der überschnellen Vermehrung (vgl. Beispiel 3 aus 1.1.6. sowie Abb. 23). Die Lösung wird durch Formel (3) aus 1.2. gegeben:

$$t - t_0 = \int_{x_0}^{\varphi(t)} \frac{d\xi}{\xi^2}.$$

Häufig wird sie in der kürzeren Form

$$\int dt = \int \frac{dx}{x^2}, \quad t = -\frac{1}{x} + C, \quad x = -\frac{1}{t - C},$$

geschrieben. Man darf nicht glauben, daß diese letzte Formel äquivalent zu (3) oder daß die Funktion $x = -\frac{1}{t - C}$ eine Lösung ist. Diese Funktion hat nämlich als Definitionsgebiet *nicht ein Intervall,* sondern zwei: $t < C$ und $t > C$. Die Einschrän-

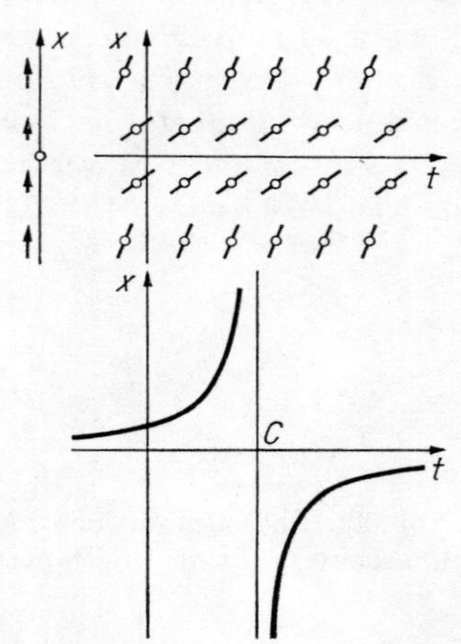

Abb. 23. Richtungsfeld und zwei Lösungen der Gleichung $\dot{x} = x^2$

kungen dieser Funktion auf diese Intervalle sind *zwei* Lösungen, die miteinander überhaupt nicht in Zusammenhang stehen (solange wir uns auf reelle t beschränken, die in diesem Buch nur betrachtet werden).

Unsere Lösung zeigt: Wenn das Wachstum der Bevölkerung proportional der Anzahl der Paare ist, so ist die Bevölkerungszahl nach endlicher Zeit unendlich groß (während das gewöhnliche Wachstum einem Exponentialgesetz folgt). Physikalisch entspricht diese Herleitung dem explosiven Charakter des Prozesses (für Werte von t, die hinreichend nahe bei C liegen, ist die bei der Beschreibung des Prozesses durch eine Differentialgleichung vorgenommene Idealisierung nicht möglich, so daß die reale Bevölkerungszahl nach endlicher Zeit nicht unendlich große Werte erreichen kann).

Andererseits sehen wir, daß *die Formel für die Transformation nach der Zeit* t ($g^t x_0 = \varphi(t)$; $\varphi(t)$ *ist diejenige Lösung, die der Anfangsbedingung* $\varphi(0) = x_0$ *genügt*) *für kein* $t \neq 0$ *einen Diffeomorphismus* $g^t\colon \boldsymbol{R} \to \boldsymbol{R}$ *liefert.*

Aufgabe 1. Man beweise diese Behauptung.

1.3.6. Bedingungen für die Existenz des Phasenflusses. Der Grund, weshalb $\{g^t\}$ aus 1.3.5. keine einparametrige Gruppe von Diffeomorphismen ist, besteht nicht darin, daß die Differenzierbarkeit oder die Gruppeneigenschaft verletzt sind, sondern einfach darin, daß die Funktion g^t (für $t \neq 0$) *nicht auf der ganzen x-Achse* definiert ist, da gewisse Lösungen in endlicher Zeit unendlich groß werden (Abb. 24).

Verlaufen jedoch die Lösungen nach endlicher Zeit nicht ins Unendliche, so ist die am Schluß von 1.3.4. formulierte Behauptung richtig.

Aufgabe 1. Man beweise diese Behauptung unter der Voraussetzung, daß die Funktion $\boldsymbol{v}$ differenzierbar und für hinreichend große $|x|$ identisch 0 ist.

Hinweis. Die Antwort ist im Beweis eines allgemeineren Satzes enthalten, der besagt, daß jedes differenzierbare Vektorfeld auf einer *kompakten* Mannigfaltigkeit das Feld der Phasengeschwindigkeit einer einparametrigen Gruppe von Diffeomorphismen ist (vgl. 5.3.).

Das Beispiel aus 1.3.5. verdanken wir der Tatsache, daß eine Gerade *keine kompakte* Menge ist.

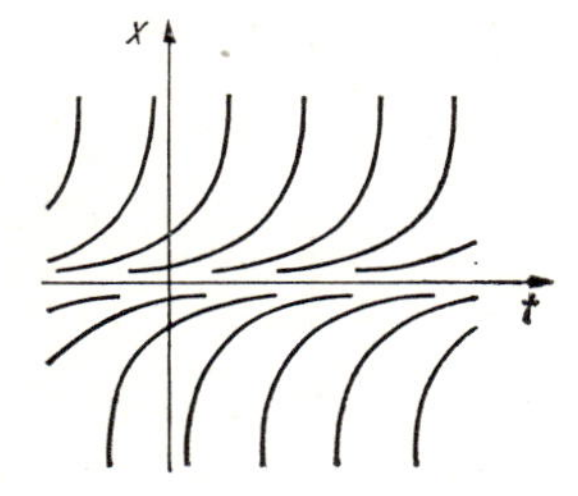

Abb. 24. Integralkurven der Gleichung $\dot{x} = x^2$

Aufgabe 2. Man beweise die Behauptung aus 1.3.4. unter der Bedingung

$$|\boldsymbol{v}(x)| < A|x| + B \qquad \text{für alle } x \in \boldsymbol{R}$$

($A > 0$, $B > 0$ Konstante).

Hinweis. Man benutze den Vergleichssatz aus 1.2.7.

1.4. Beispiele für Vektorfelder und Phasenflüsse auf einer Ebene

Ist die Dimension des Phasenraumes einer Differentialgleichung größer als 1 (etwa gleich 2), so existiert keine allgemeine Methode, mit deren Hilfe man ein Lösung explizit bestimmen kann. Es gibt jedoch Spezialfälle, die sich auf eindimensionale Probleme zurückführen lassen.

1.4.1. Direktes Produkt. Wir betrachten zwei Differentialgleichungen

$$\dot{x}_1 = \boldsymbol{v}_1(x_1), \qquad x_1 \in U_1, \tag{1}$$

$$\dot{x}_2 = \boldsymbol{v}_2(x_2), \qquad x_2 \in U_2, \tag{2}$$

die durch die auf dem Phasenraum U_1 bzw. U_2 differenzierbaren Vektorfelder $\boldsymbol{v}_1$ und $\boldsymbol{v}_2$ gegeben sind.

Definition. Diejenige Differentialgleichung, deren Phasenraum das direkte Produkt von U_1 und U_2 ist, nennen wir *direktes Produkt* der Differentialgleichungen (1) und (2). Sie ist durch das Vektorfeld bestimmt, welches das „direkte Produkt" der Felder $\boldsymbol{v}_1$ und $\boldsymbol{v}_2$ ist:

$$\dot{x} = \boldsymbol{v}(x), \qquad x \in U; \tag{3}$$

dabei ist $U = U_1 \times U_2$, $x = (x_1, x_2)$, $\boldsymbol{v}(x) = \big(\boldsymbol{v}_1(x_1), \boldsymbol{v}_2(x_2)\big)$.

Sind die Phasenräume $U_1 \subset \boldsymbol{R}$ und $U_2 \subset \boldsymbol{R}$ eindimensional, so ist ihr direktes Produkt U ein Gebiet der x_1, x_2-Ebene und die Differentialgleichung (3) ein System zweier skalarer Differentialgleichungen der speziellen Form

$$\begin{cases} \dot{x}_1 = \boldsymbol{v}_1(x_1), & x_1 \in U_1 \subset \boldsymbol{R}, \\ \dot{x}_2 = \boldsymbol{v}_2(x_2), & x_2 \in U_2 \subset \boldsymbol{R}. \end{cases} \tag{4}$$

Aus der Definition folgt unmittelbar:

Satz. *Die Lösungen* φ *der Differentialgleichung* (3), *die durch das direkte Produkt von* (1) *und* (2) *dargestellt wird, sind Abbildungen* $\varphi\colon I \to U$, $\varphi(t) = (\varphi_1(t), \varphi_2(t))$, *wobei* φ_1 *und* φ_2 *Lösungen von* (1) *bzw.* (2) *bezeichnen, die auf demselben Intervall* I *definiert sind.*

Sind insbesondere die Phasenräume U_1 und U_2 eindimensional, so läßt sich jede der Gleichungen (1), (2) lösen. Folglich können wir auch das System der beiden Differentialgleichungen (4) explizit lösen.

Nach dem Satz aus 1.2.3. läßt sich nämlich eine Lösung φ, die der Bedingung $\varphi(t_0) = x_0$ genügt, in einer Umgebung des Punktes $t = t_0$ aus den Beziehungen

$$\int_{x_{10}}^{\varphi_1(t)} \frac{d\xi}{\boldsymbol{v}_1(\xi)} = t - t_0 = \int_{x_{20}}^{\varphi_2(t)} \frac{d\xi}{\boldsymbol{v}_2(\xi)}$$

$(x_0 = (x_{10}, x_{20}))$ ermitteln, wenn $\boldsymbol{v}_1(x_{10}) \neq 0$, $\boldsymbol{v}_2(x_{20}) \neq 0$ ist.

Im Fall $\boldsymbol{v}_1(x_{10}) = 0$ muß die erste Beziehung durch $\varphi_1 \equiv x_{10}$, im Fall $\boldsymbol{v}_2(x_{20}) = 0$ die zweite durch $\varphi_2 \equiv x_{20}$ ersetzt werden. Ist schließlich $\boldsymbol{v}_1(x_{10}) = \boldsymbol{v}_2(x_{20}) = 0$, so ist x_0 singulärer Punkt des Vektorfeldes $\boldsymbol{v}$ und Gleichgewichtslage des Systems (4), d. h., es ist $\varphi(t) \equiv x_0$.

1.4.2. Beispiele für direkte Produkte. Wir betrachten das System der beiden Gleichungen

$$\begin{cases} \dot{x}_1 = x_1, \\ \dot{x}_2 = kx_2. \end{cases}$$

Aufgabe 1. Man zeichne die entsprechenden Vektorfelder auf der Ebene für $k = 0, \pm 1, 1/2, 2$.

Jede der beiden Gleichungen wurde schon gelöst. Somit hat die Lösung φ, die der Anfangsbedingung $\varphi(t_0) = x_0$ genügt, die Gestalt

$$\varphi_1 = x_{10}e^{(t-t_0)}, \qquad \varphi_2 = x_{20}e^{k(t-t_0)}. \tag{5}$$

Folglich gilt längs jeder Phasenkurve $x = \varphi(t)$ entweder

$$|x_2| = C|x_1|^k \tag{6}$$

(C eine nicht von t abhängige Konstante) oder $x_1 \equiv 0$.

Aufgabe 2. Ist die durch (6) in der Phasenebene (x_1, x_2) gegebene Kurve eine Phasenkurve? *Lösung.* Nein.

Die Kurvenschar (6) mit $C \in \boldsymbol{R}$ nimmt je nach den Werten des Parameters k verschiedene Formen an. Ist $k > 0$, so ist sie eine Schar von „Parabeln[1]) mit dem Exponenten k". Diese Parabeln berühren im Fall $k > 1$ die x_1-Achse, im Fall $k < 1$ die x_2-Achse (Abb. 25; für $k = 1$ erhält man die Schar der sich im Koordinatenursprung schneidenden Geraden). Der in Abb. 25 gezeigte Verlauf der Phasenkurven heißt

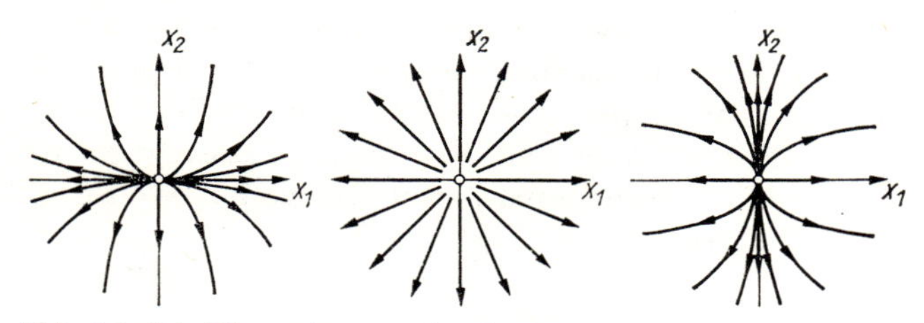

Abb. 25. Die Phasenkurven des Systems $\dot{x}_1 = x_1$, $\dot{x}_2 = kx_2$ bilden für $k > 1$, $k = 1$ und $0 < k < 1$ Knoten

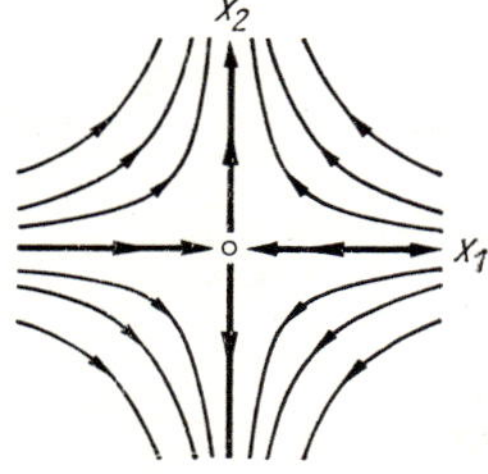

Abb. 26. Die Phasenkurven des Systems $\dot{x}_1 = x_1$, $\dot{x}_2 = kx_2$ bilden für $k < 0$ einen Sattel

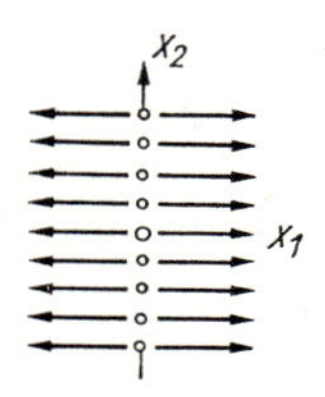

Abb. 27. Phasenkurven des Systems $\dot{x}_1 = x_1$, $\dot{x}_2 = 0$

Knoten. Für $k < 0$ stellen die Kurven (6) eine Hyperbelschar[2]) dar (Abb. 26); sie bilden in der Umgebung des Koordinatenursprungs einen *Sattel.* Im Fall $k = 0$ gehen die Kurven (6) in parallele Geraden über (Abb. 27).

Die Beziehungen (5) machen sichtbar, daß jede Phasenkurve ganz in einem Quadranten verläuft (oder auf einer Halbachse liegt oder mit dem Koordinatenursprung zusammenfällt, der für alle k eine Phasenkurve ist). In Abb. 25 bis 27 zeigen die Pfeile an, in welche Richtung sich der Punkt $\varphi(t)$ mit wachsendem t bewegt.

Aufgabe 3. Man zeige, daß jede der Parabeln $x_2 = x_1^2$ $(k = 2)$ aus drei Phasenkurven besteht. Ferner beschreibe man alle Phasenkurven für die anderen Werte von k (also $k > 1$, $k = 1$, $0 < k < 1$, $k = 0$, $k < 0$).

Es ist interessant zu beobachten, wie bei stetiger Änderung von k eine Phasenkurve in eine andere übergeht.

Aufgabe 4. Man zeichne den dem Wert $k = 0{,}01$ entsprechenden Knoten und den dem Wert $k = -0{,}01$ entsprechenden Sattel.

1) Richtige Parabeln ergeben sich nur für $k = 2$ und $k = 1/2$.

2) Richtige Hyperbeln ergeben sich nur für $k = -1$.

1.4.3. Einparametrige Gruppen linearer Transformationen der Ebene. Wir konstruieren jetzt den Phasenfluß, der zu dem System aus 1.4.2. gehört.

Wir definieren die Abbildung g^t nach der Zeit t wie üblich:

$$g^t x = \varphi(t).$$

Dabei ist $\varphi(t)$ die Lösung, die der Anfangsbedingung $\varphi(0) = x$ entspricht. Aus (5) ist ersichtlich, daß g^t einer linearen Transformation der Ebene entspricht. Diese Transformation besteht in einer e^t-fachen Streckung in Richtung wachsender x_1 und einer e^{kt}-fachen Streckung in Richtung wachsender x_2 (eine Streckung um das α-fache ($\alpha < 1$) ist eine Stauchung). Die Transformationsmatrix von g^t ist im x_1, x_2-Koordinatensystem eine Diagonalmatrix:

$$\begin{pmatrix} e^t & 0 \\ 0 & e^{kt} \end{pmatrix}.$$

Offenbar läßt sich $g^t x$ nach t und x differenzieren.

Die Abbildungen g^t bilden also eine einparametrige Gruppe linearer Transformationen der Ebene. In Abb. 28 und 29 ist die Wirkung von g^t, $t = 1$, auf die Menge E für $k = 2$ bzw. $k = -1$ dargestellt.

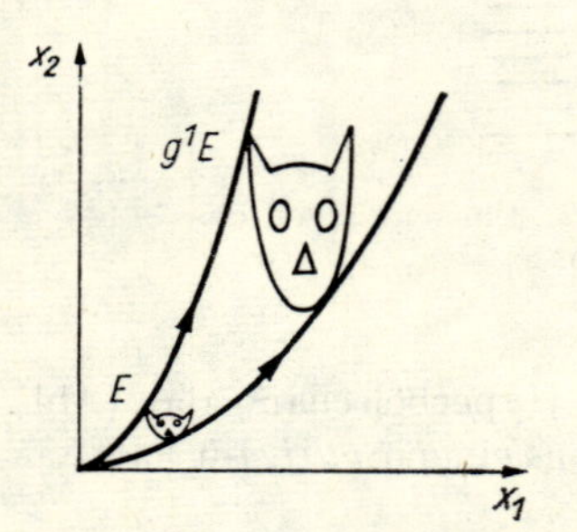

Abb. 28. Phasenfluß des Systems $\dot{x}_1 = x_1$, $\dot{x}_2 = 2x_2$

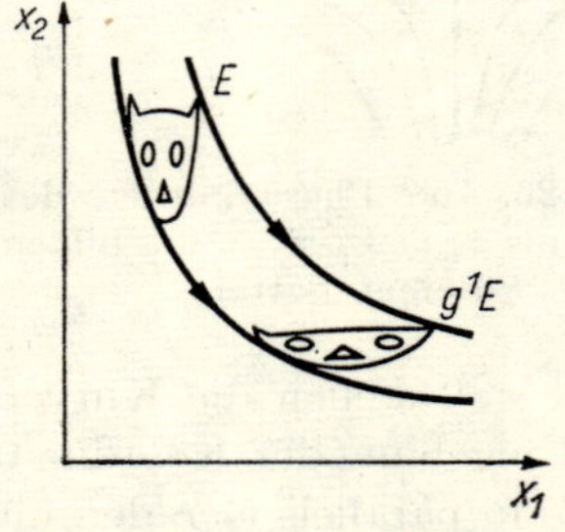

Abb. 29. Phasenfluß des Systems $\dot{x}_1 = x_1$, $\dot{x}_2 = -x_2$. Die Transformationen g^t heißen hyperbolische Drehungen

Es sei erwähnt, daß diese einparametrige Gruppe linearer Transformationen g^t der Ebene in das direkte Produkt zweier einparametriger Gruppen linearer Transformationen von Geraden (nämlich die der Streckungen der x_1-Achse und die der Streckungen der x_2-Achse) zerfällt.

Aufgabe 1. Zerfällt jede einparametrige Gruppe linearer Transformationen der Ebene in ähnlicher Weise?

Hinweis. Man betrachte die Drehungen um einen Winkel t oder die Verschiebungen

$$(x_1, x_2) \mapsto (x_1 + x_2 t, x_2).$$

1.5. Nichtautonome Differentialgleichungen

Die einfachste nichtautonome Differentialgleichung hat die Gestalt

$$\frac{dy}{dx} = f(x, y),$$

d. h., die rechte Seite hängt von der unabhängigen Variablen x ab.

Wir beginnen mit einem Beispiel.

1.5.1. Differentialgleichungen mit getrennten Variablen. Wir betrachten wieder das direkte Produkt zweier Differentialgleichungen mit eindimensionalen Phasenräumen:

$$\begin{cases} \dot{x} = f(x), \\ \dot{y} = g(y). \end{cases} \tag{1}$$

Hier ist $x \in U \subset \boldsymbol{R}$ die Koordinate im ersten Phasenraum U, $y \in V \subset \boldsymbol{R}$ die im zweiten Phasenraum V, und f, g sind differenzierbare Funktionen, durch die die Vektorfelder auf U bzw. V gegeben sind. Es sei $f(x_0) \neq 0$, $x_0 \in U$. Wir betrachten die

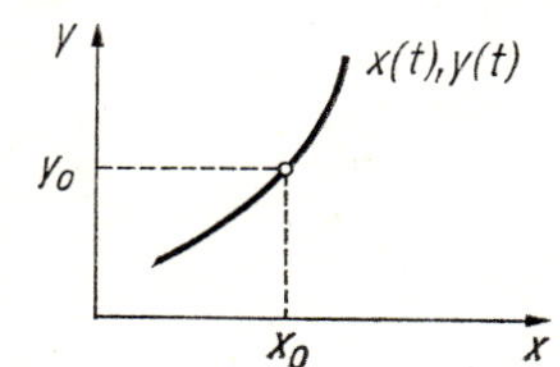

Abb. 30. Phasenkurve des Systems (1) und Integralkurve der Gleichung (2)

Phasenkurve, die durch den Punkt (x_0, y_0) geht, und werden zeigen, daß diese Kurve in der Umgebung von (x_0, y_0) durch eine Gleichung der Form $y = F(x)$ gegeben ist (Abb. 30).

Die Phasenkurve besitzt die Parameterdarstellung $x = \varphi_1(t)$, $y = \varphi_2(t)$, wobei $\varphi = (\varphi_1, \varphi_2)$ diejenige Lösung des Systems (1) ist, die den Anfangsbedingungen $\varphi_1(t_0) = x_0$, $\varphi_2(t_0) = y_0$ genügt. Wegen $f(x_0) \neq 0$ gilt

$$\left.\frac{d\varphi_1}{dt}\right|_{t=t_0} \neq 0.$$

Nach dem Satz über implizite Funktionen gibt es in der Umgebung des Punktes x_0 genau eine zu φ_1 inverse Funktion ψ. Es ist also $t = \psi(x)$. Wir setzen nun $F(x) = \varphi_2(\psi(x))$. In der Umgebung von $x = x_0$ ist die Funktion F definiert, stetig und differenzierbar, und nach den Sätzen über die Differentiation mittelbarer und impliziter Funktionen gilt

$$\left.\frac{dF}{dx}\right|_{\xi} = \left.\frac{d\varphi_2}{dt}\right|_{t=\psi(\xi)} \cdot \left.\frac{d\psi}{dx}\right|_{\xi} = \frac{g(F(\xi))}{f(\xi)}, \qquad F(x_0) = y_0.$$

Dies läßt sich kürzer ausdrücken, indem man sagt, die Funktion F sei diejenige Lösung von

$$\frac{dy}{dx} = \frac{g(y)}{f(x)}, \tag{2}$$

die der Anfangsbedingung $F(x_0) = y_0$ genügt. Die Differentialgleichung (2) heißt *Gleichung mit getrennten Variablen.*

Satz. *Die Funktionen f, g seien in einer Umgebung der Punkte $x = x_0$ bzw. $y = y_0$ definiert und stetig differenzierbar, und es gelte $f(x_0) \neq 0$, $g(y_0) \neq 0$. Die Funktion F ist dann unter der Bedingung $F(x_0) = y_0$ in einer gewissen Umgebung von $x = x_0$ die einzige*[1]) *Lösung von* (2) *und genügt der Beziehung*

$$\int_{x_0}^{x} \frac{d\xi}{f(\xi)} = \int_{y_0}^{F(x)} \frac{d\eta}{g(\eta)}. \tag{3}$$

Beweis. Zur Konstruktion einer Lösung betrachten wir das System (1). Nach dem Satz aus 1.4.1. folgt, daß (1) eine Lösung besitzt, die der Anfangsbedingung $\varphi(t_0) = (x_0, y_0)$ genügt, daß diese Lösung die einzige ist und in einer Umgebung des Punktes $t = t_0$ durch die Beziehung

$$\int_{x_0}^{x} \frac{d\xi}{f(\xi)} = t - t_0 = \int_{y_0}^{y} \frac{d\eta}{g(\eta)}$$

gegeben wird. Oben haben wir gezeigt, daß die entsprechende Phasenkurve der Graph der Lösung F von (2) unter der Anfangsbedingung $F(x_0) = y_0$ ist. Also existiert F und genügt der Beziehung (3).

Die Eindeutigkeit ist ebenfalls aus diesem Zusammenhang zwischen den Gleichungen (1) und (2) zu erkennen.

Aufgabe 1. Man weise die Eindeutigkeit nach.

Aufgabe 2. Man untersuche den Fall $g(y_0) = 0$.

Aufgabe 3. Man löse die Differentialgleichung der Form (2)

$$\frac{dy}{dx} = k\,\frac{y}{x}$$

im Gebiet $x > 0$, $y > 0$.

Hinweis. Die Lösung F, die der Anfangsbedingung $F(x_0) = y_0$ genügt, ist für alle $x > 0$ definiert und durch

$$F(x) = Cx^k \qquad \text{mit} \qquad C = y_0 x_0^{-k}$$

gegeben (vgl. Abb. 25 bis 27).

---

[1]) In dem Sinne, daß zwei beliebige Lösungen dort, wo sie beide definiert sind, auch übereinstimmen.

Aufgabe 4. Man zeichne die Lösungskurven für die Gleichungen

$$\frac{dy}{dx} = kx^\alpha y^\beta, \quad \frac{dy}{dx} = \frac{\sin y}{\sin x}, \quad \frac{dy}{dx} = \frac{\sin x}{\sin y}$$

in den Gebieten, in denen die rechten Seiten definiert sind.

1.5.2. Differentialgleichungen mit variablen Koeffizienten. Es sei $\boldsymbol{v}$ eine differenzierbare Abbildung des Gebietes U eines $(n + 1)$-dimensionalen euklidischen Raumes mit den Koordinaten $t, x_1, \ldots, x_n$ in einen n-dimensionalen euklidischen Raum mit den Koordinaten $v_1, \ldots, v_n$. Eine solche Abbildung definiert ein *von der Zeit t abhängiges Vektorfeld $\boldsymbol{v}$ und eine nichtautonome Differentialgleichung* oder *Differentialgleichung mit variablen Koeffizienten:*

$$\dot{\boldsymbol{x}} = \boldsymbol{v}(t, \boldsymbol{x}). \tag{4}$$

Ausführlicher bedeutet dies:

$$\frac{dx_i}{dt} = v_i(t, x_1, \ldots, x_n), \qquad i = 1, 2, \ldots, n.$$

Beispiel 1. Die Differentialgleichung (2) gehört zu dieser Klasse (mit einer offensichtlichen Änderung der Bezeichnungen), wobei $n = 1$ ist.

Definition. Eine differenzierbare Abbildung $\boldsymbol{\varphi}: I \to \boldsymbol{R}^n$, die auf einem Intervall I der t-Achse definiert ist und Werte im n-dimensionalen euklidischen Raum $\boldsymbol{R}^n$ mit den Koordinaten $x_1, \ldots, x_n$ besitzt, heißt *Lösung* der Differentialgleichung (4), wenn der Graph der Abbildung $\boldsymbol{\varphi}$ im Gebiet U liegt und für jedes $\tau \in I$

$$\left.\frac{d}{dt}\right|_{t=\tau} \boldsymbol{\varphi} = \boldsymbol{v}\left(\tau, \boldsymbol{\varphi}(\tau)\right)$$

gilt.

Wird t als Zeit interpretiert und der Raum $\{x\}$ zum Phasenraum erklärt, so kann man $\boldsymbol{v}$ das sich mit t ändernde Feld der Phasengeschwindigkeiten im Phasenraum nennen. In dieser Terminologie ist die Lösung $\boldsymbol{\varphi}$ die Bewegung des Punktes im Phasenraum, wobei die Geschwindigkeit des Punktes in jedem Moment gleich dem Betrag des Vektors der Phasengeschwindigkeit an derjenigen Stelle ist, wo sich der sich bewegende Punkt im betreffenden Zeitpunkt befindet.

Definition. Eine Lösung $\boldsymbol{\varphi}$ *genügt der Anfangsbedingung* $\boldsymbol{\varphi}(t_0) = \boldsymbol{x}_0$, wenn der Punkt t_0 zu I und der Punkt $(t_0, \boldsymbol{x}_0)$ zu U gehört und ferner der Wert von $\boldsymbol{\varphi}$ im Punkt t_0 gleich $\boldsymbol{x}_0$ ist.

Die Lösung eines nichtautonomen Systems läßt sich im erweiterten Phasenraum $U \subset \boldsymbol{R}^1 \times \boldsymbol{R}^n$ bequem geometrisch darstellen (Abb. 31). Wie auch im autonomen Fall liefert die rechte Seite $\boldsymbol{v}$ im Gebiet U ein Richtungsfeld (ist $n = 1$, so ist $\boldsymbol{v}$ der Tangens des Neigungswinkels der Richtungselemente gegen die t-Achse).

Die Lösung zu bestimmen, die der Anfangsbedingung $\boldsymbol{\varphi}(t_0) = \boldsymbol{x}_0$ genügt, bedeutet, durch den Punkt $(t, \boldsymbol{x}_0)$ des Gebietes U diejenige Kurve zu legen, deren Tangente in jedem Punkt $(t, \boldsymbol{x} = \boldsymbol{\varphi}(t))$ die vorgegebene Richtung hat. Diese Kurve (der Graph der Lösung) heißt *Integralkurve*.

Bemerkung. Im allgemeinen sind Naturgesetze nicht Funktionen der Zeit. Gleichungen der Form (4) mit einer von t abhängigen rechten Seite treten vor allem in der folgenden Situation auf. Wir nehmen an, der Teil I des physikalischen Systems I + II werde untersucht. Dann kann, obwohl das Entwicklungsgesetz für das Gesamtsystem nicht von der Zeit abhängt, der Einfluß des Teils II auf den Teil I dazu führen, daß sich das Entwicklungsgesetz für Teil I doch mit der Zeit ändert.

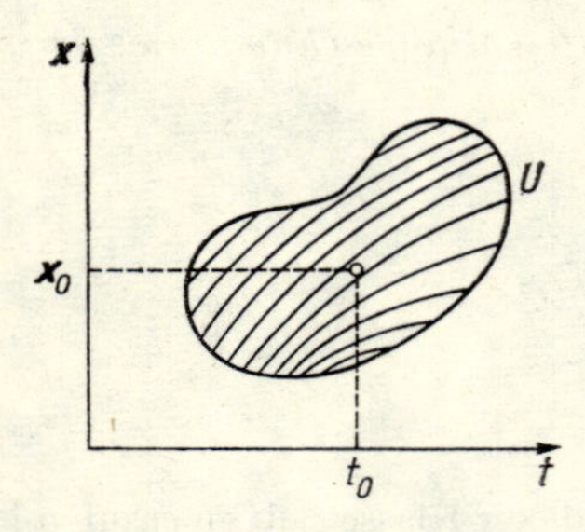

Abb. 31. Integralkurven der Gleichung $\dot{\boldsymbol{x}} = \boldsymbol{v}(t, \boldsymbol{x})$ im erweiterten Phasenraum $U \times \boldsymbol{R}$

Beispielsweise ruft der Einfluß des Mondes auf die Erde die Gezeiten hervor. Mathematisch läßt sich dieser Einfluß dadurch ausdrücken, daß die Erdbeschleunigung, die in den Bewegungsgleichungen für die Erdobjekte auftritt, variabel angesetzt wird.

In diesen Fällen sagt man, der Teil I sei *nicht autonom*; daher stammt auch der Terminus „nichtautonomes System" hinsichtlich (4).

Schließlich können Gleichungen der Gestalt (4) auch bei anderen Situationen auftreten. Beispiel: der Übergang von einem Gleichungspaar (1) zu einer Gleichung (2) mit getrennten Variablen.

Aufgabe 1. Man bestimme eine Lösung $\boldsymbol{\varphi}$ der Differentialgleichung

$$\dot{\boldsymbol{x}} = \boldsymbol{v}(t)$$

unter der Anfangsbedingung $\boldsymbol{\varphi}(t_0) = \boldsymbol{x}_0$.

Lösung. Newton führte, um die Lösung dieses Problems zu bestimmen, die Integration ein:

$$\boldsymbol{\varphi}(t) = \boldsymbol{x}_0 + \int_{t_0}^{t} \boldsymbol{v}(t)\, dt.$$

Aufgabe 2. Man zeige, daß die Phasenkurve des autonomen Systems

$$\dot{\boldsymbol{x}} = \boldsymbol{v}(\boldsymbol{x}), \qquad \boldsymbol{x} \in U \subset \boldsymbol{R}^n.$$

wobei $\boldsymbol{x} = (x_1, \ldots, x_n)$, $\boldsymbol{v} = (v_1, \ldots, v_n)$, $v_1 \neq 0$, ist, die Graphen der Lösungen des nichtautonomen Systems

$$\frac{dx_i}{dx_1} = \frac{v_i(\boldsymbol{x})}{v_1(\boldsymbol{x})}, \qquad i = 1, \ldots, n-1,$$

sind und umgekehrt.

1.5.3. Bemerkungen zur Integration von Differentialgleichungen. Früher sahen wir, daß die Lösungen der einfachsten Differentialgleichungen durch Integration gefunden werden können. Aus diesem Grunde wird der Prozeß, die Lösungen beliebiger Differentialgleichungen zu bestimmen, ebenfalls oft „Integration" genannt.

Es gibt eine Reihe von Integrationsmethoden für Differentialgleichungen von spezieller Gestalt. Tafeln solcher Differentialgleichungen und ebenfalls Methoden findet man z. B. bei A. F. FILIPPOV, Sbornik zadač po differencial'nym uravnenijam [russ.], Moskau 1961, §§ 4—6, 8—10, oder in Nachschlagewerken (vgl. etwa das Buch von E. KAMKE, Differentialgleichungen, Lösungsmethoden und Lösungen, Band I, 8. Aufl., Leipzig 1967, das rund 1600 Differentialgleichungen enthält). Man kann diese Tafeln erweitern, indem man eine schon gelöste Gleichung betrachtet und in ihr eine Substitution vornimmt. Meister in der Integration von Differentialgleichungen (etwa C. G. J. JACOBI) erreichten durch dieses Verfahren bedeutende Erfolge bei der Lösung konkreter Probleme in der Praxis.

Alle diese Integrationsmethoden haben jedoch zwei prinzipielle Mängel. Erstens lassen sich, wie J. LIOUVILLE bewies, *die Lösungen vieler Differentialgleichungen überhaupt nicht in geschlossener Form angeben.* Zum Beispiel ist schon eine so einfache Gleichung wie

$$\frac{dy}{dx} = y^2 - x$$

„nicht durch Quadratur lösbar", d. h., die Lösung ist nicht als Kombination elementarer und algebraischer Funktionen und deren Integrale darstellbar.[1])

Zweitens erweist sich eine unübersichtliche Formel, obwohl sie die Lösung in geschlossener Form angibt, oft als weniger nützlich als eine einfache Näherungsformel. Beispielsweise ist die Lösung der Gleichung $x^3 - 3x = 2a$ mit Hilfe der Cardanoschen Formel

$$x = \sqrt[3]{a + \sqrt{a^2 - 1}} + \sqrt[3]{a - \sqrt{a^2 - 1}}$$

in geschlossener Form darstellbar. Wollen wir jedoch die Gleichung für $a = 0{,}01$ lösen, so sollten wir zweckmäßigerweise berücksichtigen, daß sich für kleine a die Wurzel $x \approx -\frac{2}{3}a$ ergibt — ein Umstand, der bei Benutzung der Cardanoschen Formel überhaupt nicht sichtbar wird.

Genauso läßt sich die Pendelgleichung $\ddot{x} + \sin x = 0$ mit Hilfe (elliptischer) Integrale lösen. Jedoch ist die Mehrzahl der Fragen nach dem Verhalten eines Pendels einfacher zu beantworten, wenn man von der Näherungsgleichung für kleine Schwingungen (nämlich $\ddot{x} + x = 0$) und von qualitativen Überlegungen ausgeht, ohne die explizite Formel zu benutzen (vgl. 2.6.).

---

[1]) Der Beweis dieser Aussage verläuft ähnlich dem für die Nichtauflösbarkeit einer Gleichung fünften Grades in Radikalen (RUFFINI, ABEL, GALOIS): Er läßt sich aus der Nichtauflösbarkeit einer gewissen Gruppe herleiten. (Im Unterschied zur gewöhnlichen Galoisschen Theorie hat man es hier nicht mit einer endlichen Gruppe, sondern mit einer nichtauflösbaren Lieschen Gruppe zu tun.) Die mathematische Disziplin, die sich mit diesen Fragen beschäftigt, ist die Differentialalgebra.

Exakt lösbare Gleichungen sind als Beispiele nützlich, da an ihnen oft die Erscheinungen gezeigt werden können, die auch in komplizierteren Fällen auftreten. Von solcher Art sind z. B. die Lösungen einer Reihe von Gleichungen der mathematischen Physik, d. h. von partiellen Differentialgleichungen. Außerdem eröffnet sich uns jedesmal, wenn eine exakt lösbare Aufgabe gefunden ist, die Möglichkeit, ähnliche Aufgaben näherungsweise zu untersuchen (Störungstheorie; vgl. etwa 2.3.).

Es ist jedoch gefährlich, Resultate, die sich bei der Untersuchung exakt lösbarer Aufgaben ergeben haben, auf benachbarte Probleme zu übertragen: Häufig ist eine exakt integrierbare Gleichung nur deshalb integrierbar, weil sich ihre Lösungen einfacher ergeben als die der benachbarten nichtintegrierbaren Aufgaben.

1.6. Tangentialräume

Bei der Untersuchung mathematischer Objekte ist es stets wichtig zu wissen, wie sich diese Objekte bei Abbildungen verhalten.

Bei gewöhnlichen Differentialgleichungen ist die Variablensubstitution, d. h. die Wahl eines geeigneten Koordinatensystems, von grundlegender Bedeutung. Also müssen wir klären, wie sich die Gestalt einer Differentialgleichung bei einer differenzierbaren Abbildung ändert. Da eine Differentialgleichung durch ein Vektorfeld bestimmt wird, haben wir den Begriff des Vektorfeldes und des Geschwindigkeitsvektors zu analysieren.

Faßt man den Geschwindigkeitsvektor naiv als eine aus Punkten des Raumes zusammengesetzte gerichtete Strecke auf, so wird diese Strecke bei der Abbildung verbogen, und es ergibt sich kein Vektor. Später definieren wir einen linearen Raum, dessen Elemente Geschwindigkeitsvektoren von Kurven sind, die durch einen gegebenen Punkt x des Gebietes U verlaufen. Dieser lineare Raum heißt Tangentialraum an U im Punkt x und werde mit TU_x bezeichnet (auch die Bezeichnung T_xU ist gebräuchlich). Es sei $f\colon U \to V$ eine differenzierbare Abbildung. Die lineare Abbildung von Tangentialräumen definieren wir durch

$$f_{*x}\colon TU_x \to TV_{f(x)},$$

die sogenannte Ableitung der Abbildung f im Punkt x.

Alle Sätze dieses Abschnitts sind im wesentlichen in Lehrbüchern der Analysis enthalten; neu ist hier nur die der Geometrie entlehnte Terminologie.

1.6.1. Definition des Tangentialvektors. Es sei U ein Gebiet eines n-dimensionalen euklidischen Raumes $\boldsymbol{R}^n$ mit den Koordinaten $x_i\colon U \to \boldsymbol{R}$ $(i = 1, \ldots, n)$. Ferner sei $\varphi\colon I \to U$ eine differenzierbare Abbildung eines Intervalls I der reellen t-Achse in das Gebiet U; dabei sei $\varphi(0) = x \in U$. Wir wollen sagen, *die Kurve φ entspringe im Punkt x.*[1])

[1]) Genauer gesagt entspringt die Kurve φ im Punkt x zur Zeit $t = 0$. Es versteht sich, daß $t = 0$ durch $t = t_0$ ersetzt werden könnte (bei entsprechender Änderung sämtlicher Formeln).

Der Geschwindigkeitsvektor $\boldsymbol{v}$ *der Kurve* φ *im Punkt* x wird im $x_1, \ldots, x_n$-Koordinatensystem durch seine *Komponenten*

$$v_i = \left.\frac{d}{dt}\right|_{t=0} (x_i \circ \varphi), \qquad i = 1, \ldots, n, \tag{1}$$

festgelegt, wobei $(x_i \circ \varphi)(t) = x_i(\varphi(t))$ die Produktabbildung $I \xrightarrow{\varphi} U \xrightarrow{x_i} \boldsymbol{R}$ ist. Auch die Bezeichnung

$$v_i = \dot{x}_i|_{t=0}$$

ist gebräuchlich.

Definition. Zwei Kurven $\varphi_1, \varphi_2 : I \to U$ (Abb. 32), die im Punkt $x = \varphi_1(0) = \varphi_2(0)$ entspringen, *berühren* (*tangieren*) einander, wenn der Abstand zwischen den Punkten $\varphi_1(t)$ und $\varphi_2(t)$ mit t wie $o(t)$ gegen 0 strebt.[1])

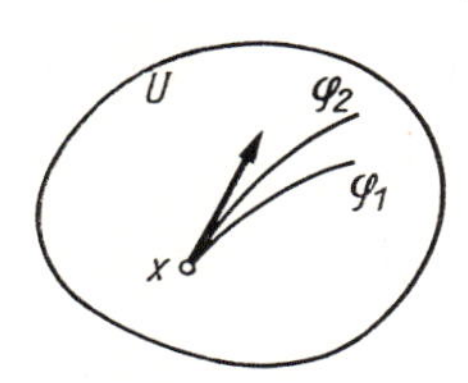

Abb. 32. Einander berührende Kurven

Aufgabe 1. Man zeige, daß zwei Kurven genau dann im Punkt x einander tangieren, wenn ihre Geschwindigkeitsvektoren im Punkt x übereinstimmen.

Die Menge aller Geschwindigkeitsvektoren der im Punkt x entspringenden Kurven ist ein n-dimensionaler reeller linearer Raum (die Addition und die Multiplikation mit einer Zahl werden komponentenweise vorgenommen). Dies ist aber genau ein Tangentialraum.

Es sei noch erwähnt, daß in der obigen Definition ein Koordinatensystem auftrat und der erhaltene Raum auf den ersten Blick von diesem Koordinatensystem abhängt. Wir werden im folgenden eine invariante, koordinatenunabhängige Definition des Geschwindigkeitsvektors und des Tangentialraumes geben.

Definition. Ein System von Koordinaten $y_i : U \to \boldsymbol{R}$ $(i = 1, \ldots, n)$ im Gebiet U des euklidischen Raumes $\boldsymbol{R}^n$ heißt *zulässig*, wenn die Abbildung

$$y : U \to \boldsymbol{R}^n, \qquad y(x) = y_1(x)\, \boldsymbol{e}_1 + \cdots + y_n(x)\, \boldsymbol{e}_n$$

($\boldsymbol{e}_i$ Einheitsvektoren im $\boldsymbol{R}^n$) ein Diffeomorphismus ist.

Aufgabe 2. Man zeige, daß die im Punkt $y(x)$ entspringenden Kurven $y \circ \varphi_1$ und $y \circ \varphi_2$ genau dann einander berühren, wenn auch die dem Punkt x entspringenden Kurven φ_1 und φ_2 einander berühren (Abb. 33).

Somit ist die Berührung von Kurven ein geometrischer Begriff, der vom Koordinatensystem unabhängig ist.

---

[1]) Zur Warnung sei gesagt, daß z. B. die *Bilder* der Abbildungen φ_1 und φ_2 in x senkrecht aufeinanderstehende Geraden sein können.

Definition. Als *Geschwindigkeitsvektor* $\boldsymbol{v}$ der im Punkt $x \in U$ entspringenden Kurve $\varphi: I \to U$ bezeichnen wir die Äquivalenzklasse derjenigen Kurven, die im Punkt x entspringen und die Kurve φ tangieren (Abb. 34), und wir schreiben:

$$\boldsymbol{v} = \dot{\varphi}(0), \quad \boldsymbol{v} = \left.\frac{d\varphi}{dt}\right|_{t=0}.$$

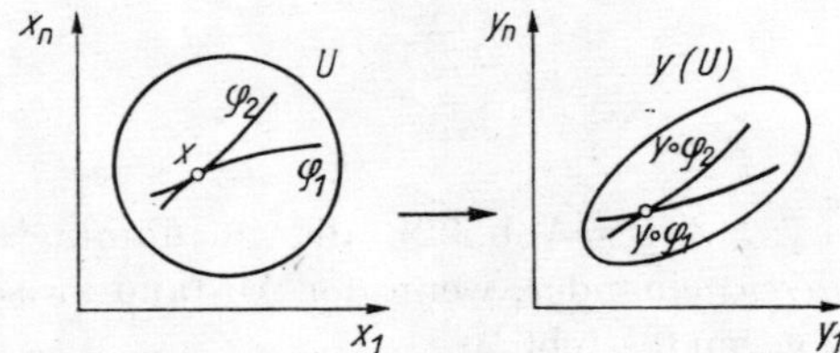

Abb. 33. Berührungsinvarianz bei einem Diffeomorphismus

Abb. 34. Klasse der Kurven, die im Punkt x einander berühren

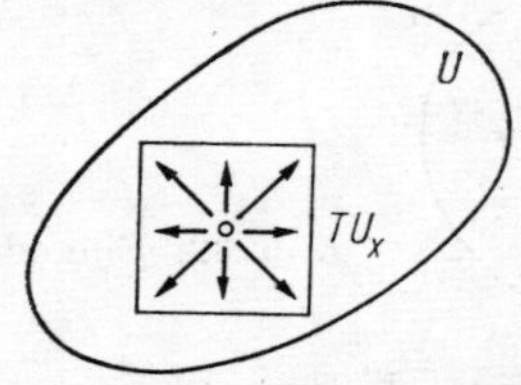

Abb. 35. Tangentialraum an das Gebiet U im Punkt x

Aufgabe 3. Man zeige, daß die Berührung eine Äquivalenzrelation ist, d. h., es gilt a) $\xi \sim \xi$, b) $\xi \sim \eta \Rightarrow \eta \sim \xi$, c) $\xi \sim \eta \sim \zeta \Rightarrow \xi \sim \zeta$, wobei $\sim$ bedeutet „entspringt in x und tangiert".

Bemerkung. In dieser Definition des Geschwindigkeitsvektors tritt kein Koordinatensystem auf, aber es ist eine *Klasse zulässiger Koordinatensysteme auf* U beteiligt. Diese Klasse heißt *differenzierbare Struktur auf* U. Ohne Vorgabe einer differenzierbaren Struktur auf U lassen sich die Berührung von Kurven und der Geschwindigkeitsvektor der Kurve φ nicht definieren.

1.6.2. Definition des Tangentialraumes.

Definition. Die Menge aller Geschwindigkeitsvektoren der im Punkt $x \in U$ entspringenden Kurven heißt *Tangentialraum an* U *im Punkt* x (Abb. 35). Die Elemente dieser Menge sind die *Tangentialvektoren*. Wir bezeichnen den Tangentialraum an U im Punkt x mit TU_x.[1])

[1]) Ist der Leser daran gewöhnt, den Geschwindigkeitsvektor einer Kurve als im gleichen Raum liegend wie die Kurve selbst anzusehen, so kann die Trennung des Tangentialraumes an einen linearen Raum von eben diesem linearen Raum gewisse gedankliche Schwierigkeiten hervorrufen. In diesem Fall ist es zweckmäßig, die vorhergehenden Überlegungen unter der Voraussetzung zu wiederholen, daß U die Oberfläche einer Sphäre ist. Dann ist TU_x die gewöhnliche Tangentialebene.

Es sei $x_i\colon U \to \boldsymbol{R}$ $(i = 1, \ldots, n)$ ein beliebiges zulässiges Koordinatensystem in U. Dann hat der Geschwindigkeitsvektor der Kurve $\varphi\colon I \to U$, die im Punkt $x \in U$ entspringt, die durch (1) vollständig bestimmten Komponenten $v_i \in \boldsymbol{R}$, $i = 1, \ldots, n$ (vgl. Aufgabe 1). Damit liefert das System der x_i die Abbildung $X\colon TU_x \to \boldsymbol{R}^n$ des Tangentialraumes an U im Punkt x in den n-dimensionalen reellen Raum $\boldsymbol{R}^n$ der Vektoren $(v_1, \ldots, v_n)$. Die Abbildung X ordnet dem Geschwindigkeitsvektor der Kurve φ das n-Tupel der Zahlen $v_1, \ldots, v_n$ zu.

Satz. *Die durch* (1) *definierte Abbildung* $X\colon TU_x \to \boldsymbol{R}^n$ *ist bijektiv, d. h. eine eineindeutige Abbildung auf den ganzen Raum* $\boldsymbol{R}^n$.

Beweis. Auf Grund von Aufgabe 1 ist der Tangentialvektor (d. h. die Klasse $\{\varphi\}$ der in einem Punkt entspringenden Kurven $\varphi\colon I \to U$) durch die Komponenten des Geschwindigkeitsvektors im $x_1, \ldots, x_n$-Koordinatensystem eindeutig bestimmt. Es bleibt zu zeigen, daß jeder Vektor $(v_1, \ldots, v_n) \in \boldsymbol{R}^n$ der Geschwindigkeitsvektor einer Kurve ist. Dazu genügt es, die durch die Bedingungen

$$(x_i \circ \varphi)(t) = x_i(x) + v_i t$$

festgelegte Kurve φ zu nehmen. Damit der Satz bewiesen.

Bei festem Koordinatensystem stimmen also die abstrakten Definitionen des Tangentialvektors und des Tangentialraumes mit den naiven Definitionen überein, die sich auf gerichtete Strecken aus dem das Gebiet U enthaltenden euklidischen Raum stützen.

Bis jetzt war der Tangentialraum TU_x einfach eine Menge, die nicht mit einer zusätzlichen Struktur versehen war. Wir führen nun in TU_x eine Struktur eines reellen linearen Raumes ein. Halten wir ein $x_1, \ldots, x_n$-Koordinatensystem fest, so lassen sich die Tangentialvektoren addieren und mit einer Zahl multiplizieren, wenn man sie gemäß dem vorhergehenden Satz mit den gerichteten Strecken $(v_1, \ldots, v_n)$ identifiziert. Es zeigt sich, daß diese Operationen nicht davon abhängen, welches zulässige Koordinatensystem gerade benutzt wurde.

Definition. Es sei $\xi \in TU_x$, $\eta \in TU_x$, $\lambda \in \boldsymbol{R}$. Wir definieren die Linearkombination $\xi + \lambda\eta \in TU_x$ durch

$$\xi + \lambda\eta = X^{-1}(X\xi + \lambda X\eta),$$

wobei X die durch das zulässige $x_1, \ldots, x_n$-Koordinatensystem bestimmte bijektive Abbildung $X\colon TU_x \to \boldsymbol{R}^n$ ist.

Wir übertragen also auf TU_x die lineare Struktur des $\boldsymbol{R}^n$, indem wir diese Mengen mit Hilfe der bijektiven Abbildung X identifizieren.

Satz. *Die Linearkombination* $\xi + \lambda\eta$ *hängt nicht davon ab, welches zulässige Koordinatensystem zu ihrer Definition benutzt wurde, sondern nur von* ξ, η *und* λ.

Beweis. Es sei $y_i\colon U \to \boldsymbol{R}$ $(i = 1, \ldots, n)$ ein zweites zulässiges Koordinatensystem, und $Y\colon TU_x \to \boldsymbol{R}^n$ sei die diesem Koordinatensystem entsprechende Abbildung des Tangentialraumes an U im Punkt x auf den n-dimensionalen reellen Raum $\boldsymbol{R}^n$ von

Vektoren $(w_1, \ldots, w_n)$. Die Abbildung Y ordnet der Klasse der Kurven das n-Tupel der Zahlen

$$w_i = \frac{d}{dt}\bigg|_{t=0} (y_i \circ \varphi), \quad i = 1, \ldots, n, \tag{2}$$

zu. Nach dem vorhergehenden Satz ist Y eine bijektive Abbildung.

Wir müssen zeigen, daß die Abbildung $YX^{-1}: \boldsymbol{R}^n \to \boldsymbol{R}^n$ ein Isomorphismus zwischen linearen Räumen ist. Daß diese Abbildung bijektiv ist, wissen wir schon. Nun sei $\varphi: I \to U$ diejenige Kurve, deren Geschwindigkeitsvektor im System der Koordinaten x_i $(i = 1, \ldots, n)$ die Komponenten $\dot{x}_i$ hat. Wir suchen die Komponenten $\dot{y}_i$ $(i = 1, \ldots, n)$ des Geschwindigkeitsvektors dieser Kurve im System der Koordinaten y_i. Diese y_i sind Funktionen der x_i:

$$y_i(x_1, \ldots, x_n), \qquad i = 1, \ldots, n.$$

Nach der Kettenregel ist

$$\dot{y}_i|_0 = \sum_{j=1}^{n} \frac{\partial y_i}{\partial x_j}\bigg|_x \dot{x}_j|_0$$

oder kürzer

$$\dot{\boldsymbol{y}} = \frac{\partial y}{\partial x} \dot{\boldsymbol{x}}. \tag{3}$$

Die Gleichung (3) liefert die explizite Form der Abbildung YX^{-1}: Diese Abbildung ist eine lineare Transformation. Damit ist der Satz bewiesen, denn die oben eingeführten Operationen versehen TU_x mit einer Struktur des reellen n-dimensionalen linearen Raumes, *die nicht von der Wahl des zulässigen Koordinatensystems abhängt.*

Bemerkung. Im Urbildraum $\boldsymbol{R}^n = \{\dot{\boldsymbol{x}}\}$ und im Bildraum $\boldsymbol{R}^n = \{\dot{\boldsymbol{y}}\}$ sind die Koordinaten $\dot{x}_i$ bzw. $\dot{y}_i$ festgehalten. Die Matrix der Abbildung YX^{-1} in diesen Koordinatensystemen ist gemäß (3) die Funktionalmatrix $\left(\frac{\partial y}{\partial x}\right)$.

1.6.3. Die Ableitung einer Abbildung. Es sei $f: U \to V$ eine differenzierbare Abbildung eines Gebietes U eines n-dimensionalen euklidischen Raumes mit den Koordinaten $x_i: U \to \boldsymbol{R}$ $(i = 1, \ldots, n)$ in ein Gebiet V eines m-dimensionalen euklidischen Raumes mit den Koordinaten $y_j: V \to \boldsymbol{R}$ $(j = 1, \ldots, m)$. Ferner sei x ein Punkt aus U und $y = f(x) \in V$ sein Bild (Abb. 36).

Definition. Die *Ableitung der Abbildung f im Punkt x* ist diejenige Abbildung des Tangentialraumes an U im Punkt x in den Tangentialraum an V im Punkt $f(x)$,

$$f_{*x}: TU_x \to TV_{f(x)},$$

die den Geschwindigkeitsvektor $\boldsymbol{\xi}$ der im Punkt x entspringenden Kurve $\varphi: I \to U$ in den Geschwindigkeitsvektor der im Punkt $f(x)$ entspringenden Kurve $f \circ \varphi: I \to V$

überführt, so daß

$$f_{*x}\left(\left.\frac{d\varphi}{dt}\right|_{t=0}\right) = \left.\frac{d}{dt}\right|_{t=0}(f \circ \varphi) \tag{4}$$

gilt.

Satz. *Die Beziehung* (4) *definiert eine lineare Transformation* f_{*x} *des Tangentialraumes* TU_x *in den Tangentialraum* $TV_{f(x)}$.

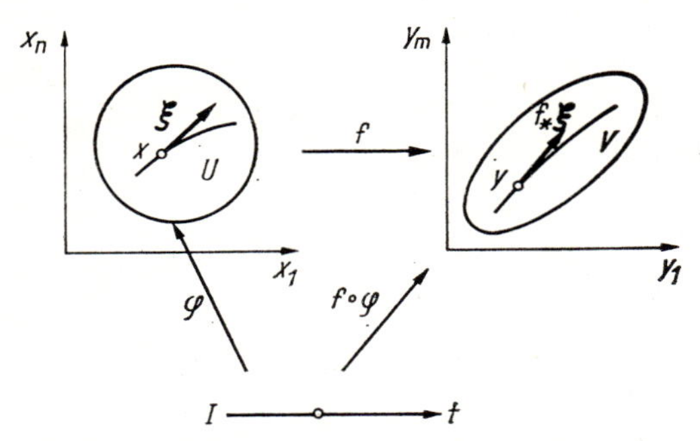

Abb. 36. Definition der Ableitung einer Abbildung f im Punkt x

Beweis. Wir müssen nachprüfen, ob erstens die rechte Seite von (4) nicht von der Wahl des Repräsentanten φ aus der Klasse der sich in x berührenden Kurven abhängt und ob zweitens die Abbildung f_{*x} linear ist.

Mit $\dot{x}_i$ seien die Komponenten des Geschwindigkeitsvektors $\dot{\boldsymbol{x}}$ der Kurve φ im Punkt x und mit $\dot{y}_j$ die des Geschwindigkeitsvektors $\dot{\boldsymbol{y}}$ der Kurve $f \circ \varphi$ im Punkt $f(x)$ bezeichnet. Nach der Kettenregel ist

$$\dot{y}_j = \sum_{i=1}^{n} \frac{\partial y_j}{\partial x_i} \dot{x}_i, \tag{5}$$

wobei $y_j(x_1, \ldots, x_n)$, $j = 1, \ldots, m$, die die Abbildung f in den Koordinatensystemen x_i, y_j definierenden Funktionen sind. Die Beziehung (5) liefert den Beweis der beiden obigen Behauptungen sowie die folgende Bemerkung.

Bemerkung. Führt man in TU_x und $TV_{f(x)}$ als Koordinaten die Komponenten $\dot{x}_i$ bzw. $\dot{y}_i$ der Tangentialvektoren in den Koordinatensystemen x_i bzw. y_i ein, so ist die Matrix der linearen Abbildung $f_{*x}\colon TU_x \to TV_{f(x)}$ die Funktionalmatrix $\left(\frac{\partial y}{\partial x}\right)$. Wir betonen ausdrücklich, daß *die Abbildung* f_{*x} *nicht vom Koordinatensystem abhängt*; Koordinaten wurden lediglich zum Beweis des Satzes benutzt.

Aufgabe 1. Man bestimme die Ableitung der durch die Beziehung $y = x^2$ definierten Abbildung $f\colon \boldsymbol{R} \to \boldsymbol{R}$ im Punkt $x = 0$.

Lösung. Die Ableitung f_{*0} ist diejenige Abbildung der Geraden $T\boldsymbol{R}_0$ in sich, die die ganze Gerade in den Nullpunkt überführt.

Aufgabe 2. Es seien $f\colon U \to V$, $g\colon V \to W$ zwei differenzierbare Abbildungen. Man zeige, daß die Produktabbildung $h = g \circ f\colon U \to W$ ebenfalls differenzierbar und ihre Ableitung im Punkt x gleich $h_{*x} = g_{*f(x)} \circ f_{*x}$ ist.

Aufgabe 3. Man beweise, daß die Abbildung $f_{*x}\colon TU_x \to TV_{f(x)}$ ein Isomorphismus linearer Räume ist, wenn $f\colon U \to V$ ein Diffeomorphismus ist. Man gebe ein Beispiel dafür an, daß *die Umkehrung nicht gilt* (Abb. 37).

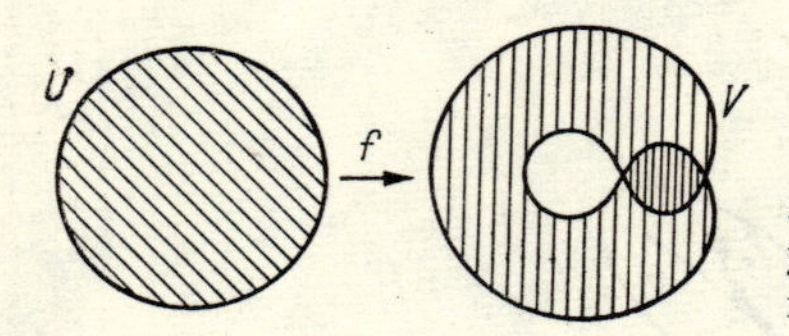

Abb. 37. Eine Abbildung, die in der Umgebung jedes Punktes ein Diffeomorphismus ist, kann nicht bijektiv sein

Aufgabe 4. Es sei $f\colon \boldsymbol{R}^2 \to \boldsymbol{R}^2$ die durch

$$(x_1 + ix_2)^2 = y_1 + iy_2, \qquad i = \sqrt{-1},$$

definierte Abbildung. Man zeige, daß f_{*x} $(x \neq 0)$ eine winkeltreue Abbildung ist. (Die euklidischen Strukturen auf den Tangentialräumen $T\boldsymbol{R}_x^2$, $T\boldsymbol{R}_y^2$ sind durch die quadratischen Formen $\dot{x}_1^2 + \dot{x}_2^2$ bzw. $\dot{y}_1^2 + \dot{y}_2^2$ gegeben.)

1.6.4. Satz über die inverse Funktion. Es sei $f\colon U \to V$ eine differenzierbare Abbildung zwischen Gebieten U und V eines euklidischen Raumes und x_0 ein Punkt aus U.

Satz. *Ist die Ableitung*

$$f_{*x_0}\colon TU_{x_0} \to TV_{f(x_0)}$$

ein Isomorphismus zwischen linearen Räumen, so existiert eine solche Umgebung W von x_0, daß die Einschränkung von f auf W,

$$f|_W\colon W \to f(W),$$

ein Diffeomorphismus ist.

Beweis.[1] Die Dimensionen der Tangentialräume TU_{x_0} und $TV_{f(x_0)}$ und demzufolge auch die der Gebiete U und V stimmen überein. Es seien $x_1, \ldots, x_n$ und $y_1, \ldots, y_n$ zulässige Koordinaten in U bzw. V. Die Abbildung f ist durch die Funktionen $y_i = f_i(x_1, \ldots, x_n)$, $i = 1, \ldots, n$, bestimmt. Wir setzen

$$F_i(x_1, \ldots, x_n, y_1, \ldots, y_n) = y_i - f_i(x_1, \ldots, x_n).$$

Nach Voraussetzung ist die Funktionaldeterminante $\left|\frac{\partial f_i}{\partial x_j}\right|$ an der Stelle x_0 und infolgedessen auch die Funktionaldeterminate $\left|\frac{\partial F_i}{\partial x_j}\right|$ an der Stelle $(x_0, f(x_0))$ von 0 verschieden.

[1]) Der Satz über die inverse Funktion und der über implizite Funktionen lassen sich leicht auseinander herleiten. Hier geben wir die Herleitung des Satzes über die inverse Funktion aus dem Satz über implizite Funktionen an, da man den zweiten stets in Analysisvorlesungen findet, während der erste gewöhnlich nicht einmal formuliert wird. Einen von dem Satz über implizite Funktionen unabhängigen Beweis findet man z. B. in 4.2.9.

Auf das System der Funktionen F_i $(i = 1, \ldots, n)$ wenden wir in der Umgebung des Punktes $(x_0, f(x_0))$ den Satz über implizite Funktionen an und erhalten:

a) In einer hinreichend kleinen Umgebung E des Punktes $y_0 = f(x_0)$ gibt es n Funktionen $x_i = \varphi_i(y_1, \ldots, y_n)$, für welche $F(\varphi(y), y) \equiv 0$ ist.

b) Andere zu x_0 benachbarte Lösungen x des Systems $F(x, y) = 0$, $y \in E$, gibt es nicht.

c) Die Werte der Funktionen $\varphi_i(y)$ im Punkt y_0 sind gleich den Koordinaten des Punktes x_0, und in der Umgebung E von y_0 (Abb. 38) sind die φ_i genau so oft stetig differenzierbar wie die f_i.

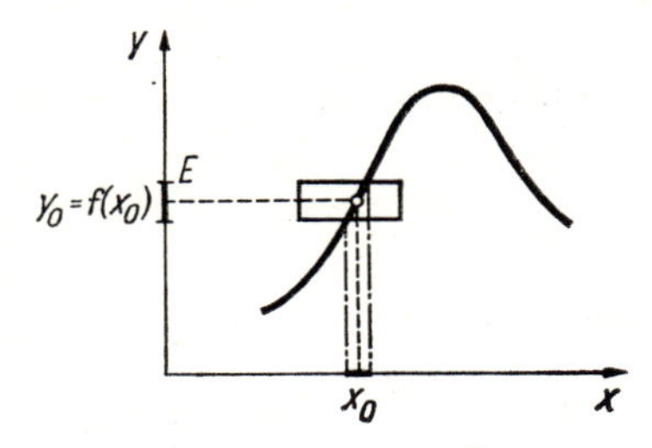

Abb. 38. Inverse Funktion

Die Funktionen φ_i definieren eine differenzierbare Abbildung φ der Umgebung E von $y_0 = f(x_0)$ in eine Umgebung des Punktes x_0. Diese Abbildung φ genügt der Bedingung, daß $f \circ \varphi$ die identische Abbildung ist. Wir setzen $\varphi(E) = W$. Die Abbildungen $f|_W\colon W \to E$ und $\varphi\colon E \to W$ sind zueinander inverse differenzierbare Abbildungen und folglich Diffeomorphismen.

Aufgabe 1. Man zeige, daß $\varphi(E)$ eine Umgebung des Punktes x_0 ist (d. h. alle Punkte von U enthält, die dem Punkt x_0 hinreichend nahe liegen).

1.6.5. Wirkung eines Diffeomorphismus auf ein Vektorfeld. Es sei U ein Gebiet eines euklidischen Raumes und $\boldsymbol{v}$ ein Vektorfeld auf U. Ist x ein Punkt von U, so ist $\boldsymbol{v}(x)$ ein Tangentialvektor:

$$\boldsymbol{v}(x) \in TU_x.$$

Definition. Ist $f\colon U \to V$ ein Diffeomorphismus, so nennen wir das Vektorfeld $f_*\boldsymbol{v}$, dessen Vektoren sich aus den Vektoren $\boldsymbol{v}(x)$ unter der Wirkung der Ableitung f_{*x} derart ergeben, daß

$$(f_*\boldsymbol{v})_{f(x)} = f_{*x}\boldsymbol{v}(x) \in TV_{f(x)}$$

ist, das *Bild des Vektorfeldes $\boldsymbol{v}$ bei Anwendung des Diffeomorphismus f* (Abb. 39).

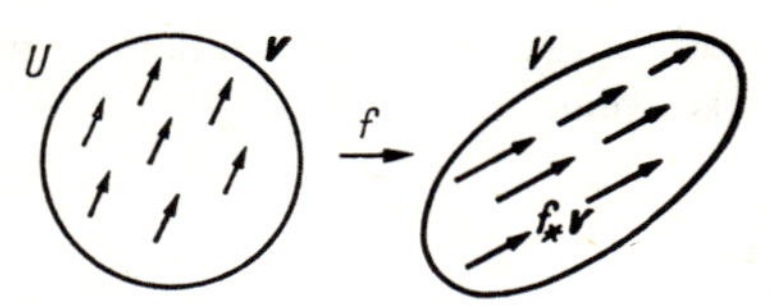

Abb. 39. Die Wirkung des Diffeomorphismus f auf das Vektorfeld $\boldsymbol{v}$

Aufgabe 1. Man zeige: Ist das Vektorfeld $\boldsymbol{v}$ differenzierbar (d. h. ist es durch r-mal stetig differenzierbare Funktionen $v_i(x_1, \ldots, x_n)$ im $x_1, \ldots, x_n$-Koordinatensystem gegeben), so ist das Vektorfeld $f_*\boldsymbol{v}$ ebenfalls differenzierbar (mit demselben r, wenn der Diffeomorphismus f zur Klasse C^{r+1} gehört).

Hinweis. Vgl. die Beziehung (5).

Satz. *Ist $f\colon U \to V$ ein Diffeomorphismus, so ist die durch das Vektorfeld $\boldsymbol{v}$ auf dem Phasenraum U definierte Differentialgleichung*

$$\dot{x} = \boldsymbol{v}(x), \qquad x \in U, \tag{6}$$

äquivalent der durch das Vektorfeld $f_*\boldsymbol{v}$ auf dem Phasenraum V definierten Differentialgleichung

$$\dot{y} = (f_*\boldsymbol{v})\,(y), \qquad y \in V. \tag{7}$$

Also ist $\varphi\colon I \to U$ genau dann Lösung von (6), wenn $f \circ \varphi\colon I \to V$ Lösung von (7) ist.

Der Beweis ist klar.

Es sei $\varphi\colon I \to U$ Lösung von (6). Wir setzen $\tilde{\varphi}(\tau) = \varphi(t_0 + \tau)$. Ist $\varphi(t_0) = x_0$, so entspringt $\tilde{\varphi}$ im Punkt x_0 und $f \circ \tilde{\varphi}$ im Punkt $y_0 = f(x_0)$. Nach Definition von f_* ist

$$\left.\frac{d}{dt}\right|_{t=t_0} f \circ \varphi = \left.\frac{d}{d\tau}\right|_{\tau=0} f \circ \tilde{\varphi} = f_{*x_0} \left.\frac{d}{d\tau}\right|_{\tau=0} \tilde{\varphi} = f_{*x_0} \left.\frac{d}{dt}\right|_{t=t_0} \varphi = (f_*\boldsymbol{v})(y_0).$$

Also ist $f \circ \varphi$ Lösung von (7). Wendet man die bewiesene Behauptung auf den inversen Diffeomorphismus $f^{-1}\colon V \to U$ an, so ist der Beweis beendet.

1.6.6. Beispiele. Der letzte Satz gestattet es, eine große Zahl der verschiedenartigsten Differentialgleichungen zu untersuchen und zu lösen: Es genügt, eine schon untersuchte Differentialgleichung zu nehmen und einem Diffeomorphismus zu unterwerfen; dann ist die neue Gleichung ebenfalls lösbar.

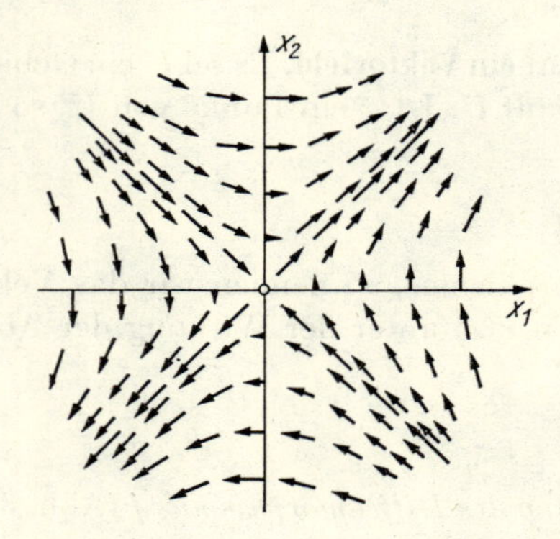

Abb. 40. Das Vektorfeld $v_1 = x_2$, $v_2 = x_1$

Beispiel 1. Wir betrachten das System

$$\begin{cases} \dot{x}_1 = x_2, \\ \dot{x}_2 = x_1, \end{cases} \tag{8}$$

das durch ein Vektorfeld auf der Ebene gegeben wird ($v_1 = x_2$, $v_2 = x_1$; vgl. Abb. 40). Es sei $f\colon \boldsymbol{R}^2 \to \boldsymbol{R}^2$ eine Abbildung, die den Punkt mit den Koordinaten x_1, x_2 in den Punkt (y_1, y_2) mit $y_1 = x_1 + x_2$, $y_2 = x_1 - x_2$ überführt. Diese lineare Abbildung f

ist ein Diffeomorphismus, und ihre Ableitung f_{*x} besitzt die Matrix

$$\begin{pmatrix} 1 & 1 \\ 1 & -1 \end{pmatrix}.$$

Das neue Vektorfeld hat deshalb die Komponenten $w_1 = y_1$, $w_2 = -y_2$, so daß (8) dem System

$$\begin{cases} \dot{y}_1 = y_1, \\ \dot{y}_2 = -y_2 \end{cases}$$

äquivalent ist. Dieses neue System ist das direkte Produkt zweier eindimensionaler Systeme. Wir haben es schon untersucht und gelöst (Sattel; Abb. 41); seine Lösung hat die Gestalt

$$y_1 = y_1(0)\, e^t, \qquad y_2 = y_2(0)\, e^{-t}.$$

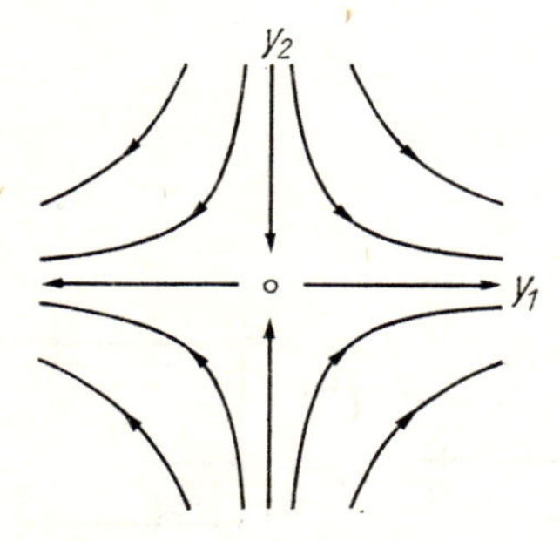

Abb. 41. Phasenebene des neuen Systems

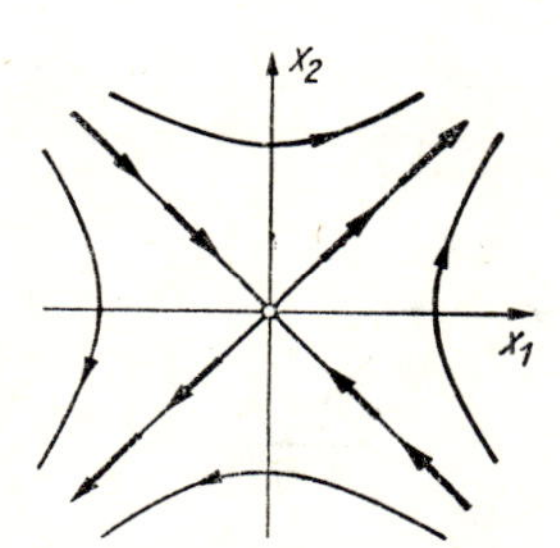

Abb. 42. Phasenebene des ursprünglichen Systems

Kehren wir nun mit Hilfe von f^{-1} zu dem ursprünglichen System zurück, so erhalten wir den gedrehten Sattel (Abb. 42), und die Lösung lautet

$$x_1(t) = x_1(0) \cosh t + x_2(0) \sinh t,$$
$$x_2(t) = x_1(0) \sinh t + x_2(0) \cosh t.$$

Bemerkung. Den Winkel einer kleinen Auslenkung eines ebenen Reversionspendels von der Vertikalen bezeichnen wir mit x (Abb. 43). Im entsprechend gewählten Maßsystem hat dann die Bewegungsgleichung des Pendels die Form[1]) $\ddot{x} = x$. Setzen

[1]) In Wirklichkeit gilt die Gleichung $\ddot{x} = \sin x$. Für kleine Werte von x und $\dot{x}$ kann man sie näherungsweise durch $\ddot{x} = x$ ersetzen. Der Unterschied im Vorzeichen auf den rechten Seiten der Pendelgleichungen in der Nähe der oberen bzw. unteren Gleichgewichtslage erklärt sich folgendermaßen: In der Umgebung der oberen Gleichgewichtslage bewegt das Kraftmoment des Gewichts das Pendel *nach der Seite, nach der das Pendel ausgelenkt war*; daher ist $\ddot{x} = +x$. In der Umgebung der unteren Gleichgewichtslage bewegt das Kraftmoment des Gewichts das Pendel *nach der Seite, die der Auslenkung entgegengesetzt ist*; also ist $\ddot{x} = -x$ (im übrigen folgt dies auch aus der Beziehung $\sin(\pi + x) = -\sin x$).

wir $x = x_1$, $\dot{x}_1 = x_2$, so nimmt die Pendelgleichung für kleine Auslenkungen aus der oberen Gleichgewichtslage die Gestalt (8) an.

Abb. 43. Pendel in der Umgebung der oberen Gleichgewichtslage

Aufgabe 1. Welchen Bewegungen des Pendels entsprechen die verschiedenen Phasenkurven in Abb. 42?

Beispiel 2. Die *Gleichung*

$$\ddot{x} = -x$$

für die kleinen Schwingungen eines Pendels um die untere Gleichgewichtslage geht für $x_1 = x$, $x_2 = \dot{x}$ in das System

$$\begin{cases} \dot{x}_1 = x_2, \\ \dot{x}_2 = -x_1 \end{cases} \tag{9}$$

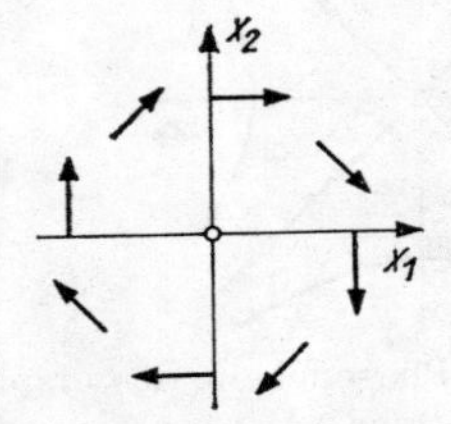

Abb. 44. Vektorfeld der Pendelgleichung (9)

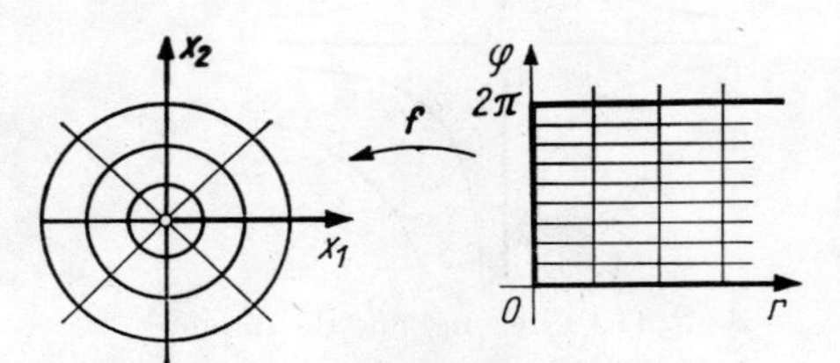

Abb. 45. Polar„koordinaten“

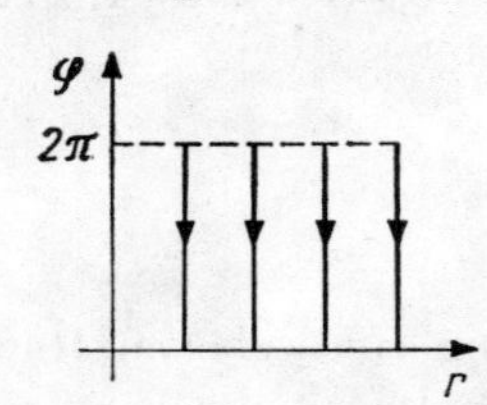

Abb. 46. Phasenkurven der Pendelgleichungen in Polarkoordinaten

über. Die Gestalt des Vektorfeldes (Abb. 44) legt es nahe, zweckmäßigerweise Polarkoordinaten

$$x_1 = r \cos \varphi, \qquad x_2 = r \sin \varphi$$

einzuführen. Diese Formeln liefern eine differenzierbare Abbildung f der Halbebene $r > 0$ auf die x_1, x_2-Ebene mit Ausnahme des Koordinatenursprungs (Abb. 45). Diese Abbildung ist kein Diffeomorphismus. Jedoch können wir als V die x_1,x_2-Ebene ohne etwa die Halbachse $x_1 > 0$ und als Gebiet U auf der Halbebene $r > 0$ den Halbstreifen $0 < \varphi < 2\pi$ nehmen; dann ist $f: U \to V$ ein Diffeomorphismus. Also ist das System (9) in V einem gewissen System in U äquivalent, nämlich (Abb. 46)

$$\begin{cases} \dot{r} = 0, \\ \dot{\varphi} = -1. \end{cases}$$

Die Lösung dieses Systems lautet

$$r(t) = r(0), \qquad \varphi(t) = \varphi(0) - t,$$

woraus sich die Lösung des Ausgangssystems (9) zu

$$x_1(t) = r_0 \cos(\varphi_0 - t),$$
$$x_2(t) = r_0 \sin(\varphi_0 - t)$$

ergibt.

Aufgabe 2. Man prüfe nach, daß diese Beziehungen sämtliche Lösungen von (9) für alle t liefern und nicht nur, solange $(x_1, x_2) \in V$ ist.

Aufgabe 3. Man zeige, daß die Phasenkurven Kreise sind (Abb. 47); die Transformationen g^t bilden eine einparametrige Gruppe linearer Transformationen der Ebene: Die Transformation g^t bewirkt die Drehung um den Winkel t, und die Matrix von g^t hat die Gestalt

$$\begin{pmatrix} \cos t & \sin t \\ -\sin t & \cos t \end{pmatrix}.$$

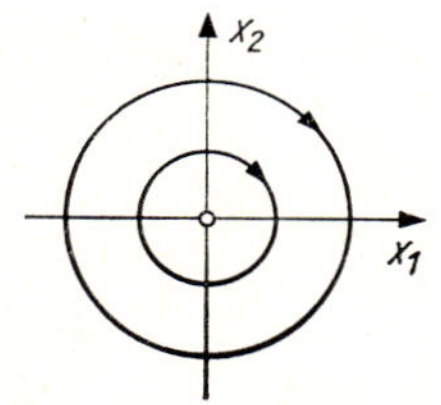

Abb. 47. Phasenkurven der Pendelgleichungen in kartesischen Koordinaten

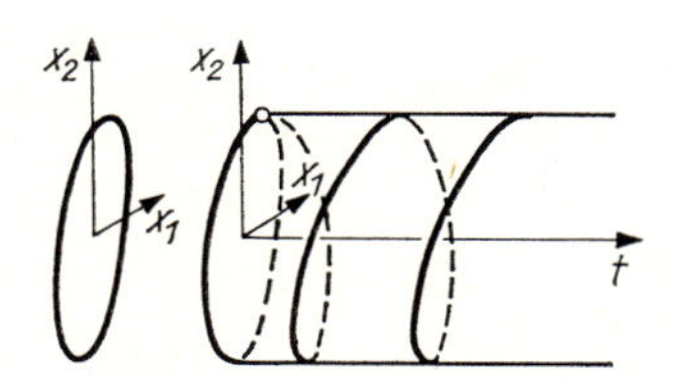

Abb. 48. Integralkurven der Pendelgleichungen

Kehren wir zur Pendelgleichung $\ddot{x} = -x$ zurück, so stellen wir fest, daß das Pendel harmonische Schwingungen $\big(x = r_0 \cos(\varphi_0 - t)\big)$ ausführt, deren Periode gleich 2π ist und nicht von den Anfangsbedingungen abhängt.

Aufgabe 4. Wie sehen die Integralkurven des Systems (9) aus?

Lösung. Schraubenlinien mit der Ganghöhe $T = 2\pi$ und der gemeinsamen Achse $x_1 = x_2 = 0$, die ebenfalls eine Integralkurve ist (Abb. 48).

Beispiel 3. Wir betrachten das System

$$\begin{cases} \dot{x}_1 = x_2 + x_1(1 - x_1^2 - x_2^2), \\ \dot{x}_2 = -x_1 + x_2(1 - x_1^2 - x_2^2). \end{cases} \tag{10}$$

Es ist aus dem System

$$\begin{cases} \dot{r} = f(r), \\ \dot{\varphi} = -1 \end{cases} \tag{11}$$

durch Übergang von Polarkoordinaten zu kartesischen Koordinaten $x_1 = r\cos\varphi$, $x_2 = r\sin\varphi$ hervorgegangen. Das System (11) ist nämlich (unter den üblichen Vorbehalten, die damit zusammenhängen, daß die Polarkoordinaten nicht eindeutig sind) dem System

$$\begin{cases} \dot{x}_1 = x_1 f(r)\, r^{-1} + x_2, \\ \dot{x}_2 = x_2 f(r)\, r^{-1} - x_1 \end{cases}$$

äquivalent, das für $f(r) = r(1 - r^2)$ in (10) übergeht.

Wir müssen also das System (11) für $f(r) = r(1 - r^2)$ untersuchen. Zuerst betrachten wir die Integralkurven der Gleichung $\dot{r} = f(r)$ in der t, r-Ebene ($r > 0$); vgl. Abb. 49. Das Vektorfeld $\boldsymbol{v} = f(r)$ auf einer Geraden besitzt drei singuläre Punkte: $r = -1, 0, +1$. Dabei ist das Feld

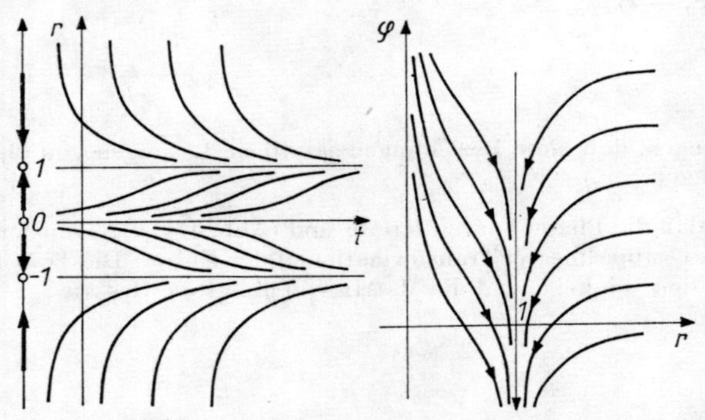

Abb. 49. Integralkurven der Gleichung $\dot{r} = r(1 - r^2)$ und Phasenkurven des Systems (10) in Polarkoordinaten

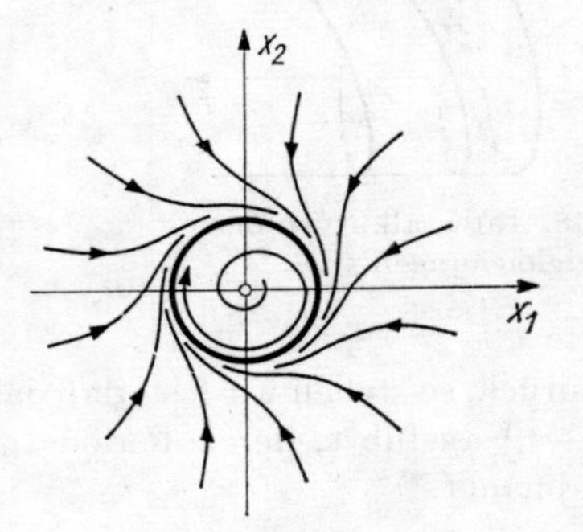

Abb. 50. Phasenkurven des Systems (10). Grenzzykel

auf die Punkte $r = 1$ und $r = -1$ zu und vom Punkt $r = 0$ fort gerichtet. Die Phasenkurven in der r, φ-Ebene ($r > 0$) ergeben sich durch Drehung (wegen $\varphi = \varphi_0 - t$).

Gehen wir zu kartesischen Koordinaten über, so erhalten wir das folgende Bild (Abb. 50).

Der Punkt $x_1 = x_2 = 0$ ist der einzige singuläre Punkt. Die in seiner Umgebung beginnenden Phasenkurven entfernen sich von ihm in Richtung wachsender t und nähern sich für $t \to +\infty$ der Kreislinie $x_1^2 + x_2^2 = 1$ von innen. Diese Kreislinie ist ebenfalls eine Phasenkurve, der sogenannte *Grenzzykel.*

Liegt der Anfangspunkt außerhalb der Kreisfläche $x_1^2 + x_2^2 \leqq 1$, so spult sich die Phasenkurve für $t \to +\infty$ von außen auf den Grenzzykel auf und geht für $t \to -\infty$ ins Unendliche.

Grenzzyklen beschreiben stabile periodische Bewegungsabläufe eines autonomen Systems. Insbesondere können x_1 und x_2 die Abweichungen der Anzahl der Hasen bzw. der Anzahl der

Luchse von den Mittelwerten angeben (die entsprechende ökologische Gleichung hat nicht genau die Form (10), aber sie hat ähnliche Eigenschaften).

Dem Grenzzykel entsprechen die periodischen, etwas phasenverschobenen Schwankungen bei der Anzahl der Luchse und Hasen. Dies ist auch in der Natur zu beobachten, wobei die Schwankungen bei der Anzahl der Luchse zeitlich verzögert sind (Abb. 51).

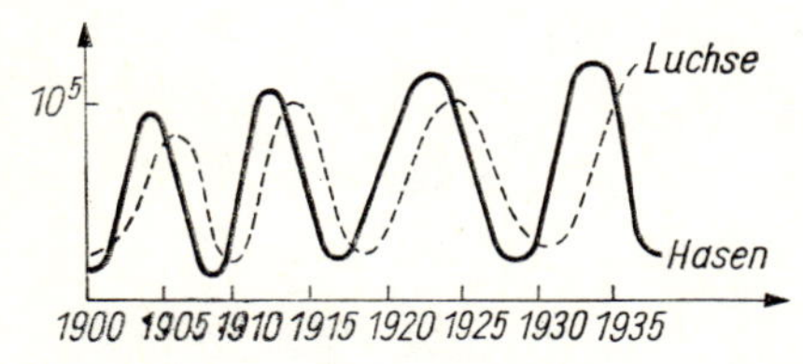

Abb. 51. Schwankungen bei der Anzahl der Luchse und Hasen in Kanada

Andere Beispiele für das Auftreten stabiler periodischer Schwingungen unter stationären äußeren Bedingungen sind die Uhr, die Dampfmaschine, die elektrische Klingel, das Herz, die Elektronenröhre zur Erzeugung von Radiowellen und die veränderlichen Sterne vom Typ der Cepheiden. Die Arbeit jedes dieser Objekte läßt sich durch einen Grenzzykel im zugehörigen Phasenraum beschreiben.

Man darf jedoch nicht glauben, daß alle Schwingungsvorgänge durch Grenzzyklen beschrieben werden können: Im mehrdimensionalen Phasenraum ist ein viel komplizierteres Verhalten der Phasenkurven möglich. Als Beispiele dafür können dienen: die Bewegungsprozesse des Gyroskops; die Bewegung der Planeten und ihrer Trabanten sowie ihre Rotation um ihre Achsen (die Tatsache, daß diese Bewegungen nicht periodisch sind, ist der Grund dafür, daß der Kalender so kompliziert und die Vorausberechnung von Ebbe und Flut so schwierig ist); ferner die Bewegung elektrisch geladener Teilchen im Magnetfeld (die für das Auftreten des Polarlichts verantwortlich ist). Vgl. auch 3.12. sowie 3.13.6.

2. Grundlegende Sätze

In diesem Kapitel werden die grundlegenden Resultate aus der Theorie der gewöhnlichen Differentialgleichungen formuliert: Es wird über Existenz und Eindeutigkeit der Lösungen und der ersten Integrale sowie über die Abhängigkeit der Lösungen von den Anfangswerten und den Parametern gesprochen. Die Beweise werden in Kapitel 4 geführt; jetzt wollen wir nur den Zusammenhang dieser Resultate erörtern.

2.1. Das Vektorfeld in der Umgebung eines nichtsingulären Punktes

Wir betrachten die Differentialgleichung

$$\dot{\boldsymbol{x}} = \boldsymbol{v}(\boldsymbol{x}), \qquad \boldsymbol{x} \in U, \tag{1}$$

die durch ein stetig differenzierbares Vektorfeld $\boldsymbol{v}$ auf einem n-dimensionalen Phasenraum U gegeben ist. Es sei $\boldsymbol{x}_0 \in U$ ein nichtsingulärer Punkt des Vektorfeldes, d. h., es sei $\boldsymbol{v}(\boldsymbol{x}_0) \neq 0$ (Abb. 52).

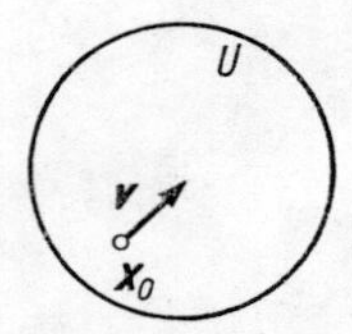

Abb. 52. Nichtsingulärer Punkt $\boldsymbol{x}_0$ des Vektorfeldes $\boldsymbol{v}$

2.1.1. Der Hauptsatz der Theorie der gewöhnlichen Differentialgleichungen. *In einer hinreichend kleinen Umgebung eines nichtsingulären Punktes ist das Vektorfeld einem konstanten Feld* $\mathbf{e}_1$ *diffeomorph.*

Es existieren also eine Umgebung V des Punktes $\boldsymbol{x}_0$ und ein Diffeomorphismus $f\colon V \to W$ der Umgebung V auf das Gebiet W des euklidischen Raumes $\boldsymbol{R}^n$ (Abb. 53) *derart, daß $f_*\boldsymbol{v} = \mathbf{e}_1$ ist (wobei $\mathbf{e}_1$ den ersten Koordinateneinheitsvektor im $\boldsymbol{R}^n$ bezeichnet).*

Ist $\boldsymbol{v}$ *ein Feld der Klasse* C^r, $1 \leq r \leq \infty$, *so ist* f *ein Diffeomorphismus der Klasse* C^r *mit demselben* r.

Es seien $y_i: \boldsymbol{R}^n \to \boldsymbol{R}^1$ $(i = 1, \ldots, n)$ kartesische Koordinaten eines euklidischen Raumes, der das Gebiet W enthält. Der Vektor $\boldsymbol{e}_1$ hat die Koordinaten $1, 0, \ldots, 0$. Auf Grund von 1.6. läßt sich der Hauptsatz folgendermaßen formulieren:

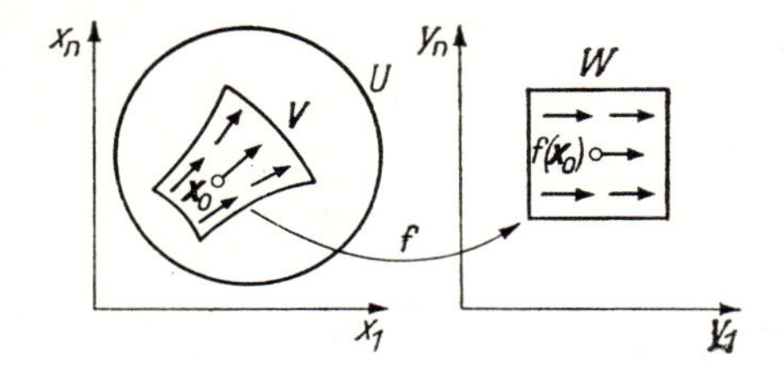

Abb. 53. Der das Vektorfeld begradigende Diffeomorphismus f

Die Differentialgleichung (1), *betrachtet in einer hinreichend kleinen Umgebung* V *eines nichtsingulären Punktes* $\boldsymbol{x}_0$, *ist der einfachen Gleichung*

$$\dot{\boldsymbol{y}} = \boldsymbol{e}_1, \qquad \boldsymbol{y} \in W, \tag{2}$$

d. h. dem System

$$\dot{y}_1 = 1, \qquad \dot{y}_2 = \cdots = \dot{y}_n = 0 \tag{3}$$

im Gebiet W *äquivalent.*

Eine weitere gleichwertige Formulierung des Hauptsatzes lautet:

In einer hinreichend kleinen Umgebung V *eines nichtsingulären Punktes* x_0 *kann man ein zulässiges* $y_1, \ldots, y_n$*-Koordinatensystem so wählen, daß die Differentialgleichung* (1), *in diesen Koordinaten geschrieben, die Standardform* (3) *annimmt.*

Der Hauptsatz ist eine Aussage von der Art wie die Sätze der linearen Algebra über die Zurückführung quadratischer Formen oder Matrizen von Operatoren auf die Normalform. Er gibt eine erschöpfende Beschreibung des lokalen Verhaltens des Vektorfeldes und der Differentialgleichung (1) in der Umgebung des nichtsingulären Punktes $\boldsymbol{x}_0$, indem alle Fragen auf den Fall der trivialen Gleichung (2) zurückgeführt werden.

Den Beweis des Hauptsatzes findet man in 4.3.

2.1.2. Beispiele. Den Hauptsatz könnte man auch den *Satz über die Begradigung* nennen, da die Phasenkurven und die Integralkurven der Gleichung (2) Geraden sind. In Abb. 54 sind die Niveaulinien der „begradigenden Koordinaten" $y_i = \text{const}$ für die Pendelgleichungen dargestellt.

Aufgabe 1. Sind die begradigenden Koordinaten y_i eindeutig bestimmt? Man zeige, daß im Fall $n = 1$ die Koordinate y bis auf die affine Transformation $y' = ay + b$ bestimmt ist.

Aufgabe 2. Man zeichne die Niveaulinien beliebiger begradigender Koordinaten für folgende Vektorfelder auf dem Gebiet U:

a) $\boldsymbol{v} = x_1\boldsymbol{e}_1 + 2x_2\boldsymbol{e}_2$, $\quad U = \{x_1, x_2 : x_1 > 0\}$;
b) $\boldsymbol{v} = \boldsymbol{e}_1 + \sin x_1 \boldsymbol{e}_2$, $\quad U = \boldsymbol{R}^2$;
c) $\boldsymbol{v} = x_1\boldsymbol{e}_1 + (1 - x_1^2)\,\boldsymbol{e}_2$, $\quad U = \{x_1, x_2 : -1 < x_1 < 1\}$.

Aufgabe 3.* Gegeben sei auf $\boldsymbol{R}^3$ ein (differenzierbares) Feld von Tangentialebenen $\boldsymbol{R}^2$. Läßt sich dieses Feld in der Umgebung eines Punktes mit Hilfe eines geeigneten Diffeomorphismus stets begradigen (d. h. in ein Feld paralleler Ebenen überführen)?

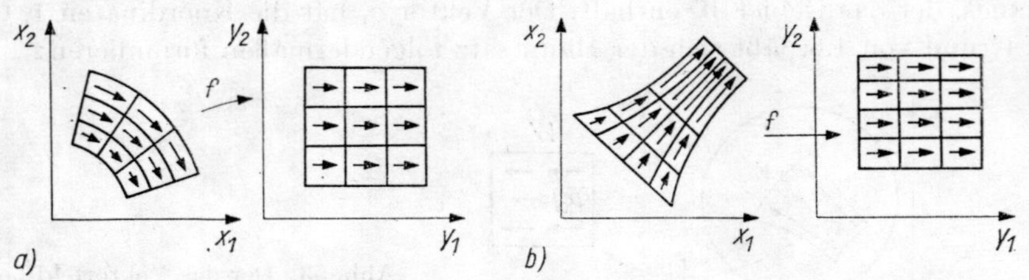

Abb. 54. Begradigung der Pendelgleichungen

a) $\dot{x}_1 = x_2, \quad \dot{x}_2 = -x_1;$

b) $\dot{x}_1 = x_2, \quad \dot{x}_2 = x_1$

Hinweis. Kann man ein Ebenenfeld begradigen, so ist es ein Feld von Tangentialebenen an eine Flächenschar.

Lösung. Nein. Man betrachte z. B. das Ebenenfeld, das durch das Normalenfeld $x_2\boldsymbol{e}_1 + \boldsymbol{e}_3$ auf $\boldsymbol{R}^3$ bestimmt ist. Es gibt keine Fläche, deren Normale in jedem Punkt eine solche Richtung hätte.

Aufgabe 4.* Das Vektorfeld $\boldsymbol{v}$ habe auf U keine singulären Punkte. Läßt sich dann $\boldsymbol{v}$ auf ganz U begradigen, d. h., gilt der Hauptsatz mit $V = U$?

Hinweis. Man konstruiere auf der Ebene dasjenige Feld, für welches die Phasenkurven die in Abb. 55 gezeichnete Gestalt haben.

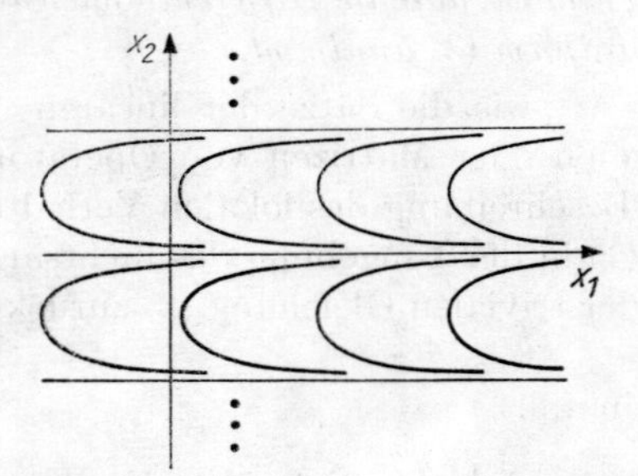

Abb. 55. In der ganzen Ebene nicht zu begradigende Kurvenschar

2.1.3. Existenzsatz. Aus dem Hauptsatz ergibt sich unmittelbar:

Folgerung 1. *Die Differentialgleichung* (1) *besitzt eine Lösung, die der Anfangsbedingung* $\boldsymbol{\varphi}(t_0) = \boldsymbol{x}_0$ *genügt.*

Beweis. Ist $\boldsymbol{v}(\boldsymbol{x}_0) = 0$, so setzen wir $\boldsymbol{\varphi}(t) \equiv \boldsymbol{x}_0$. Ist dagegen $\boldsymbol{v}(\boldsymbol{x}_0) \neq 0$, so ist die Gleichung (1) auf Grund des Hauptsatzes in der Umgebung des Punktes $\boldsymbol{x}_0$ der Gleichung (2) äquivalent.

Da die Gleichung (2) eine Lösung $\boldsymbol{\psi}$ besitzt, die der Anfangsbedingung $\boldsymbol{\psi}(t_0) = \boldsymbol{y}_0 = f(\boldsymbol{x}_0)$ genügt (welche Lösung?), hat die zu ihr äquivalente Gleichung (1) eine Lösung, die der Anfangsbedingung $\boldsymbol{\varphi}(t_0) = \boldsymbol{x}_0$ genügt.

2.1.4. Lokaler Eindeutigkeitssatz. Aus dem Hauptsatz ergibt sich ferner unmittelbar:

Folgerung 2. *Es seien* $\varphi_1: I_1 \to U$ *und* $\varphi_2: I_2 \to U$ *zwei Lösungen der Gleichung* (1), *die beide der Anfangsbedingung*

$$\varphi_1(t_0) = \varphi_2(t_0) = \boldsymbol{x}_0, \qquad \boldsymbol{v}(\boldsymbol{x}_0) \neq 0,$$

genügen. Dann existiert ein den Wert t_0 *enthaltendes Intervall* I_3, *auf welchem* $\varphi_1 \equiv \varphi_2$ *gilt.*

Beweis. Für die Gleichung (2) gilt die Aussage offenbar, und (1) ist (2) in einer hinreichend kleinen Umgebung des Punktes $\boldsymbol{x}_0$ äquivalent.

Bemerkung. Wir werden bald sehen, daß die Beschränkung $\boldsymbol{v}(\boldsymbol{x}_0) \neq 0$ überflüssig ist. Für $n = 1$ wurde es in 1.2. schon bewiesen.

2.1.5. Satz von der stetigen Abhängigkeit und der Differenzierbarkeit nach den Anfangsbedingungen. Es sei $\boldsymbol{v}$ ein Vektorfeld auf dem Phasenraum U und $\boldsymbol{x}_0$ ein Punkt aus U.

Definition. Wir betrachten das Tripel (I, V_0, g), das aus dem Intervall I der reellen t-Achse, $I = \{t \in \boldsymbol{R}: |t| < \varepsilon\}$, einer Umgebung V_0 des Punktes $\boldsymbol{x}_0$ und der Abbildung $g: I \times V_0 \to U$ zusammengesetzt ist, wobei die folgenden drei Bedingungen erfüllt seien:

a) Für ein festes $t \in I$ ist die durch $g(t, \boldsymbol{x}) = g^t\boldsymbol{x}$ definierte Abbildung $g^t: V_0 \to V$ ein Diffeomorphismus;

b) für ein festes $\boldsymbol{x} \in V_0$ ist die durch $\varphi(t) = g^t\boldsymbol{x}$ definierte Abbildung $\varphi: I \to U$ eine Lösung der Gleichung (1) unter der Anfangsbedingung $\varphi(0) = \boldsymbol{x}$;

c) die Abbildung g^t besitzt folgende Gruppeneigenschaft: $g^{s+t}\boldsymbol{x} = g^s(g^t(\boldsymbol{x}))$ für alle $\boldsymbol{x}$, s, t, für welche die rechte Seite dieser Gleichheit definiert ist; dabei existieren für jeden Punkt $\boldsymbol{x} \in V_0$ eine solche Umgebung V', $\boldsymbol{x} \in V' \subset V_0$, und eine solche Zahl $\delta > 0$, daß für $|s| < \delta$, $|t| < \delta$ der Ausdruck $g^s(g^t(\boldsymbol{x}'))$ für alle $\boldsymbol{x}' \in V'$ definiert ist.

Ein solches Tripel (I, V_0, g) nennen wir den durch das Vektorfeld $\boldsymbol{v}$ in einer Umgebung des Punktes $\boldsymbol{x}_0$ definierten *lokalen Phasenfluß*.

Beispiel 1. Wir betrachten das Vektorfeld $\boldsymbol{v} = \boldsymbol{e}_1$ auf dem Gebiet U des euklidischen Raumes $\boldsymbol{R}^n$ und konstruieren den zugehörigen lokalen Phasenfluß in der Umgebung des Punktes $\boldsymbol{x}_0$.

Wir betrachten (vgl. Abb. 56) einen Würfel mit der Kantenlänge 4ε und dem Mittelpunkt in $\boldsymbol{x}_0$. Für hinreichend kleines ε liegt dieser Würfel ganz in U. Das Innere des Würfels mit der halben Kantenlänge 2ε und demselben Mittelpunkt bezeichnen wir mit V_0, das Intervall $|t| < \varepsilon$ mit I. Die Abbildung g wird durch $\boldsymbol{g}(t, \boldsymbol{x}) = \boldsymbol{x} + \boldsymbol{e}_1 t$ definiert.

Aufgabe 1. Man zeige, daß die Bedingungen a) bis c) aus der obigen Definition erfüllt sind.

Aus dem Hauptsatz schließen wir außerdem:

Folgerung 3. *Das Vektorfeld $\boldsymbol{v}$ bestimmt den lokalen Phasenfluß in einer Umgebung des nichtsingulären Punktes $\boldsymbol{x}_0$ $\left(\boldsymbol{v}(\boldsymbol{x}_0) \neq 0\right)$.*

Beweis. Für die Gleichung (2) wurde diese Aussage schon als richtig erkannt; die Gleichung (1) ist auf Grund des Hauptsatzes in einer hinreichend kleinen Umgebung von $\boldsymbol{x}_0$ zu (2) äquivalent.

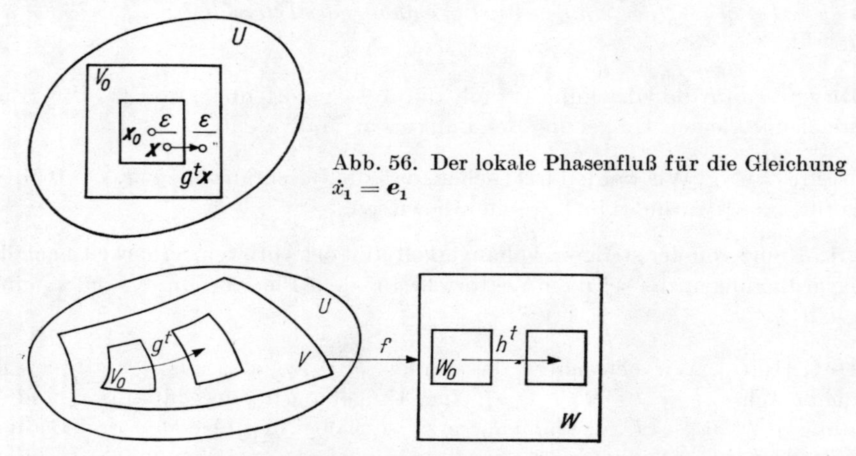

Abb. 56. Der lokale Phasenfluß für die Gleichung $\dot{x}_1 = \boldsymbol{e}_1$

Abb. 57. Der lokale Phasenfluß (I, V_0, g) ergibt sich aus dem lokalen Phasenfluß (I, W_0, h) des begradigten Feldes mit Hilfe des Diffeomorphismus f^{-1}

Hierauf wollen wir noch etwas näher eingehen. Wir bezeichnen mit (I, W_0, h) den lokalen Phasenfluß des Feldes $\boldsymbol{e}_1$ in der Umgebung W des Punktes $\boldsymbol{y}_0 = f(\boldsymbol{x}_0)$, wobei $f\colon V \to W$ der im Hauptsatz genannte Diffeomorphismus ist. Dann ist (I, V_0, g) mit $V_0 = f^{-1}(W_0)$ und $g^t = f^{-1} \circ h^t \circ f$ der gesuchte Phasenfluß (Abb. 57).

Bemerkung 1. Die Folgerung 3 besagt insbesondere, daß

a) ein Intervall $|t| < \varepsilon$ existiert, auf dem die Lösungen von (1) definiert sind, die einer beliebigen Anfangsbedingung hinreichend nahe bei $\boldsymbol{x}_0$ genügen;

b) jede Lösung $\boldsymbol{\varphi}(t)$ stetig und differenzierbar nach t und $\boldsymbol{x}$ ist (also zur Klasse C^r gehört, wenn das Feld $\boldsymbol{v}$ zu C^r gehört);

Bemerkung 2. Wir werden bald sehen, daß die Forderung $\boldsymbol{v}(\boldsymbol{x}_0) \neq 0$ überflüssig ist.

Aufgabe 2. Man beweise, daß die Lösung $\boldsymbol{\varphi}$, die der Anfangsbedingung $\boldsymbol{\varphi}(t_0) = \boldsymbol{x}_0$ genügt, für hinreichend kleine $|t - t_0|$ nach $t_0, \boldsymbol{x}_0$ und t differenzierbar ist.

2.1.6. Satz von der stetigen Abhängigkeit und der Differenzierbarkeit nach dem Parameter. Aus dem vorhergehenden Satz ergibt sich sofort:

Folgerung 4. *Gegeben sei eine Familie von Differentialgleichungen*

$$\dot{\boldsymbol{x}} = \boldsymbol{v}(\boldsymbol{x}, \boldsymbol{\alpha}), \qquad \boldsymbol{x} \in U, \tag{1_α}$$

definiert auf dem Phasenraum U durch Vektorfelder $\boldsymbol{v}$ der Klasse C^r, welche nach einem Parameter $\boldsymbol{\alpha} \in A$ (A ein Gebiet eines euklidischen Raumes) r-differenzierbar sind. Ferner sei $\boldsymbol{v}(\boldsymbol{x}_0, \alpha_0) \neq 0$. Dann ist die Lösung $\boldsymbol{\varphi}(t)$ von (1_α) unter der Anfangsbedingung $\boldsymbol{\varphi}(0) = \boldsymbol{x}$ für hinreichend kleine $|t|$, $\|\boldsymbol{x} - \boldsymbol{x}_0\|$, $\|\alpha - \alpha_0\|$ bezüglich t, $\boldsymbol{x}$, α ebenfalls von der Klasse C^r.

Beweis. Hierbei ist ein kleiner Kunstgriff nützlich. Wir betrachten auf dem direkten Produkt $U \times A$ (Abb. 58) das Vektorfeld $\big(\boldsymbol{v}(\boldsymbol{x}, \alpha), 0\big)$ und die zugehörige Differentialgleichung

$$\dot{\boldsymbol{x}} = \boldsymbol{v}(\boldsymbol{x}, \alpha), \qquad \dot{\alpha} = 0.$$

Auf Grund des vorhergehenden Satzes ist die Lösung dieser Gleichung für hinreichend kleine $|t|$, $\|\boldsymbol{x} - \boldsymbol{x}_0\|$, $\|\alpha - \alpha_0\|$ nach t, $\boldsymbol{x}$, α differenzierbar. Nun ist die Lösung

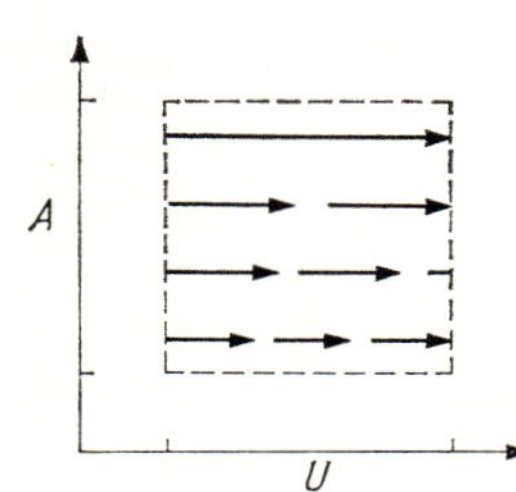

Abb. 58. Der Phasenraum des erweiterten Systems $\dot{\boldsymbol{x}} = \boldsymbol{v}(\boldsymbol{x}, \alpha)$, $\dot{\alpha} = 0$

dieser Gleichung, die den Anfangswert $(\boldsymbol{x}, \alpha)$ annimmt, gleich $(\boldsymbol{\varphi}, \alpha)$, wobei $\boldsymbol{\varphi}$ diejenige Lösung von (1_α) bezeichnet, die der Anfangsbedingung $\boldsymbol{\varphi}(0) = \boldsymbol{x}$ genügt. Daher ist auch $\boldsymbol{\varphi}(t)$ nach t, $\boldsymbol{x}$, α differenzierbar, was zu beweisen war.

Bemerkung. Die Bedingung $\boldsymbol{v}(\boldsymbol{x}_0, \alpha_0) \neq 0$ kann, wie wir noch sehen werden, auch hier fortgelassen werden.

2.1.7. Fortsetzungssatz. Es sei $\boldsymbol{v}$ ein Vektorfeld auf U und $\boldsymbol{x}_0$ ein Punkt von U.

Definition. Gibt es eine für alle $t \in \boldsymbol{R}$ definierte Lösung $\boldsymbol{\varphi}$ von (1), die der Anfangsbedingung $\boldsymbol{\varphi}(t_0) = \boldsymbol{x}_0$ genügt, so sagen wir, *die Lösung lasse sich unbeschränkt fortsetzen*. Gibt es eine für alle $t \geqq t_0$ (bzw. $t \leqq t_0$) definierte Lösung, so heiße sie *unbeschränkt nach vorne* (bzw. *nach hinten*) *fortsetzbar*.

Es sei Γ eine Teilmenge von U. Gibt es eine auf dem Intervall $t_0 \leqq t \leqq T$ definierte Lösung $\boldsymbol{\varphi}$ von (1), die der Anfangsbedingung $\boldsymbol{\varphi}(t_0) = \boldsymbol{x}_0$ genügt, und gehört $\boldsymbol{\varphi}(T)$ zu Γ so heißt die Lösung *nach vorne bis Γ fortsetzbar*. Analog läßt sich eine Fortsetzung nach hinten bis Γ definieren.

Nun sei F eine kompakte, den Punkt $\boldsymbol{x}_0$ enthaltende Teilmenge von U. Mit Γ bezeichnen wir den Rand von F (d. h. die Menge der Punkte von F, in deren Umgebung zu F komplementäre Punkte von U liegen). Wir setzen voraus, daß das Vektorfeld $\boldsymbol{v}$ auf U keine singulären Punkte besitze. Aus dem Hauptsatz ergibt sich dann unmittelbar die

Folgerung 5. *Eine Lösung φ von (1) ist nach vorne (nach hinten) entweder unbeschränkt oder bis zum Rand von F fortsetzbar. Die Fortsetzung ist in dem Sinne eindeutig bestimmt, daß je zwei beliebige Lösungen, die der gleichen Anfangsbedingung genügen, auf dem Durchschnitt der Definitionsintervalle übereinstimmen.*

Beweis. Wir beweisen zunächst die Eindeutigkeit. Es sei T die obere Schranke derjenigen τ, für welche zwei Lösungen φ_1, φ_2 für alle t aus dem Intervall $t_0 \leqq t \leqq \tau$ übereinstimmen (Abb. 59). Wir setzen voraus, daß T ein innerer Punkt beider Definitionsintervalle ist. Dann

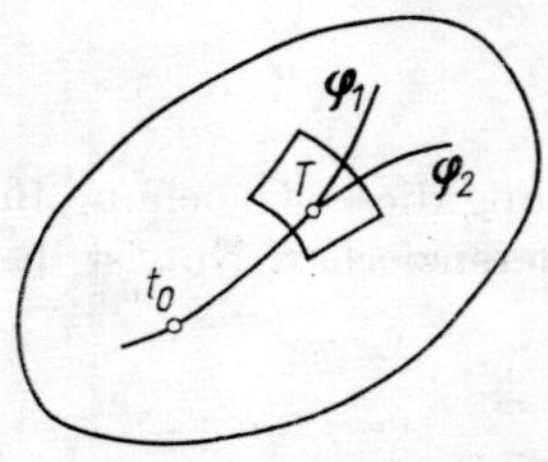

Abb. 59. Die Eindeutigkeit der Fortsetzung folgt aus dem lokalen Eindeutigkeitssatz

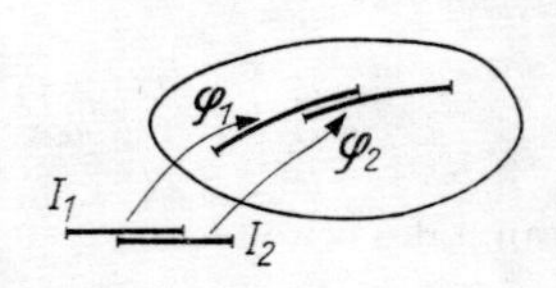

Abb. 60. Konstruktion der Fortsetzung

gilt $\varphi_1(T) = \varphi_2(T)$ auf Grund der Stetigkeit von φ_1 und φ_2. Nach dem lokalen Eindeutigkeitssatz stimmt φ_1 in der Umgebung des Punktes T mit φ_2 überein, so daß T nicht obere Schranke sein kann. Das bedeutet, daß T Endpunkt eines der Definitionsintervalle ist und die beiden Lösungen auf demjenigen Teil des Durchschnitts dieser Intervalle übereinstimmen, auf dem $t \geqq t_0$ ist. Der Fall $t \leqq t_0$ läßt sich analog beweisen.

Nun konstruieren wir die Fortsetzung. Stimmen zwei Lösungen auf dem Durchschnitt ihrer Definitionsintervalle überein, so kann man aus ihnen eine Lösung zusammensetzen, die auf der Vereinigung dieser Intervalle definiert ist (Abb. 60).

Wir bezeichnen mit T die obere Schranke der Zahlen τ, für die eine Lösung φ von (1) existiert, welche der Anfangsbedingung $\varphi(t_0) = \boldsymbol{x}_0$ und außerdem der Bedingung $\varphi(t) \in F$ für alle t, $t_0 \leqq t \leqq \tau$, genügt. Nach Voraussetzung ist $t_0 \leqq T \leqq \infty$. Im Fall $T = \infty$ läßt sich die Lösung unbeschränkt nach vorne fortsetzen. Es sei also $T < \infty$. Wir können zeigen, daß dann eine für alle t, $t_0 \leqq t \leqq T$, definierte Lösung φ existiert und daß $\varphi(T)$ zu Γ gehört. Aus Folgerung 3 ergibt sich nämlich, daß zu jedem Punkt $\boldsymbol{x}_0 \in U$ eine Umgebung $V_0(\boldsymbol{x}_0)$ und eine Zahl $\varepsilon(\boldsymbol{x}_0) > 0$ derart existieren, daß es zu allen $\boldsymbol{x} \in V_0(\boldsymbol{x}_0)$ eine für $|t - t_0| < \varepsilon$ definierte Lösung φ gibt, die der Anfangsbedingung $\varphi(t_0) = \boldsymbol{x}$ genügt (nämlich $\varphi = g^{t-t_0}\boldsymbol{x}$). Da die Menge F kompakt ist, läßt sich aus den Umgebungen $V_0(\boldsymbol{x}_0)$ der Punkte $\boldsymbol{x}_0 \in F$ eine endliche Überdeckung von F auswählen. Nun sei $\varepsilon > 0$ die kleinste der zugehörigen Zahlen $\varepsilon(\boldsymbol{x}_0)$. Da T obere Schranke sein sollte, existiert zwischen $T - \varepsilon$ und T ein τ, für welches $\varphi(t) \in F$ für alle t aus dem Intervall $t_0 \leqq t \leqq \tau$ ist. Insbesondere gehört $\varphi(\tau)$ zu F. Das bedeutet, daß der Punkt $\varphi(\tau)$ durch eine der Umgebungen der endlichen Überdeckung bedeckt wird. Infolgedessen gibt es eine für $|t - \tau| < \varepsilon$ definierte Lösung φ', die der Anfangsbedingung $\varphi'(\tau) = \varphi(\tau)$ genügt (Abb. 61). Nach dem Eindeutigkeitssatz stimmt φ' auf dem ganzen Durchschnitt der Definitionsintervalle mit φ überein. Folglich können wir aus φ und φ' eine für $t_0 \leqq t < \tau + \varepsilon$ definierte Lösung φ'' bilden. Es sei noch erwähnt, daß $\varphi''(T)$ existiert.

Wir zeigen nun, daß $\varphi''(\theta)$ für $t_0 \leqq \theta < T$ zu F gehört. Jede für $t_0 \leqq t \leqq \theta$ definierte Lösung φ, die der Anfangsbedingung $\varphi(t_0) = \boldsymbol{x}_0$ genügt, muß mit φ'' übereinstimmen (Eindeutigkeit).

Würde nämlich $\varphi''(\theta) = \varphi(\theta)$ nicht zu F gehören, so wäre T nicht obere Schranke von

$$\{\tau : \varphi(t) \in F \text{ für } t_0 \leqq t \leqq \tau\}.$$

Nun beweisen wir $\varphi''(T) \in \Gamma$. Einerseits gehört $\varphi''(T)$ zu F als Grenzwert der Folge der Punkte $\varphi''(\theta_i)$ aus F für $\theta_i \to T$. Andererseits gibt es in jeder rechten Halbumgebung von T Punkte t, für welche $\varphi''(t)$ nicht zu F gehört. Sonst würden sämtliche Punkte $\varphi''(t)$ für alle t aus einer ge-

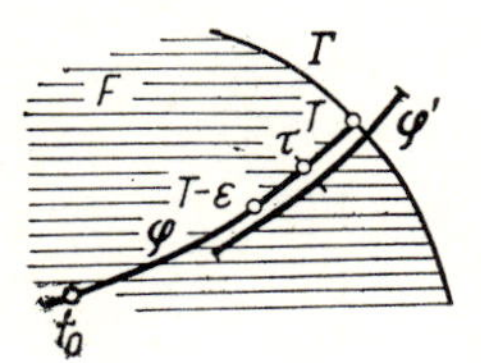

Abb. 61. Existenz der Fortsetzung bis zum Zeitpunkt T einschließlich

wissen Umgebung von T zu F gehören, und T wäre nicht obere Schranke. Damit ist der Satz für die Fortsetzung nach vorne bewiesen. Der Fall $t < t_0$ läßt sich analog untersuchen.[1])

Bemerkung. Wir werden bald sehen, daß die Forderung $\boldsymbol{v}(\boldsymbol{x}) \neq 0$ für alle $\boldsymbol{x} \in U$ fallengelassen werden kann.

Beispiel 1. Selbst dann, wenn U der ganze euklidische Raum ist, kann eine Lösung nicht immer unbeschränkt fortgesetzt werden, beispielsweise $\boldsymbol{v}(x) = x^2 + 1$ für $n = 1$ (Abb. 62).

Beispiel 2. Wir betrachten die Pendelgleichung $\dot{x}_1 = x_2$, $\dot{x}_2 = -x_1$. Es sei U die x_1, x_2-Ebene ohne Koordinatenursprung und F die Kreisscheibe $|x_1|^2 + |x_2|^2 \leqq 2$. Die Lösung, die der Anfangsbedingung $x_{10} = 1$, $x_{20} = 0$ genügt, läßt sich unbeschränkt fortsetzen (Abb. 63).

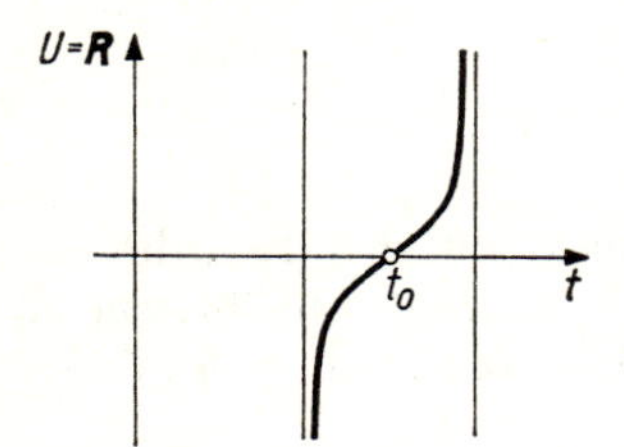

Abb. 62. Die Lösungen der Gleichung $\dot{x} = x^2 + 1$ lassen sich weder nach vorne noch nach hinten unbeschränkt fortsetzen

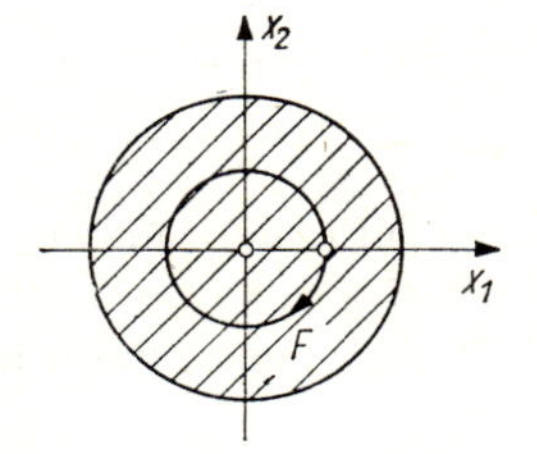

Abb. 63. Die Lösung der Pendelgleichung läßt sich nicht bis an den Rand der Kreisscheibe F fortsetzen

Aufgabe 1. Unter welchen Anfangsbedingungen kann man eine Lösung der in 1.6. behandelten Gleichung (10) mit Grenzzykel unbeschränkt fortsetzen?

Aufgabe 2. Wir nehmen an, jede Lösung von (1) lasse sich unbeschränkt nach vorne und nach hinten fortsetzen. Mit g^t bezeichnen wir die Transformation nach der Zeit t (die jeden Punkt x_0 des Phasenraumes U in den Wert $\varphi(t)$ der Lösung überführt, welche der Anfangsbedingung $\varphi(0) = x_0$ genügt). Man zeige, daß $\{g^t\}$ eine einparametrige Gruppe von Diffeomorphismen von U ist.

---

[1]) Wie es stets bei Beweisen evidenter Sätze zu sein pflegt, ist auch der Beweis des Fortsetzungssatzes leichter durchzuführen als durchzulesen.

2.2. Anwendungen auf den nichtautonomen Fall

Wir untersuchen nun die nichtautonome Differentialgleichung

$$\dot{\boldsymbol{x}} = \boldsymbol{v}(t, \boldsymbol{x}), \tag{1}$$

deren rechte Seite in einem Gebiet U des erweiterten Phasenraumes $\boldsymbol{R}^{n+1} = \boldsymbol{R} \times \boldsymbol{R}^n$ ($t \in \boldsymbol{R}$, $\boldsymbol{x} \in \boldsymbol{R}^n$) definiert sei (Abb. 64).

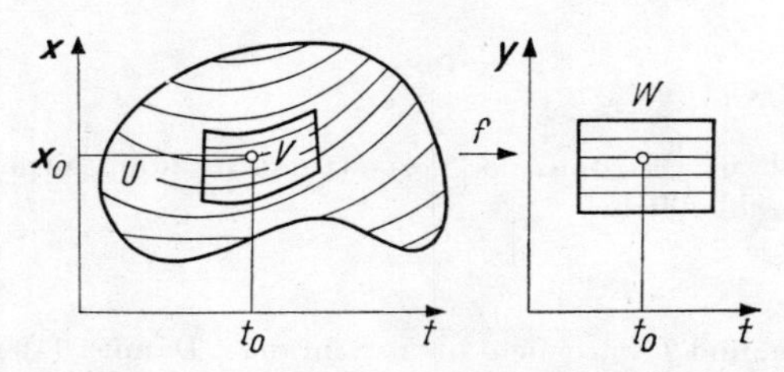

Abb. 64. Begradigung der Integralkurven durch den Diffeomorphismus f des erweiterten Phasenraumes

2.2.1. Der Hauptsatz für den nichtautonomen Fall. Es sei $(t_0, \boldsymbol{x}_0)$ ein Punkt des Gebietes U. Aus dem Hauptsatz (vgl. 2.1.1.) ergibt sich leicht die

Folgerung 6. *Es existieren eine Umgebung V des Punktes $(t_0, \boldsymbol{x}_0)$ aus U und ein Diffeomorphismus $f: V \to W$ der Umgebung V auf ein Gebiet W eines mit den Koordinaten $t, y_1, \ldots, y_n$ versehenen $(n+1)$-dimensionalen euklidischen Raumes derart, daß die Gleichung* (1) *in V äquivalent ist der einfachen Gleichung*

$$\frac{d\boldsymbol{y}}{dt} = 0 \qquad \big(\boldsymbol{y} = (y_1, \ldots, y_n)\big) \tag{2}$$

in W.

Somit führt der Diffeomorphismus f den Punkt mit den Koordinaten $(t, \boldsymbol{x})$ in den Punkt mit den Koordinaten $(t, \boldsymbol{y})$ über, indem t *erhalten* bleibt. Die Äquivalenz bedeutet, daß $\boldsymbol{\varphi}: I \to V$ genau dann Lösung von (1) ist, wenn $f \circ \boldsymbol{\varphi}: I \to W$ Lösung von (2) ist.

Die eben formulierte Folgerung ist dem Hauptsatz aus 2.1.1. äquivalent. Ihr direkter Beweis wird in 4.3. geführt.

Aufgabe 1. Man leite die Folgerung 6 aus dem Hauptsatz in 2.1.1. her.

Aufgabe 2. Man leite den Hauptsatz in 2.1.1. aus der Folgerung 6 her.

2.2.2. Existenzsatz. Aus der Folgerung 6 ergibt sich offenbar die

Folgerung 7. *Für hinreichend kleine $|t - t_0|$ existiert eine Lösung $\boldsymbol{\varphi}$ von* (1), *die der Anfangsbedingung $\boldsymbol{\varphi}(t_0) = \boldsymbol{x}_0 \in U$ genügt.*

2.2.3. Eindeutigkeitssatz. Aus der Folgerung 6 erhalten wir offenbar auch die

Folgerung 8. *Zwei beliebige Lösungen von* (1), *die der gleichen Anfangsbedingung genügen, stimmen auf dem Durchschnitt ihrer Definitionsintervalle überein.*

Für die Gleichung (2) ist dies nämlich evident.

Bemerkung. Hängt $\boldsymbol{v}$ in Gleichung (1) nicht von t ab, so können wir uns davon überzeugen, daß auch in der Folgerung 2 aus 2.1.4. die Forderung $\boldsymbol{v}(\boldsymbol{x}_0) \neq 0$ fallengelassen werden kann.

2.2.4. Satz von der Differenzierbarkeit. Es sei $\boldsymbol{v} = \boldsymbol{v}(t, \boldsymbol{x})$ ein Vektorfeld auf dem Gebiet U des erweiterten Phasenraumes.

Im nichtautonomen Fall bilden die Transformationen nach der Zeit t keine einparametrige Gruppe. Wir definieren die Transformationen im Zeitintervall (t_1, t_2) folgendermaßen:

Definition. Wir betrachten das Tripel (I, V_0, g), das aus dem t_0 enthaltenden Intervall I der reellen Achse, einer Umgebung V_0 des Punktes $\boldsymbol{x}_0$ im Phasenraum und der Abbildung $g\colon I \times I \times V_0 \to U$ besteht. Dabei gelte:

a) Für feste $t_1, t_2 \in I$ ist die Abbildung $g_{t_1}^{t_2}\colon (V_0 \times t_1) \to U$, definiert durch

$$g(t_2, t_1, \boldsymbol{x}) = g_{t_1}^{t_2}(t_1, \boldsymbol{x}),$$

ein Diffeomorphismus (auf den Teil der Ebene, wo $t = t_2$ ist);

b) für festes $\boldsymbol{x} \in V_0$, $t_1 \in I$ ist die durch

$$\big(\boldsymbol{\varphi}(t), t\big) = g(t, t_1, \boldsymbol{x})$$

definierte Abbildung $\boldsymbol{\varphi}$ eine Lösung von (1), die der Anfangsbedingung $\boldsymbol{\varphi}(t_1) = \boldsymbol{x}$ genügt;

c) es ist ein Analogon zur Gruppeneigenschaft,

$$g_{t_1}^{t_3}(t_1, \boldsymbol{x}) = g_{t_2}^{t_3} g_{t_1}^{t_2}(t_1, \boldsymbol{x})$$

für alle $\boldsymbol{x}, t_1, t_2, t_3$, erfüllt (Abb. 65); dabei gibt es zu jedem Punkt $\boldsymbol{x} \in V_0$ eine Umgebung V' und eine Zahl $\delta > 0$ derart, daß die rechte Seite für alle $\boldsymbol{x}' \in V'$, $|t_i - t_0| < \delta$ $(i = 1, 2, 3)$ definiert ist.

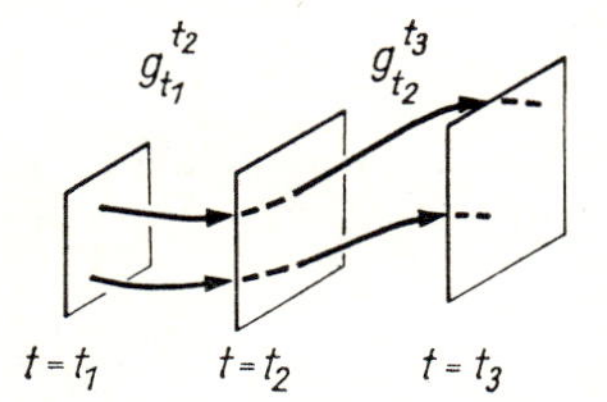

Abb. 65. Lokale Familie von Transformationen

Dann nennen wir das Tripel (I, V_0, g) die in einer Umgebung des Punktes $(t_0, \boldsymbol{x}_0)$ *durch das Feld* $\boldsymbol{v}(t, \boldsymbol{x})$ *gegebene lokale Familie von Transformationen* $g_{t_1}^{t_2}$.

Aus dem Hauptsatz ergibt sich auch leicht die

Folgerung 9. *Das Vektorfeld $\boldsymbol{v}(t, \boldsymbol{x})$ definiert in der Umgebung des Punktes $(t_0, \boldsymbol{x}_0)$ eine lokale Familie von Transformationen $g_{t_1}^{t_2}$.*

Der Beweis verläuft analog zu dem von Folgerung 3.

Bemerkung. Identifizieren wir jene Ebene $t = t_0$ des erweiterten Phasenraumes mit einem Phasenraum, so können wir die Abbildung $g_{t_1}^{t_2}$ als Diffeomorphismus eines

Gebietes des Phasenraumes auf ein anderes Gebiet des Phasenraumes auffassen. In dem Spezialfall, daß die Gleichung (1) autonom ist und $\boldsymbol{v}(t, \boldsymbol{x}) = \boldsymbol{v}(\boldsymbol{x})$ gilt, also $\boldsymbol{v}(t, \boldsymbol{x})$ nicht von t abhängt, sind die Diffeomorphismen $g_{t_1}^{t_2}$ Funktionen von $t_2 - t_1$ allein und stimmen mit der Abbildung $g^{t_2-t_1}$ nach der Zeit $t_2 - t_1$ überein. (Dies folgt aus dem Eindeutigkeitssatz und daraus, daß mit $\boldsymbol{x} = \boldsymbol{\varphi}(t)$ auch $\boldsymbol{x} = \boldsymbol{\varphi}(t + C)$, $C = \text{const}$, Lösung der autonomen Gleichung ist.)

Somit enthält die Folgerung 9 als Spezialfall die Folgerung 3, *und zwar ohne die Beschränkung* $\boldsymbol{v}(\boldsymbol{x}) \neq 0$.

Aufgabe 1. Man zeige, daß $g_{t_1}^{t_2}$ genau dann von $t_2 - t_1$ allein abhängt, wenn $\boldsymbol{v}(t, \boldsymbol{x})$ nicht von t abhängt.

2.2.5. Satz über die Abhängigkeit vom Parameter. Aus dem Hauptsatz erhalten wir mühelos die

Folgerung 10. *Ist* $\boldsymbol{v} = \boldsymbol{v}(t, \boldsymbol{x}, \boldsymbol{\alpha})$ *ein nach dem Parameter* $\boldsymbol{\alpha}$ (*und nach* t *und* $\boldsymbol{x}$) *r-differenzierbares Vektorfeld, so besitzt die Gleichung*

$$\dot{\boldsymbol{x}} = \boldsymbol{v}(t, \boldsymbol{x}, \boldsymbol{\alpha})$$

eine Lösung $\boldsymbol{\varphi}(t)$, *die der Anfangsbedingung* $\boldsymbol{\varphi}(t_0) = \boldsymbol{x}_0$ *genügt und nach* $t_0, \boldsymbol{x}_0, \boldsymbol{\alpha}$ *und* t *r-differenzierbar ist.*

Dieser Satz läßt sich wie die Folgerung 4 beweisen. Es sei hier erwähnt, daß die Folgerung 10 unabhängig davon gilt, ob $\boldsymbol{v}$ gleich 0 ist oder nicht. Daher ist also die Folgerung 4 ohne die Beschränkung $\boldsymbol{v} \neq 0$ bewiesen.

2.2.6. Satz von der Fortsetzung. Es sei $\boldsymbol{v} = \boldsymbol{v}(t, \boldsymbol{x})$ ein Vektorfeld auf einem Gebiet U eines erweiterten Phasenraumes, $(t_0, \boldsymbol{x}_0)$ sei ein Punkt von U, und $F \subset U$ sei

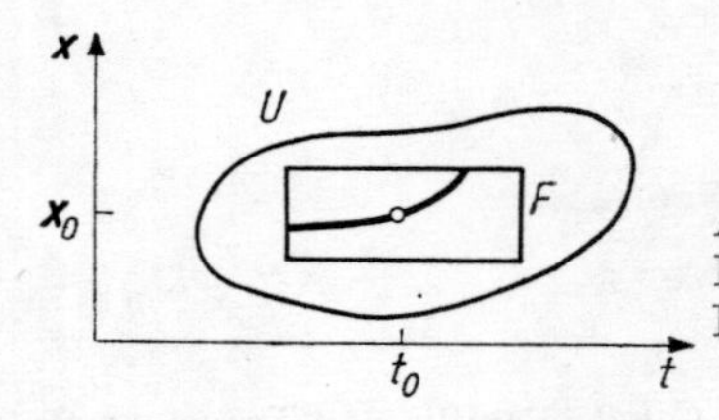

Abb. 66. Fortsetzung der Lösung bis an den Rand der kompakten Menge F im erweiterten Phasenraum

eine diesen Punkt enthaltende kompakte Menge (Abb. 66). Aus dem Hauptsatz erhält man dann sofort die

Folgerung 11. *Eine Lösung* $\boldsymbol{\varphi}$ *von* (1), *die der Anfangsbedingung* $\boldsymbol{\varphi}(t_0) = \boldsymbol{x}_0$ *genügt, läßt sich nach vorne und nach hinten bis zum Rand von* F *fortsetzen. Je zwei Lösungen, die derselben Anfangsbedingung genügen, stimmen auf dem Durchschnitt ihrer Definitionsintervalle überein.*

Der Beweis verläuft wie der von Folgerung 5.

Aufgabe 1. Man zeige, daß die Folgerung 5 auch dann gilt, wenn das Feld $\boldsymbol{v}$ singuläre Punkte besitzt.

Aufgabe 2. Unter der Voraussetzung, daß jede Lösung von (1) nach vorne und nach hinten unbeschränkt fortsetzbar ist, beweise man, daß $g_{t_1}^{t_2}$ ein Diffeomorphismus des Phasenraumes auf sich ist.

Aufgabe 3. Man setze überdies voraus, daß das Vektorfeld $\boldsymbol{v}$ als Funktion der Zeit periodisch ist, $\boldsymbol{v}(t + T, \boldsymbol{x}) = \boldsymbol{v}(t, \boldsymbol{x})$ für alle t und $\boldsymbol{x}$, und zeige dann, daß die Diffeomorphismen $g_0{}^{nT}$, n ganz, eine Gruppe bilden:

$$g_0{}^{nT} = A^n \qquad \text{mit } A = g_0{}^T.$$

Man untersuche, welche der beiden folgenden Beziehungen gültig ist:

$$g_0{}^{nT+\tau} = A^n g_0{}^\tau, \qquad g_0{}^{nT+\tau} = g_0{}^\tau A^n.$$

2.3. Anwendungen auf Gleichungen höherer als erster Ordnung

Die Gleichung

$$\frac{d^n x}{dt^n} = F\left(t,\, x,\, \frac{dx}{dt},\, \frac{d^2x}{dt^2},\, \ldots,\, \frac{d^{n-1}x}{dt^{n-1}}\right), \tag{1}$$

in der $F(u_0, u_1, \ldots, u_n)$ eine zur Klasse C^r, $r \geqq 1$, gehörende und auf U definierte Funktion sei, heißt *Differentialgleichung n-ter Ordnung.*

2.3.1. Äquivalenz einer Gleichung n-ter Ordnung mit einem System von n Gleichungen erster Ordnung. Eine zur Klasse C^n gehörende Abbildung $\varphi\colon I \to \boldsymbol{R}$ des Intervalls $a < t < b$ (mit $-\infty \leqq a < b \leqq +\infty$) der reellen Achse in die reelle Achse, für die

a) der Punkt mit den Koordinaten

$$u_0 = \tau, \qquad u_1 = \varphi(\tau), \qquad u_2 = \left.\frac{d\varphi}{dt}\right|_{t=\tau}, \quad \ldots, \quad u_n = \left.\frac{d^{n-1}\varphi}{dt^{n-1}}\right|_{t=\tau}$$

für jedes $\tau \in I$ zu U gehört,

b) für jedes $\tau \in I$

$$\left.\frac{d^n\varphi}{dt^n}\right|_{t=\tau} = F\left(\tau,\, \varphi(\tau),\, \left.\frac{d\varphi}{dt}\right|_{t=\tau},\, \ldots,\, \left.\frac{d^{n-1}\varphi}{dt^{n-1}}\right|_{t=\tau}\right)$$

gilt,

heißt *Lösung* der Differentialgleichung (1).

Zum Beispiel ist nicht nur die Funktion $\varphi(t) = \sin t$, sondern auch die Funktion $\varphi(t) = \cos t$ Lösung der Gleichung

$$\frac{d^2x}{dt^2} = -x, \qquad x \in \boldsymbol{R},$$

der kleinen Schwingungen eines Pendels. Der Phasenraum der Pendelgleichung ist die x, $\dot{x}$-Ebene (vgl. 1.1.).

Wir untersuchen nun die Dimension des Phasenraumes, der der Gleichung n-ter Ordnung (1) zugeordnet ist.

Satz. *Die Gleichung* (1) *ist einem System von n Gleichungen erster Ordnung,*

$$\begin{cases} \dot{x}_1 = x_2, \\ \dot{x}_2 = x_3, \\ \dots\dots\dots \\ \dot{x}_n = F(t, x_1, \dots, x_n), \end{cases} \tag{2}$$

in dem folgenden Sinne äquivalent: Ist φ eine Lösung der Gleichung (1), *so ist der Vektor* $(\varphi, \dot{\varphi}, \ddot{\varphi}, \dots, \varphi^{(n-1)})$ *Lösung des Systems* (2), *und ist* $(\varphi_1, \dots, \varphi_n)$ *Lösung des Systems* (2), *so ist φ_1 Lösung der Gleichung* (1).

Der Beweis ist evident.

Der Phasenraum eines Prozesses, der sich durch eine Differentialgleichung n-ter Ordnung beschreiben läßt, hat also die Dimension n: Der gesamte Verlauf des Prozesses (φ) ist durch die Vorgabe von n Zahlen zum Anfangszeitpunkt t_0 bestimmt, nämlich durch die Werte der Ableitungen von φ kleinerer als n-ter Ordnung im Punkt t_0.

Beispiel 1. Die Pendelgleichung ist dem System

$$\begin{cases} \dot{x}_1 = x_2, \\ \dot{x}_2 = -x_1 \end{cases}$$

äquivalent, das wir schon in 1.1. und 1.6. untersucht haben.

Beispiel 2. Die Gleichung $\ddot{x} = 0$ ist dem System

$$\begin{cases} \dot{x}_1 = x_2, \\ \dot{x}_2 = 0 \end{cases}$$

äquivalent, das sich leicht lösen läßt: $x_2(t) = x_2(0) = C$, $x_1(t) = x_1(0) + Ct$. Jede Lösung der Gleichung $\ddot{x} = 0$ ist also ein Polynom ersten Grades in t.

Aufgabe 1. Man zeige, daß die Gleichung $\dfrac{d^n x}{dt^n} = 0$ von allen Polynomen kleineren als n-ten Grades und nur von diesen erfüllt wird.

2.3.2. Existenz- und Eindeutigkeitssätze. Der Satz aus 2.3.1. und die Folgerungen 7 und 8 des Hauptsatzes (vgl. 2.2.2. und 2.2.3.) liefern unmittelbar die

Folgerung. *Ist $u = (u_0, u_1, \dots, u_n)$ ein Punkt des Gebietes U, so besitzt die Gleichung* (1) *genau eine Lösung φ, die der Anfangsbedingung*

$$\varphi(u_0) = u_1, \qquad \left.\frac{d\varphi}{dt}\right|_{t=u_0} = u_2, \dots, \qquad \left.\frac{d^{n-1}\varphi}{dt^{n-1}}\right|_{t=u_0} = u_n \tag{3}$$

genügt (genau eine in dem Sinne, daß je zwei Lösungen, die dieser Anfangsbedingung genügen, auf dem Durchschnitt ihrer Definitionsintervalle übereinstimmen).

Die Anfangsbedingung (3) läßt sich kürzer in der Gestalt

$$t = u_0, \qquad x = u_1, \qquad \dot{x} = u_2, \qquad \dots, \qquad x^{(n-1)} = u_n$$

schreiben.

Beispiel 1. Die Lösung der Pendelgleichung $\ddot{x} = -x$ (Abb. 67), die den Anfangsbedingungen

(I) $t = 0, \quad x = 0, \quad \dot{x} = 0$

genügt, lautet $\varphi \equiv 0$. Haben die Anfangsbedingungen die Gestalt

(II) $t = 0, \quad x = 0, \quad \dot{x} = 1,$

so ist $\varphi(t) = \sin t$ die Lösung. Im Fall

(III) $t = 0, \quad x = 1, \quad \dot{x} = 0$

erhalten wir als Lösung $\varphi(t) = \cos t$.

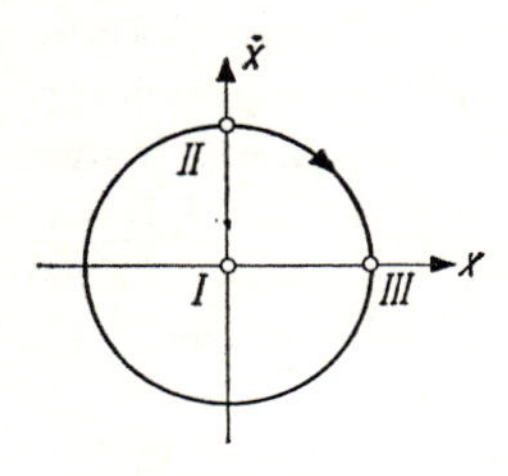

Abb. 67. Drei bemerkenswerte Lösungen der Pendelgleichungen

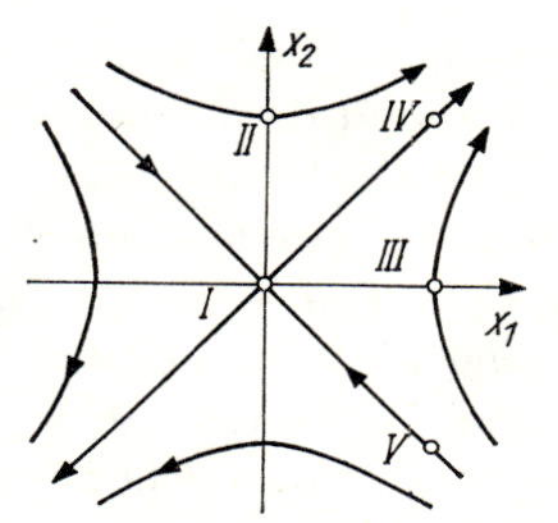

Abb. 68. Fünf bemerkenswerte Lösungen der Gleichung des Reversionspendels

Aufgabe 1. Man löse die Gleichung des Reversionspendels $\ddot{x} = x$ (Abb. 68) unter den Anfangsbedingungen (I) bis (III) sowie

(IV) $t = 0, \quad x = 1, \quad \dot{x} = 1;$

(V) $t = 0, \quad x = 1, \quad \dot{x} = -1.$

Welchen Pendelbewegungen entsprechen diese Lösungen?

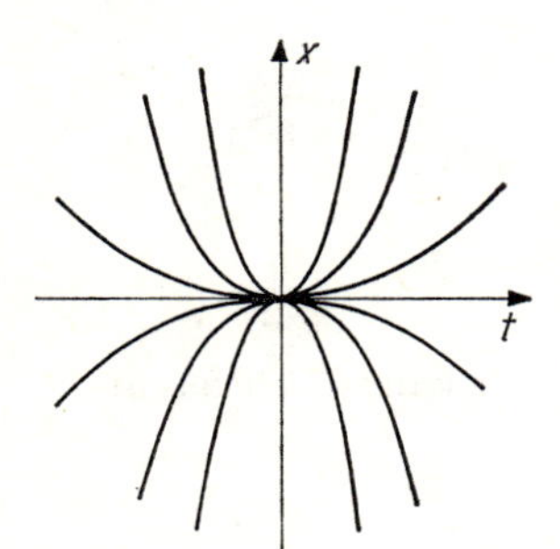

Abb. 69. Nichteindeutigkeit der Lösung bei der Anfangsbedingung $x = \dot{x} = 0$

Gegenbeispiel 1. Wir betrachten die Differentialgleichung $2x = t^2\ddot{x}$ und die Anfangsbedingung $t = 0$, $x = 0$, $\dot{x} = 0$ (Abb. 69). Dieser Bedingung genügen mehrere Lösungen, beispielsweise $\varphi(t) \equiv 0$ und $\varphi(t) = t^2$. Das liegt daran, daß die gegebene Differentialgleichung nicht von der Form (1) ist (die Funktion $\dfrac{2x}{t^2}$ ist bei $t = 0$ nicht differenzierbar).

2.3.3. Sätze über Differenzierbarkeit und Fortsetzung.

Aufgabe 1. Für eine Differentialgleichung n-ter Ordnung formuliere und beweise man die Sätze von der Stetigkeit und Differenzierbarkeit einer Lösung in bezug auf die Anfangswerte und die Parameter sowie den Fortsetzungssatz.

2.3.4. Differentialgleichungssysteme. Unter einem *Differentialgleichungssystem* verstehen wir ein System von Differentialgleichungen in n unbekannten Funktionen x_i,

$$\frac{d^{n_i}x_i}{dt^{n_i}} = F_i(t, x, \ldots), \qquad i = 1, \ldots, n, \tag{4}$$

wobei unter den Argumenten der Funktionen F_i die unabhängige Variable t, die gesuchten Funktionen x_j und die höchstens $(n_j - 1)$-ten Ableitungen der x_j auftreten $(j = 1, \ldots, n)$. Die Lösung des Systems ist wie in 2.3.1. definiert. Insbesondere sei erwähnt, daß die Lösung des Systems eine auf einem Intervall definierte Vektorfunktion $(\varphi_1, \ldots, \varphi_n)$ ist. Somit stellt $(\varphi_1, \ldots, \varphi_n)$ *nicht n Lösungen, sondern eine Lösung* dar; diese Bemerkung gilt gleichermaßen für Systeme algebraischer Gleichungen wie für Differentialgleichungssysteme.

Zunächst wollen wir klären, welcher Phasenraum zum System (4) gehört.

Satz. *Das System* (4) *ist einem System von* $N = \sum_{i=1}^{n} n_i$ *Gleichungen erster Ordnung äquivalent.*

Mit anderen Worten: Die Dimension des Phasenraumes von (4) *ist gleich* N.

Zum Beweis muß man wie in 2.3.1. als Koordinaten im Phasenraum die Ableitungen von x_i höchstens $(n_i - 1)$-ter Ordnung einführen.

Es sei etwa $n = n_1 = n_2 = 2$. Dann hat das System (4) die Gestalt

$$\begin{cases} \ddot{x}_1 = F_1(t, x_1, x_2, \dot{x}_1, \dot{x}_2), \\ \ddot{x}_2 = F_2(t, x_1, x_2, \dot{x}_1, \dot{x}_2), \end{cases}$$

und es ist dem System aus den vier Gleichungen

$$\dot{x}_1 = x_3, \qquad \dot{x}_2 = x_4, \qquad \dot{x}_3 = F_1(t, x), \qquad \dot{x}_4 = F_2(t, x),$$
$$x = (x_1, x_2, x_3, x_4)$$

äquivalent.

Beispiel 1. Das aus der klassischen Mechanik bekannte Differentialgleichungssystem

$$m_i \ddot{q}_i = -\frac{\partial U}{\partial q_i}, \qquad i = 1, \ldots, n, \tag{5}$$

wobei U die potentielle Energie und $m_i > 0$ die Massen bezeichnen, ist dem System der $2n$ Hamiltonschen Gleichungen

$$\dot{q}_i = \frac{\partial H}{\partial p_i}, \qquad \dot{p}_i = -\frac{\partial H}{\partial q_i}, \qquad i = 1, \ldots, n,$$

äquivalent, wobei $p_i = m_i \dot{q}_i$ ist und $H = T + U$ die Gesamtenergie bezeichnet,

$$T = \sum_{i=1}^{n} \frac{m_i \dot{q}_i^2}{2} = \sum_{i=1}^{n} \frac{p_i^2}{2m_i}.$$

Somit ist die Dimension des Phasenraumes von (5) gleich $2n$.

Aufgabe 1. Man formuliere und beweise für das System (4) den Existenz- und Eindeutigkeitssatz, den Satz von der Stetigkeit und Differenzierbarkeit in bezug auf die Anfangswerte und die Parameter sowie den Fortsetzungssatz.

2.3.5. Bemerkung. Gleichungen der Variationen. Der Satz von der Differenzierbarkeit nach den Parametern ist nicht nur theoretisch von Bedeutung, sondern stellt auch ein wichtiges Hilfsmittel bei numerischen Rechnungen dar.[1] Liegt eine Lösung des Differentialgleichungssystems für einen gewissen Wert des Parameters vor, so können wir die Lösung für benachbarte Werte des Parameters näherungsweise angeben. Dazu genügt es, die Ableitung der Lösung nach dem Parameter zu berechnen (und zwar für jenen Wert des Parameters, für den wir die Lösung kennen). Diese Ableitung, die man als Funktion der Zeit auffassen kann, genügt selbst (wie sich leicht feststellen läßt) einer gewissen Differentialgleichung, der sogenannten *Gleichung der Variationen.*

Die Gleichung der Variationen läßt sich oft lösen, ohne daß erst die Ausgangsgleichung gelöst zu werden braucht, denn sie ist *linear* (aber nicht homogen). Mit dieser Methode, der sogenannten *Methode des kleinen Parameters,* kann man den Einfluß kleiner Störungen in allen Bereichen der Wissenschaft berechnen.

Wir betrachten z. B. die folgende Gleichung, in der ein kleiner Parameter auftritt, den wir mit ε bezeichnen:

$$\dot{\boldsymbol{x}} = \boldsymbol{v}(\boldsymbol{x}, \varepsilon) \qquad \text{mit} \qquad \boldsymbol{v} = \boldsymbol{v}_0 + \varepsilon \boldsymbol{v}_1 + O(\varepsilon^2) \qquad (\varepsilon \to 0).$$

Auf Grund des Satzes von der Differenzierbarkeit nach dem Parameter läßt sich die Lösung mit fester Anfangsbedingung in der Gestalt

$$\boldsymbol{x}(t) = \boldsymbol{x}_0(t) + \varepsilon \boldsymbol{y}(t) + O(\varepsilon^2)$$

schreiben, wobei $\boldsymbol{x}_0$ Lösung der „nichtgestörten" Gleichung $\dot{\boldsymbol{x}} = \boldsymbol{v}(\boldsymbol{x}, 0)$ und $\boldsymbol{y}$ die Ableitung der Lösung nach dem Parameter ε für $\varepsilon = 0$ ist. Setzen wir $\boldsymbol{x}(t)$ in die Ausgangsgleichung ein, so erhalten wir[2]

$$\dot{\boldsymbol{x}}_0 + \varepsilon \dot{\boldsymbol{y}} = \boldsymbol{v}_0(\boldsymbol{x}_0) + \varepsilon \boldsymbol{v}_1(\boldsymbol{x}_0) + \varepsilon \left.\frac{\partial \boldsymbol{v}_0}{\partial \boldsymbol{x}}\right|_{\boldsymbol{x}_0} \boldsymbol{y} + O(\varepsilon^2).$$

---

[1]) Den Satz von der Differenzierbarkeit nach den Anfangsdaten kann man ebenfalls für die näherungsweise Bestimmung einer Schar von Lösungen benutzen, die Anfangsbedingungen genügen, welche den „nichtgestörten", für die die Lösung bekannt ist, benachbart sind.

[2]) Für kleine ε ist nämlich

$$\boldsymbol{v}_0(\boldsymbol{x}) = \boldsymbol{v}_0(\boldsymbol{x}_0) + \varepsilon \left.\frac{\partial \boldsymbol{v}_0}{\partial \boldsymbol{x}}\right|_{\boldsymbol{x}_0} \boldsymbol{y} + O(\varepsilon^2).$$

Diese Beziehung gilt für jedes ε. Daher sind die Ableitungen der linken und der rechten Seite nach ε für $\varepsilon = 0$ gleich:

$$\dot{\boldsymbol{y}} = A(t)\,\boldsymbol{y} + \boldsymbol{b}(t) \quad \text{mit} \quad A(t) = \left.\frac{\partial \boldsymbol{v}_0}{\partial \boldsymbol{x}}\right|_{\boldsymbol{x}_0(t)}, \quad \boldsymbol{b}(t) = \boldsymbol{v}_1(\boldsymbol{x}_0(t)).$$

Dies ist genau die zur Gleichung $\dot{\boldsymbol{x}} = \boldsymbol{v}(\boldsymbol{x}, \varepsilon)$ gehörende Gleichung der Variationen. Da die Anfangsbedingung für $\boldsymbol{x}$ bei allen ε die gleiche ist, genügt $\boldsymbol{y}$ auch der Anfangsbedingung $\boldsymbol{y}(0) = 0$.

Bei der Lösung von konkreten Problemen ist es zweckmäßig, die Gleichungen der Variationen jedesmal neu herzuleiten.

Aufgabe 1. Ein Körper fällt vertikal in einem Medium mit kleinem Widerstand, der von Lage und Geschwindigkeit des Körpers abhängt:

$$\ddot{x} = -g + \varepsilon F(x, \dot{x}), \qquad \varepsilon \ll 1.$$

Man schätze den Einfluß des Widerstandes auf die Bewegung des Körpers ein.

Lösung. Fehlt der Widerstand, d. h., ist $\varepsilon = 0$, so lautet die Lösung bekanntlich

$$x_0(t) = x(0) + v\,t - g\,\frac{t^2}{2}.$$

Auf Grund des Satzes von der Differenzierbarkeit nach dem Parameter kann man die Lösung für kleine ε in der Gestalt

$$x = x_0 + \varepsilon y(t) + O(\varepsilon^2)$$

schreiben, wobei y die Ableitung der Lösung nach dem Parameter ε für $\varepsilon = 0$ ist. Setzen wir diesen Ausdruck in die Ausgangsgleichung ein, so ergibt sich eine Differentialgleichung für y:

$$\ddot{x}_0 + \varepsilon \ddot{y} = -g + \varepsilon F(x_0, \dot{x}_0) + O(\varepsilon^2) \qquad (\varepsilon \to 0).$$

Da diese Beziehung für alle ε erfüllt ist, sind die Koeffizienten bei ε auf der linken und der rechten Seite gleich:

$$\ddot{y} = F(x_0(t), \dot{x}_0(t)), \qquad y(0) = \dot{y}(0) = 0.$$

Die so erhaltene Gleichung ist die zu der Ausgangsgleichung gehörende Gleichung der Variationen. Sie läßt sich leicht lösen; das Ergebnis lautet

$$x(t) = x_0(t) + \varepsilon \int_0^t \int_0^\tau F(x_0(\xi), \dot{x}_0(\xi))\, d\xi\, d\tau + O(\varepsilon^2).$$

Warnung. Streng genommen gelten unsere Überlegungen nur für hinreichend kleine $|t|$. In Wirklichkeit ist es nicht schwer, sie auf ein beliebiges *endliches* Zeitintervall $|t| \leqq T$ zu übertragen, *sobald* ε *eine von* T *abhängende Größe nicht überschreitet; dabei wächst diese obere Grenze mit wachsendem* T *wie* $O(\varepsilon^2)$.

Es ist äußerst riskant, die auf diese Art erhaltenen Resultate auf ein unendliches Zeitintervall zu übertragen: Die Grenzübergänge $t \to \infty$ und $\varepsilon \to 0$ lassen sich nicht in ihrer Reihenfolge vertauschen.

Beispiel 1. Wir betrachten einen mit Wasser gefüllten Becher, in dessen Boden sich ein kleines Loch vom Radius ε befindet (Abb. 70). Zu jedem T gibt es ein so kleines ε, daß der Becher während der Zeit $t < T$ fast voll bleibt. Jedoch wird der Becher für jedes feste $\varepsilon > 0$ leer, wenn die Zeit gegen ∞ strebt.

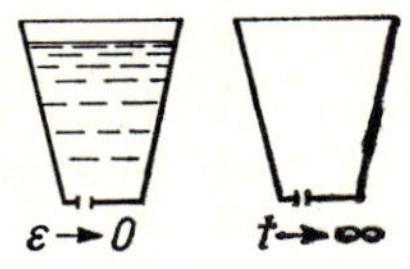

Abb. 70. Asymptotisches Verhalten der Lösungen der gestörten Gleichung für $\varepsilon \to 0$ und für $t \to \infty$

Aufgabe 2. Bekanntlich wirkt auf einen Körper der Masse m, der sich relativ zur Erde mit der Geschwindigkeit $\boldsymbol{v}$ bewegt, die Corioliskraft $F = 2m[\boldsymbol{v}, \boldsymbol{\Omega}]$, wobei $\boldsymbol{\Omega}$ der Vektor der Winkelgeschwindigkeit der Erde ist.

Auf dem Breitengrad von Leningrad ($\lambda = 60°$) lasse man einen Stein (mit der Anfangsgeschwindigkeit Null) in einen 250 m tiefen Schacht fallen (Abb. 71). Wie weit lenkt ihn die Corioliskraft von der Vertikalen ab?

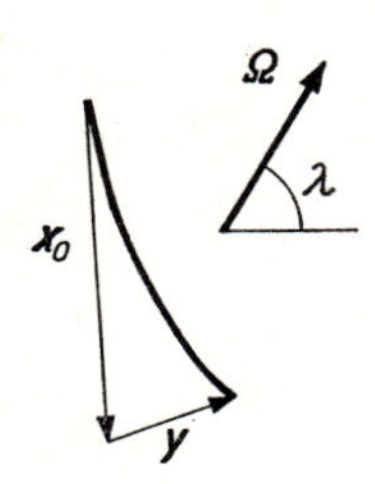

Abb. 71. Abweichung eines fallenden Körpers von der Vertikalen

Lösung. Zu betrachten ist die Differentialgleichung

$$\ddot{\boldsymbol{x}} = \boldsymbol{g} + 2[\dot{\boldsymbol{x}}, \boldsymbol{\Omega}],$$

in der der Parameter $\boldsymbol{\Omega}$ die Winkelgeschwindigkeit der Erde darstellt, $\Omega = 7{,}3 \cdot 10^{-5}\ \mathrm{s}^{-1}$ Da die Corioliskraft klein ist im Verhältnis zum Gewicht, kann man Ω als *kleinen* Parameter auffassen.

Auf Grund des Satzes von der Differenzierbarkeit gilt für kleine $\boldsymbol{\Omega}$

$$\boldsymbol{x} = \boldsymbol{x}_0 + \Omega \boldsymbol{y} + O(\Omega^2) \quad \text{mit} \quad \boldsymbol{x}_0 = x(0) + \boldsymbol{g}\,\frac{t^2}{2}.$$

Setzen wir diesen Ausdruck für $\boldsymbol{x}$ in die Differentialgleichung ein, so erhalten wir die Gleichung der Variationen

$$\ddot{\boldsymbol{y}} = 2[\boldsymbol{g}t, \boldsymbol{\Omega}], \qquad \boldsymbol{y}(0) = \dot{\boldsymbol{y}}(0) = 0,$$

woraus

$$\boldsymbol{y} = [\boldsymbol{g}, \boldsymbol{\Omega}]\,\frac{t^3}{3} = \frac{2t}{3}\,[\boldsymbol{h}, \boldsymbol{\Omega}] \quad \text{mit} \quad \boldsymbol{h} = \frac{\boldsymbol{g}t^2}{2}$$

folgt. Damit weicht der Stein um

$$\frac{2t}{3}\,|\boldsymbol{h}| \cdot |\boldsymbol{\Omega}| \cos\lambda \approx \frac{2 \cdot 7}{3} \cdot 250 \cdot 7 \cdot 10^{-5} \cdot \frac{1}{2}\ \mathrm{m} \approx 4\ \mathrm{cm}$$

in östlicher Richtung von der Vertikalen ab.

Andere Beispiele für die Anwendung der Sätze von der Differenzierbarkeit nach dem Parameter und den Anfangsdaten trifft man in 2.6.10. und 3.14.7. an.

2.3.6. Bemerkungen zur Terminologie. Gleichungen der Gestalt (1) und Systeme der Gestalt (4) werden mitunter auch *normal* oder *nach der höchsten Ableitung aufgelöst* genannt.

In diesem Buch werden keine anderen Gleichungen und Systeme untersucht, so daß der Terminus *System von Differentialgleichungen* stets ein normales System bezeichnet oder ein System, das einem normalen äquivalent ist (wie z. B. das System (5) der Newtonschen Gleichungen).

Wir erwähnen ferner, daß die auf der rechten Seite des Systems (4) auftretenden Funktionen auf verschiedene Arten gegeben sein können: explizit, implizit, von einem Parameter abhängig usw.

Beispiel 1. Die Schreibweise

$$\dot{x}^2 - x = 0$$

ist die abgekürzte Bezeichnung *zweier verschiedener* Differentialgleichungen, nämlich $\dot{x} = \sqrt{x}$ und $\dot{x} = -\sqrt{x}$. Der Phasenraum für jede dieser Gleichungen ist die Halbgerade $x \geqq 0$. Diese Gleichungen sind durch zwei verschiedene Vektorfelder bestimmt, die für $x > 0$ differenzierbar sind (Abb. 72).

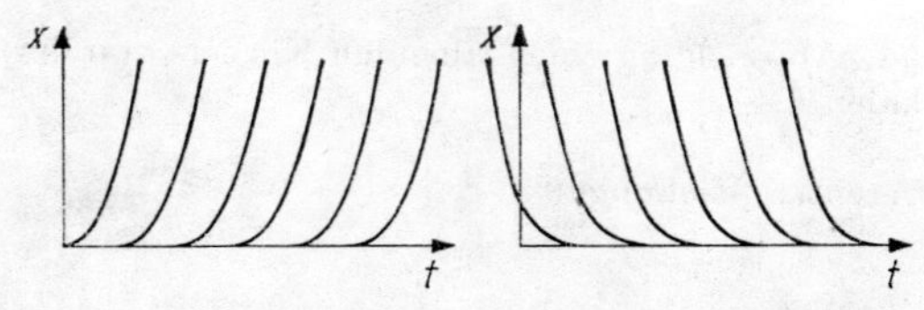

Abb. 72. Integralkurven zweier durch die Schreibweise $\dot{x}^2 = x$ zusammengefaßter Gleichungen

Ist die rechte Seite in impliziter Form gegeben, so muß man sich sorgfältig mit der Bestimmung des Definitionsgebietes beschäftigen und sich vor mißverständlichen Bezeichnungen hüten.

Beispiel 2. Es sei $x_1 = r \cos \varphi$, $x_2 = r \sin \varphi$. Die Beziehungen $\dot{x}_1 = r$, $\dot{x}_2 = r\varphi$ bilden auf der x_1,x_2-Ebene *kein* System von Differentialgleichungen.

Dieselben Formeln ergeben, wenn man sie in einem beliebigen, den Koordinatenursprung nicht enthaltenden Gebiet der x_1, x_2-Ebene betrachtet, *unendlich viele* Differentialgleichungen, entsprechend den unendlich vielen „Zweigen" einer mehrdeutigen Funktion φ.

Beispiel 3. Eine Gleichung der Gestalt

$$x = \dot{x}t + f(\dot{x})$$

heißt *Clairautsche Differentialgleichung*. Die Clairautsche Gleichung

$$x = \dot{x}t - \frac{\dot{x}^2}{2} \tag{6}$$

ist die Kurzschreibweise *zweier* verschiedener Differentialgleichungen, die auf dem Gebiet $x \leqq t^2/2$ gegeben sind. Jede von ihnen genügt den Existenz- und Eindeutigkeitssätzen in dem unterhalb der Parabel gelegenen Gebiet $x < t^2/2$ (Abb. 73).

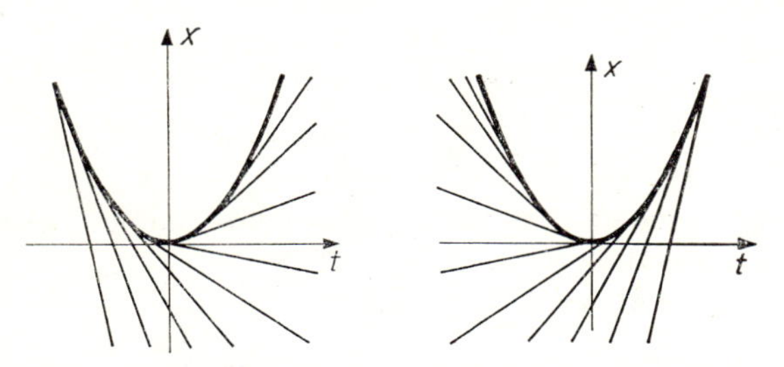

Abb. 73. Integralkurven zweier Gleichungen von der Form der Clairautschen Gleichung (6)

Durch jeden Punkt dieses Gebietes verlaufen zwei Tangenten an die Parabel. Jede Tangente besteht aus zwei Halbtangenten, und jede dieser Halbtangenten ist eine Integralkurve einer der beiden in (6) enthaltenen Differentialgleichungen.

Aufgabe 1. Man untersuche die Clairautsche Differentialgleichung

$$x = \dot{x}t - \dot{x}^3.$$

2.4. Phasenkurven eines autonomen Systems

Wir kehren nun zum autonomen Fall zurück und betrachten einige Eigenschaften autonomer Systeme und der entsprechenden Phasenkurven. Wir beginnen mit einem Beispiel.

2.4.1. Zeitverschiebung. Wir betrachten die durch eine differenzierbare Funktion F auf dem Phasenraum $\boldsymbol{R}^n$ definierte Differentialgleichung

$$x^{(n)} = F(x, \dot{x}, \ddot{x}, \ldots, x^{(n-1)}). \tag{1}$$

Aufgabe 1. Die Gleichung (1) habe die Lösung $x = \sin t$. Zu zeigen ist, daß dann $x = \cos t$ ebenfalls Lösung von (1) ist.

Dies ergibt sich unmittelbar aus dem folgenden

Satz. *Es sei $\boldsymbol{\varphi}: \boldsymbol{R} \to U$ Lösung der durch das Vektorfeld $\boldsymbol{v}$ auf dem Phasenraum U definierten autonomen Differentialgleichung*

$$\frac{d\boldsymbol{x}}{dt} = \boldsymbol{v}(\boldsymbol{x}), \tag{2}$$

und $h^s: \boldsymbol{R} \to \boldsymbol{R}$ sei die Translation um s, die den Punkt $t \in \boldsymbol{R}$ in den Punkt $t + s \in \boldsymbol{R}$ überführt. Dann ist $\boldsymbol{\varphi} \circ h^s: \boldsymbol{R} \to U$ für jedes s Lösung von (2).

Mit anderen Worten: Ist $\boldsymbol{x} = \boldsymbol{\varphi}(t)$ Lösung der Gleichung (2), so ist auch $\boldsymbol{x} = \boldsymbol{\varphi}(t+s)$ Lösung von (2).

Beweis. Offenbar ist

$$\left.\frac{d\boldsymbol{\varphi}(t+s)}{dt}\right|_{t=t_0} = \left.\frac{d\boldsymbol{\varphi}(t)}{dt}\right|_{t=t_0+s} = \boldsymbol{v}\big(\boldsymbol{\varphi}(t_0+s)\big) = \boldsymbol{v}\big(\boldsymbol{\varphi}(t+s)\big)\big|_{t=t_0}$$

für alle $t_0 \in \boldsymbol{R}$, $s \in \boldsymbol{R}$.

Bemerkung. Aus dem eben bewiesenen Satz folgt sofort eine analoge Behauptung für autonome *Systeme* und insbesondere für Gleichung (1).

Für $s = \pi/2$ ergibt sich die Lösung der Aufgabe 1.

Folgerung. *Durch jeden Punkt des Phasenraumes der autonomen Gleichung* (2) *verläuft genau eine Phasenkurve.*[1])

Beweis. Es seien $\boldsymbol{\varphi}_1: \boldsymbol{R} \to U$ und $\boldsymbol{\varphi}_2: \boldsymbol{R} \to U$ zwei Lösungen, und es gelte $\boldsymbol{\varphi}_1(t_1) = \boldsymbol{\varphi}_2(t_2) = \boldsymbol{x}$. Dann genügen die Lösungen $\boldsymbol{\varphi}_2$ und $\boldsymbol{\varphi}_3 = \boldsymbol{\varphi}_1 \circ h^{t_1-t_2}$ den gleichen Anfangsbedingungen, $\boldsymbol{\varphi}_2(t_2) = \boldsymbol{\varphi}_3(t_3) = \boldsymbol{x}$, und sie stimmen auf Grund des Eindeutigkeitssatzes überein: $\boldsymbol{\varphi}_2 = \boldsymbol{\varphi}_1 \circ h^{t_1-t_2}$. Nun haben die Abbildungen $\boldsymbol{\varphi}$ und $\boldsymbol{\varphi} \circ h^s: \boldsymbol{R} \to U$ dasselbe Bild, da die Abbildung $h^s: \boldsymbol{R} \to \boldsymbol{R}$ eineindeutig ist. Also gilt $\boldsymbol{\varphi}_1(\boldsymbol{R}) = \boldsymbol{\varphi}_2(\boldsymbol{R})$, was zu beweisen war.[2])

Bemerkung. Die Phasenkurven einer nichtautonomen Gleichung können sich schneiden, ohne identisch zu sein. Daher ist es besser, die Lösungen nichtautonomer Gleichungen anhand deren Integralkurven zu untersuchen.

Aufgabe 2. Durch jeden Punkt des Phasenraumes der Gleichung $\dot{\boldsymbol{x}} = \boldsymbol{v}(t, \boldsymbol{x})$ gehe genau eine Phasenkurve. Folgt hieraus, daß die Gleichung autonom ist (d. h., daß $\boldsymbol{v}(t, \boldsymbol{x})$ nicht von t abhängt)?

Antwort. Nein.

2.4.2. Geschlossene Phasenkurven. Wir wissen schon, daß sich die verschiedenen Phasenkurven der autonomen Gleichung (2) nicht schneiden. Nun wollen wir untersuchen, ob eine Phasenkurve sich selbst schneidet.

Es sei $\boldsymbol{\varphi}_0: I \to U$ (Abb. 74) eine Lösung von (2), die in zwei Punkten $t_1, t_2 \in I$ mit $t_1 < t_2$ ein und denselben Wert $\boldsymbol{\varphi}_0(t_1) = \boldsymbol{\varphi}_0(t_2)$ annimmt.

Satz. *Eine Lösung $\boldsymbol{\varphi}_0$, für die $\boldsymbol{\varphi}_0(t_1) = \boldsymbol{\varphi}_0(t_2)$ gilt, läßt sich auf die ganze t-Achse fortsetzen, wobei die so erhaltene Lösung $\boldsymbol{\varphi}: \boldsymbol{R} \to U$ die Periode $T = t_2 - t_1$ hat, d. h., für jedes t ist $\boldsymbol{\varphi}(t + T) = \boldsymbol{\varphi}(t)$.*

[1]) Hier ist die Rede von maximalen Phasenkurven. Eine maximale Phasenkurve ist das Bild der Abbildung $\varphi: I \to U$, wobei φ eine Lösung ist, die sich auf ein Intervall, das I enthält, nicht fortsetzen läßt (z. B. weil I die ganze Gerade ist, d. h., weil sich die Lösung unbeschränkt fortsetzen läßt, oder weil $\varphi(t)$ den Rand von U erreicht, wenn t die Endpunkte von I erreicht).

[2]) Die Untersuchung des Falles, daß die Lösungen nicht unbeschränkt fortsetzbar sind, sei dem Leser überlassen.

Beweis. Jedes $t \in \boldsymbol{R}$ läßt sich auf eine einzige Art in der Form $t = nT + \tau$ mit $0 \leqq \tau < T$ darstellen. Wir setzen $\boldsymbol{\varphi}(t) = \boldsymbol{\varphi}_0(t_1 + \tau)$. Dann ist offenbar $\boldsymbol{\varphi}$ eine periodische Funktion mit der Periode T. Wir zeigen, daß $\boldsymbol{\varphi}$ eine Lösung ist. In der Umgebung jedes Punktes $t \in \boldsymbol{R}$ stimmt $\boldsymbol{\varphi}$ mit der Translation der Lösung $\boldsymbol{\varphi}_0$ überein (dies ist evident für Punkte mit $\tau > 0$; für Punkte mit $\tau = 0$ folgt es aus der Voraussetzung $\boldsymbol{\varphi}_0(t_1) = \boldsymbol{\varphi}_0(t_2)$). Somit ist $\boldsymbol{\varphi}$ auf Grund des Satzes aus 2.4.1. eine Lösung. Also gilt $\boldsymbol{\varphi}(t_1) = \boldsymbol{\varphi}_0(t_1)$, und der Satz ist bewiesen.

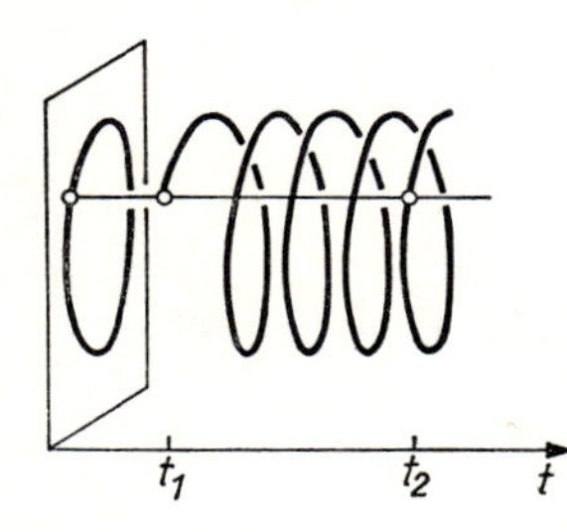

Abb. 74. Geschlossene Phasenkurve und die ihr entsprechende Integralkurve

Wir betrachten nun die Menge aller Perioden der so erhaltenen stetigen Funktion $\boldsymbol{\varphi}$.

Lemma 1. *Die Menge aller Perioden der stetigen Funktion $\boldsymbol{\varphi}: \boldsymbol{R} \to U$ ist eine abgeschlossene Untergruppe der Gruppe $\boldsymbol{R}$ der reellen Zahlen.*

Beweis. Ist $\boldsymbol{\varphi}(t + T_1) \underset{t}{\equiv} \boldsymbol{\varphi}(t)$ und $\boldsymbol{\varphi}(t + T_2) \underset{t}{\equiv} \boldsymbol{\varphi}(t)$, so gilt auch

$$\boldsymbol{\varphi}(t + T_1 \pm T_2) \underset{t}{\equiv} \boldsymbol{\varphi}(t + T_1) \underset{t}{\equiv} \boldsymbol{\varphi}(t)$$

(dabei bedeutet $\underset{t}{\equiv}$, daß die Identität für alle t gilt). Strebt andererseits T_i gegen T, so gilt auf Grund der Stetigkeit von $\boldsymbol{\varphi}$

$$\boldsymbol{\varphi}(t + T) \underset{t}{\equiv} \lim_{i \to \infty} \boldsymbol{\varphi}(t + T_i) \underset{t}{\equiv} \lim_{i \to \infty} \boldsymbol{\varphi}(t) \underset{t}{\equiv} \boldsymbol{\varphi}(t).$$

Damit ist Lemma 1 bewiesen.

Lemma 2. *Jede abgeschlossene Untergruppe G der Gruppe $\boldsymbol{R}$ der reellen Zahlen ist entweder $\boldsymbol{R}$ selbst oder $\{0\}$ oder die Menge $\{kT_0: k \in \boldsymbol{Z}\}$ aller ganzzahligen Vielfachen einer gewissen Zahl $T_0 \in \boldsymbol{R}$.*

Beweis. Ist $G \neq \{0\}$, so existieren in G positive Elemente (im Fall $t < 0$ betrachten wir die Elemente $-t > 0$). Wir untersuchen

$$T_0 = \inf \{t: t \in G, t > 0\}.$$

Offenbar ist $0 \leqq T_0 < \infty$. Wir setzen zunächst $T_0 > 0$ voraus. Dann gehört T_0 zu G, da G abgeschlossen ist. Die ganzzahligen Vielfachen von T_0 gehören ebenfalls zu G, weil G Untergruppe ist. Andere Punkte gibt es in G nicht. Die Punkte kT_0 zerlegen die Gerade $\boldsymbol{R}$ in Intervalle $kT_0 < t < (k + 1)\, T_0$ (Abb. 75). Hätte die Gruppe G noch ein weiteres Element, so würde es in eins dieser Intervalle fallen, und dann wäre in G

ein Element $t - kT_0$ zu finden, für welches $0 < t - kT_0 < T_0$ ist, entgegen der Annahme, daß T_0 untere Schranke ist. Also kann im Fall $T_0 > 0$ nur $G = \{kT_0 : k \in \boldsymbol{Z}\}$ sein.

Nun bleibt noch der Fall $T_0 = 0$ zu untersuchen. In diesem Fall gibt es in G für jedes $\varepsilon > 0$ ein Element t, $0 < t < \varepsilon$, und infolgedessen auch alle Punkte kt, $k \in \boldsymbol{Z}$. Die Punkte kt zerlegen $\boldsymbol{R}$ in Intervalle der Länge $< \varepsilon$. Das bedeutet, daß in der ganzen Umgebung eines beliebigen Punktes von $\boldsymbol{R}$ auch Punkte von G liegen. Da G eine abgeschlossene Menge ist, gilt $G = \boldsymbol{R}$. Damit ist Lemma 2 bewiesen.

Aufgabe 1.* Man bestimme alle abgeschlossenen Untergruppen der Ebene $\boldsymbol{R}^2$ (Abb. 76) des Raumes $\boldsymbol{R}^n$ und der Drehgruppe des Kreises $S^1 = \{z \in \boldsymbol{C} : |z| = 1\}$.

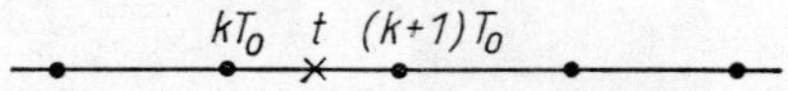

kT_0 t $(k+1)T_0$

Abb. 75. Abgeschlossene Untergruppe der Geraden

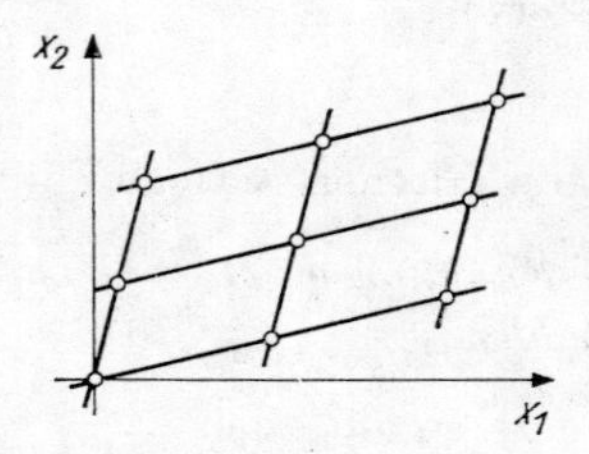

Abb. 76. Abgeschlossene Untergruppe der Ebene

Kehren wir nun zu den periodischen Funktionen zurück, so sehen wir, daß *die Menge der Perioden entweder die ganze Gerade bedeckt* (und dann ist die Funktion konstant) *oder aus allen ganzzahligen Vielfachen der kleinsten Periode T_0 besteht.*

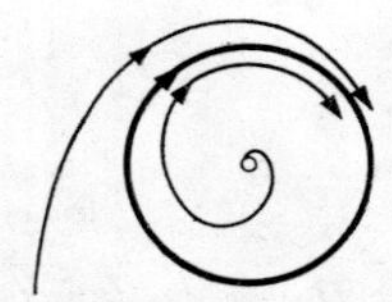
Abb. 77. Grenzzykel

Somit ist eine sich schneidende Phasenkurve entweder ein stationärer Punkt oder eine geschlossene Kurve, die sich zum ersten Mal zur Zeit T_0 schließt. Als Beispiel kann der Grenzzykel dienen (Abb. 77).

Aufgabe 2. Man zeige, daß eine geschlossene Phasenkurve, die sich nicht auf einen Punkt reduziert, einer Kreislinie diffeomorph ist.[1])

Hinweis. Der Diffeomorphismus kann durch

$$\boldsymbol{\varphi}(t) \sim \left(\cos\frac{2\pi t}{T_0}, \sin\frac{2\pi t}{T_0}\right)$$

gegeben sein.

---

[1]) Die Definition der differenzierbaren Abbildung einer Kurve auf eine andere findet man z. B. in 5.1.6.

Eine nichtgeschlossene Phasenkurve kann sich, auch wenn sie sich nicht schneidet, auf komplizierte Weise auf sich selbst aufwickeln.

Aufgabe 3. Man bestimme die Abschließung der Phasenkurven des „Doppelpendels“

$$\ddot{x}_1 = -x_1, \qquad \ddot{x}_2 = -2x_2.$$

Lösung. Ein Punkt, die Kreislinien und die Tori $S^1 \times S^1$. Vgl. 3.12. und 3.13.6.

Aufgabe 4.* Es sei $\boldsymbol{\varphi}: \boldsymbol{R} \to U$ eine Lösung von (2), die einer *nichtgeschlossenen* Phasenkurve entspricht; es sei also

$$\boldsymbol{\varphi}(t_1) \neq \boldsymbol{\varphi}(t_2), \qquad t_1 \neq t_2.$$

Dann ist die Abbildung $\boldsymbol{\varphi}$ der Geraden $\boldsymbol{R}$ auf die Phasenkurve $\Gamma = \boldsymbol{\varphi}(\boldsymbol{R})$ bijektiv und besitzt die Inverse $\boldsymbol{\varphi}^{-1}: \Gamma \to \boldsymbol{R}$.

Ist es unbedingt notwendig, daß $\boldsymbol{\varphi}^{-1}$ stetig ist?

Hinweis. (Vgl. die vorhergehende Aufgabe.) Es kann sich zeigen, daß

$$\lim_{i\to\infty} \boldsymbol{\varphi}(t_i) \in \Gamma, \qquad \lim_{i\to\infty} t_i = \infty$$

ist.

2.5. Ableitung längs eines Vektorfeldes. Erste Integrale

Zahlreiche geometrische Begriffe lassen sich auf zweifache Weise beschreiben: einmal mit Hilfe der *Punkte* eines Raumes und zum andern mit Hilfe von *Funktionen*, die auf diesem Raum definiert sind. Diese beiden Arten des Herangehens erweisen sich in verschiedenen mathematischen Disziplinen oft als äußerst nützlich.

Insbesondere kann man Vektorfelder nicht nur mit Hilfe von Kurven beschreiben, sondern auch als *Ableitungen von Funktionen*, und die grundlegenden Sätze lassen sich in der Terminologie der *ersten Integrale* formulieren.

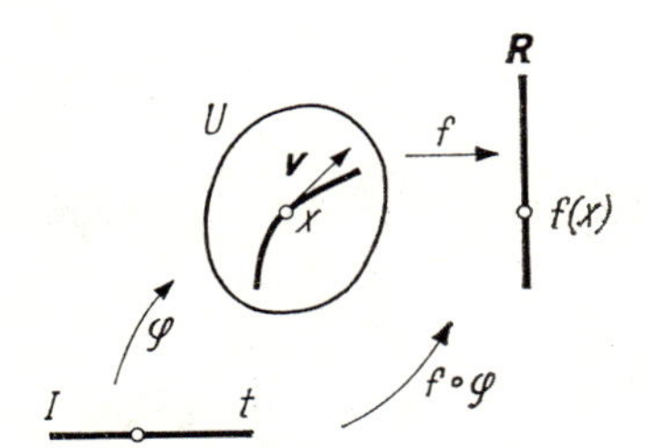

Abb. 78. Ableitung der Funktion f längs des Vektors $\boldsymbol{v}$

2.5.1. Ableitung längs eines Vektors. Es sei U ein Gebiet eines euklidischen Raumes, x ein Punkt aus U und $\boldsymbol{v} \in TU_x$ ein Tangentialvektor (Abb. 78). Ferner sei $f: U \to \boldsymbol{R}$ eine differenzierbare Funktion und $\varphi: I \to U$ eine der Kurven, die im Punkt x mit der Geschwindigkeit $\boldsymbol{v}$ entspringen, $\varphi(0) = x$. Es entsteht dadurch die Produktabbildung des Intervalls I der reellen Achse auf die reelle Achse,

$$f \circ \varphi: I \to \boldsymbol{R}, \qquad (f \circ \varphi)(t) = f(\varphi(t)),$$

d. h. eine reelle Funktion der reellen Variablen t.

Definition. Unter der *Ableitung der Funktion f längs des Vektors $\boldsymbol{v} \in TU_x$* versteht man die Zahl

$$L_{\boldsymbol{v}} f|_x = \frac{d}{dt}\bigg|_{t=0} f \circ \varphi .$$

Um diese Definition der Richtungsableitung zu rechtfertigen, muß man zeigen, daß die erhaltene Zahl nicht von der Wahl der Kurve φ, sondern nur von dem Geschwindigkeitsvektor $\boldsymbol{v}$ abhängt. Dies folgt z. B. aus der Koordinatendarstellung der Ableitung. Nach der Kettenregel ist

$$L_{\boldsymbol{v}} f|_x = \frac{d}{dt}\bigg|_{t=0} f \circ \varphi = \sum_{i=1}^{n} \frac{\partial f}{\partial x_i}\bigg|_x v_i , \tag{1}$$

wobei $x_i \colon U \to \boldsymbol{R}$ ein Koordinatensystem in U ist und v_i die nicht von der Wahl von φ abhängigen Komponenten des Vektors $\boldsymbol{v}$ in diesem Koordinatensystem bezeichnet.

2.5.2. Ableitung längs eines Vektorfeldes. Es sei nun $\boldsymbol{v}$ ein Vektorfeld auf dem Gebiet U. Dann existiert in jedem Punkt $x \in U$ ein Tangentialvektor $\boldsymbol{v}(x) \in TU_x$. Ist $f \colon U \to \boldsymbol{R}$ eine differenzierbare Funktion, so können wir ihre Ableitung längs des Vektors $\boldsymbol{v}(x)$ in jedem Punkt $x \in U$ bilden. Dadurch ergibt sich in jedem Punkt $x \in U$ eine Zahl $L_{\boldsymbol{v}} f|_x$.

Definition. Unter der *Ableitung einer Funktion $f \colon U \to \boldsymbol{R}$ längs des Vektorfeldes $\boldsymbol{v}$* verstehen wir die neue Funktion $L_{\boldsymbol{v}} f \colon U \to \boldsymbol{R}$, deren Wert im Punkt x gleich der Ableitung von f längs des Vektors $\boldsymbol{v}(x)$ ist:

$$(L_{\boldsymbol{v}} f)(x) = L_{\boldsymbol{v}(x)} f|_x .$$

Beispiel 1. Es sei $\boldsymbol{e}_1$ ein Feld von Basisvektoren (die Komponenten von $\boldsymbol{e}_1$ im $x_1, \ldots, x_n$-Koordinatensystem von U sind $1, 0, \ldots, 0$). Dann ist auf Grund der Definition der partiellen Ableitung

$$L_{\boldsymbol{e}_1} f = \frac{\partial f}{\partial x_1} .$$

Sind die Funktion f und das Feld $\boldsymbol{v}$ aus der Klasse C^r, so gehört $L_{\boldsymbol{v}} f$ der Klasse C^{r-1} an (vgl. (1)).

2.5.3. Eigenschaften der Richtungsableitung. Wir bezeichnen mit F die Menge aller unendlich oft differenzierbaren Funktionen $f \colon U \to \boldsymbol{R}$. Diese Menge ist mit einer natürlichen Struktur des reellen linearen Raumes (da die Addition von Funktionen die Differenzierbarkeit bewahrt) und sogar der eines Ringes versehen (da das Produkt differenzierbarer Funktionen ebenfalls differenzierbar ist).

Es sei $\boldsymbol{v}$ ein unendlich oft differenzierbares Vektorfeld. Die Ableitung $L_{\boldsymbol{v}} f$ der Funktion $f \in F$ längs des Feldes $\boldsymbol{v}$ gehört ebenfalls zu F.[1]) Somit ist die Differentiation längs des Feldes $\boldsymbol{v}$ eine Abbildung $L_{\boldsymbol{v}} \colon F \to F$ des Ringes der unendlich oft differenzierbaren Funktionen auf sich selbst.

---

[1]) Hier ist es wesentlich, daß *unendlich oft* differenziert werden darf.

Aufgabe 1. Man beweise die folgenden Eigenschaften des Operators $L_{\boldsymbol{v}}$ (außer der einen, die nicht gilt):

a) $L_{\boldsymbol{v}}(f+g) = L_{\boldsymbol{v}}f + L_{\boldsymbol{v}}g$;
b) $L_{\boldsymbol{v}}(fg) = fL_{\boldsymbol{v}}g + gL_{\boldsymbol{v}}f$;
c) $L_{\boldsymbol{u}+\boldsymbol{v}} = L_{\boldsymbol{u}} + L_{\boldsymbol{v}}$;
d) $L_{f\boldsymbol{u}} = fL_{\boldsymbol{u}}$;
e) $L_{\boldsymbol{u}}L_{\boldsymbol{v}} = L_{\boldsymbol{v}}L_{\boldsymbol{u}}$

(f, g hinreichend glatte Funktionen und $\boldsymbol{u}$, $\boldsymbol{v}$ hinreichend glatte Vektorfelder).

Bemerkungen zur Terminologie. Algebraiker nennen die Abbildung eines beliebigen (kommutativen) Ringes in sich eine *Derivation*, wenn sie die Eigenschaften a) und b) der Abbildung $L_{\boldsymbol{v}}$ besitzt. Alle Derivationen eines Ringes bilden einen Modul über diesem Ring.

Die Vektorfelder auf U bilden einen Modul über dem Ring F der Funktionen in U. Die Eigenschaften c) und d) besagen, daß die Operation L, die das Vektorfeld $\boldsymbol{v}$ in die Derivation $L_{\boldsymbol{v}}$ überführt, ein Homomorphismus von F-Moduln ist. Die Eigenschaft e) bedeutet, daß die Derivationen $L_{\boldsymbol{u}}$ und $L_{\boldsymbol{v}}$ vertauschbar sind.

Aufgabe 2.* Ist der Homomorphismus L ein Isomorphismus?

Analytiker nennen die Abbildung $L_{\boldsymbol{v}}: F \to F$ einen *linearen homogenen Differentialoperator erster Ordnung*. Diese Bezeichnung ist dadurch erklärt, daß aus den Eigenschaften a) und b) folgt, daß die Abbildung $L_{\boldsymbol{v}}: F \to F$ ein $\boldsymbol{R}$-linearer Operator ist. In den Koordinaten $x_1, \ldots, x_n$ läßt sich dieser Operator folgendermaßen darstellen (vgl. a)):

$$L_{\boldsymbol{v}} = v_1 \frac{\partial}{\partial x_1} + \cdots + v_n \frac{\partial}{\partial x_n}.$$

In der französischen Literatur wird der Operator $L_{\boldsymbol{v}}$ „dérivée du pêcheur" genannt: Der Fischer sitzt am Ufer eines Flusses und „leitet die vom Fluß an ihm vorbeigetragenen Objekte ab".

Liesche Algebra von Vektorfeldern

Aufgabe 3. Man zeige, daß der Differentialoperator

$$L_{\boldsymbol{a}}L_{\boldsymbol{b}} - L_{\boldsymbol{b}}L_{\boldsymbol{a}} = L_{\boldsymbol{c}},$$

wobei $\boldsymbol{c}$ ein von den Vektorfeldern $\boldsymbol{a}$ und $\boldsymbol{b}$ abhängiges Vektorfeld ist, nicht (wie es auf den ersten Blick scheint) von zweiter, sondern von erster Ordnung ist.

Bemerkung. Das Feld $\boldsymbol{c}$ heißt *Kommutator* oder *Poissonscher Klammerausdruck* der Felder $\boldsymbol{a}$ und $\boldsymbol{b}$ und wird mit $[\boldsymbol{a}, \boldsymbol{b}]$ bezeichnet.

Aufgabe 4. Man weise die folgenden drei Eigenschaften des Kommutators nach:

1. $[\boldsymbol{a}, \boldsymbol{b} + \lambda\boldsymbol{c}] = [\boldsymbol{a}, \boldsymbol{b}] + \lambda[\boldsymbol{a}, \boldsymbol{c}], \quad \lambda \in \boldsymbol{R}$ (Linearität);
2. $[\boldsymbol{a}, \boldsymbol{b}] + [\boldsymbol{b}, \boldsymbol{a}] = 0$ (Schiefsymmetrie);
3. $[[\boldsymbol{a}, \boldsymbol{b}], \boldsymbol{c}] + [[\boldsymbol{b}, \boldsymbol{c}], \boldsymbol{a}] + [[\boldsymbol{c}, \boldsymbol{a}], \boldsymbol{b}] = 0$ (Jacobi-Identität).

Bemerkung. Ein linearer Raum, versehen mit einer den Bedingungen 1 bis 3 genügenden binären Operation, heißt *Liesche Algebra*. Somit bilden die kommutativen Vektorfelder eine Liesche Algebra. Andere Beispiele für Liesche Algebren sind

a) der mit einer Orientierung versehene dreidimensionale Raum mit der vektoriellen Multiplikation;

b) der Raum der quadratischen Matrizen mit der Operation $AB-BA$.

Aufgabe 5. Unter der Voraussetzung, daß die Komponenten der Felder $\boldsymbol{a}$ und $\boldsymbol{b}$ in einem bestimmten $x_1, \ldots, x_n$-Koordinatensystem bekannt sind, berechne man die Komponenten ihres Kommutators.

Lösung. $[\boldsymbol{a},\boldsymbol{b}]_i = \sum_{j=1}^{n} \left(a_j \frac{\partial b_i}{\partial x_j} - b_j \frac{\partial a_i}{\partial x_j}\right)$.

Aufgabe 6.* Es sei g^t der durch das Vektorfeld $\boldsymbol{a}$ und h^t der durch das Vektorfeld $\boldsymbol{b}$ gegebene Phasenfluß. Man zeige, daß die Flüsse genau dann vertauschbar sind ($g^t h^s = h^s g^t$), wenn der Kommutator der Felder $\boldsymbol{a}$ und $\boldsymbol{b}$ gleich 0 ist.

Aufgabe 7. Es sei $\boldsymbol{a}_\omega$ das Geschwindigkeitsfeld der Punkte eines Körpers, der mit der Winkelgeschwindigkeit $\boldsymbol{\omega}$ um den Punkt O im $\boldsymbol{R}^3$ rotiert. Man bestimme den Kommutator der Felder $\boldsymbol{a}_\omega, \boldsymbol{a}_\alpha$.

Lösung. $[\boldsymbol{a}_\omega, \boldsymbol{a}_\alpha] = \boldsymbol{a}_{[\omega,\alpha]}$, wobei $[\boldsymbol{\omega}, \alpha]$ das Vektorprodukt bezeichnet.

2.5.4. Erste Integrale.

2.5.4. Erste Integrale. Es sei $\boldsymbol{v}$ ein Vektorfeld auf dem Gebiet U und $f\colon U \to \boldsymbol{R}$ eine differenzierbare Funktion.

Definition. Eine Funktion f heißt *erstes Integral*[1]) der Differentialgleichung

$$\dot{x} = \boldsymbol{v}(x), \qquad x \in U, \tag{2}$$

wenn ihre Ableitung längs des Vektorfeldes $\boldsymbol{v}$ gleich 0 ist:

$$L_{\boldsymbol{v}} f = 0. \tag{3}$$

Die folgenden beiden Eigenschaften des ersten Integrals sind offenbar der Beziehung (3) äquivalent und könnten zur Definition benutzt werden:

1. *Die Funktion f ist längs jeder Lösung $\varphi\colon I \to U$ konstant,* d. h., jede Funktion $f \circ \varphi\colon I \to \boldsymbol{R}$, wobei φ eine Lösung ist, ist konstant.

2. *Jede Phasenkurve gehört einer und nur einer Niveaumenge*[2]) *der Funktion f an* (Abb. 79).

Beispiel 1. Wir betrachten die Gleichung, die die ganze Ebene als Phasenraum besitzt (Abb. 80):

$$\begin{cases} \dot{x}_1 = x_1, \\ \dot{x}_2 = x_2. \end{cases}$$

[1]) Die seltsame Bezeichnung „erstes Integral" stammt aus der Zeit, als man versuchte, alle Differentialgleichungen durch Integration zu lösen. Damals verstand man unter einem Integral (oder einem partiellen Integral) das, was wir heute Lösung nennen.

[2]) Unter einer *Niveaumenge* einer Funktion $f\colon U \to \boldsymbol{R}$ versteht man das volle Urbild $f^{-1}C \subset U$ eines Punktes $C \in \boldsymbol{R}$.

Diese Gleichung hat kein von einer Konstanten verschiedenes erstes Integral, denn das erste Integral ist eine auf der ganzen Ebene stetige Funktion, deren Wert sich auf jedem im Koordinatenursprung entspringenden Strahl nicht ändert und demzufolge eine Konstante ist.

Abb. 79. Die Phasenkurve liegt ganz in einer Niveaufläche des ersten Integrals

Abb. 80. System ohne erste Integrale

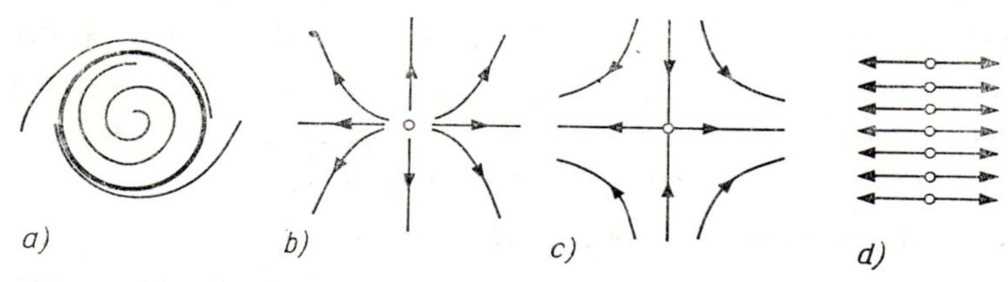

Abb. 81. Welches dieser Systeme besitzt nichtkonstante erste Integrale?

Aufgabe 1. Man zeige, daß in der Umgebung eines Grenzzykels (Abb. 81a) der Gleichung (2) jedes erste Integral konstant ist.

Aufgabe 2. Für welches k hat das Gleichungssystem

$$\begin{cases} \dot{x}_1 = x_1, \\ \dot{x}_2 = kx_2, \end{cases}$$

$(x_1, x_2) \in \boldsymbol{R}^2$, ein nichtkonstantes erstes Integral (Abb. 81b, c, d)?

Nichtkonstante erste Integrale trifft man selten an. Dafür wird man dann, wenn sie existieren und wenn es gelingt, sie zu bestimmen, äußerst reich belohnt.

Beispiel 2. Es sei H eine r-differenzierbare Funktion ($r \geqq 2$) der $2n$ Variablen $p_1, \ldots, p_n, q_1, \ldots, q_n$. Das System der $2n$ Gleichungen

$$\dot{p}_i = -\frac{\partial H}{\partial q_i}, \quad \dot{q}_i = \frac{\partial H}{\partial p_i}, \quad i = 1, \ldots, n, \tag{4}$$

ist das sogenannte *System der Hamiltonschen kanonischen Differentialgleichungen.* (Hamilton zeigte, daß die Differentialgleichungen, die bei zahlreichen Problemen der Mechanik, Optik, Variationsrechnung und anderer Gebiete der Naturwissenschaften auftreten, die Gestalt (4) haben.)

Satz (Energieerhaltungssatz). *Die Hamiltonfunktion $H: \boldsymbol{R}^{2n} \to \boldsymbol{R}$ ist ein erstes Integral des Systems der kanonischen Gleichungen* (4).

Beweis. Aus (1) und (4) folgt

$$L_{\boldsymbol{v}} H = \sum_{i=1}^{n} \left[\frac{\partial H}{\partial p_i} \left(-\frac{\partial H}{\partial q_i} \right) + \frac{\partial H}{\partial q_i} \frac{\partial H}{\partial p_i} \right] = 0,$$

was zu beweisen war.

2.5.5. Lokale erste Integrale. Das Fehlen nichtkonstanter Integrale hängt mit dem topologischen Aufbau der Phasenkurven zusammen. Im allgemeinen liegen die Phasenkurven nicht ganz in der Niveaufläche einer Funktion, und daher gibt es auch kein nichtkonstantes erstes Integral. Jedoch haben Phasenkurven *lokal*, in der Umgebung eines nichtsingulären Punktes, einen einfachen Verlauf, und es existieren nichtkonstante erste Integrale.

Es sei U ein Gebiet eines n-dimensionalen euklidischen Raumes, $\boldsymbol{v}$ ein differenzierbares Vektorfeld auf U und x ein nichtsingulärer Punkt des Feldes ($\boldsymbol{v}(x) \neq 0$).

Satz. *Es gibt eine Umgebung V des Punktes $x \in U$ derart, daß die Gleichung* (2) *genau $n-1$ funktional unabhängige*[1]) *erste Integrale $f_1, \ldots, f_{n-1}$ in V besitzt, und jedes andere erste Integral von* (2) *ist eine Funktion von $f_1, \ldots, f_{n-1}$ in V.*

Beweis. Für die Standardgleichung im $\boldsymbol{R}^n$ (Abb. 82)

$$\dot{y}_1 = 1, \qquad \dot{y}_2 = \cdots = \dot{y}_n = 0 \tag{5}$$

ist die Behauptung klar: Die ersten Integrale sind beliebige differenzierbare Funktionen der Koordinaten $y_2, \ldots, y_n$; die Koordinaten $y_2, \ldots, y_n$ selbst sind genau $n-1$ funktional unabhängige erste Integrale.

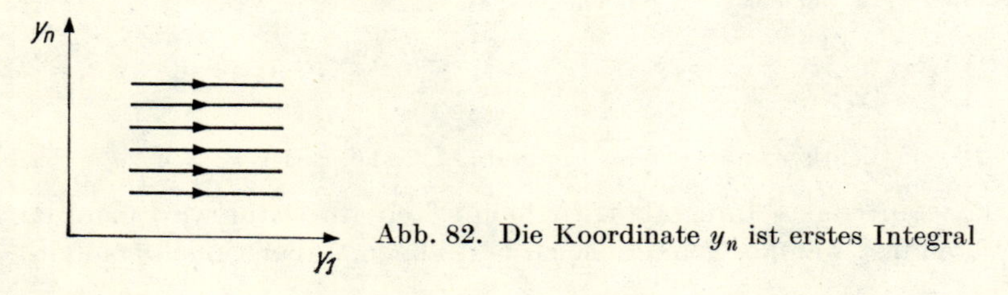

Abb. 82. Die Koordinate y_n ist erstes Integral

Dasselbe gilt für die Gleichung (5) auch in einem beliebigen *konvexen* Gebiet W des $\boldsymbol{R}^n$ (ein Gebiet des $\boldsymbol{R}^n$ ist konvex, wenn es mit je zwei beliebigen seiner Punkte auch die diese Punkte verbindende Strecke enthält; man gebe ein erstes Integral von (5) an, das sich in einem nichtkonvexen Gebiet W des $\boldsymbol{R}^n$ nicht auf eine Funktion von $y_2, \ldots, y_n$ zurückführen läßt).

[1]) Die Funktionen $f_1, \ldots, f_m: U \to \boldsymbol{R}$ heißen *funktional unabhängig* in einer Umgebung des Punktes $x \in U$, wenn der Rang der Ableitung f_{*x} der durch die Funktionen $f_1, \ldots, f_m$ definierten Abbildung $f: U \to \boldsymbol{R}^m$ gleich m ist (vgl. G. M. Fichtenholz, Differential- und Integralrechnung, Bd. I, 10. Aufl., Berlin 1978 (Übers. a. d. Russ.), S. 449).

Auf Grund des Satzes aus 2.1.1. hat die Gleichung (2) in einer Umgebung des Punktes x in geeigneten Koordinaten y_i die Gestalt (5). Wir können annehmen, daß diese Umgebung ein in den Koordinaten y_i konvexes Gebiet ist (andernfalls nehmen wir eine kleinere, aber konvexe Umgebung).

Es bleibt noch zu erwähnen, daß die Eigenschaft einer Funktion, erstes Integral zu sein, sowie die funktionale Unabhängigkeit nicht vom Koordinatensystem abhängen. Damit ist der Satz bewiesen.

2.5.6. Zeitabhängige erste Integrale. Es sei $f\colon \mathbf{R} \times U \to \mathbf{R}$ eine differenzierbare Funktion auf dem erweiterten Phasenraum der (im allgemeinen nichtautonomen) Gleichung[1])

$$\dot{x} = \boldsymbol{v}(t, x), \qquad t \in \mathbf{R}, \qquad x \in U. \tag{6}$$

Die Funktion f nennen wir *zeitabhängiges erstes Integral,* wenn sie erstes Integral des autonomen Systems ist, das sich aus (6) durch Hinzufügen der Gleichung $\dot{t} = 1$ ergibt:

$$\dot{X} = \boldsymbol{V}(X), \qquad X \in \mathbf{R} \times U, \qquad X = (t, x), \qquad \boldsymbol{V}(t, x) = (1, \boldsymbol{v}).$$

Mit anderen Worten: *Jede Integralkurve der Gleichung* (6) *liegt ganz in einer Niveaumenge der Funktion* f (Abb. 83).

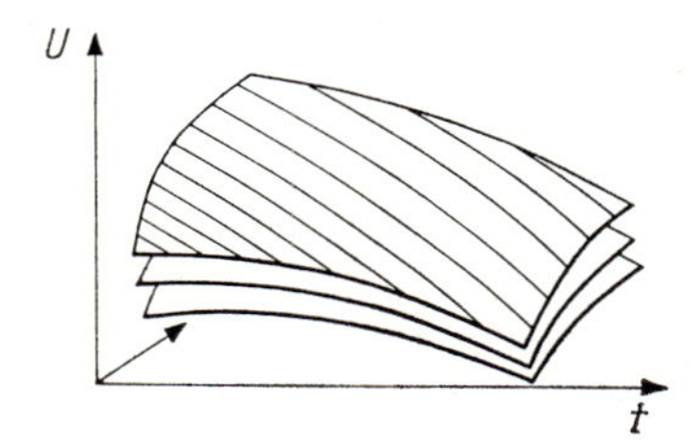

Abb. 83. Integralkurven auf der Niveaufläche des zeitabhängigen ersten Integrals

Das Vektorfeld $\boldsymbol{V}$ verschwindet nicht. Auf Grund des vorhergehenden Satzes *hat die Gleichung* (6) *in der Umgebung eines beliebigen Punktes* (t, x) n *funktional unabhängige* (*zeitabhängige*) *erste Integrale, und durch diese Integrale läßt sich jedes* (*zeitabhängige*) *erste Integral von* (6) *in dieser Umgebung ausdrücken.*

Insbesondere hat die autonome Gleichung (2) in der Umgebung *jedes* (nicht unbedingt nichtsingulären) Punktes n zeitabhängige, funktional unabhängige erste Integrale.

Aufgabe 1. Jede Lösung von (6) möge sich auf die ganze t-Achse fortsetzen lassen. Dann hat (6) im ganzen erweiterten Phasenraum n funktional unabhängige (zeitabhängige) erste Integrale, durch die sich jedes (zeitabhängige) erste Integral ausdrücken läßt.

Unter dem ersten Integral einer Differentialgleichung (oder eines Differentialgleichungssystems) beliebiger Ordnung verstehen wir das erste Integral des äquivalenten Systems von Differentialgleichungen erster Ordnung.

---

[1]) Die rechte Seite $\boldsymbol{v}(t, x)$ wird als differenzierbar vorausgesetzt.

2.6. Das konservative System mit einem Freiheitsgrad

Als Beispiel für die Verwendung eines ersten Integrals bei der Untersuchung einer Differentialgleichung betrachten wir jetzt ein mechanisches System mit einem Freiheitsgrad und ohne Reibung.

2.6.1. Definitionen. Das durch die Differentialgleichung

$$\ddot{x} = F(x) \tag{1}$$

beschriebene System, wobei F eine auf dem ganzen Intervall I der reellen x-Achse differenzierbare Funktion ist, heißt *konservatives System mit einem Freiheitsgrad.*

Die Gleichung (1) ist dem System

$$\begin{cases} \dot{x}_1 = x_2, \\ \dot{x}_2 = F(x_1), \end{cases} \tag{2}$$

$(x_1, x_2) \in I \times \boldsymbol{R}$, äquivalent.

In der Mechanik wird die folgende Terminologie benutzt:

I	Konfigurationsraum,
$x_1 = x$	Koordinate,
$x_2 = \dot{x}$	Geschwindigkeit,
$\ddot{x}$	Beschleunigung,
$I \times \boldsymbol{R}$	Phasenraum,
(1)	Newtonsche Gleichung,
F	Kraftfeld,
$F(x)$	Kraft.

Wir betrachten noch folgende Funktionen auf dem Phasenraum:

$$T = \frac{\dot{x}^2}{2} = \frac{x_2{}^2}{2} \quad \textit{kinetische Energie},$$

$$U = -\int_{x_0}^{x} F(\xi)\, d\xi \quad \textit{potentielle Energie},$$

$$E = T + U \quad \textit{gesamte mechanische Energie}.$$

Offenbar ist $F(x) = -\dfrac{dU}{dx}$, so daß *ein System durch die potentielle Energie vollständig bestimmt* ist.

Beispiel 1. Für das Pendel aus 1.1. (Abb. 84) ist

$$\ddot{x} = -\sin x.$$

Dabei ist x der Winkel der Auslenkung von der Vertikalen, $F(x) = -\sin x$, $U(x) = -\cos x$. Für die Gleichung $\ddot{x} = -x$ der kleinen Pendelschwingungen gilt

$$F(x) = -x, \qquad U(x) = \frac{x^2}{2},$$

und für die Gleichung $\ddot{x} = x$ der kleinen Schwingungen des Reversionspendels (Abb. 85) ist

$$F(x) = x, \qquad U(x) = -\frac{x^2}{2}.$$

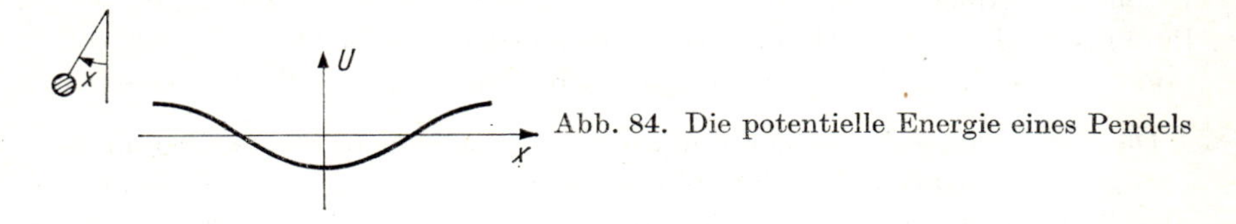

Abb. 84. Die potentielle Energie eines Pendels

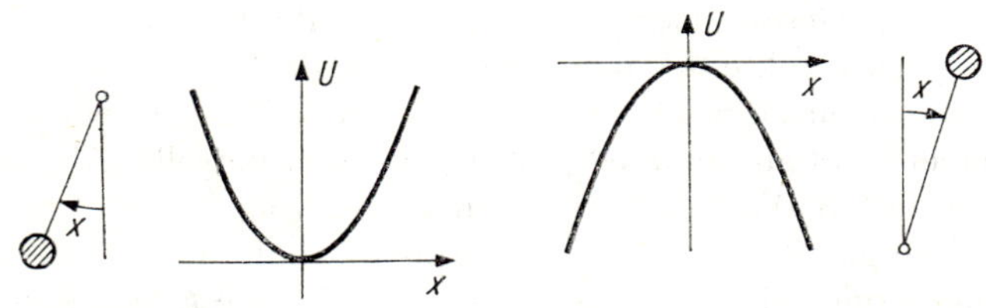

Abb. 85. Die potentielle Energie eines Pendels in der Umgebung der unteren bzw. der oberen Gleichgewichtslage

2.6.2. Der Energieerhaltungssatz.

Satz. *Die Gesamtenergie E ist ein erstes Integral des Systems* (2).

Beweis. Es gilt

$$\frac{d}{dt}\left(\frac{[x_2(t)]^2}{2} + U\big(x_1(t)\big)\right) = x_2\dot{x}_2 + U'\dot{x}_1 = x_2F(x_1) - F(x_1)\,x_2 = 0,$$

was zu beweisen war.

Dieser Satz erlaubt es, Gleichungen der Gestalt (1) zu untersuchen und explizit „durch Quadratur" zu lösen, z. B. die Pendelgleichung.

2.6.3. Energieniveaulinien. Wir studieren nun die Phasenkurven des Systems (2). Jede von ihnen liegt ganz in einer Energieniveaumenge. Diese Niveaumengen wollen wir untersuchen.

Satz. *Die Energieniveaumenge*

$$\left\{(x_1, x_2)\colon \frac{x_2{}^2}{2} + U(x_1) = E\right\}$$

ist eine glatte Kurve in der Umgebung jedes ihrer Punkte, mit Ausnahme der Gleichgewichtslagen, d. h. der Punkte (x_1, x_2), *in denen*

$$F(x_1) = 0, \qquad x_2 = 0$$

gilt.

Beweis. Wir benutzen dazu den Satz über implizite Funktionen. Es gilt

$$\frac{\partial E}{\partial x_1} = -F(x_1), \qquad \frac{\partial E}{\partial x_2} = x_2.$$

Ist eine der Ableitungen von 0 verschieden, so ist in der Umgebung des betrachteten Punktes die durch E bestimmte Niveaumenge der Graph einer differenzierbaren Funktion der Gestalt $x_1 = x_1(x_2)$ oder $x_2 = x_2(x_1)$. Damit ist der Satz bewiesen.

Die oben ausgeschlossenen Punkte (x_1, x_2), in denen $F(x_1) = 0$ und $x_2 = 0$ gilt, sind genau die stationären Punkte (die Gleichgewichtslagen) des Systems (2) und die singulären Punkte des Vektorfeldes der Phasengeschwindigkeit. Es sind ferner genau die kritischen Punkte[1] der Gesamtenergie $E(x_1, x_2)$. Die Punkte x_1, in denen $F(x_1) = 0$ ist, sind die kritischen Punkte der potentiellen Energie U.

Um die Energieniveaulinien zu zeichnen, ist es zweckmäßig, sich ein Kügelchen vorzustellen, das in einer „Potentialmulde" von U hin- und herrollt (Abb. 86).

Wir geben nun einen festen Wert der Gesamtenergie E vor.

Da die kinetische Energie nichtnegativ ist, kann die potentielle Energie nicht größer als die Gesamtenergie sein. Die Niveaulinie der Energie E läßt sich also auf den Konfigurationsraum (die x_1-Achse), und zwar in die Menge $\{x_1 \in I : U(x_1) \leqq E\}$

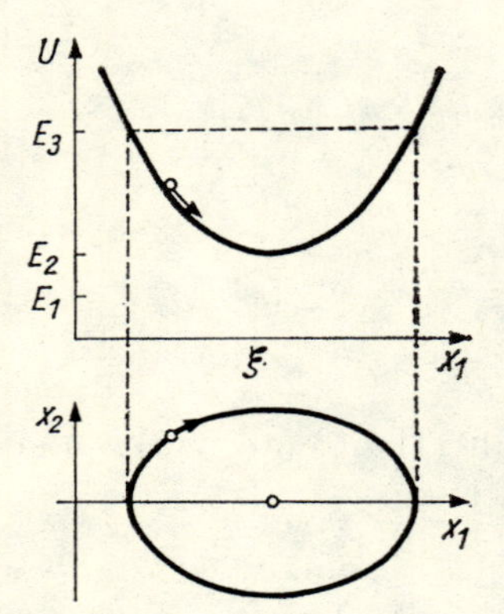

Abb 86. Kügelchen in der „Potentialmulde" und die entsprechende Phasenkurve

der E nicht überschreitenden Werte der potentiellen Energie projizieren (das Kügelchen kann sich in der Potentialmulde nicht höher als das Niveau von E erheben).

Ferner ist die Geschwindigkeit (absolut genommen) um so größer, je kleiner die potentielle Energie ist: $|x_2| = \sqrt{2(E - U(x_1))}$ (rollt das Kügelchen herunter, so nimmt seine Geschwindigkeit zu, rollt es hinauf, so nimmt sie ab). In den Umkehrpunkten, in denen $U(x_1) = E$ gilt, ist die Geschwindigkeit gleich 0.

[1]) *Kritischer Punkt* einer Funktion ist der Punkt, in dem das vollständige (totale) Differential der Funktion gleich 0 ist. Der Wert der Funktion in einem solchen Punkt heißt *kritischer Wert*.

Da die Energie eine in x_2 gerade Funktion ist, folgt, daß die Energieniveaulinie bezüglich der x_1-Achse symmetrisch ist (das Kügelchen durchläuft jeden Punkt auf dem Hin- und Rückweg mit gleicher Geschwindigkeit).

Diese einfachen Überlegungen genügen, um die Energieniveaulinien für Systeme mit den verschiedenartigsten Potentialen zu zeichnen. Wir betrachten zunächst den einfachsten Fall (eine unendlich tiefe Potentialmulde mit einem einzigen Anziehungspunkt ξ), daß $F(x)$ monoton abnimmt, $F(\xi) = 0$, $I = \boldsymbol{R}$ (Abb. 86).

Ist der Wert E_1 der Gesamtenergie kleiner als das Minimum E_2 der potentiellen Energie, so ist die Niveaumenge für $E = E_1$ leer (eine Bewegung des Kügelchens ist physikalisch nicht möglich). Die Niveaumenge für $E = E_2$ besteht aus dem einen Punkt $(\xi, 0)$ (das Kügelchen ist an der tiefsten Stelle der Mulde zur Ruhe gekommen).

Ist der Wert E_3 der Gesamtenergie größer als der kritische Wert $E_2 = U(\xi)$, so ist die Niveaumenge für $E = E_3$ eine glatte, geschlossene, symmetrische Kurve, die in der Phasenebene die Gleichgewichtslage $(\xi, 0)$ umschließt (das Kügelchen rollt in der Mulde auf und ab; es rollt hinauf bis zur Höhe E_3 — in diesem Moment ist seine Geschwindigkeit gleich 0 —, rollt zurück in die Mulde, durchläuft den Punkt ξ — in diesem Moment ist seine Geschwindigkeit am größten —, rollt auf der anderen Seite wieder hinauf, usw.).

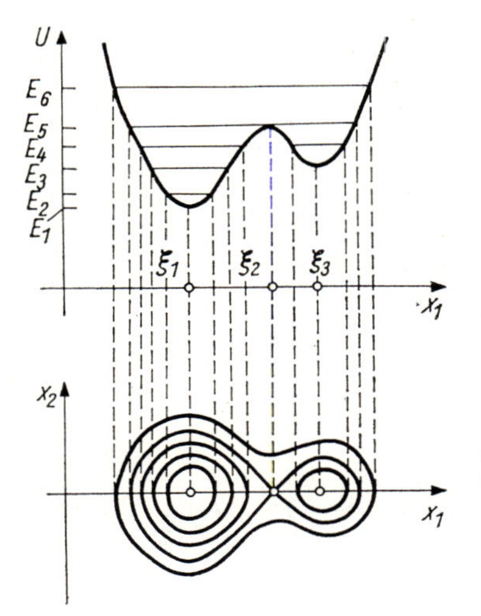

Abb. 87. Energieniveaulinien für ein Potential mit zwei Mulden

Bei der Untersuchung komplizierterer Fälle muß man ähnlich vorgehen: Man vergrößert sukzessive den Wert E der Gesamtenergie, beschäftigt sich mit denjenigen Werten von E, die gleich den kritischen Werten $U(\xi)$ der potentiellen Energie sind (wobei also $U'(\xi) = 0$ ist), und verfolgt jedesmal die Kurven mit denjenigen Werten von E, die etwas kleiner oder etwas größer als die kritischen Werte sind.

Beispiel 1. Die potentielle Energie U möge drei kritische Punkte besitzen: ξ_1 (absolutes Minimum), ξ_2 (relatives Maximum) und ξ_3 (relatives Minimum). In Abb. 87

sind die Niveaulinien für $E_1 = U(\xi_1)$, $U(\xi_1) < E_2 < U(\xi_3)$, $E_3 = U(\xi_3)$, $U(\xi_3) < E_4 < U(\xi_2)$, $E_5 = U(\xi_2)$, $E_6 > U(\xi_2)$ angegeben.

Aufgabe 1. Man zeichne die Energieniveaulinien für die Pendelgleichung $\ddot{x} = -\sin x$ und für die Pendelgleichungen in der Umgebung der oberen bzw. der unteren Gleichgewichtslage ($\ddot{x} = -x$ bzw. $\ddot{x} = x$).

Aufgabe 2. Man zeichne die Energieniveaulinien für das *Kepler-Problem*[1]) $U = -\frac{1}{x} + \frac{C}{x^2}$ und für die in Abb. 88 angegebenen Potentiale.

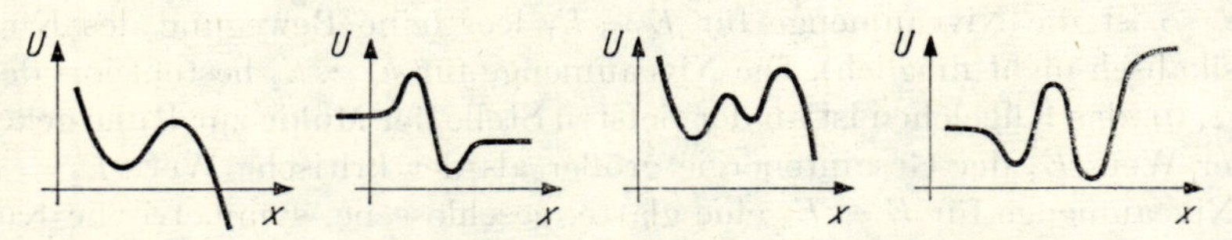

Abb. 88. Wie sehen die Energieniveaulinien für diese Potentiale aus?

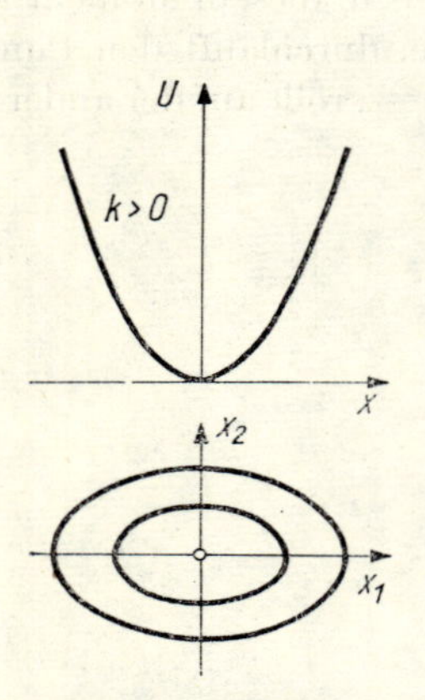

Abb. 89. Energieniveaulinien für das anziehende quadratische Potential

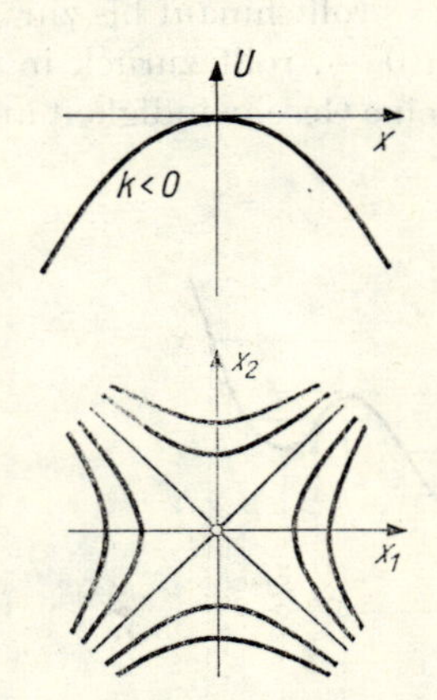

Abb. 90. Energieniveaulinien für das abstoßende quadratische Potential

2.6.4. Energieniveaulinien in der Umgebung eines singulären Punktes. Bei der Untersuchung, wie sich die Energieniveaulinien in der Umgebung eines kritischen Wertes der Energie verhalten, ist es nützlich, sich folgender Tatsachen zu erinnern.

Bemerkung 1. *Ist die potentielle Energie eine quadratische Form, $U = kx^2/2$, so werden die Energieniveaulinien durch Kurven zweiter Ordnung dargestellt,*

$$2E = x_2{}^2 + kx_1{}^2.$$

Bei Anziehung ist $k > 0$ (d. h., der kritische Punkt 0 ist ein Minimum der potentiellen Energie U (Abb. 89)). In diesem Fall sind die Energieniveaulinien homothe-

[1]) Die Newtonsche Gleichung mit diesem Potential beschreibt, wie sich der Abstand der Planeten und Kometen von der Sonne ändert.

tische Ellipsen mit dem Zentrum im Koordinatenursprung. Bei Abstoßung ist $k < 0$ (d. h., der kritische Punkt 0 ist ein Maximum der potentiellen Energie U (Abb. 90)). In diesem Fall sind die Energieniveaulinien homothetische Hyperbeln mit dem Zentrum im Koordinatenursprung sowie das Asymptotenpaar $x_2 = \pm\sqrt{k}\, x_1$. Diese Asymptoten nennt man auch *Separatrizen*, da sie die Hyperbeln verschiedenen Typs trennen.

Bemerkung 2. *In der Umgebung eines nichtausgearteten kritischen Punktes ist der Zuwachs einer Funktion eine quadratische Form, sobald das Koordinatensystem geeignet gewählt ist.*

Der Punkt 0 ist ein kritischer Punkt der differenzierbaren Funktion f, wenn $f'(0) = 0$ ist. Ein kritischer Punkt heißt *nichtausgeartet*, wenn $f''(0) \neq 0$ gilt. Wir setzen $f(0) = 0$ voraus.

Lemma von MORSE.[1]) *In der Umgebung des nichtausgearteten kritischen Punktes 0 läßt sich eine Koordinate y so wählen, daß*

$$f = Cy^2, \qquad C = \operatorname{sgn} f''(0),$$

ist.

Eine solche Koordinate ist etwa $y = \operatorname{sgn} x\sqrt{|f(x)|}$. Die Behauptung des Lemmas besteht darin, daß die Zuordnung $x \mapsto y$ in der Umgebung des Punktes 0 ein Diffeomorphismus ist.

Zum Beweis genügt es, den folgenden Satz heranzuziehen.

Lemma von HADAMARD.[1]) *Es sei f eine differenzierbare Funktion (der Klasse C^r), die im Punkt $x = 0$ zusammen mit ihrer Ableitung gleich 0 wird. Dann ist $f(x) = xg(x)$, wobei g eine differenzierbare Funktion (der Klasse C^{r-1} in der Umgebung von $x = 0$) ist.*

Beweis. Es gilt

$$f(x) = \int_0^1 \frac{df(tx)}{dt}\, dt = \int_0^1 f'(tx)\, x\, dt = x \int_0^1 f'(tx)\, dt;$$

da die Funktion $g(x) = \int_0^1 f'(tx)\, dt$ zur Klasse C^{r-1} gehört, ist damit das Lemma von HADAMARD bewiesen.

Wir wenden dieses Lemma nun zweimal auf die Funktion f aus dem Lemma von MORSE an und erhalten $f = x^2\varphi(x)$ mit $2\varphi(0) = f''(0) \neq 0$. Somit ist $y = x\sqrt{|\varphi(x)|}$. Damit ist das Lemma von MORSE bewiesen, da die Funktion $\sqrt{|\varphi(x)|}$ in der Umgebung des Punktes $x = 0$ differenzierbar ist (und zwar $(r - 2)$-mal, wenn f zur Klasse C^r gehört).

Somit gehen die Energieniveaulinien in der Umgebung eines nichtausgearteten kritischen Punktes bei diffeomorpher Änderung des x_1, x_2-Koordinatensystems entweder in Ellipsen oder in Hyperbeln über.

[1]) Beide Lemmata lassen sich auf Funktionen mehrerer Variabler übertragen.

Aufgabe 1. Man bestimme die Tangenten an die Separatrizen eines abstoßenden singulären Punktes ($U''(\xi) < 0$).

Lösung. $x_2 = \pm \sqrt{|U''(\xi)|}\,(x_1 - \xi)$; vgl. Abb. 91.

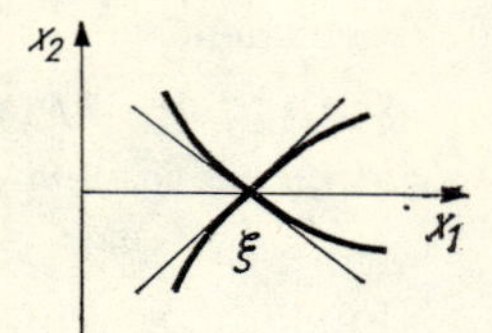

Abb. 91. Tangenten an die Separatrizen des abstoßenden singulären Punktes

2.6.5. Fortsetzung der Lösungen der Newtonschen Gleichung. Die potentielle Energie sei auf der ganzen x-Achse definiert. Aus dem Energieerhaltungssatz ergibt sich unmittelbar die folgende Aussage.

Satz. *Ist die potentielle Energie U überall positiv,*[1]) *so läßt sich jede Lösung der Gleichung*

$$\ddot{x} = -\frac{dU}{dx} \tag{1_1}$$

unbeschränkt fortsetzen.

Beispiel 1. Ist $U = -x^4/2$, so ist die Lösung $x = 1/(t-1)$ nicht bis $t = 1$ fortsetzbar.

Wir stellen zunächst eine *a-priori-Abschätzung* auf.

Lemma. *Existiert eine Lösung für $|t| < \tau$, so genügt sie den Ungleichungen*

$$|\dot{x}(t)| \leqq \sqrt{2E_0}, \qquad |x(t) - x(0)| < \sqrt{2E_0}\,|t|,$$

wobei $E_0 = \dfrac{[\dot{x}(0)]^2}{2} + U\big(x(0)\big)$ *der Anfangswert der Energie ist.*

Beweis. Auf Grund des Energieerhaltungssatzes gilt

$$\frac{[\dot{x}(t)]^2}{2} + U\big(x(t)\big) = E_0,$$

so daß (wegen $U > 0$) die erste Ungleichung bewiesen ist. Die zweite Ungleichung folgt aus der ersten, denn es gilt

$$x(t) - x(0) = \int_0^t \dot{x}(\theta)\,d\theta.$$

Damit ist das Lemma bewiesen.

---

[1]) Es versteht sich, daß die Änderung der potentiellen Energie U um eine Konstante die Gleichung (1_1) nicht beeinflußt. Wesentlich ist nur, daß U nach unten beschränkt ist.

Beweis des Satzes. Es sei T eine beliebige positive Zahl. Wir betrachten das in der Phasenebene durch

$$|x_1 - x_1(0)| \leqq 2\sqrt{2E_0}T, \qquad |x_2| \leqq 2\sqrt{2E_0}$$

definierte Rechteck Π (Abb. 92) sowie das im erweiterten Phasenraum (x_1, x_2, t) gegebene Parallelepiped $|t| \leqq T$, $(x_1, x_2) \in \Pi$. Nach dem Fortsetzungssatz kann eine Lösung bis zum Rand des Parallelepipeds fortgesetzt werden. Aus dem Lemma folgt,

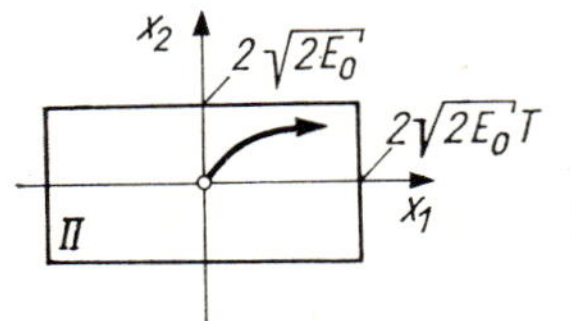

Abb. 92. Rechteck Π, das der Phasenpunkt in der Zeit T nicht verläßt

daß sich diese Lösung über diejenigen Ränder des Parallelepipeds, für die $|t| = T$ ist, hinaus fortsetzen läßt. Eine Lösung läßt sich also bis zu einem beliebigen $t = \pm T$ fortsetzen und infolgedessen unbeschränkt fortsetzen.

Aufgabe 1. Man weise nach, daß, falls die potentielle Energie positiv ist ($U > 0$), die Lösungen des Systems der Newtonschen Gleichungen

$$m_i\ddot{x}_i = -\frac{\partial U}{\partial x_i}, \qquad i = 1, \ldots, N, \qquad m_i > 0, \qquad x \in \boldsymbol{R}^N,$$

unbeschränkt fortsetzbar sind.

2.6.6. Nichtkritische Energieniveaulinien. Wir setzen voraus, daß die potentielle Energie U auf der ganzen x-Achse definiert sei. Ferner sei E ein nichtkritischer Wert der Energie, d. h., E sei nicht gleich der Funktion U in einem ihrer kritischen Punkte.

Wir untersuchen nun die Menge derjenigen Punkte x, in denen der Wert von U kleiner als E ist: $\{x : U(x) < E\}$.

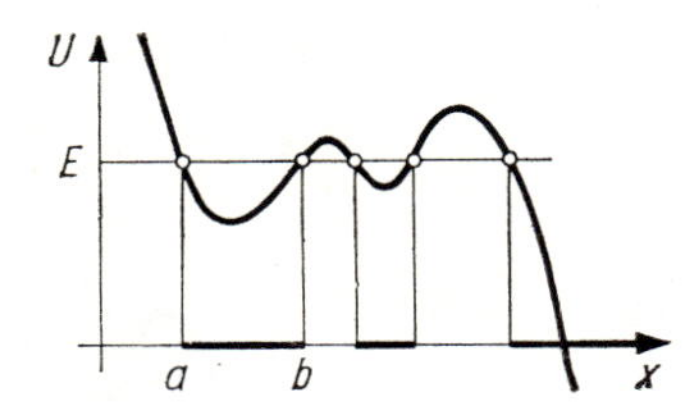

Abb. 93. Menge der Punkte x, in denen $U(x) < E$ ist (E nichtkritisches Energieniveau)

Diese Menge (Abb. 93) besteht aus endlich oder abzählbar unendlich vielen Intervallen, da die Funktion U stetig ist (zwei dieser Intervalle können sich ins Unendliche erstrecken). In den Endpunkten der Intervalle ist $U(x) = E$ und folglich $U'(x) \neq 0$ (da E nicht kritischer Wert sein sollte.) Jeder Punkt der Menge $\{x : U(x) = E\}$ ist aus diesem Grunde Endpunkt eines Intervalls, in dem nur noch kleinere Werte liegen.

Daher ist die ganze Menge $\{x\colon U(x) \leqq E\}$ die Vereinigung von höchstens abzählbar vielen, paarweise sich nicht überlappenden Intervallen und eventuell ein oder zwei sich ins Unendliche erstreckenden Strahlen, oder aber sie stimmt mit der ganzen x-Achse überein.

Wir betrachten (vgl. Abb. 94) eines dieser Intervalle, etwa $a \leqq x \leqq b$,

$$U(a) = U(b) = E,$$
$$U(x) < E \quad \text{für} \quad a < x < b.$$

Satz. *Die Gleichung*

$$\frac{x_2^{\,2}}{2} + U(x_1) = E, \quad a \leqq x_1 \leqq b,$$

definiert in der x_1, x_2-Ebene eine glatte Kurve, die zu einer Kreislinie diffeomorph ist. Diese Kurve ist eine Phasenkurve des Systems (2).

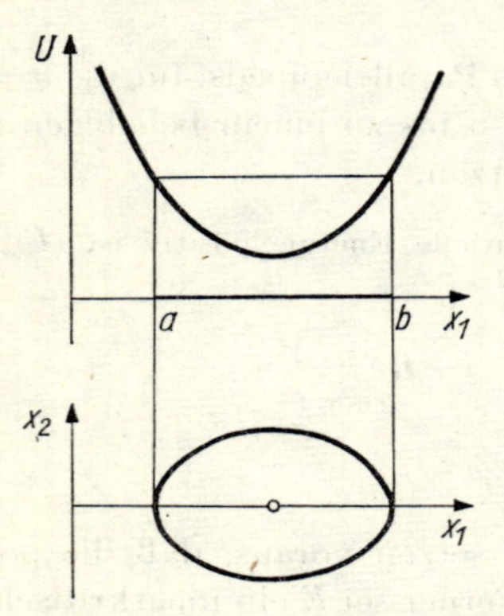

Abb. 94. Eine zu einer Kreislinie diffeomorphe Phasenkurve

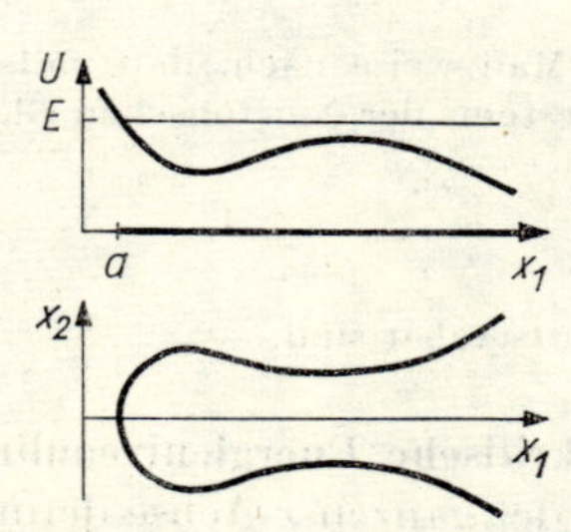

Abb. 95. Eine zu einer Geraden diffeomorphe Phasenkurve

Analog ist der Strahl $a \leqq x < \infty$ (bzw. $-\infty < x \leqq b$), wobei $U(x) \leqq E$ ist, die Projektion einer zu einer Geraden diffeomorphen Phasenkurve auf die x_1-Achse (Abb. 95). *Schließlich besteht dann, wenn $U(x) < E$ auf der ganzen Geraden ist, die durch E bestimmte Niveaumenge aus zwei Phasenkurven*

$$x_2 = \pm\sqrt{2(E - U(x_1))}.$$

Somit setzt sich die Menge der nichtkritischen Energieniveaulinien aus endlich oder abzählbar unendlich vielen glatten Phasenkurven zusammen.

2.6.7. Beweis des Satzes aus 2.6.6. Der Energieerhaltungssatz erlaubt es, die Newtonsche Gleichung explizit zu lösen.

Für einen festen Wert der Gesamtenergie E ist die Größe (aber nicht das Vorzeichen) der Geschwindigkeit $\dot{x}$ durch die Lage des Punktes x bestimmt:

$$\dot{x} = \pm\sqrt{2(E - U(x))}. \tag{3}$$

Dies ist eine Gleichung mit einem *eindimensionalen* Phasenraum, die wir schon gelöst hatten.

Nun sei (x_1, x_2) mit $x_2 > 0$ ein Punkt der Niveaumenge (Abb. 96). Eine Lösung φ von (1), die der Anfangsbedingung $\varphi(t_0) = x_1$, $\dot{\varphi}(t_0) = x_2$ genügt, finden wir mit Hilfe der Beziehung (3). Es ist

$$t - t_0 = \int_{x_1}^{\varphi(t)} \frac{d\xi}{\sqrt{2(E - U(\xi))}} \tag{4}$$

für nahe bei t_0 gelegene t. Wegen $U'(a) \neq 0$, $U'(b) \neq 0$ ist das Integral

$$\frac{T}{2} = \int_a^b \frac{d\xi}{\sqrt{2(E - U(\xi))}}$$

konvergent. Daraus folgt, daß (4) eine auf dem ganzen Intervall $t_1 \leqq t \leqq t_2$ stetige Funktion φ darstellt (mit $\varphi(t_1) = a$, $\varphi(t_2) = b$). Diese Funktion genügt dort überall der Newtonschen Gleichung (Abb. 97).

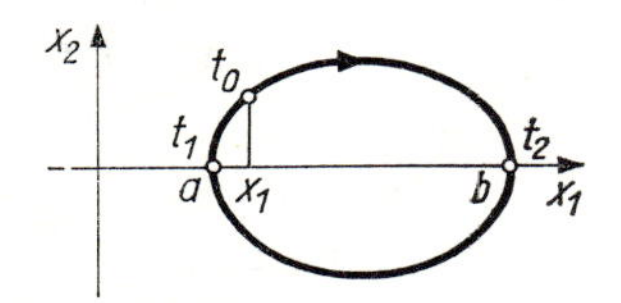

Abb. 96. Der Phasenpunkt durchläuft die halbe Phasenkurve (von a nach b) in der endlichen Zeit $\frac{T}{2} = t_2 - t_1$

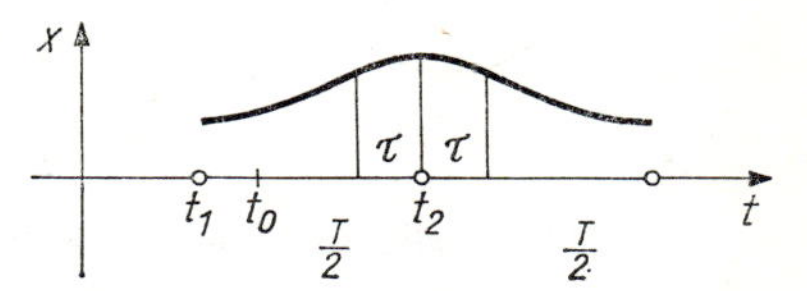

Abb. 97. Fortsetzung der Lösung der Newtonschen Gleichung durch Spiegelung

Das Intervall (t_1, t_2) hat die Länge $T/2$. Wir setzen φ auf das benachbarte Intervall der Länge $T/2$ fort und erhalten aus Symmetriegründen

$$\varphi(t_2 + \tau) = \varphi(t_2 - \tau), \qquad 0 \leqq \tau \leqq T/2,$$

und weiter periodisch

$$\varphi(t + T) \equiv \varphi(t).$$

Die jetzt auf der ganzen Geraden konstruierte Funktion φ genügt überall der Newtonschen Gleichung. Außerdem ist $\varphi(t_0) = x_1$, $\dot{\varphi}(t_0) = x_2$.

Somit haben wir eine Lösung konstruiert, die der Anfangsbedingung (x_1, x_2) genügt. Sie erweist sich als periodisch mit der Periode T. Die zugehörige geschlossene Phasenkurve ist genau derjenige Teil der durch E bestimmten Niveaumenge, der über dem Intervall $a \leqq x \leqq b$ liegt. Diese Kurve ist — wie jede geschlossene Phasenkurve — einer Kreislinie diffeomorph (vgl. 2.4.).

Der Fall, daß sich das Intervall (einseitig oder beidseitig) ins Unendliche erstreckt, läßt sich leichter behandeln und sei dem Leser überlassen.

2.6.8. Kritische Energieniveaulinien. Die kritischen Energieniveaulinien zu konstruieren kann schwieriger sein. Wir erwähnen, daß eine solche Linie Fixpunkte (x_1, x_2) enthält (mit $U'(x_1) = 0$, $x_2 = 0$), deren jeder schon eine Phasenkurve ist. Gilt überall auf dem Intervall $a \leqq x \leqq b$ (mit Ausnahme der Endpunkte, in denen $U(a) = U(b) = E$ ist) $U(x) < E$ und sind beide Endpunkte kritische Punkte $\big(U'(a) = U'(b) = 0\big)$, so sind die beiden offenen Bogen (Abb. 98a)

$$x_2 = \pm\sqrt{2\big(E - U(x_1)\big)}, \qquad a < x_1 < b,$$

Phasenkurven. Die Zeit, die ein Phasenpunkt zum Durchlaufen eines solchen Bogens benötigt, ist unendlich lang (Fortsetzungssatz aus 2.6.5. plus Eindeutigkeit).

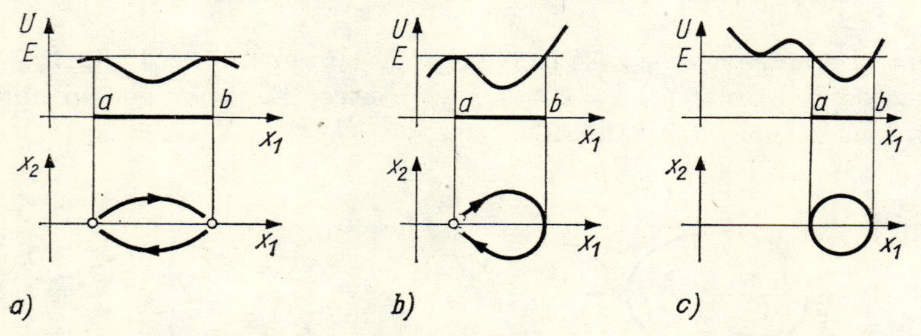

Abb. 98. Zerlegung einer kritischen Energieniveaulinie in Phasenkurven

Ist $U'(a) = 0$, $U'(b) \neq 0$ (Abb. 98b), so definiert die Gleichung

$$\frac{x_2^2}{2} + U(x_1) = E, \qquad a < x_1 \leqq b,$$

eine nichtgeschlossene Phasenkurve. Schließlich ist im Fall $U'(a) \neq 0$, $U'(b) \neq 0$ (Abb. 98c) der unterhalb des Intervalls $a \leqq x_1 \leqq b$ liegende Teil der Menge der kritischen Niveaulinien eine geschlossene Phasenkurve (wie im Fall des nichtkritischen Niveaus E).

2.6.9. Beispiel. Wir wenden das eben Behandelte auf die Pendelgleichung

$$\ddot{x} = -\sin x$$

an. Die potentielle Energie ist $U(x) = -\cos x$ (Abb. 99), die kritischen Punkte sind $x_1 = k\pi$ $(k = 0, \pm 1, \ldots)$.

Die geschlossenen Phasenkurven in der Umgebung von $x_1 = 0$, $x_2 = 0$ sind ellipsenähnlich. Diesen Phasenkurven entsprechen kleine Pendelschwingungen, deren Periode T schwach von der Amplitude abhängt, solange diese klein ist. Für größere Werte der konstanten Energie ergeben sich größere geschlossene Kurven, solange die Energie nicht den kritischen Wert erreicht, der gleich der potentiellen Energie des Reversionspendels ist. Dabei wächst die Periode der Schwingungen (da die Bewegung längs der Separatrizen, aus denen die kritische Niveaumenge besteht, unendlich lange Zeit benötigt).

Größeren Werten der Energie entsprechen nichtgeschlossene Phasenkurven, auf denen x_2 nicht das Vorzeichen ändert, d. h., das Pendel schwingt nicht, sondern rotiert um seinen Aufhängepunkt. Die Geschwindigkeit des Pendels erreicht ihren größten Wert in der tiefsten und ihren kleinsten Wert in der höchsten Lage.

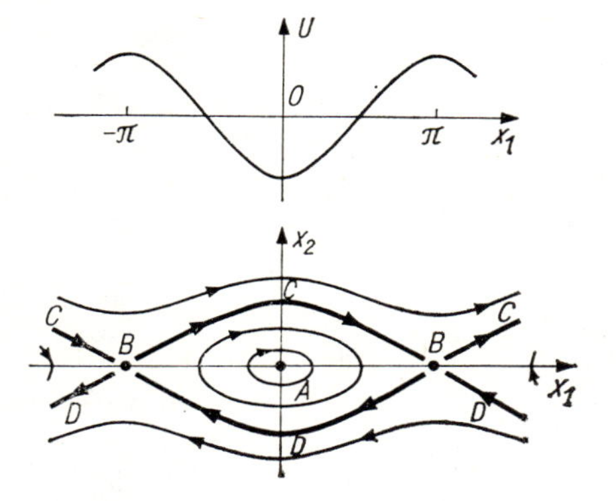

Abb. 99. Phasenkurven der Pendelgleichung $\ddot{x} = -\sin x$

Wir erwähnen noch, daß Werte x_1, die sich um $2k\pi$ voneinander unterscheiden, gleichen Stellungen des Pendels entsprechen. Daher bietet sich als Phasenraum des Pendels nicht die Ebene, sondern naheliegenderweise der Zylinder $\{x_1 \bmod 2\pi, x_2\}$ an (Abb. 100).

Überträgt man auf den Zylinder das schon in der Ebene gezeichnete Bild, so erhält man die Phasenkurven des Pendels auf der Zylinderfläche. Sie alle sind geschlossene glatte Kurven, mit Ausnahme der beiden stationären Punkte A und B (untere bzw. obere Gleichgewichtslage) sowie der beiden Separatrizen C und D.

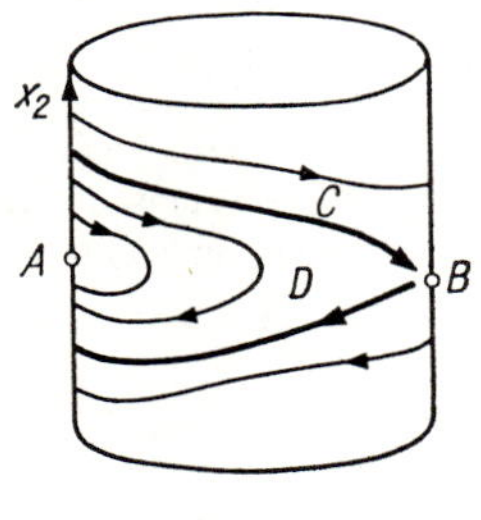

Abb. 100. Zylindrischer Phasenraum des Pendels

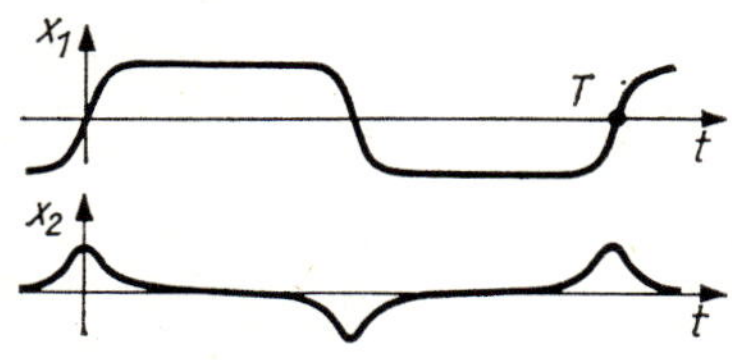

Abb. 101. Auslenkung des Pendels und Geschwindigkeit der Bewegung für Amplituden in der Nähe von π

Aufgabe 1. Man zeichne die Graphen der Funktionen $x_1(t)$ und $x_2(t)$ für diejenigen Lösungen, die eine Energie besitzen, welche etwas kleiner als die Energie in der oberen Gleichgewichtslage ist.

Lösung. Vgl. Abb. 101. Die Funktionen $x_1(t)$ und $x_2(t)$ lassen sich durch den elliptischen Sinus sn und den elliptischen Kosinus cn ausdrücken. Wenn E gegen einen kleineren kritischen Wert strebt, führt das Pendel näherungsweise harmonische Schwingungen aus, und sn und cn gehen in sin bzw. cos über.

Aufgabe 2. Mit welcher Geschwindigkeit strebt die Periode T der Pendelschwingungen gegen ∞, wenn die Energie gegen den oberen kritischen Wert E_1 strebt?

Lösung. Logarithmisch ($\approx C \ln (E_1 - E)$).

Hinweis. Vgl. (4).

Aufgabe 3. Man zeichne die Phasenkurven von Systemen mit der potentiellen Energie

$$U(x) = \pm x \sin x, \quad \pm \frac{\sin x}{x}, \quad \pm \sin x^2.$$

Aufgabe 4. Man zeichne die Phasenkurven der Newtonschen Gleichung mit dem Kraftfeld

$$F(x) = \pm x \sin x, \quad \pm \frac{\sin x}{x}, \quad \pm \sin x^2.$$

2.6.10. Kleine Störungen eines konservativen Systems. Nachdem wir die Bewegungen eines konservativen Systems untersucht haben, können wir benachbarte Systeme allgemeiner Gestalt mit Hilfe des Satzes von der Differenzierbarkeit nach dem Parameter (vgl. 2.3.5.) studieren. Dabei werden uns wesentlich neue und für die Anwendungen äußerst wichtige Erscheinungen begegnen, die sogenannten *Eigenschwingungen*.

Aufgabe 1. Man untersuche die Phasenkurven des dem System der kleinen Pendelschwingungen benachbarten Systems

$$\begin{cases} \dot{x}_1 = x_2 + \varepsilon f_1(x_1, x_2), \\ \dot{x}_2 = -x_1 + \varepsilon f_2(x_1, x_2), \end{cases}$$

$\varepsilon \ll 1$, $x_1^2 + x_2^2 \leqq R^2$.

Lösung. Für $\varepsilon = 0$ erhalten wir die Gleichungen der kleinen Pendelschwingungen. Auf Grund des Satzes von der Differenzierbarkeit nach dem Parameter unterscheidet sich die Lösung (auf einem endlichen Zeitintervall) für kleine ε von den harmonischen Schwingungen

$$x_1 = A \cos (t - t_0),$$
$$x_2 = -A \sin (t - t_0)$$

um ein additives Korrektionsglied der Ordnung ε. Folglich bleibt der Phasenpunkt für ein hinreichend kleines $\varepsilon = \varepsilon(T)$ während des Zeitintervalls T in der Umgebung einer Kreislinie vom Radius A.

Im Unterschied zum konservativen Fall ($\varepsilon = 0$) ist für $\varepsilon \neq 0$ die Phasenkurve nicht unbedingt eine geschlossene Kurve; sie kann die Gestalt einer Spirale haben (Abb. 102), bei der der Abstand zwischen benachbarten Windungen klein (von der Ordnung ε) ist. Um zu erkennen, ob sich die Phasenkurve dem Koordinatenursprung nähert oder von ihm entfernt, betrachten wir den Zuwachs der Energie $E = \frac{x_1^2}{2} + \frac{x_2^2}{2}$ nach einem Umlauf um den Koordinatenursprung. Uns interessiert besonders das Vorzeichen dieses Zuwachses. Auf der nach außen laufenden Spirale ist der Zuwachs positiv, auf der nach innen laufenden negativ; auf dem Grenzzykel ist er gleich 0.

Wir wollen für diesen Energiezuwachs eine Näherungsformel herleiten. Die Ableitung der Energie längs des Vektorfeldes läßt sich leicht berechnen; sie ist proportional ε und gleich

$$\dot{E}(x_1, x_2) = \varepsilon(x_1 f_1 + x_2 f_2).$$

Zur Berechnung des Energiezuwachses nach einem Umlauf müßte man diese Funktion längs einer Windung der Phasenkurve integrieren, jedoch ist uns diese leider nicht bekannt. Wir wissen aber bereits, daß diese Windung einer Kreislinie benachbart ist. Daher kann man mit einer Genauigkeit von der Ordnung $O(\varepsilon^2)$ über die Kreislinie S mit dem Radius A integrieren:

$$\Delta E = \varepsilon \int_0^{2\pi} \dot{E}(A \cos t, -A \sin t)\, dt + O(\varepsilon^2).$$

Setzen wir hier den für $\dot{E}$ berechneten Ausdruck ein, so erhalten wir[1])

$$\Delta E = \varepsilon F(A) + O(\varepsilon^2)$$

mit

$$F(A) = \oint (f_1\, dx_2 - f_2\, dx_1) \tag{5}$$

(das Integral erstreckt sich über die Kreislinie mit dem Radius A im mathematisch positiven Sinne).

Haben wir die Funktion $F(A)$ berechnet, so können wir das Verhalten der Phasenkurven untersuchen. Ist F positiv, so ist der Energiezuwachs ΔE nach einem Umlauf ebenfalls positiv (für kleine positive ε). In diesem Fall ist die Phasenkurve eine nach außen laufende Spirale; die Schwingungen des Systems schaukeln sich auf.

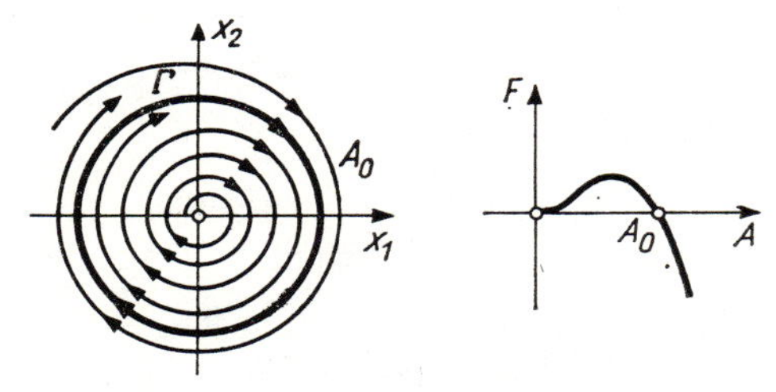

Abb. 102. Phasenkurven der van-der-Polschen Gleichung und der Energiezuwachs nach einem Umlauf um den Koordinatenursprung

Ist $F < 0$, so ist $\Delta E < 0$, und die Spirale läuft nach innen; in diesem Fall führt das System gedämpfte Schwingungen aus.

Nun kann es passieren, daß die Funktion $F(A)$ ihr Vorzeichen wechselt (Abb. 102). Es sei A_0 eine einfache Nullstelle von $F(A)$. Dann wird die Gleichung

$$\Delta E(x_1, x_2) = 0$$

für kleine ε durch eine der Kreislinie mit dem Radius A_0 benachbarte geschlossene Kurve Γ in der Phasenebene erfüllt (dies folgt aus dem Satz über implizite Funktionen).

Offenbar ist Γ eine geschlossene Phasenkurve, nämlich der Grenzzykel des gegebenen Systems.

Ob sich die dem Grenzzykel benachbarten Phasenkurven auf ihn aufwinden oder sich von ihm entfernen, wird durch das Vorzeichen der Ableitung

$$F' = \left.\frac{dF}{dA}\right|_{A=A_0}$$

bestimmt. Ist $\varepsilon F' > 0$, so ist der Grenzzykel *instabil*; im Fall $\varepsilon F' < 0$ ist er *stabil*. Im ersten Fall ist nämlich der Energiezuwachs nach einem Umlauf positiv, wenn sich die Phasenkurve

[1]) Wir benutzen hier, daß $dx_1 = x_2\, dt$ und $dx_2 = -x_1\, dt$ längs S ist.

außerhalb des Grenzzykels befindet, andernfalls negativ; deshalb entfernt sich die Phasenkurve vom Grenzzykel. Im zweiten Fall nähern sich die Phasenkurven dem Grenzzykel sowohl von innen als auch von außen, wie Abb. 102 zeigt.

Beispiel 1. Wir betrachten die sogenannte *van-der-Polsche Gleichung*

$$\ddot{x} = -x + \varepsilon\dot{x}(1 - x^2).$$

Berechnen wir das Integral (5) mit $f_1 = 0$, $f_2 = x_2(1 - x_1^2)$, so erhalten wir

$$F(A) = \pi\left(A^2 - \frac{A^4}{4}\right).$$

Diese Funktion hat die einfache Nullstelle $A_0 = 2$ (Abb. 102), und sie ist für $A < A_0$ positiv, für $A > A_0$ negativ. Daher besitzt die van-der-Polsche Gleichung für kleine ε einen der Kreislinie $x^2 + \dot{x}^2 = 4$ benachbarten stabilen Grenzzykel in der Phasenebene.

Wir wollen noch die Bewegungen des ursprünglichen konservativen Systems ($\varepsilon = 0$) mit dem für $\varepsilon \neq 0$ vergleichen. In einem konservativen System sind Schwingungen mit beliebiger Amplitude möglich (alle Phasenkurven sind geschlossen). Die Amplitude wird hier durch die Anfangsbedingungen bestimmt.

In einem nichtkonservativen (oder dissipativen) System sind wesentlich andere Erscheinungen möglich, z. B. der stabile Grenzzykel. In diesem Fall bildet sich unter völlig verschiedenen Anfangsbedingungen dieselbe periodische Schwingung mit wohlbestimmter Amplitude aus. Diese Schwingungen heißen Eigenschwingungen.

Aufgabe 2.* Man untersuche die Eigenschwingungen der Pendelbewegung bei kleiner Reibung und unter dem Einfluß eines konstanten Drehmoments M:

$$\ddot{x} + \sin x + \varepsilon\dot{x} = M.$$

Hinweis. Vgl. A. A. Andronov, A. A. Witt und S. E. Chaikin, Theorie der Schwingungen, Teil I, Berlin 1965 (Übers. a. d. Russ.), Kap. VII, wo dieses Problem für beliebige ε und M eingehend behandelt wird.

3. Lineare Systeme

Die linearen Differentialgleichungen bilden die einzige große Klasse von Differentialgleichungen, für die es eine hinreichend ausgearbeitete Theorie gibt. Diese Theorie — im wesentlichen ein Zweig der linearen Algebra — gestattet es, alle linearen autonomen Gleichungen vollständig zu lösen.

Die Theorie der linearen Gleichungen ist auch nützlich, um nichtlineare Probleme in erster Näherung zu lösen. Beispielsweise erlaubt sie, die Stabilität der Gleichgewichtslagen und den topologischen Typ der singulären Punkte der Vektorfelder unter sehr allgemeinen Voraussetzungen zu untersuchen.

3.1. Lineare Probleme

Wir betrachten zunächst in 3.1.1. und 3.1.2. zwei Beispiele, bei denen lineare Gleichungen auftreten.

3.1.1. Beispiel: Linearisierung. Wir untersuchen eine durch ein Vektorfeld $\boldsymbol{v}$ auf dem Phasenraum gegebene Differentialgleichung. Bekanntlich läßt sich das Feld in der Umgebung eines nichtsingulären Punktes ($\boldsymbol{v} \neq 0$) leicht konstruieren: Man kann das Feld mit Hilfe eines Diffeomorphismus begradigen. Wir betrachten nun das Feld in der Umgebung eines singulären Punktes, d. h. eines Punktes, in dem ein Vektor des Feldes verschwindet. Ein solcher Punkt — er sei mit x_0 bezeichnet — ist stationäre Lösung der gegebenen Gleichung. Beschreibt die Gleichung einen physikalischen Prozeß, so ist x_0 der stationäre Zustand des Prozesses, d. h. seine „Gleichgewichtslage". Das Studium der Umgebung eines singulären Punktes erlaubt also festzustellen, wie sich der Prozeß bei geringer Abweichung der Anfangsbedingungen von den Gleichgewichtsbedingungen entwickelt (Beispiel: obere und untere Gleichgewichtslage eines Pendels).

Bei der Untersuchung eines Vektorfeldes in der Umgebung des Punktes x_0, in dem ein Vektor des Feldes verschwindet, läßt sich das Feld in der Umgebung dieses Punktes in eine Taylorreihe entwickeln. Das erste Glied der Taylorreihe ist linear. Die Vernachlässigung der übrigen Glieder wird *Linearisierung* genannt. Ein linearisiertes Vektorfeld kann als Beispiel für ein Vektorfeld mit einem singulären Punkt x_0 dienen. Andererseits kann man Ähnlichkeit im Verhalten der Lösungen der gegebenen und der linearisierten Gleichung erwarten (da bei der Linearisierung kleine Größen höherer Ordnung vernachlässigt werden). Schließlich erfordert die Frage nach dem Zusammenhang zwischen den Lösungen der gegebenen und der linearisierten Gleichung spezielle Untersuchungen, die sich auf eine eingehende Analyse der linearen Gleichung stützen. Mit dieser Analyse wollen wir uns jetzt beschäftigen.

Aufgabe 1. Man zeige, daß *die Linearisierung eine invariante, d. h. vom Koordinatensystem unabhängige Operation ist.*

Wir setzen, genauer gesagt, voraus, daß das Feld $\boldsymbol{v}$ auf dem Gebiet U durch seine Komponenten $v_i(x)$ im Koordinatensystem der x_i definiert ist $(i = 1, \ldots, n)$. Ferner habe der singuläre Punkt die Koordinaten $x_i = 0$, so daß $v_i(0) = 0 \quad (i = 1, \ldots, n)$ gilt. Die gegebene Gleichung äßt sich dann als System

$$\dot{x}_i = v_i(x), \qquad i = 1, \ldots, n,$$

schreiben.

Definition. Eine Gleichung der Gestalt

$$\dot{\xi}_i = \sum_{j=1}^{n} a_{ij}\xi_j, \qquad i = 1, \ldots, n, \qquad a_{ij} = \left.\frac{\partial v_i}{\partial x_j}\right|_{x=0},$$

heißt *linearisierte Gleichung.*

Mit Hilfe des Tangentialvektors $\boldsymbol{\xi} \in TU_0$, dessen Komponenten die ξ_i $(i = 1, \ldots, n)$ sind, läßt sich die linearisierte Gleichung in der Gestalt

$$\dot{\boldsymbol{\xi}} = A\boldsymbol{\xi}$$

schreiben, wobei A die durch die Matrix der a_{ij} definierte Abbildung $A\colon TU_0 \to TU_0$ ist.

Die Behauptung der Aufgabe ist nun, daß *die Abbildung A von dem zu ihrer Definition benutzten System der Koordinaten x_i unabhängig ist.*

Aufgabe 2. Man linearisiere die Pendelgleichung $\ddot{x} = -\sin x$ in der Umgebung der Gleichgewichtslagen $x_0 = k\pi$, $\dot{x}_0 = 0$.

3.1.2. Beispiel: Einparametrige Gruppen linearer Transformationen des $\boldsymbol{R}^n$.

Ein anderes Problem, das sofort auf lineare Gleichungen führt, ist die Beschreibung der einparametrigen Gruppen linearer Transformationen[1]) des linearen Raumes $\boldsymbol{R}^n$.

Ein Tangentialraum an den linearen Raum $\boldsymbol{R}^n$ in einem beliebigen Punkt läßt sich auf natürliche Weise mit dem linearen Raum selbst identifizieren. Genauer gesagt, wir identifizieren ein Element $\dot{\varphi}$ des Tangentialraumes $T\boldsymbol{R}_x{}^n$, dessen Repräsentant die Kurve $\varphi\colon I \to \boldsymbol{R}^n$, $\varphi(0) = x$, ist, mit dem Vektor

$$\boldsymbol{v} = \lim_{t\to 0} \frac{\varphi(t) - x}{t} \in \boldsymbol{R}^n$$

(die Zuordnung $\boldsymbol{v} \leftrightarrow \dot{\varphi}$ ist eineindeutig).

---

[1]) Wir erinnern daran, daß die Definition der einparametrigen Gruppe $\{g^t\}$ die Differenzierbarkeit von $g^t x$ nach x und t einschließt.

Diese Identifizierung hängt von der Struktur des *linearen* Raumes $\boldsymbol{R}^n$ ab und bleibt bei Diffeomorphismen *nicht* erhalten. Bei linearen Problemen jedoch, mit denen wir uns jetzt beschäftigen werden (z. B. bei dem Problem der einparametrigen Gruppen linearer Transformationen), ist die Struktur des linearen Raumes $\boldsymbol{R}^n$ ein für allemal festgelegt. *Daher setzen wir, solange wir nicht zu nichtlinearen Problemen übergehen,* $T\boldsymbol{R}_x^n \equiv \boldsymbol{R}^n$.

Es sei $\{g^t : t \in \boldsymbol{R}\}$ eine einparametrige Gruppe linearer Transformationen, und wir betrachten die Phasenkurve $\varphi : \boldsymbol{R} \to \boldsymbol{R}^n$ eines Punktes $x_0 \in \boldsymbol{R}^n$.

Aufgabe 1. Man zeige, daß $\varphi(t)$ Lösung der Gleichung

$$\dot{\boldsymbol{x}} = A\boldsymbol{x} \tag{1}$$

unter der Anfangsbedingung $\varphi(0) = \boldsymbol{x}$ ist, wobei $A : \boldsymbol{R}^n \to \boldsymbol{R}^n$ den durch

$$A\boldsymbol{x} = \frac{d}{dt}\bigg|_{t=0} (g^t\boldsymbol{x}) \qquad \text{für alle } \boldsymbol{x} \in \boldsymbol{R}^n$$

definierten linearen Operator ($\equiv \boldsymbol{R}$-Endomorphismus) bezeichnet.

Hinweis. Vgl. 1.3.3.

Die Gleichung (1) ist eine *lineare* Gleichung. Zur Beschreibung aller einparametrigen Gruppen linearer Transformationen genügt es also, die Lösungen linearer Gleichungen der Gestalt (1) zu untersuchen.

Wir sehen ferner, daß die Zuordnung zwischen den einparametrigen Gruppen $\{g^t\}$ linearer Transformationen und den linearen Gleichungen (1) eineindeutig ist: Jeder Operator $A : \boldsymbol{R}^n \to \boldsymbol{R}^n$ bestimmt eine einparametrige Gruppe $\{g^t\}$.

Beispiel 1. Es sei $n = 1$, und A vermittle die Multiplikation mit einer Zahl k. Dann ist g^t eine e^{kt}-fache Dehnung.

Aufgabe 2. Man bestimme das Geschwindigkeitsfeld der Punkte eines festen Körpers, der mit der Winkelgeschwindigkeit $\boldsymbol{\omega}$ um eine durch den Punkt O gehende Achse rotiert.

3.1.3. Die lineare Gleichung. Es sei $A : \boldsymbol{R}^n \to \boldsymbol{R}^n$ ein linearer Operator in einem reellen n-dimensionalen Raum $\boldsymbol{R}^n$.

Definition. Unter einer *linearen Gleichung* verstehen wir eine durch das Vektorfeld $\boldsymbol{v}(\boldsymbol{x}) = A\boldsymbol{x}$ definierte Gleichung mit dem Phasenraum $\boldsymbol{R}^n$:

$$\dot{\boldsymbol{x}} = A\boldsymbol{x}. \tag{1}$$

Ihr ausführlicher Name lautet: *System von n linearen homogenen gewöhnlichen Differentialgleichungen erster Ordnung mit konstanten Koeffizienten.*

Wird im Raum $\boldsymbol{R}^n$ ein System von (linearen) Koordinaten x_i ($i = 1, \ldots, n$) eingeführt, so läßt sich (1) als System von n Gleichungen schreiben:

$$\dot{x}_i = \sum_{j=1}^{n} a_{ij}x_j, \qquad i = 1, \ldots, n.$$

Dabei bezeichnet (a_{ij}) die Matrix des Operators A im betrachteten Koordinatensystem, die sogenannte *Systemmatrix*.

Die Lösung von (1), die der Anfangsbedingung $\varphi(0) = \boldsymbol{x}_0$ genügt, wird im Fall $n = 1$ durch die Exponentialfunktion

$$\varphi(t) = e^{At}\boldsymbol{x}_0$$

gegeben.

Es zeigt sich, daß die Lösung auch im allgemeinen Fall durch eine solche Beziehung darstellbar ist; es muß nur erklärt werden, was unter der Exponentialfunktion eines linearen Operators zu verstehen ist. Damit wollen wir uns jetzt beschäftigen.

3.2. Die Exponentialfunktion

Die Funktion e^A, $A \in \boldsymbol{R}$, kann durch eine der beiden zueinander äquivalenten Formeln definiert werden:

$$e^A = E + A + \frac{A^2}{2!} + \frac{A^3}{3!} + \cdots, \tag{1}$$

$$e^A = \lim_{n\to\infty} \left(E + \frac{A}{n}\right)^n \tag{2}$$

(E ist die Zahl 1).

Jetzt sei $A: \boldsymbol{R}^n \to \boldsymbol{R}^n$ ein linearer Operator. Um e^A definieren zu können, müssen wir zuerst den Grenzwert einer Folge von Operatoren erklären.

3.2.1. Die Norm eines Operators. Wir führen im $\boldsymbol{R}^n$ ein Skalarprodukt ein und bezeichnen die Wurzel aus dem skalaren Quadrat von $\boldsymbol{x}$ ($\boldsymbol{x} \in \boldsymbol{R}^n$) mit $\|\boldsymbol{x}\|$:

$$\|\boldsymbol{x}\| = \sqrt{(\boldsymbol{x}, \boldsymbol{x})}.$$

Definition. Die *Norm* eines linearen Operators $A: \boldsymbol{R}^n \to \boldsymbol{R}^n$ wird durch die Zahl

$$\|A\| = \sup_{\boldsymbol{x}\neq 0} \frac{\|A\boldsymbol{x}\|}{\|\boldsymbol{x}\|}$$

gegeben. Geometrisch bezeichnet $\|A\|$ den größten „Dehnungskoeffizienten" der Transformation A.

Aufgabe 1. Man zeige, daß $0 \leqq \|A\| < \infty$ gilt.

Hinweis. Es ist $\|A\| = \sup_{\|\boldsymbol{x}\|=1} \|A\boldsymbol{x}\|$, die Sphäre ist kompakt, und die Funktion $\|A\boldsymbol{x}\|$ ist stetig.

Aufgabe 2. Man beweise die Beziehungen

$$\|\lambda A\| = |\lambda|\,\|A\|, \qquad \|A + B\| \leqq \|A\| + \|B\|, \qquad \|AB\| \leqq \|A\|\,\|B\|,$$

wobei $A, B: \boldsymbol{R}^n \to \boldsymbol{R}^n$ lineare Operatoren sind und λ eine Zahl aus $\boldsymbol{R}$ ist.

Aufgabe 3. Es sei (a_{ij}) eine Matrix eines Operators A in einer orthonormierten Basis. Man zeige die Gültigkeit der Ungleichungen

$$\max_j \sum_i a_{ij}^2 \leqq \|A\|^2 \leqq \sum_{i,j} a_{ij}^2.$$

Hinweis. Vgl. G. E. Šilov, Einführung in die Theorie der linearen Räume [russ.], Moskau 1956, § 53.

3.2.2. Metrischer Raum von Operatoren. Die Menge L aller linearen Operatoren $A: \boldsymbol{R}^n \to \boldsymbol{R}^n$ ist selbst ein linearer Raum über dem Körper der reellen Zahlen (nach Definition ist $(A + \lambda B)\,\boldsymbol{x} = A\boldsymbol{x} + \lambda B\boldsymbol{x}$).

Aufgabe 1. Man berechne die Dimension dieses linearen Raumes L.

Lösung. n^2.

Hinweis. Der Operator wird durch seine Matrix gegeben.

Wir führen nun den Abstand ϱ zwischen zwei Operatoren A, B als Norm ihrer Differenz ein:

$$\varrho(A, B) = \|A - B\|.$$

Satz. *Der Raum L der linearen Operatoren mit der Metrik ϱ ist ein vollständiger metrischer Raum*[1]).

Wir prüfen, ob ϱ eine Metrik ist. Nach Definition ist $\varrho > 0$ für $A \neq B$, $\varrho(A, A) = 0$, $\varrho(B, A) = \varrho(A, B)$. Die Dreiecksungleichung $\varrho(A, B) + \varrho(B, C) \leqq \varrho(A, C)$ folgt aus der Ungleichung $\|X + Y\| \leqq \|X\| + \|Y\|$ (vgl. 3.2.1., Aufgabe 2) mit $X = A - B$, $Y = B - C$. Somit macht die Metrik ϱ den Raum L zu einem metrischen Raum. Seine Vollständigkeit ist ebenfalls evident.

3.2.3. Beweis der Vollständigkeit. Es sei $\{A_i\}$ eine Fundamentalfolge, d. h., für jedes $\varepsilon > 0$ gibt es ein $N(\varepsilon)$ derart, daß $\varrho(A_m, A_k) < \varepsilon$ für $m, k > N$ gilt. Es sei ferner $\boldsymbol{x} \in \boldsymbol{R}^n$. Wir bilden eine Folge von Punkten $\boldsymbol{x}_i \in \boldsymbol{R}^n$, $\boldsymbol{x}_i = A_i\boldsymbol{x}$, und zeigen, daß sie eine Fundamentalfolge in dem mit der Metrik $\varrho(\boldsymbol{x}, \boldsymbol{y}) = \|\boldsymbol{x} - \boldsymbol{y}\|$ versehenen Raum $\boldsymbol{R}^n$ ist. Nach Definition der Norm eines Operators gilt für $m, n > N$

$$\|\boldsymbol{x}_m - \boldsymbol{x}_k\| \leqq \varrho(A_m, A_k)\,\|\boldsymbol{x}\| \leqq \varepsilon\,\|\boldsymbol{x}\|.$$

Da $\|\boldsymbol{x}\|$ eine feste (von m und k unabhängige) Zahl ist, folgt hieraus, daß die $\boldsymbol{x}_i$ eine Fundamentalfolge bilden. Der Raum $\boldsymbol{R}^n$ ist vollständig, also existiert der Grenzwert

$$\boldsymbol{y} = \lim_{i\to\infty} \boldsymbol{x}_i \in \boldsymbol{R}^n.$$

Nun ist $\|\boldsymbol{x}_k - \boldsymbol{y}\| \leqq \varepsilon\,\|\boldsymbol{x}\|$ für $k > N(\varepsilon)$, wobei $N(\varepsilon)$ eine (vgl. oben) von $\boldsymbol{x}$ unabhängige Zahl ist. Der Punkt $\boldsymbol{y}$ ist vom Punkt $\boldsymbol{x}$ linear abhängig (da der Grenzwert einer Summe gleich der

---

[1]) Ein Paar (M, ϱ), das aus einer Menge M und einer Funktion $\varrho: M \times M \to \boldsymbol{R}$, der sogenannten *Metrik*, besteht, wird *metrischer Raum* genannt, wenn folgende Bedingungen erfüllt sind:

a) $\varrho(x, y) \geqq 0$ ($\varrho(x, y) = 0$ genau dann, wenn $x = y$);

b) $\varrho(x, y) = \varrho(y, x)$ für alle $x, y \in M$;

c) $\varrho(x, y) \leqq \varrho(x, z) + \varrho(z, y)$ für alle $x, y, z \in M$.

Eine Folge x_i von Punkten des metrischen Raumes (M, ϱ) heißt *Fundamentalfolge* oder *Cauchyfolge*, wenn es für alle $\varepsilon > 0$ eine natürliche Zahl N derart gibt, daß $\varrho(x_i, x_j) < \varepsilon$ für alle $i, j > N$ gilt.

Die Folge x_i *konvergiert* gegen den Punkt x, wenn es für alle $\varepsilon > 0$ eine natürliche Zahl N derart gibt, daß $\varrho(x, x_i) < \varepsilon$ für alle $i > N$ gilt.

Ein metrischer Raum heißt *vollständig*, wenn in ihm jede Fundamentalfolge konvergent ist.

Summe der Grenzwerte der einzelnen Summanden ist). Wir erhalten den linearen Operator $A: \boldsymbol{R}^n \to \boldsymbol{R}^n$, $A\boldsymbol{x} = \boldsymbol{y}$, $A \in L$. Für $k > N(\varepsilon)$ gilt

$$\varrho(A_k, A) = \|A_k - A\| = \sup_{\boldsymbol{x} \neq 0} \frac{\|\boldsymbol{x}_k - \boldsymbol{y}\|}{\|\boldsymbol{x}\|} \leqq \varepsilon.$$

Das bedeutet $A = \lim_{k \to \infty} A_k$, der Raum L ist also vollständig.

Aufgabe 1. Man zeige, daß die Folge der Operatoren A_i genau dann konvergiert, wenn die Folge ihrer Matrizen in einer gegebenen Basis konvergent ist.

Man leite hieraus einen anderen Beweis der Vollständigkeit her.

3.2.4. Reihen. Gegeben sei ein reeller linearer Raum M, der durch die Einführung einer Metrik ϱ derart, daß der Abstand zwischen zwei Punkten aus M nur von deren Differenz abhängt, zu einem vollständigen metrischen Raum wird; dabei sei $\varrho(\lambda x, 0) = |\lambda| \varrho(x, 0)$ mit $x \in M$, $\lambda \in \boldsymbol{R}$. Ein solcher Raum heißt *normiert* und die Funktion $\varrho(x, 0)$ *Norm* von x, in Zeichen $\|x\|$.

Beispiel 1. Der euklidische Raum $M = \boldsymbol{R}^n$, versehen mit der Metrik

$$\varrho(\boldsymbol{x}, \boldsymbol{y}) = \|\boldsymbol{x} - \boldsymbol{y}\| = \sqrt{(\boldsymbol{x} - \boldsymbol{y})(\boldsymbol{x} - \boldsymbol{y})}.$$

Beispiel 2. Der Raum L der linearen Operatoren von $\boldsymbol{R}^n$ in $\boldsymbol{R}^n$, versehen mit der Metrik

$$\varrho(A, B) = \|A - B\|.$$

Wir werden den Abstand zwischen zwei Elementen A und B aus M mit $\|A - B\|$ bezeichnen.

Da die Elemente von M addiert und mit einer Zahl multipliziert werden können und jede Fundamentalfolge in M einen Grenzwert hat, stimmt die Theorie der Reihen der Gestalt

$$A_1 + A_2 + \cdots, \qquad A_i \in M,$$

wörtlich mit der Theorie der Zahlenreihen überein.

Die Theorie der Funktionenreihen läßt sich ebenfalls sofort auf Funktionen mit Werten in M übertragen.

Aufgabe 1. Man beweise die beiden folgenden Sätze.

Weierstraßsches Kriterium. *Wird die Reihe* $\sum_{i=1}^{\infty} f_i$ *von Funktionen* $f_i: X \to M$ *durch eine konvergente Zahlenreihe majorisiert,*

$$\|f_i\| \leqq a_i, \qquad \sum_{i=1}^{\infty} a_i < \infty, \qquad a_i \in \boldsymbol{R},$$

so konvergiert sie absolut und gleichmäßig auf X.

Differentiation einer Reihe. *Die Reihe* $\sum_{i=1}^{\infty} f_i$ *von Funktionen* $f_i: \boldsymbol{R} \to M$ *sei konvergent. Ist die Reihe der Ableitungen* $\frac{df_i}{dt}$ *gleichmäßig konvergent, so konvergiert sie gegen die Ableitung* $\frac{d}{dt} \sum_{i=1}^{\infty} f_i$ *(*t *ist die Koordinate auf der Geraden* $\boldsymbol{R}$*).*

Hinweis. Den Beweis für $M = \boldsymbol{R}$ findet man in Lehrbüchern der Analysis. Auf den allgemeinen Fall läßt er sich wörtlich übertragen.

3.2.5. Definition der Exponentialfunktion e^A. Es sei $A: \boldsymbol{R}^n \to \boldsymbol{R}^n$ ein linearer Operator.

Definition. Den linearen Operator

$$e^A = E + A + \frac{A^2}{2!} + \cdots = \sum_{k=0}^{\infty} \frac{A^k}{k!}$$

von $\boldsymbol{R}^n$ in $\boldsymbol{R}^n$ nennen wir die *Exponentialfunktion* e^A des Operators A (dabei ist E der Einsoperator, $E\boldsymbol{x} = \boldsymbol{x}$).

Satz. *Die Reihe* e^A *ist für alle* A *auf jeder Menge* $X = \{A: \|A\| \leqq a\}$, $a \in \boldsymbol{R}$, *gleichmäßig konvergent.*

Beweis. Es sei $\|A\| \leqq a$. Die gegebene Reihe wird dann durch die gegen e^a konvergierende Zahlenreihe

$$1 + a + \frac{a^2}{2!} + \cdots$$

majorisiert und ist auf Grund des Weierstraßschen Kriteriums für $\|A\| \leqq a$ gleichmäßig konvergent.

Aufgabe 1. Man berechne die Matrix e^{At}, wenn die Matrix A von folgender Gestalt ist:

$$\text{a)} \begin{pmatrix} 1 & 0 \\ 0 & 2 \end{pmatrix}, \quad \text{b)} \begin{pmatrix} 0 & 1 \\ 0 & 0 \end{pmatrix}, \quad \text{c)} \begin{pmatrix} 0 & 1 \\ -1 & 0 \end{pmatrix}, \quad \text{d)} \begin{pmatrix} 0 & 1 & 0 \\ 0 & 0 & 1 \\ 0 & 0 & 0 \end{pmatrix}.$$

3.2.6. Beispiel. Wir wollen die Menge der Polynome in x von kleinerem als n-tem Grad und mit reellen Koeffizienten untersuchen. Diese Menge besitzt eine natürliche Struktur des reellen linearen Raumes, d. h., die Polynome lassen sich addieren und mit einer Zahl multiplizieren.

Aufgabe 1. Man bestimme die Dimension des Raumes der Polynome kleineren als n-ten Grades.

Lösung. Die Dimension ist gleich n; als Basis kann man beispielsweise $1, x, x^2, \ldots, x^{n-1}$ nehmen.

Wir bezeichnen den Raum der Polynome kleineren als n-ten Grades mit $\boldsymbol{R}^n$.[1]) Die Ableitung eines Polynoms aus diesem Raum ist ebenfalls ein Polynom kleineren als n-ten Grades. Es sei

$$A: \boldsymbol{R}^n \to \boldsymbol{R}^n, \qquad Ap = \frac{dp}{dx}.$$

Aufgabe 2. Man zeige, daß A ein linearer Operator ist, und bestimme seinen Kern Ker A sowie sein Bild Im A.

Lösung. Ker $A = \boldsymbol{R}^1$, Im $A = \boldsymbol{R}^{n-1}$.

---

[1]) Somit identifizieren wir den Raum der Polynome, in dem wir die oben genannte Basis gewählt haben, mit dem zu ihm isomorphen Koordinatenraum $\boldsymbol{R}^n$.

Mit H^t ($t \in \boldsymbol{R}$) bezeichnen wir den Operator der Verschiebung um t, der das Polynom $p(x)$ in $p(x + t)$ überführt.

Aufgabe 3. Man zeige, daß $H^t : \boldsymbol{R}^n \to \boldsymbol{R}^n$ ein linearer Operator ist, und bestimme seinen Kern und sein Bild.

Lösung. Ker $H^t = 0$, Im $H^t = \boldsymbol{R}^n$.

Zum Schluß bestimmen wir den Operator e^{At}.

Satz. *Es gilt* $e^{At} = H^t$.

Beweis. In Lehrbüchern der Analysis wird dieser Satz die *Taylorsche Formel* genannt:

$$p(x + t) = p(x) + \frac{t}{1!}\frac{dp}{dx} + \frac{t^2}{2!}\frac{d^2p}{dx^2} + \cdots.$$

3.2.7. Die Exponentialfunktion eines Diagonaloperators. Die Matrix des Operators A sei eine Diagonalmatrix mit den Elementen $\lambda_1, \ldots, \lambda_n$. Man sieht leicht, daß die Matrix des Operators e^A ebenfalls eine Diagonalmatrix ist und die Elemente $e^{\lambda_1}, \ldots, e^{\lambda_n}$ hat.

Definition. Der Operator $A : \boldsymbol{R}^n \to \boldsymbol{R}^n$ heißt *Diagonaloperator*, wenn seine Matrix in einer gewissen Basis eine Diagonalmatrix ist. Diese Basis nennen wir *Eigenbasis*.

Aufgabe 1. Man gebe ein Beispiel für einen Operator an, der nicht ein Diagonaloperator ist.

Aufgabe 2. Man zeige, daß die Eigenwerte eines Diagonaloperators A reell sind.

Aufgabe 3. Sind sämtliche n Eigenwerte eines Operators $A : \boldsymbol{R}^n \to \boldsymbol{R}^n$ reell und voneinander verschieden, so ist A ein Diagonaloperator.

Es sei A ein Diagonaloperator. Dann läßt sich e^A am einfachsten in einer Eigenbasis angeben.

Beispiel 1. Die Matrix des Operators A habe in der Basis $\boldsymbol{e}_1, \boldsymbol{e}_2$ die Gestalt

$$\begin{pmatrix} 1 & 1 \\ 1 & 1 \end{pmatrix}.$$

Da die Eigenwerte $\lambda_1 = 2$, $\lambda_2 = 0$ reell und voneinander verschieden sind, ist A ein Diagonaloperator. Die Eigenbasis ist $\boldsymbol{f}_1 = \boldsymbol{e}_1 + \boldsymbol{e}_2$, $\boldsymbol{f}_2 = \boldsymbol{e}_1 - \boldsymbol{e}_2$. In dieser Basis hat die Matrix von A die Gestalt

$$\begin{pmatrix} 2 & 0 \\ 0 & 0 \end{pmatrix}.$$

Die Matrix des Operators e^A in der Eigenbasis lautet daher

$$\begin{pmatrix} e^2 & 0 \\ 0 & 1 \end{pmatrix}.$$

Somit hat der Operator e^A in der ursprünglichen Basis die Matrix

$$\frac{1}{2}\begin{pmatrix} e^2 + 1 & e^2 - 1 \\ e^2 - 1 & e^2 + 1 \end{pmatrix}.$$

3.2.8. Die Exponentialfunktion eines nilpotenten Operators.

Definition. Ein Operator $A: \boldsymbol{R}^n \to \boldsymbol{R}^n$ heißt *nilpotent*, wenn eine beliebige seiner Potenzen gleich 0 ist.

Aufgabe 1. Man zeige, daß der Operator mit der Matrix

$$\begin{pmatrix} 0 & 1 \\ 0 & 0 \end{pmatrix}$$

nilpotent ist. Allgemein ist ein Operator nilpotent, wenn in seiner Matrix alle Elemente in und unterhalb der Hauptdiagonalen gleich 0 sind.

Aufgabe 2. Man zeige, daß der Differentialoperator $\frac{d}{dx}$ im Raum der Polynome kleineren als n-ten Grades nilpotent ist.

Ist der Operator A nilpotent, so bricht die Reihe für e^A ab, d. h., sie reduziert sich auf eine endliche Summe.

Aufgabe 3. Man berechne e^{At} ($t \in \boldsymbol{R}$), wobei $A: \boldsymbol{R}^n \to \boldsymbol{R}^n$ der Operator mit der Matrix

$$\begin{pmatrix} 0 & 1 & & & 0 \\ & 0 & 1 & & \\ & & 0 & \ddots & \\ & & & \ddots & \\ & 0 & & \ddots & 1 \\ & & & & 0 \end{pmatrix}$$

sei (die Einsen stehen unmittelbar über der Hauptdiagonalen).

Hinweis. Eine der Methoden, diese Aufgabe zu lösen, besteht in der Anwendung der Taylorschen Formel. Der Differentialoperator $\frac{d}{dx}$ hat in einer bestimmten Basis (in welcher?) die angegebene Matrix. (Zur Lösung vgl. 3.13.)

3.2.9. Quasipolynome. Das Produkt $e^{\lambda x}p(x)$, wobei λ eine reelle Zahl und p ein Polynom ist, heißt *Quasipolynom mit dem Exponenten* λ oder kürzer *λ-Quasipolynom*. Der Grad von p ist der Grad des Quasipolynoms. Der Wert von λ ist vorgegeben.

Aufgabe 1. Man beweise, daß die Menge aller Quasipolynome kleineren als n-ten Grades ein linearer Raum ist, und bestimme dessen Dimension.

Lösung. Die Dimension ist gleich n. Eine Basis ist beispielsweise $e^{\lambda x}, xe^{\lambda x}, \ldots, x^{n-1}e^{\lambda x}$.

Bemerkung. Sowohl in dem Begriff des Quasipolynoms als auch in dem des Polynoms ist eine gewisse Doppeldeutigkeit enthalten. Man kann ein (Quasi-)Polynom einerseits als *Ausdruck* auffassen, der aus Zeichen und Buchstaben besteht; in diesem Fall ist die Lösung der vorhergehenden Aufgabe klar. Andererseits kann man ein (Quasi-)Polynom als *Funktion*, d. h. als Abbildung $f: \boldsymbol{R} \to \boldsymbol{R}$ auffassen.

In Wirklichkeit sind beide Begriffe äquivalent (wenn die Koeffizienten der Polynome reelle oder komplexe Zahlen sind; wir betrachten nur (Quasi-)Polynome mit reellen Koeffizienten).

Aufgabe 2. Man beweise: Jede Funktion $f: \boldsymbol{R} \to \boldsymbol{R}$, die als Quasipolynom darstellbar ist, läßt sich auf genau eine Art und Weise so darstellen.

Hinweis. Es genügt zu zeigen, daß die Relation $e^{\lambda x} p(x) \equiv 0$ das Verschwinden sämtlicher Koeffizienten des Polynoms $p(x)$ nach sich zieht.

Den n-dimensionalen linearen Raum der λ-Quasipolynome kleineren als n-ten Grades bezeichnen wir mit $\boldsymbol{R}^n$.

Satz. *Der Differentialoperator* $\frac{d}{dx}$ *ist ein linearer Operator von* $\boldsymbol{R}^n$ *in* $\boldsymbol{R}^n$, *und für jedes* $t \in \boldsymbol{R}$ *ist*

$$e^{t\frac{d}{dx}} = H^t, \tag{3}$$

wobei $H^t: \boldsymbol{R}^n \to \boldsymbol{R}^n$ *der Operator der Verschiebung um* t *ist* $\big($*d. h., es gilt* $(H^t f)(x) = f(x+t)\big)$.

Beweis. Wir müssen zunächst zeigen, daß Ableitung und Verschiebung eines λ-Quasipolynoms kleineren als n-ten Grades ebenfalls Quasipolynome dieser Art sind.

Dies ist wirklich der Fall, denn es gilt

$$\frac{d}{dx}\left(e^{\lambda x} p(x)\right) = \lambda e^{\lambda x} p(x) + e^{\lambda x} p'(x),$$

$$e^{\lambda(x+t)} p(x+t) = e^{\lambda x}\left(e^{\lambda t} p(x+t)\right).$$

Darüber, daß Differentiation und Verschiebung lineare Operationen sind, besteht kein Zweifel. Es bleibt noch zu erwähnen, daß die Taylorreihe für Quasipolynome auf der ganzen Geraden absolut konvergiert (da die Taylorreihen für $e^{\lambda x}$ und für $p(x)$ absolut konvergent sind). Damit ist (3) bewiesen.

Aufgabe 3. Man berechne die Matrix des Operators e^{At}, wenn die Matrix A die Gestalt

$$\begin{pmatrix} \lambda & 1 & & & & \\ & \lambda & 1 & & 0 & \\ & & \lambda & \cdot & & \\ & & & \cdot & \cdot & \\ & 0 & & & \cdot & 1 \\ & & & & & \lambda \end{pmatrix}$$

hat (sämtliche Elemente der Hauptdiagonalen sind gleich λ, direkt oberhalb der Hauptdiagonalen stehen Einsen, sonst Nullen). Man berechne z. B.

$$\exp\begin{pmatrix} 1 & 1 \\ 0 & 1 \end{pmatrix}.$$

Hinweis. Genau die oben angegebene Gestalt besitzt die Matrix des Differentialoperators im Raum der λ-Quasipolynome (in welcher Basis?). Zur Lösung vgl. 3.13.

3.3. Eigenschaften der Exponentialfunktion

Wir geben jetzt eine Reihe von Eigenschaften des Operators $e^A : \boldsymbol{R}^n \to \boldsymbol{R}^n$ an, die es gestatten, e^A zur Lösung linearer Differentialgleichungen zu benutzen.

3.3.1. Die Gruppeneigenschaft. Es sei $A : \boldsymbol{R}^n \to \boldsymbol{R}^n$ ein linearer Operator.

Satz. *Die Familie der linearen Operatoren $e^{tA} : \boldsymbol{R}^n \to \boldsymbol{R}^n$, $t \in \boldsymbol{R}$, bildet eine einparametrige Gruppe linearer Transformationen des $\boldsymbol{R}^n$.*

Beweis. Da wir e^{tA} bereits als linearen Operator erkannt haben, genügt es zu beweisen, daß die Beziehung

$$e^{(t+s)A} = e^{tA} e^{sA} \tag{1}$$

gilt und e^{tA} nach t differenzierbar ist. Wir werden zeigen, daß die Beziehung

$$\frac{d}{dt} e^{tA} = A e^{tA} \tag{2}$$

gilt, wie es sich für eine Exponentialfunktion gehört.

Zum Beweis der Gruppeneigenschaft (1) multiplizieren wir zunächst die formalen Potenzreihen in A:

$$\left(E + tA + \frac{t^2}{2} A^2 + \cdots\right)\left(E + sA + \frac{s^2}{2} A^2 + \cdots\right)$$
$$= E + (t + s) A + \left(\frac{t^2}{2} + ts + \frac{s^2}{2}\right) A^2 + \cdots.$$

Der Koeffizient bei A^k in der Produktreihe ist gleich $\dfrac{(t + s)^k}{k!}$, da die Beziehung (1) auch für Zahlenreihen gilt ($A \in \boldsymbol{R}$). Es bleibt nur noch zu zeigen, daß die gliedweise Multiplikation erlaubt ist. Dies läßt sich genau so nachweisen wie die gliedweise Multiplikation absolut konvergenter Zahlenreihen (die Reihen für e^{tA} und e^{sA} konvergieren absolut, da die Reihen für $e^{|t|a}$ und $e^{|s|a}$ mit $a = \|A\|$ konvergent sind). Der Beweis läßt sich auch direkt auf den für Zahlenreihen zurückführen.

Lemma. *Es sei $p \in \boldsymbol{R}[z_1, \ldots, z_N]$ ein Polynom in den Variablen $z_1, \ldots, z_N$ mit nichtnegativen Koeffizienten. Ferner seien $A_1, \ldots, A_N : \boldsymbol{R}^n \to \boldsymbol{R}^n$ lineare Operatoren. Dann gilt*

$$\|p(A_1, \ldots, A_N)\| \leqq p(\|A_1\|, \ldots, \|A_N\|).$$

Beweis. Dies folgt sofort aus den Ungleichungen

$$\|A + B\| \leqq \|A\| + \|B\|, \qquad \|AB\| \leqq \|A\| \, \|B\|, \qquad \|\lambda A\| = |\lambda| \, \|A\|.$$

Damit ist das Lemma bewiesen.

Wir bezeichnen nun mit $S_m(x)$ die Partialsumme der Reihe für e^A:

$$S_m(x) = \sum_{k=0}^{m} \frac{A^k}{k!}.$$

S_m ist ein Polynom in A mit nichtnegativen Koeffizienten. Wir müssen zeigen, daß die Differenz

$$\Delta_m = S_m(tA)\, S_m(sA) - S_m\big((t+s)\, A\big)$$

für $m \to \infty$ gegen 0 strebt.

Die Differenz Δ_m ist ein Polynom in sA und tA mit nichtnegativen Koeffizienten, denn die Glieder höchstens m-ten Grades in A in der Produktreihe ergeben sich alle durch Multiplikation der Glieder höchstens m-ten Grades in den als Faktoren stehenden Reihen. Ferner ist $S_m\big((t+s)\, A\big)$ die Partialsumme der Produktreihe. Daher ist Δ_m die Summe aller Glieder höheren als m-ten Grades in A im Produkt $S_m(tA)\, S_m(sA)$. Nun sind alle Koeffizienten eines Produkts von Polynomen mit nichtnegativen Koeffizienten nichtnegativ, und nach dem Lemma gilt

$$\|\Delta_m(tA, sA)\| \leqq \Delta_m(\|tA\|, \|sA\|).$$

Die nichtnegativen Zahlen $\|tA\|$, $\|sA\|$ bezeichnen wir mit τ bzw. σ. Dann ist

$$\Delta_m(\tau, \sigma) = S_m(\tau)\, S_m(\sigma) - S_m(\tau + \sigma).$$

Wegen $e^\tau e^\sigma = e^{\tau+\sigma}$ strebt die rechte Seite für $m \to \infty$ gegen 0. Also ist $\lim\limits_{m\to\infty} \Delta_m(tA, sA) = 0$, wodurch (1) bewiesen ist.

Zum Nachweis der Gültigkeit von (2) differenzieren wir die Reihe für e^{tA} formal nach t und erhalten die Reihe der Ableitungen:

$$\sum_{k=0}^{\infty} \frac{d}{dt} \frac{t^k}{k!} A^k = A \sum_{k=0}^{\infty} \frac{t^k}{k!} A^k.$$

Diese Reihe konvergiert absolut und gleichmäßig in jedem Gebiet $\|A\| \leqq a$, $|t| \leqq T$, genau wie die ursprüngliche Reihe. Also existiert die Ableitung der Summe der Reihe, und sie ist gleich der Summe der Reihe der Ableitungen. Damit ist der Satz bewiesen.

Aufgabe 1. Gilt die Beziehung $e^{A+B} = e^A e^B$?
Lösung. Nein.

Aufgabe 2. Man beweise, daß $\det e^A$ von 0 verschieden ist.
Hinweis. Es ist $e^{-A} = (e^A)^{-1}$.

Aufgabe 3. Man zeige, daß der Operator e^A orthogonal ist, wenn der Operator A in einem euklidischen Raum schiefsymmetrisch ist.

3.3.2. Der Hauptsatz der Theorie der linearen Differentialgleichungen mit konstanten Koeffizienten. Der eben bewiesene Satz liefert unmittelbar die Lösung der linearen Gleichung

$$\dot{\boldsymbol{x}} = A\boldsymbol{x}, \qquad \boldsymbol{x} \in \boldsymbol{R}^n. \tag{3}$$

Satz. *Diejenige Lösung von* (3), *die der Anfangsbedingung* $\boldsymbol{\varphi}(0) = \boldsymbol{x}_0$ *genügt, lautet*

$$\boldsymbol{\varphi}(t) = e^{tA}\boldsymbol{x}_0, \qquad t \in \boldsymbol{R}. \tag{4}$$

Beweis. Auf Grund der Differentiationsformel (2) ist

$$\frac{d\boldsymbol{\varphi}}{dt} = Ae^{tA}\boldsymbol{x}_0 = A\boldsymbol{\varphi}(t).$$

Also ist φ eine Lösung. Wegen $e^0 = E$ ist $\varphi(0) = \boldsymbol{x}_0$. Damit ist der Satz bewiesen, denn auf Grund des Eindeutigkeitssatzes stimmt jede Lösung in ihrem Definitionsbereich mit der Lösung (4) überein.

3.3.3. Allgemeine Gestalt der einparametrigen Gruppen linearer Transformationen des $\boldsymbol{R}^n$.

Satz. *Es sei* $\{g^t : \boldsymbol{R}^n \to \boldsymbol{R}^n\}$ *eine einparametrige Gruppe linearer Transformationen. Dann existiert ein linearer Operator* $A : \boldsymbol{R}^n \to \boldsymbol{R}^n$ *derart, daß* $g^t = e^{tA}$ *gilt.*

Beweis. Wir setzen

$$A = \left.\frac{dg^t}{dt}\right|_{t=0} = \lim_{t\to 0} \frac{g^t - E}{t}.$$

Wir wissen schon (vgl. S. 29 und 102), daß die Phasenkurve $\varphi(t) = g^t\boldsymbol{x}_0$ Lösung der Gleichung (3) mit der Anfangsbedingung $\varphi(0) = \boldsymbol{x}_0$ ist. Auf Grund von (4) ist $g^t\boldsymbol{x}_0 = e^{tA}\boldsymbol{x}_0$, was zu beweisen war.

Den Operator A nennen wir den *erzeugenden Operator* oder *Generator* der Gruppe $\{g^t\}$.

Aufgabe 1. Man zeige, daß der erzeugende Operator durch die Gruppe eindeutig bestimmt ist.

Bemerkung. Es gibt also eine eineindeutige Zuordnung zwischen linearen Differentialgleichungen (3) und ihren Phasenflüssen $\{g^t\}$; dabei besteht ein Phasenfluß aus linearen Diffeomorphismen.

3.3.4. Die zweite Definition der Exponentialfunktion.

Satz. *Ist* $A : \boldsymbol{R}^n \to \boldsymbol{R}^n$ *ein linearer Operator, so gilt die Beziehung*

$$e^A = \lim_{m\to\infty} \left(E + \frac{A}{m}\right)^m. \tag{5}$$

Beweis. Untersucht wird die Differenz

$$e^A - \left(E + \frac{A}{m}\right)^m = \sum_{k=0}^{\infty} \left(\frac{1}{k!} - \frac{\binom{m}{k}}{m^k}\right) A^k.$$

(Diese Reihe konvergiert, da $\left(E + \frac{A}{m}\right)^m$ ein Polynom und die Reihe für e^A konvergent ist.) Die Koeffizienten dieser Differenz sind nichtnegativ:

$$\frac{1}{k!} \geqq \frac{m(m-1)\cdots(m-k+1)}{m\cdot m\cdots m}\,\frac{1}{k!}.$$

Daher ist, wenn wir $\|A\| = a$ setzen,

$$\left\| e^A - \left(E + \frac{A}{m}\right)^m \right\| \leqq \sum_{k=0}^{\infty} \left(\frac{1}{k!} - \frac{\binom{m}{k}}{m^k}\right) a^k = e^a - \left(1 + \frac{a}{m}\right)^m.$$

Die rechte Seite strebt für $m \to \infty$ gegen 0, womit der Satz bewiesen ist.

3.3.5. Beispiel: Die Eulersche Formel für e^z. Es sei $\boldsymbol{C}$ die komplexe Gerade. Wir können sie als reelle Ebene $\boldsymbol{R}^2$ auffassen und die Multiplikation mit der komplexen Zahl z als linearen Operator $A: \boldsymbol{R}^2 \to \boldsymbol{R}^2$. Der Operator A definiert eine Drehstreckung, nämlich eine Drehung um den Winkel $\arg z$ mit gleichzeitiger $|z|$-facher Streckung.

Aufgabe 1. Man berechne die Matrix der Multiplikation mit $z = u + iv$ in der Basis $\boldsymbol{e}_1 = 1, \boldsymbol{e}_2 = i$.

Lösung. $\begin{pmatrix} u & -v \\ v & u \end{pmatrix}$.

Wir bestimmen jetzt e^A. Nach (5) muß zunächst der Operator $E + \dfrac{A}{n}$ aufgestellt werden. Er vermittelt die Multiplikation mit der Zahl $1 + \dfrac{z}{n}$, d. h. eine Drehstreckung, nämlich eine Drehung um den Winkel $\arg\left(1 + \dfrac{z}{n}\right)$ mit $\left|1 + \dfrac{z}{n}\right|$-facher Streckung (Abb. 103).

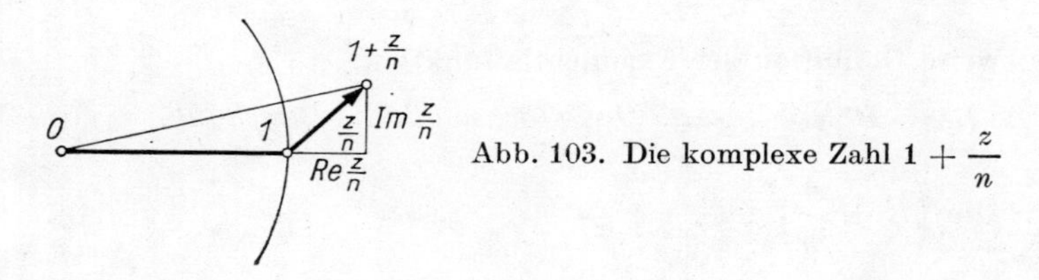

Abb. 103. Die komplexe Zahl $1 + \dfrac{z}{n}$

Aufgabe 2. Man zeige, daß für $n \to \infty$

$$\begin{aligned} \arg\left(1 + \frac{z}{n}\right) &= \operatorname{Im} \frac{z}{n} + o\left(\frac{1}{n}\right), \\ \left|1 + \frac{z}{n}\right| &= 1 + \operatorname{Re} \frac{z}{n} + o\left(\frac{1}{n}\right) \end{aligned} \tag{6}$$

gilt. Der Operator $\left(E + \dfrac{A}{n}\right)^n$ vermittelt ebenfalls eine Drehstreckung, und zwar eine Drehung um den Winkel $n \arg\left(1 + \dfrac{z}{n}\right)$ mit $\left|1 + \dfrac{z}{n}\right|^n$-facher Streckung. Aus (6) lassen sich der Drehwinkel und der Dehnungskoeffizient mit Hilfe der Grenzwerte berechnen:

$$\lim_{n\to\infty} n \arg\left(1 + \frac{z}{n}\right) = \operatorname{Im} z,$$

$$\lim_{n\to\infty} \left|1 + \frac{z}{n}\right|^n = e^{\operatorname{Re} z}.$$

Damit haben wir den folgenden Satz bewiesen:

Satz. *Ist $z = u + iv$ eine komplexe Zahl und $A: \boldsymbol{R}^2 \to \boldsymbol{R}^2$ der Operator der Multiplikation mit z, dann ist e^A der Operator der Multiplikation mit der komplexen Zahl $e^u(\cos v + i \sin v)$.*

Definition. Der Ausdruck

$$e^u(\cos v + i \sin v) = \lim_{n\to\infty} \left(1 + \frac{z}{n}\right)^n$$

heißt *Exponentialfunktion* der komplexen Zahl $z = u + iv$, und man schreibt

$$e^z = e^u(\cos v + i \sin v). \tag{7}$$

Bemerkung. Wenn man eine komplexe Zahl nicht von dem Operator der Multiplikation mit dieser Zahl unterscheidet, so geht die Definition in einen Satz über, da die Exponentialfunktion eines Operators schon definiert ist.

Aufgabe 3. Man bestimme e^0, e^1, e^i, $e^{\pi i}$, $e^{2\pi i}$.

Aufgabe 4. Man beweise die Beziehung $e^{z_1+z_2} = e^{z_1}e^{z_2}$ $(z_1 \in \boldsymbol{C}, z_2 \in \boldsymbol{C})$.

Bemerkung. Da die Exponentialfunktion auch durch eine Reihe definiert werden kann, gilt

$$e^z = 1 + z + \frac{z^2}{2!} + \cdots, \quad z \in \boldsymbol{C} \tag{8}$$

(diese Reihe konvergiert absolut und gleichmäßig auf jeder Kreisfläche $|z| \leqq a$).

Aufgabe 5. Man leite die Taylorreihen für $\sin v$ und $\cos v$ her, indem man die Reihe (8) mit der Eulerschen Formel (7) vergleicht.

Bemerkung. Umgekehrt könnte man, wenn man die Taylorreihen von $\sin v$, $\cos v$ und e^u kennt, die Beziehung (7) beweisen, indem man (8) zur Definition von e^z verwendet.

3.3.6. Die Eulersche Polygonzugmethode. Fassen wir (4) und (5) zusammen, so erhalten wir eine Methode zur näherungsweisen Lösung der Differentialgleichung (3), die sogenannte *Eulersche Polygonzugmethode.*

Wir betrachten eine durch ein Vektorfeld $\boldsymbol{v}$ definierte Differentialgleichung mit dem linearen Phasenraum $\boldsymbol{R}^n$. Um die Lösung φ der Gleichung $\dot{\boldsymbol{x}} = \boldsymbol{v}(\boldsymbol{x})$, $\boldsymbol{x} \in \boldsymbol{R}^n$, zu bestimmen, die der Anfangsbedingung $\varphi(0) = \boldsymbol{x}_0$ genügt, gehen wir folgendermaßen vor (Abb. 104). Die Geschwindigkeit im Punkt $\boldsymbol{x}_0$ ist uns bekannt; sie ist gleich $\boldsymbol{v}(\boldsymbol{x}_0)$. Entfernen wir uns von $\boldsymbol{x}_0$ mit konstanter Geschwindigkeit $\boldsymbol{v}(\boldsymbol{x}_0)$, so gelangen wir nach der Zeit $\Delta t = t/N$ in den Punkt $\boldsymbol{x}_1 = \boldsymbol{x}_0 + \boldsymbol{v}(\boldsymbol{x}_0)\,\Delta t$. Im darauffolgenden Zeitintervall Δt bewegen wir uns mit der Geschwindigkeit $\boldsymbol{v}(\boldsymbol{x}_1)$ usw.:

$$\boldsymbol{x}_{k+1} = \boldsymbol{x}_k + \boldsymbol{v}(\boldsymbol{x}_k)\,\Delta t, \qquad k = 0, 1, \ldots, N-1.$$

Den letzten Punkt $\boldsymbol{x}_N$ bezeichnen wir mit $\boldsymbol{X}_N(t)$. Der Graph dieser Bewegung mit stückweise konstanter Geschwindigkeit ist ein Polygonzug von N Strecken im erweiterten Phasenraum $\boldsymbol{R} \times \boldsymbol{R}^n$. Dieser Polygonzug wird nach EULER benannt. Man kann

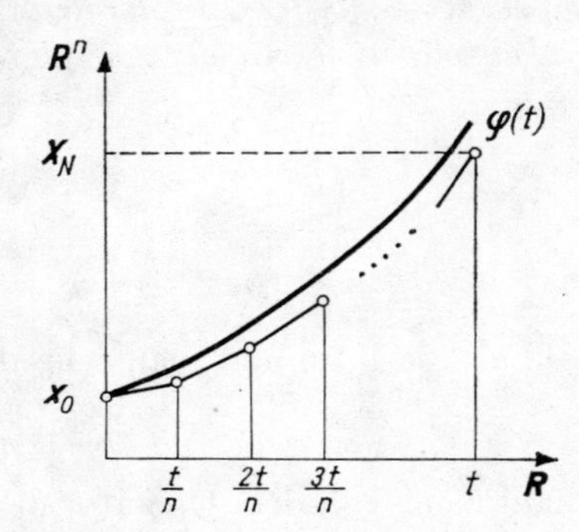

Abb. 104. Eulerscher Polygonzug

natürlich erwarten, daß die Folge der Eulerschen Polygonzüge für $N \to \infty$ gegen die Integralkurve strebt, so daß der letzte Punkt $\boldsymbol{X}_N$ für große N in der Nähe des Wertes $\boldsymbol{\varphi}(t)$ liegt, den die der Anfangsbedingung $\boldsymbol{\varphi}(0) = \boldsymbol{x}_0$ genügende Lösung im Punkt t annimmt.

Satz. *Für die lineare Gleichung* (3) *gilt*

$$\lim_{N\to\infty} \boldsymbol{X}_N(t) = \boldsymbol{\varphi}(t).$$

Beweis. Durch Konstruktion des Eulerschen Polygonzuges für $\boldsymbol{v}(\boldsymbol{x}) = A\boldsymbol{x}$ finden wir

$$\boldsymbol{X}_N = \left(E + \frac{tA}{N}\right)^N \boldsymbol{x}_0.$$

Daher ist $\lim_{N\to\infty} \boldsymbol{X}_N = e^{tA}\boldsymbol{x}_0$ (vgl. (5)) und somit $\lim_{N\to\infty} \boldsymbol{X}_N = \boldsymbol{\varphi}(t)$ (vgl. (4)).

Aufgabe 1. Man zeige, daß nicht nur der Endpunkt des Eulerschen Polygonzuges gegen $\boldsymbol{\varphi}(t)$ strebt, sondern daß auch die ganze Folge der stückweise linearen Funktionen $\boldsymbol{\varphi}_n: I \to \boldsymbol{R}^n$, die Eulersche Polygonzüge als Graphen besitzen, auf dem Intervall $[0, t]$ gegen die Lösung $\boldsymbol{\varphi}$ gleichmäßig konvergiert.

Bemerkung. Der Eulersche Polygonzug kann im allgemeinen Fall (wenn das Vektorfeld $\boldsymbol{v}$ nicht linear von $\boldsymbol{x}$ abhängt) durch

$$\boldsymbol{X}_N = \left(E + \frac{tA}{N}\right)^N \boldsymbol{x}_0$$

beschrieben werden, wobei A ein nichtlinearer Operator ist, der den Punkt $\boldsymbol{x}$ in den Punkt $\boldsymbol{v}(\boldsymbol{x})$ überführt. Wir werden im folgenden sehen, daß auch in diesem Fall die Folge der Eulerschen Polygonzüge gegen die Lösung konvergiert, zumindest für hinreichend kleine $|t|$ (vgl. 4.2.9.). Somit gibt der Ausdruck (4), in dem die Exponentialfunktion durch (5) definiert ist, die Lösung sämtlicher Differentialgleichungen an.[1]

Die Eulersche Theorie der Exponentialfunktion bildet — angefangen von der Definition der Zahl e über die Eulersche Formel für e^z und die Formel (4) zur Lösung linearer Differentialgleichungen bis hin zur Polygonzugmethode — eine einheitliche Theorie und hat viele weitere Anwendungen, deren Behandlung jedoch den Rahmen dieses Buches überschreitet.

3.4. Die Determinante der Exponentialfunktion

Ist ein Operator A durch seine Matrix gegeben, so kann die Bestimmung der Matrix des Operators e^A eine längere Rechnung erfordern. Jedoch läßt sich die Determinante der Matrix von e^A, wie wir gleich sehen werden, sehr leicht angeben.

3.4.1. Die Determinante eines Operators. Es sei $A: \boldsymbol{R}^n \to \boldsymbol{R}^n$ ein linearer Operator.

Definition. Die Determinante der Matrix des Operators A in einer beliebigen Basis $\boldsymbol{e}_1, \ldots, \boldsymbol{e}_n$ nennen wir *Determinante* des Operators A und bezeichnen sie mit $\det A$.

Die Determinante der Matrix von A ist basisunabhängig. Ist nämlich (A) die Matrix von A in der Basis $\boldsymbol{e}_1, \ldots, \boldsymbol{e}_n$, so ist $(B)(A)(B^{-1})$ die Matrix von A in einer anderen Basis, und es ist

$$\det (B)(A)(B^{-1}) = \det (A).$$

Die Determinante einer Matrix ist das orientierte Volumen eines Parallelepipeds[2]*, dessen Kanten durch die Spalten der Matrix bestimmt sind.*

Beispielsweise gibt im Fall $n = 2$ (Abb. 105) die Determinante

$$\begin{vmatrix} x_1 & x_2 \\ y_1 & y_2 \end{vmatrix}$$

[1] In der Praxis ist es nicht zweckmäßig, eine Differentialgleichung mit Hilfe der Eulerschen Polygonzugmethode zu lösen, da man eine äußerst kleine Schrittweite Δt nehmen muß, um die vorgegebene Genauigkeit zu erreichen. Häufiger werden verschiedene Verbesserungen dieser Methode benutzt, bei denen die Integralkurve nicht durch ein Geradenstück, sondern durch ein Segment einer Parabel bestimmten Grades approximiert wird. Meistens werden die Methoden von Adams, Störmer und Runge benutzt, die man in Büchern über numerische Methoden findet.

[2] Das Parallelepiped mit den Kanten $\boldsymbol{\xi}_1, \ldots, \boldsymbol{\xi}_n \in \boldsymbol{R}^n$ ist eine Teilmenge des $\boldsymbol{R}^n$, die aus allen Punkten der Gestalt $x_1\boldsymbol{\xi}_1 + \cdots + x_n\boldsymbol{\xi}_n$, $0 \leq x_i \leq 1$, besteht. Für $n = 2$ ist das Parallelepiped ein Parallelogramm. Ist irgendeine Definition des Volumens bekannt, so läßt sich die Behauptung leicht beweisen; andernfalls fasse man die Behauptung als Definition des Volumens eines Parallelepipeds auf.

den Flächeninhalt des von den Vektoren $\xi_1 = (x_1, y_1)$, $\xi_2 = (x_2, y_2)$ aufgespannten Parallelogramms an; dieser Flächeninhalt ist positiv, wenn das Vektorpaar (ξ_1, ξ_2) genau so orientiert ist wie der $\boldsymbol{R}^2$, andernfalls ist er negativ.

Die i-te Spalte der Matrix von A in der Basis $\boldsymbol{e}_1, \ldots, \boldsymbol{e}_n$ setzt sich aus den Koordinaten des Bildes des Basisvektors $A\boldsymbol{e}_i$ zusammen. *Somit ist die Determinante des Operators A das orientierte Volumen des Bildes des Einheitswürfels* (*des Parallelepipeds mit den Kanten $\boldsymbol{e}_1, \ldots, \boldsymbol{e}_n$*) *bei der Abbildung A.*

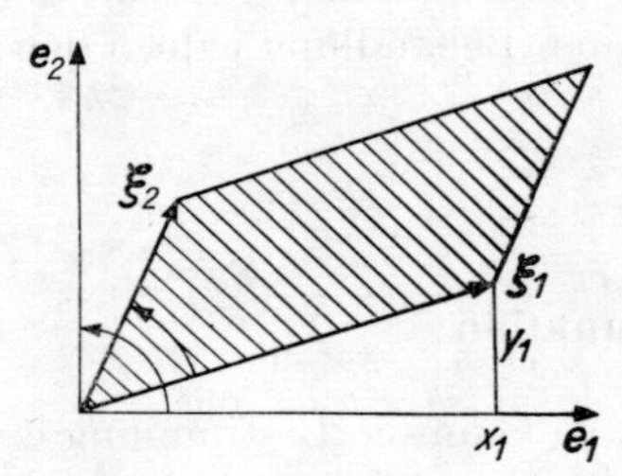

Abb. 105. Die Determinante einer Matrix ist gleich dem orientierten Flächeninhalt des von den Spaltenvektoren aufgespannten Parallelogramms

Aufgabe 1. Es sei Π ein Parallelepiped mit linear unabhängigen Kanten. Man zeige, daß das Verhältnis von (orientiertem) Volumen des Bildes $A\Pi$ des Parallelepipeds zu (orientiertem) Volumen von Π nicht von Π abhängt und gleich $\det A$ ist.

Bemerkung. Der Leser, der mit der Volumenberechnung im $\boldsymbol{R}^n$ vertraut ist, kann Π durch eine beliebige Figur ersetzen, deren Volumen eindeutig bestimmt und von Null verschieden ist.

Die Determinante des Operators A ist also der Faktor, um den sich das orientierte Volumen ändert: Bei Anwendung von A erhält man das ($\det A$)*-fache orientierte Volumen einer Figur.* Geometrisch ist (selbst im ebenen Fall) überhaupt nicht klar, daß die Dehnung des Volumens bei allen Figuren in der gleichen Weise erfolgt, da sich ja die Form der Figur bei einer linearen Transformation stark ändert.

3.4.2. Die Spur eines Operators. Die Summe der Diagonalelemente in der Matrix eines Operators A heißt *Spur der Matrix* von A, und man bezeichnet sie mit $\operatorname{sp} A$ (oder $\operatorname{tr} A$ von dem englischen Wort „trace"):

$$\operatorname{sp} A = \sum_{i=1}^{n} a_{ii}.$$

Die Spur der Matrix des Operators $A\colon \boldsymbol{R}^n \to \boldsymbol{R}^n$ hängt nicht von der Basis ab, sondern nur vom Operator A.

Aufgabe 1. Man zeige, daß die Spur einer Matrix gleich der Summe ihrer n Eigenwerte und die Determinante gleich deren Produkt ist.

Hinweis. Man wende die Vietasche Formel auf das Polynom

$$\det |A - \lambda E| = (-\lambda)^n + (-\lambda)^{n-1} \sum_{i=1}^{n} a_{ii} + \cdots$$

an.

Die Eigenwerte sind basisunabhängig. Das erlaubt die folgende

Definition. Die *Spur eines Operators* A ist gleich der Spur seiner Matrix in einer beliebigen Basis.

3.4.3. Zusammenhang zwischen Determinante und Spur. Es sei $A: \boldsymbol{R}^n \to \boldsymbol{R}^n$ ein linearer Operator und $\varepsilon \in \boldsymbol{R}$.

Satz. *Für kleine* ε *gilt*

$$\det (E + \varepsilon A) = 1 + \varepsilon \operatorname{sp} A + O(\varepsilon^2).$$

Beweis. Die Determinante des Operators $E + \varepsilon A$ ist gleich dem Produkt der Eigenwerte. Die Eigenwerte von $E + \varepsilon A$ (unter Berücksichtigung ihrer Vielfachheit) sind $1 + \varepsilon\lambda_i$ (λ_i Eigenwerte von A). Daher ist

$$\det (E + \varepsilon A) = \prod_{i=1}^{n} (1 + \varepsilon\lambda_i) = 1 + \varepsilon \sum_{i=1}^{n} \lambda_i + O(\varepsilon^2),$$

was zu beweisen war.

Zweiter Beweis. Offenbar ist $\varphi(\varepsilon) = \det (E + \varepsilon A)$ ein Polynom in ε, wobei $\varphi(0) = 1$ gilt. Zu zeigen ist $\varphi'(0) = \operatorname{sp} A$. Die Determinante der Matrix (x_{ij}) bezeichnen wir mit $\Delta(x_{ij})$. Nach der Kettenregel ist

$$\left.\frac{d\varphi}{d\varepsilon}\right|_{\varepsilon=0} = \sum_{i,j=1}^{n} \left.\frac{\partial\Delta}{\partial x_i}\right|_E \frac{dx_{ij}}{d\varepsilon};$$

dabei sind die $x_{ij}(\varepsilon)$ die Elemente der Matrix $E + \varepsilon A$. Die partielle Ableitung $\left.\frac{\partial\Delta}{\partial x_{ij}}\right|_E$ ist nach Definition gleich $\left.\frac{d}{dh}\right|_{h=0} \det (E + he_{ij})$, wobei (e_{ij}) die Matrix bezeichnet, deren einziges von Null verschiedenes Element eine Eins in der i-ten Zeile und j-ten Spalte ist. Nun ist

$$\det (E + he_{ij}) = \begin{cases} 1 & \text{für} \quad i \neq j, \\ 1 + h & \text{für} \quad i = j. \end{cases}$$

Also gilt

$$\left.\frac{\partial\Delta}{\partial x_{ij}}\right|_E = \begin{cases} 0 & \text{für} \quad i \neq j, \\ 1 & \text{für} \quad i = j, \end{cases}$$

und es folgt

$$\left.\frac{d\varphi}{d\varepsilon}\right|_{\varepsilon=0} = \sum_{i=1}^{n} \frac{dx_{ii}}{d\varepsilon} = \sum_{i=1}^{n} a_{ii} = \operatorname{sp} A,$$

was zu beweisen war.

Übrigens haben wir damit erneut die Unabhängigkeit der Spur von der Basis bewiesen.

Folgerung. *Eine kleine Änderung der Kanten eines Parallelepipeds hat nur dann einen Einfluß auf das Volumen, wenn sie die Kantenlängen ändert; eine kleine Parallelverschiebung der Kanten ändert dagegen das Volumen nur um eine von zweiter Ordnung kleine Größe.*

Beispielsweise unterscheidet sich der Flächeninhalt eines fast quadratischen Parallelogramms (Abb. 106) von dem Flächeninhalt des schraffierten Parallelogramms um eine von zweiter Ordnung kleine Größe.

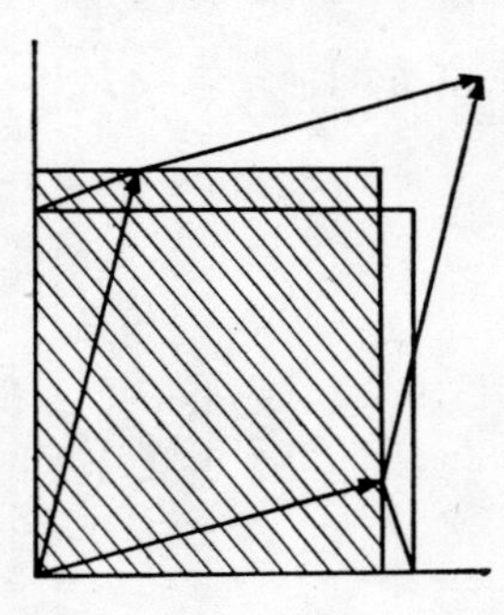

Abb. 106. Näherungsweise Bestimmung des Flächeninhalts eines fast quadratischen Parallelogramms

Man hätte diese Folgerung auch mit elementar-geometrischen Hilfsmitteln beweisen können; dies würde auf einen geometrischen Beweis des vorhergehenden Satzes führen.

3.4.4. Die Determinante des Operators e^A.

Satz. *Für jeden linearen Operator* $A: \boldsymbol{R}^n \to \boldsymbol{R}^n$ *gilt*

$$\det e^A = e^{\operatorname{sp} A}.$$

Beweis. Nach der zweiten Definition der Exponentialfunktion ist

$$\det e^A = \det\left(\lim_{m\to\infty}\left(E + \frac{A}{m}\right)^m\right) = \lim_{m\to\infty}\left(\det\left(E + \frac{A}{m}\right)^m\right),$$

denn die Determinante einer Matrix ist ein Polynom (und folglich eine stetige Funktion) in den Matrixelementen. Ferner ist auf Grund des vorhergehenden Satzes

$$\det\left(E + \frac{A}{m}\right)^m = \left(\det\left(E + \frac{A}{m}\right)\right)^m = \left(1 + \frac{1}{m}\operatorname{sp} A + O\left(\frac{1}{m^2}\right)\right)^m$$

für große m. Es bleibt nur noch zu erwähnen, daß für jedes $a \in \boldsymbol{R}$ und insbesondere für $a = \operatorname{sp} A$

$$\lim_{m\to\infty}\left(1 + \frac{a}{m} + O\left(\frac{1}{m^2}\right)\right)^m = e^a$$

gilt.

Folgerung 1. *Der Operator* e^A *ist nicht ausgeartet.*

Folgerung 2. *Der Operator* e^A *ist orientierungserhaltend im* $\boldsymbol{R}^n$ *(d. h., es ist* $\det A > 0$).

Folgerung 3 (Liouvillesche Formel). *Der Phasenstrom* $\{g^t\}$ *der linearen Gleichung*

$$\dot{\boldsymbol{x}} = A\boldsymbol{x}, \qquad \boldsymbol{x} \in \boldsymbol{R}^n, \tag{1}$$

ändert während der Zeit t das Volumen einer beliebigen Figur um das e^{at}-fache ($a = \operatorname{sp} A$).

Es ist nämlich $\det g^t = \det e^{At} = e^{\operatorname{sp} At} = e^{t \operatorname{sp} A}$.

Insbesondere ergibt sich hieraus die

Folgerung 4. *Ist* $\operatorname{sp} A = 0$, *so ist der Phasenstrom der Gleichung* (1) *volumenerhaltend (d. h., g^t führt jedes Parallelepiped in ein Parallelepiped gleichen Volumens über).*

Es ist nämlich $e^0 = 1$.

Beispiel 1. Wir betrachten die Pendelgleichung mit dem Reibungskoeffizienten $-k$,

$$\ddot{x} = -x + k\dot{x},$$

die dem System

$$\begin{cases} \dot{x}_1 = x_2, \\ \dot{x}_2 = -x_1 + kx_2 \end{cases}$$

mit der Matrix

$$\begin{pmatrix} 0 & 1 \\ -1 & k \end{pmatrix}$$

äquivalent ist (Abb. 107). Die Spur dieser Matrix ist gleich k. Somit führt der Phasenstrom $\{g^t\}$, $t > 0$, im Fall $k < 0$ jedes Gebiet der Phasenebene in ein Gebiet kleineren Flächeninhalts über. In einem System mit negativer Reibung ($k > 0$) ist dagegen

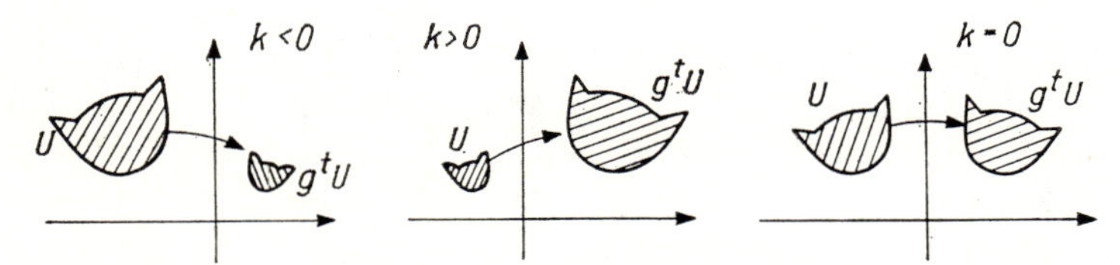

Abb. 107. Das Verhalten des Flächeninhalts bei Transformationen des Phasenflusses der Pendelgleichung mit dem Reibungskoeffizienten $-k$

der Flächeninhalt des Gebietes g^tU ($t > 0$) größer als der von U. Gibt es schließlich keine Reibung ($k = 0$), so ändert der Phasenstrom $\{g^t\}$ den Flächeninhalt nicht (das ist nicht erstaunlich, denn in diesem Fall bewirkt g^t, wie wir schon aus 1.6.6. wissen, eine Drehung um den Winkel t).

Aufgabe 1. Die Realteile aller Eigenwerte des Operators A seien negativ. Man zeige, daß dann der Phasenstrom $\{g^t\}$ der Gleichung (1) die Volumina verkleinert ($t > 0$).

Aufgabe 2. Man zeige, daß die Eigenwerte des Operators e^A gleich e^{λ_i} sind, wenn mit λ_i die Eigenwerte von A bezeichnet werden, und leite hieraus den oben bewiesenen Satz her.

3.5. Praktische Berechnung der Matrix der Exponentialfunktion. Der Fall reeller und voneinander verschiedener Eigenwerte

Bei der praktischen Lösung von Differentialgleichungen ist der Operator A durch seine Matrix in einer gewissen Basis gegeben, und es wird gefordert, die Matrix des Operators e^A in eben dieser Basis explizit zu bestimmen. Wir beginnen mit dem einfachsten Fall.

3.5.1. Der Diagonaloperator. Wir untersuchen die lineare Differentialgleichung

$$\dot{\boldsymbol{x}} = A\boldsymbol{x}, \qquad \boldsymbol{x} \in \boldsymbol{R}^n, \tag{1}$$

mit dem Diagonaloperator $A: \boldsymbol{R}^n \to \boldsymbol{R}^n$. In der Basis, in der die Matrix von A eine Diagonalmatrix ist, hat sie die Gestalt

$$\begin{pmatrix} \lambda_1 & & 0 \\ & \ddots & \\ 0 & & \lambda_n \end{pmatrix}$$

mit den Eigenwerten λ_i. Die Matrix des Operators e^{At} besitzt die Diagonalform

$$\begin{pmatrix} e^{\lambda_1 t} & & \\ & \ddots & \\ & & e^{\lambda_n t} \end{pmatrix}.$$

Also hat die Lösung $\boldsymbol{\varphi}$ von (1), die der Anfangsbedingung $\boldsymbol{\varphi}_0(0) = (x_{10}, \ldots, x_{n0})$ genügt, in dieser Basis die Gestalt $\varphi_k = e^{\lambda_k t} x_{k0}$. Wir werden auch zu dieser Basis übergehen, wenn die Matrix des Operators A in einer anderen Basis gegeben ist.

Sind alle n Eigenwerte des Operators A reell und voneinander verschieden, so ist A ein Diagonaloperator (der Raum $\boldsymbol{R}^n$ zerfällt in die direkte Summe eindimensionaler und bezüglich A invarianter Unterräume).

Um also die Gleichung (1) in dem Fall zu lösen, daß die Eigenwerte des Operators A reell und voneinander verschieden sind, muß man folgendermaßen vorgehen:

a) Man stellt die *charakteristische Gleichung* (oder *Säkulargleichung*)

$$\det |A - \lambda E| = 0$$

auf.

b) Man berechnet ihre Wurzeln $\lambda_1, \ldots, \lambda_n$ (diese seien reell und voneinander verschieden).

c) Man bestimmt die Eigenvektoren $\boldsymbol{\xi}_1, \ldots, \boldsymbol{\xi}_n$ aus den linearen Gleichungen

$$A\boldsymbol{\xi}_k = \lambda_k \boldsymbol{\xi}_k, \quad \boldsymbol{\xi}_k \neq 0.$$

d) Man entwickelt die Anfangsbedingung nach Eigenvektoren:

$$\boldsymbol{x}_0 = \sum_{k=1}^{n} C_k \xi_k .$$

e) Man notiert die Lösung

$$\varphi(t) = \sum_{k=1}^{n} C_k e^{\lambda_k t} \xi_k .$$

Insbesondere ergibt sich die

Folgerung. *Ist A ein Diagonaloperator, so sind die Elemente der Matrix von e^{At} ($t \in \boldsymbol{R}$) in einer beliebigen Basis Linearkombintionen von Exponentialfunktionen $e^{\lambda_k t}$, wobei λ_k die Eigenwerte der Matrix von A bezeichnen.*

3.5.2. Beispiel. Wir betrachten ein Pendel mit Reibung:

$$\begin{cases} \dot{x}_1 = x_2, \\ \dot{x}_2 = -x_1 - kx_2 . \end{cases}$$

Die Matrix des Operators A lautet

$$\begin{pmatrix} 0 & 1 \\ -1 & -k \end{pmatrix}, \quad \operatorname{sp} A = -k, \quad \det A = 1.$$

Daher ist die charakteristische Gleichung von der Gestalt $\lambda^2 + k\lambda + 1 = 0$; ihre Wurzeln sind reell und voneinander verschieden, wenn die Diskriminante positiv, d. h., wenn $|k| > 2$ ist. Der Operator A ist also bei einem (absolut genommen) hinreichend großen Reibungskoeffizienten k ein Diagonaloperator.

Wir untersuchen den Fall $k > 2$. Hier sind beide Wurzeln λ_1, λ_2 negativ. In einer Eigenbasis läßt sich die Gleichung in der Gestalt

$$\dot{y}_1 = \lambda_1 y_1, \qquad \lambda_1 < 0,$$
$$\dot{y}_2 = \lambda_2 y_2, \qquad \lambda_2 < 0,$$

schreiben, woraus sich, wie in 1.4.2., die Lösung

$$y_1(t) = e^{\lambda_1 t} y_1(0), \qquad y_2(t) = e^{\lambda_2 t} y_2(0)$$

ergibt, d. h., die Phasenkurven bilden einen Knoten (Abb. 108). Für $t \to \infty$ streben alle Lösungen gegen 0, und fast alle Integralkurven tangieren die y_1-Achse, wenn $|\lambda_2| > |\lambda_1|$ ist (dann strebt y_2 schneller gegen 0 als y_1). Das Bild der Phasenkurven in der x_1, x_2-Ebene ergibt sich durch eine lineare Transformation.

Beispielsweise sei $k = 3\frac{1}{3}$, also $\lambda_1 = -\frac{1}{3}$, $\lambda_2 = -3$. Der Eigenvektor ξ_1 läßt sich aus der Bedingung $x_1 = -3x_2$ bestimmen: $\xi_1 = \boldsymbol{e}_2 - 3\boldsymbol{e}_1$. Analog ergibt sich $\xi_2 = \boldsymbol{e}_1 - 3\boldsymbol{e}_2$. Wegen $|\lambda_1| < |\lambda_2|$ haben die Phasenkurven die in Abb. 109 angegebene Gestalt, bei deren Betrachtung wir zu dem folgenden erstaunlichen Schluß gelangen:

Ist der Reibungskoeffizient k hinreichend groß ($k > 2$), so führt das Pendel keine gedämpften Schwingungen aus, sondern kehrt sofort in die Gleichgewichtslage zurück, d. h., seine Geschwindigkeit x_2 ändert ihr Vorzeichen nicht mehr als einmal.

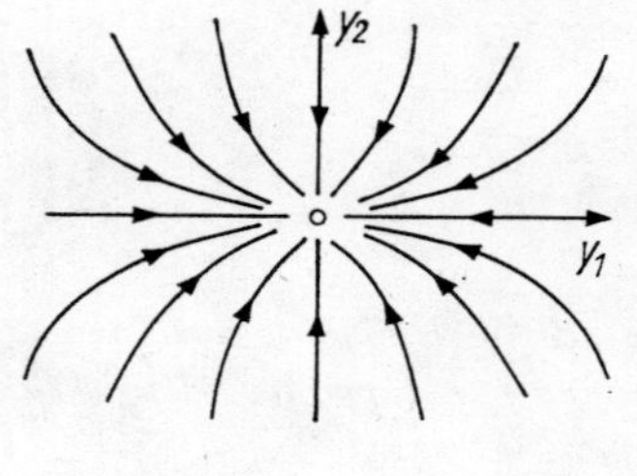

Abb. 108. Die Phasenkurven der Pendelgleichung in der Eigenbasis bei starker Reibung

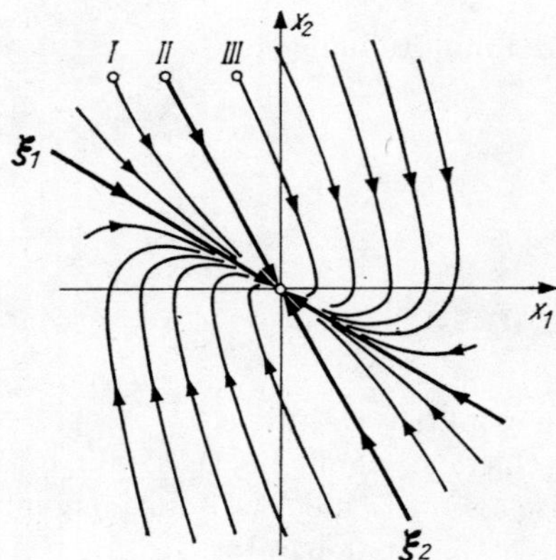

Abb. 109. Die Phasenkurven der Pendelgleichung in einer gewöhnlichen Basis bei starker Reibung

Aufgabe 1. Welchen Pendelbewegungen entsprechen die Phasenkurven I, II, III aus Abb. 109? Man zeichne den Graphen von $x(t)$ näherungsweise.

Aufgabe 2. Man untersuche die Bewegung des Reversionspendels bei Reibung:

$$\ddot{x} = x - k\dot{x}.$$

3.5.3. Der diskrete Fall. Alles oben über die Exponentialfunktion e^{At} einer stetigen Variablen t Gesagte läßt sich auch auf die Exponentialfunktion A^n einer diskreten Variablen n übertragen. Ist A ein Diagonaloperator, so ist es zur Berechnung von A^n zweckmäßig, zu einer Eigenbasis überzugehen.

Beispiel. Die Fibonaccische Folge

$$0, 1, 1, 2, 3, 5, 8, 13, \ldots$$

ist durch die Rekursionsformel $a_n = a_{n-1} + a_{n-2}$ (d. h., jedes Glied ist gleich der Summe der beiden vorhergehenden Glieder) und durch die beiden Anfangsglieder $a_0 = 0$ und $a_1 = 1$ bestimmt.

Aufgabe 1. Man bestimme die Formel für a_n, zeige, daß a_n wie eine geometrische Folge wächst, und berechne

$$\lim_{n \to \infty} \frac{\ln a_n}{n} = \alpha.$$

Hinweis. Der Vektor $\xi_n = (a_n, a_{n-1})$ läßt sich linear durch ξ_{n-1} ausdrücken:

$$\xi_n = A\xi_{n-1}, \quad A = \begin{pmatrix} 1 & 1 \\ 1 & 0 \end{pmatrix};$$

dabei ist $\xi_1 = (1, 0)$. Aus diesem Grunde ist a_n die erste Komponente des Vektors $A^{n-1}\xi_1$.

Lösung. $\alpha = \ln \frac{\sqrt{5} + 1}{2}$; $a_n = \frac{\lambda_1{}^n - \lambda_2{}^n}{\sqrt{5}}$, wobei $\lambda_{1,2} = \frac{1 \pm \sqrt{5}}{2}$ die Eigenwerte von A sind.

Dieselbe Überlegung führt die Untersuchung einer beliebigen *rekursiven Folge k-ter Ordnung*, deren n-tes Glied a_n durch die Rekursionsformel

$$a_n = c_1 a_{n-1} + c_2 a_{n-2} + \cdots + c_k a_{n-k}, \qquad n = 1, 2, \ldots,$$

und k Anfangsglieder bestimmt ist[1]), auf das Studium der Exponentialfunktion A^n zurück, wobei $A: \boldsymbol{R}^k \to \boldsymbol{R}^k$ ein linearer Operator ist. Also studieren wir, wenn wir die Matrix einer Exponentialfunktion berechnen, gleichzeitig sämtliche rekursiven Folgen.

Kehren wir zum allgemeinen Problem der Berechnung von e^{At} zurück, so stellen wir fest, daß die Wurzeln der charakteristischen Gleichung $\det(A - \lambda E) = 0$ auch komplex sein können. Um diesen Fall zu untersuchen, betrachten wir zunächst lineare Gleichungen mit dem komplexen Phasenraum $\boldsymbol{C}^n$.

3.6. Komplexifizierung und Reellifizierung

Bevor wir Differentialgleichungen im Komplexen studieren, rufen wir uns ins Gedächtnis zurück, wie die Komplexifizierung eines reellen Raumes und die Reellifizierung eines komplexen Raumes definiert sind.

3.6.1. Reellifizierung. Wir bezeichnen einen n-dimensionalen linearen Raum über dem Körper $\boldsymbol{C}$ der komplexen Zahlen mit $\boldsymbol{C}^n$.

Ein reeller linearer Raum, der dieselben Gruppeneigenschaften wie $\boldsymbol{C}^n$ besitzt und in dem die Multiplikation mit einer reellen Zahl wie in $\boldsymbol{C}^n$, die Multiplikation mit einer komplexen Zahl dagegen nicht definiert ist, heißt *Reellifizierung* des Raumes $\boldsymbol{C}^n$. (Mit anderen Worten: Den Raum $\boldsymbol{C}^n$ zu reellifizieren bedeutet, seine Struktur eines $\boldsymbol{C}$-Moduls aufzugeben, seine Struktur eines $\boldsymbol{R}$-Moduls aber zu erhalten.)

Man sieht leicht, daß die Reellifizierung des Raumes $\boldsymbol{C}^n$ der $2n$-dimensionale reelle lineare Raum $\boldsymbol{R}^{2n}$ ist. Wir werden die Reellifizierung durch einen linken oberen Index $\boldsymbol{R}$ kennzeichnen, also beispielsweise ${}^{\boldsymbol{R}}\boldsymbol{C} = \boldsymbol{R}^2$ schreiben.

[1]) Die Tatsache, daß zur Bestimmung einer rekursiven Folge k-ter Ordnung die ersten k Glieder bekannt sein müssen, ist eng damit verknüpft, daß der Phasenraum einer Differentialgleichung k-ter Ordnung die Dimension k hat. Dieser Zusammenhang wird verständlich, wenn man die Differentialgleichung als Grenzwert von Differenzengleichungen schreibt.

Ist $(\boldsymbol{e}_1, \ldots, \boldsymbol{e}_n)$ eine Basis in $\boldsymbol{C}^n$, so ist $(\boldsymbol{e}_1, \ldots, \boldsymbol{e}_n, i\boldsymbol{e}_1, \ldots, i\boldsymbol{e}_n)$ eine Basis in ${}^{\boldsymbol{R}}\boldsymbol{C}^n = \boldsymbol{R}^{2n}$.

Nun sei $A: \boldsymbol{C}^m \to \boldsymbol{C}^n$ ein $\boldsymbol{C}$-linearer Operator. Unter der *Reellifizierung des Operators A* verstehen wir den $\boldsymbol{R}$-linearen Operator ${}^{\boldsymbol{R}}A: {}^{\boldsymbol{R}}\boldsymbol{C}^m \to {}^{\boldsymbol{R}}\boldsymbol{C}^n$, der mit A in jedem Punkt übereinstimmt.

Aufgabe 1. Es sei $(\boldsymbol{e}_1, \ldots, \boldsymbol{e}_m)$ eine Basis des Raumes $\boldsymbol{C}^m$ und $(\boldsymbol{f}_1, \ldots, \boldsymbol{f}_n)$ eine Basis des Raumes $\boldsymbol{C}^n$. Ferner sei (A) die Matrix des Operators A. Man bestimme die Matrix des reellifizierten Operators ${}^{\boldsymbol{R}}A$.

Lösung. $\begin{pmatrix} \alpha & -\beta \\ \beta & \alpha \end{pmatrix}$, wenn $(A) = (\alpha) + i(\beta)$ ist.

Aufgabe 2. Man beweise die Beziehungen

$$ {}^{\boldsymbol{R}}(A + B) = {}^{\boldsymbol{R}}A + {}^{\boldsymbol{R}}B, \quad {}^{\boldsymbol{R}}(AB) = {}^{\boldsymbol{R}}A\,{}^{\boldsymbol{R}}B. $$

3.6.2. Komplexifizierung. Es sei $\boldsymbol{R}^n$ ein reeller linearer Raum. Unter der *Komplexifizierung dieses Raumes* verstehen wir einen n-dimensionalen komplexen linearen Raum, den wir mit ${}^{\boldsymbol{C}}\boldsymbol{R}^n$ bezeichnen und der folgendermaßen konstruiert wird.

Die Punkte des Raumes ${}^{\boldsymbol{C}}\boldsymbol{R}^n$ sind die Paare (ξ, η) mit $\xi \in \boldsymbol{R}^n$, $\eta \in \boldsymbol{R}^n$. Ein solches Paar wird mit $\xi + i\eta$ bezeichnet. Die Operationen der Addition und der Multiplikation mit einer komplexen Zahl sind wie gewöhnlich definiert:

$$ (\xi_1 + i\eta_1) + (\xi_2 + i\eta_2) = (\xi_1 + \xi_2) + i(\eta_1 + \eta_2), $$
$$ (u + iv)\,(\xi + i\eta) = (u\xi - v\eta) + i(v\xi + u\eta). $$

Es läßt sich leicht prüfen, daß der erhaltene $\boldsymbol{C}$-Modul ein n-dimensionaler komplexer linearer Raum ist: ${}^{\boldsymbol{C}}\boldsymbol{R}^n = \boldsymbol{C}^n$. Ist $(\boldsymbol{e}_1, \ldots, \boldsymbol{e}_n)$ eine Basis des $\boldsymbol{R}^n$, so bilden die Vektoren $\boldsymbol{e}_k + i0$ $(k = 1, \ldots, n)$ eine $\boldsymbol{C}$-Basis des $\boldsymbol{C}^n = {}^{\boldsymbol{C}}\boldsymbol{R}^n$.

Die Vektoren $\xi + i0$ werden zur Abkürzung mit ξ bezeichnet.

Ist $A: \boldsymbol{R}^m \to \boldsymbol{R}^n$ ein $\boldsymbol{R}$-linearer Operator, so wird der durch

$$ {}^{\boldsymbol{C}}A(\xi + i\eta) = A\xi + iA\eta $$

definierte $\boldsymbol{C}$-lineare Operator ${}^{\boldsymbol{C}}A: {}^{\boldsymbol{C}}\boldsymbol{R}^m \to {}^{\boldsymbol{C}}\boldsymbol{R}^n$ die *Komplexifizierung des Operators A* genannt.

Aufgabe 1. Es sei $(\boldsymbol{e}_1, \ldots, \boldsymbol{e}_m)$ eine Basis des $\boldsymbol{R}^m$ und $(\boldsymbol{f}_1, \ldots, \boldsymbol{f}_n)$ eine Basis des $\boldsymbol{R}^n$. Ferner sei (A) die Matrix des Operators A. Man bestimme die Matrix des komplexifizierten Operators ${}^{\boldsymbol{C}}A$.

Lösung. $({}^{\boldsymbol{C}}A) = (A)$.

Aufgabe 2. Man beweise die Beziehungen

$$ {}^{\boldsymbol{C}}(A + B) = {}^{\boldsymbol{C}}A + {}^{\boldsymbol{C}}B, \quad {}^{\boldsymbol{C}}(AB) = {}^{\boldsymbol{C}}A\,{}^{\boldsymbol{C}}B. $$

Bemerkungen zur Terminologie. Die Operationen der Komplexifizierung und der Reellifizierung sind sowohl für Räume als auch für Abbildungen definiert. Algebraiker nennen Operationen dieser Art *Funktoren.*

3.6.3. Das Konjugiert-Komplexe. Wir betrachten den reellen $2n$-dimensionalen linearen Raum $\boldsymbol{R}^{2n} = {}^{\boldsymbol{R}\boldsymbol{C}}\boldsymbol{R}^n$, der sich aus $\boldsymbol{R}^n$ durch Komplexifizierung und nachfolgende

Reellifizierung ergibt. In diesem Raum ist der n-dimensionale Unterraum der Vektoren der Gestalt $\xi + i0$, $\xi \in \boldsymbol{R}^n$, enthalten. Er wird die *reelle Ebene* $\boldsymbol{R}^n \subset \boldsymbol{R}^{2n}$ genannt.

Der Unterraum der Vektoren der Gestalt $0 + i\xi$, $\xi \in \boldsymbol{R}^n$, heißt *imaginäre Ebene* $i\boldsymbol{R}^n \subset \boldsymbol{R}^{2n}$. Der Raum $\boldsymbol{R}^{2n}$ ist die direkte Summe dieser beiden n-dimensionalen Unterräume.

Der Operator iE, der im Raum $\boldsymbol{C}^n = {}^{C}\boldsymbol{R}^n$ die Multiplikation mit i vermittelt, geht nach der Reellifizierung in einen $\boldsymbol{R}$-linearen Operator ${}^{\boldsymbol{R}}(iE) = I: \boldsymbol{R}^{2n} \to \boldsymbol{R}^{2n}$ über

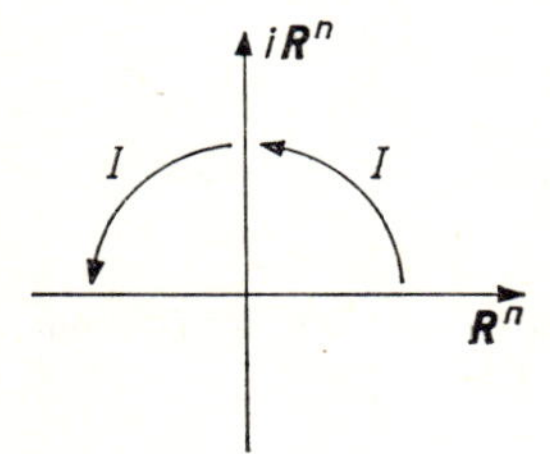

Abb. 110. Der Operator der Multiplikation mit i

(Abb. 110). Dieser Operator I bildet die reelle Ebene isomorph auf die komplexe Ebene ab und umgekehrt. Das Quadrat des Operators I ist gleich dem negativen Einsoperator.

Aufgabe 1. Es sei $(\boldsymbol{e}_1, \ldots, \boldsymbol{e}_n)$ eine Basis im Raum $\boldsymbol{R}^n$ und $(\boldsymbol{e}_1, \ldots, \boldsymbol{e}_n, i\boldsymbol{e}_1, \ldots, i\boldsymbol{e}_n)$ eine Basis im $\boldsymbol{R}^{2n} = {}^{\boldsymbol{R}C}\boldsymbol{R}^n$. Man bestimme die Matrix des Operators I in dieser Basis.

Lösung. $(I) = \begin{pmatrix} 0 & -E \\ E & 0 \end{pmatrix}$.

Wir bezeichnen nun mit $\sigma: \boldsymbol{R}^{2n} \to \boldsymbol{R}^{2n}$ (Abb. 111) den Operator, der den Übergang zum Konjugiert-Komplexen vermittelt:

$$\sigma(\xi + i\eta) = \xi - i\eta.$$

Die durch σ vermittelte Operation kennzeichnen wir durch einen Querstrich über dem Vektor (vgl. Abb. 111).

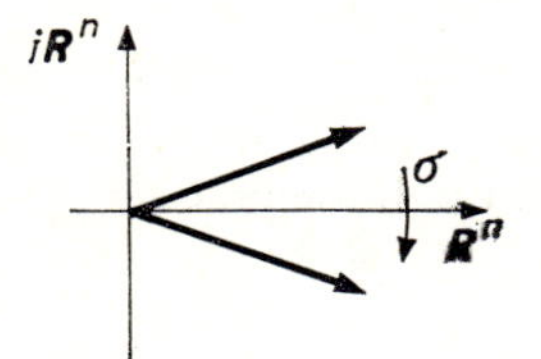

Abb. 111. Das Konjugiert-Komplexe

Der Operator σ stimmt in der reellen Ebene mit dem Einsoperator, in der imaginären Ebene mit dem negativen Einsoperator überein. Er ist ein involutorischer Operator, d. h., es ist $\sigma^2 = E$.

Gegeben sei ein $\boldsymbol{C}$-linearer Operator $A: {}^{\boldsymbol{C}}\boldsymbol{R}^m \to {}^{\boldsymbol{C}}\boldsymbol{R}^n$. Unter dem *zu A konjugiert-komplexen Operator $\bar{A}$* verstehen wir den durch die Beziehung

$$\overline{Az} = \bar{A}\bar{z} \qquad \text{für jedes } \boldsymbol{z} \in {}^{\boldsymbol{C}}\boldsymbol{R}^m$$

definierten Operator.

Aufgabe 2. Man zeige, daß $\bar{A}$ ein $\boldsymbol{C}$-linearer Operator ist.

Aufgabe 3. Man beweise, daß die Matrix des Operators $\bar{A}$ *in einer reellen Basis* zu der Matrix des Operators A in derselben Basis konjugiert-komplex ist.

Aufgabe 4. Man weise die Gültigkeit der Beziehungen

$$\overline{A + B} = \bar{A} + \bar{B}, \qquad \overline{AB} = \bar{A}\,\bar{B}, \qquad \overline{\lambda A} = \bar{\lambda}\,\bar{A}$$

nach.

Aufgabe 5. Man zeige, daß der komplexe lineare Operator $A: {}^{\boldsymbol{C}}\boldsymbol{R}^m \to {}^{\boldsymbol{C}}\boldsymbol{R}^n$ genau dann die Komplexifizierung eines reellen Operators ist, wenn $\bar{A} = A$ gilt.

3.6.4. Exponentialfunktion, Determinante und Spur eines komplexen Operators. Die Exponentialfunktion, die Determinante und die Spur eines komplexen Operators werden genau so definiert wie im Reellen. Sie besitzen dieselben Eigenschaften wie im reellen Fall, nur mit dem Unterschied, daß die Determinante, die nun eine komplexe Zahl ist, nicht die Maßzahl für ein Volumen darstellt.

Aufgabe 1. Man beweise, daß die Exponentialfunktion die folgenden Eigenschaften hat:

$${}^{\boldsymbol{R}}(e^A) = e^{{}^{\boldsymbol{R}}A}, \qquad \overline{e^A} = e^{\bar{A}}, \qquad {}^{\boldsymbol{C}}(e^A) = e^{{}^{\boldsymbol{C}}A}.$$

Aufgabe 2. Man weise nach, daß für die Determinante die Beziehungen

$$\det {}^{\boldsymbol{R}}A = |\det A|^2, \qquad \det \bar{A} = \overline{\det A}, \qquad \det {}^{\boldsymbol{C}}A = \det A$$

gelten.

Aufgabe 3. Man zeige, daß die Spur die Eigenschaften

$$\operatorname{sp} {}^{\boldsymbol{R}}A = \operatorname{sp} A + \operatorname{sp} \bar{A}, \qquad \operatorname{sp} \bar{A} = \overline{\operatorname{sp} A}, \qquad \operatorname{sp} {}^{\boldsymbol{C}}A = \operatorname{sp} A$$

besitzt.

Aufgabe 4. Man beweise, daß im komplexen Fall die Beziehung

$$\det e^A = e^{\operatorname{sp} A}$$

gilt.

3.6.5. Die Ableitung einer Kurve im komplexen Raum. Es sei $\varphi: I \to \boldsymbol{C}^n$ eine Abbildung des Intervalls I der reellen r-Achse in den komplexen linearen Raum $\boldsymbol{C}^n$. Wir wollen φ eine *Kurve* nennen.

Die *Ableitung* einer Kurve φ im Punkt $t_0 \in I$ wird wie üblich definiert:

$$\left.\frac{d\varphi}{dt}\right|_{t=t_0} = \lim_{h\to 0} \frac{\varphi(t_0 + h) - \varphi(t_0)}{h}.$$

Dies ist ein Vektor im Raum $\boldsymbol{C}^n$.

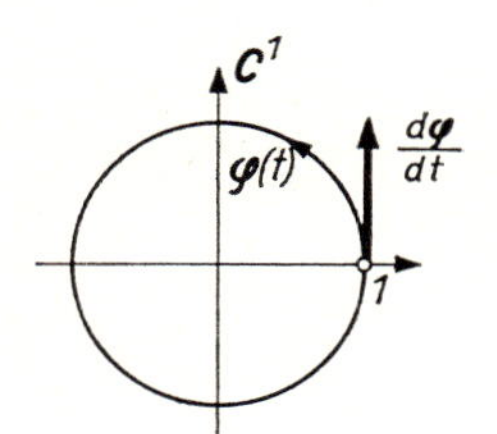

Abb. 112. Die Ableitung der Kurve $\varphi = e^{it}$ ist im Punkt 0 gleich i

Beispiel 1. Es sei $n = 1$, $\varphi(t) = e^{it}$ (Abb. 112). Dann ist $\left.\frac{d\varphi}{dt}\right|_{t=0} = i.$

Wir betrachten den Fall $n = 1$ genauer. Da in $\boldsymbol{C}$ eine Multiplikation definiert ist, kann man die Kurven mit Werten in $\boldsymbol{C}$ nicht nur addieren, sondern auch multiplizieren:

$$(\varphi_1 + \varphi_2)(t) = \varphi_1(t) + \varphi_2(t),$$
$$(\varphi_1\varphi_2)(t) = \varphi_1(t)\,\varphi_2(t), \qquad t \in I.$$

Aufgabe 1. Man beweise die folgenden Eigenschaften der Ableitung:

$$\frac{d}{dt}(\varphi_1 + \varphi_2) = \frac{d\varphi_1}{dt} + \frac{d\varphi_2}{dt},$$
$$\frac{d}{dt}(\varphi_1\varphi_2) = \frac{d\varphi_1}{dt}\varphi_2 + \varphi_1\frac{d\varphi_2}{dt}.$$

Insbesondere gilt für die Ableitung eines Polynoms mit komplexen Koeffizienten dieselbe Formel wie im Fall reeller Koeffizienten.

Ist $n > 1$, so lassen sich zwei Kurven mit Werten in $\boldsymbol{C}^n$ nicht multiplizieren. Man kann jedoch, da $\boldsymbol{C}^n$ ein $\boldsymbol{C}$-Modul ist, eine Kurve $\varphi: I \to \boldsymbol{C}^n$ mit einer Funktion $f: I \to \boldsymbol{C}$ multiplizieren:

$$(f\varphi)(t) = f(t)\,\varphi(t).$$

Aufgabe 2. Man beweise die folgenden Eigenschaften der Ableitung:

$$\frac{d(^{\boldsymbol{R}}\varphi)}{dt} = \frac{^{\boldsymbol{R}}d\varphi}{dt}, \quad \frac{d(^{\boldsymbol{C}}\varphi)}{dt} = \frac{^{\boldsymbol{C}}d\varphi}{dt}, \quad \frac{d\overline{\varphi}}{dt} = \overline{\frac{d\varphi}{dt}},$$
$$\frac{d(\varphi_1 + \varphi_2)}{dt} = \frac{d\varphi_1}{dt} + \frac{d\varphi_2}{dt}, \quad \frac{d(f\varphi)}{dt} = \frac{df}{dt}\varphi + f\frac{d\varphi}{dt}.$$

Es versteht sich, daß hier die Existenz der Ableitungen vorausgesetzt werden muß.

Satz. *Es sei* $A\colon \boldsymbol{C}^n \to \boldsymbol{C}^n$ *ein* $\boldsymbol{C}$*-linearer Operator. Dann existiert für jedes* $t \in \boldsymbol{R}$ *ein* $\boldsymbol{C}$*-linearer Operator von* $\boldsymbol{C}^n$ *in den Raum* $\boldsymbol{C}^n$, *für den*

$$\frac{d}{dt} e^{tA} = A e^{tA}$$

gilt.

Beweis. Der Beweis kann genau so wie im reellen Fall geführt werden, aber er läßt sich auch auf den reellen Fall zurückführen. Hat man nämlich $\boldsymbol{C}^n$ reellifiziert, so ergibt sich tatsächlich

$$^{\boldsymbol{R}}\!\left(\frac{d}{dt} e^{tA}\right) = \frac{d}{dt}\, {}^{\boldsymbol{R}}(e^{tA}) = \frac{d}{dt} e^{t({}^{\boldsymbol{R}}A)} = ({}^{\boldsymbol{R}}A)\, e^{t({}^{\boldsymbol{R}}A)} = {}^{\boldsymbol{R}}(A e^{tA}).$$

3.7. Die lineare Gleichung mit komplexem Phasenraum

Der komplexe Fall ist — wie es häufig zu sein pflegt — einfacher als der reelle. Er ist nicht nur an und für sich wichtig, sondern hilft uns außerdem beim Studium des reellen Falles.

3.7.1. Definitionen. Eine Gleichung der Gestalt

$$\dot{z} = Az, \qquad z \in \boldsymbol{C}^n, \tag{1}$$

wobei $A\colon \boldsymbol{C}^n \to \boldsymbol{C}^n$ ein $\boldsymbol{C}$-linearer Operator ist, heißt *lineare Gleichung*[1]) im Phasenraum $\boldsymbol{C}^n$.

Unter der *Lösung* φ der Gleichung (1) mit der Anfangsbedingung $\varphi(t_0) = z_0$, $t_0 \in \boldsymbol{R}$, $z_0 \in \boldsymbol{C}^n$, verstehen wir die Abbildung $\varphi\colon I \to \boldsymbol{C}^n$ des Intervalls I der reellen t-Achse in den Raum $\boldsymbol{C}^n$, wenn

a) $\left.\dfrac{d\varphi}{dt}\right|_{t=\tau} = A\varphi(\tau)$ für jedes $\tau \in I$ gilt,

b) $t_0 \in I$ und $\varphi(t_0) = z_0$ ist.

Mit anderen Worten: Eine Abbildung $\varphi\colon I \to \boldsymbol{C}^n$ heißt Lösung von (1), wenn sie nach Reellifizierung des Raumes $\boldsymbol{C}^n$ und des Operators A Lösung der Gleichung

$$\dot{z} = {}^{\boldsymbol{R}}Az, \qquad z \in \boldsymbol{R}^{2n} = {}^{\boldsymbol{R}}\boldsymbol{C}^n,$$

in einem $2n$-dimensionalen reellen Phasenraum ist.

3.7.2. Hauptsatz. Die folgenden Sätze lassen sich genau so beweisen wie im reellen Fall (vgl. 3.3.2. und 3.3.3.).

[1]) Der vollständige Name lautet: System von n linearen homogenen Differentialgleichungen erster Ordnung mit konstanten komplexen Koeffizienten.

Satz. *Die Gleichung* (1) *mit der Anfangsbedingung* $\varphi(0) = z_0$ *besitzt eine Lösung, die durch die Beziehung* $\varphi(t) = e^{At}z_0$ *gegeben ist.*

Satz. *In jeder einparametrigen Gruppe* $\{g^t : t \in \boldsymbol{R}\}$ *von* $\boldsymbol{C}$*-linearen Transformationen des Raumes* $\boldsymbol{C}^n$ *hat* g^t *die Gestalt*

$$g^t = e^{At},$$

wobei $A : \boldsymbol{C}^n \to \boldsymbol{C}^n$ *ein gewisser* $\boldsymbol{C}$*-linearer Operator ist.*

Unser Ziel ist, e^{At} zu untersuchen und explizit anzugeben.

3.7.3. Der diagonale Fall. Wir betrachten nun die charakteristische Gleichung

$$\det |A - \lambda E| = 0 \tag{2}$$

mit einem $\boldsymbol{C}$-linearen Operator $A : \boldsymbol{C}^n \to \boldsymbol{C}^n$.

Offenbar gilt der folgende

Satz. *Sind die* n *Wurzeln* $\lambda_1, \ldots, \lambda_n$ *der charakteristischen Gleichung paarweise voneinander verschieden, so läßt sich der Raum* $\boldsymbol{C}^n$ *in eine direkte Summe von bezüglich* A *und* e^{At} *invarianten eindimensionalen Unterräumen zerlegen,*

$$\boldsymbol{C}^n = \boldsymbol{C}_1{}^1 \dotplus \cdots \dotplus \boldsymbol{C}_n{}^1,$$

wobei e^{At} *in jedem eindimensionalen invarianten Unterraum, etwa in* $\boldsymbol{C}_k{}^1$*, eine Multiplikation mit der komplexen Zahl* $e^{\lambda_k t}$ *bewirkt.*

Der Operator A besitzt nämlich n linear unabhängige Eigengeraden.[1])

$$\boldsymbol{C}^n = \boldsymbol{C}_1{}^1 \dotplus \cdots \dotplus \boldsymbol{C}_n{}^1,$$

und auf der Geraden $\boldsymbol{C}_k{}^1$ wirkt der Operator A wie eine Multiplikation mit λ_k, so daß der Operator e^{At} eine Multiplikation mit $e^{\lambda_k t}$ vermittelt.

Wir betrachten nun den eindimensionalen Fall etwas ausführlicher. Es sei also $n = 1$.

3.7.4. Beispiel: Eine lineare Gleichung mit einer komplexen Geraden als Phasenraum. Eine solche Gleichung hat die Gestalt

$$\frac{dz}{dt} = \lambda z, \qquad z \in \boldsymbol{C}, \qquad \lambda \in \boldsymbol{C}, \qquad t \in \boldsymbol{R}. \tag{3}$$

Ihre Lösung kennen wir bereits:

$$\varphi(t) = e^{\lambda t} z_0 .$$

Nun betrachten wir die komplexe Funktion $e^{\lambda t}$ der reellen Variablen t:

$$e^{\lambda t} : \boldsymbol{R} \to \boldsymbol{C} .$$

[1]) Dies ist die einzige Stelle, an der sich der komplexe Fall vom reellen unterscheidet. Der reelle Fall ist deshalb komplizierter, weil der Körper $\boldsymbol{R}$ nicht algebraisch abgeschlossen ist.

Ist λ reell, so ist $e^{\lambda t}$ ebenfalls reell (Abb. 113); in diesem Fall bestimmt der Phasenfluß der Gleichung (3) eine $e^{\lambda t}$-fache Dehnung. Ist λ rein imaginär, $\lambda = i\omega$, so gilt nach der Eulerschen Formel

$$e^{\lambda t} = e^{i\omega t} = \cos \omega t + i \sin \omega t;$$

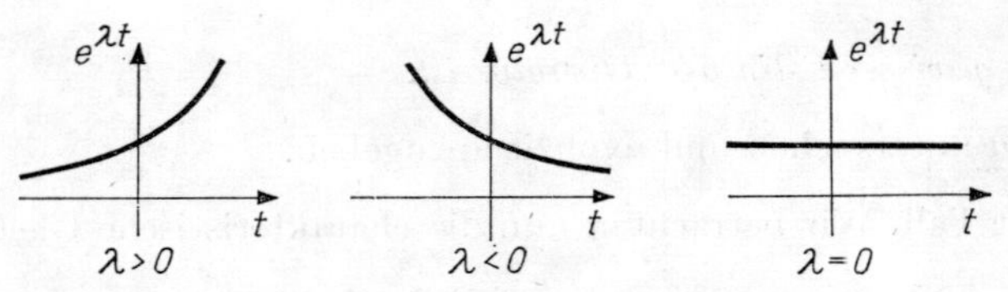

Abb. 113. Der Graph der Funktion $e^{\lambda t}$ für reelles λ

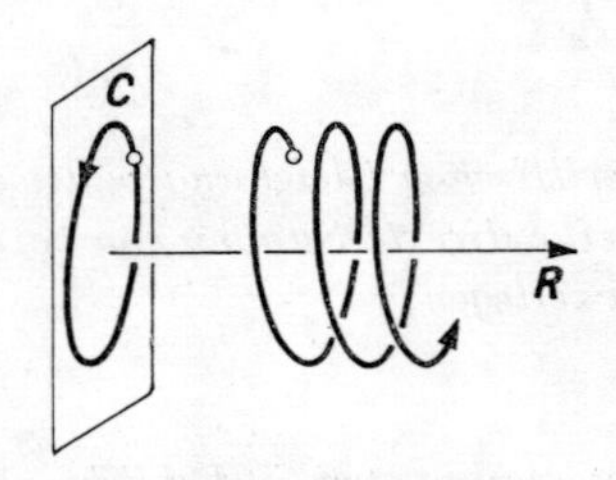

Abb. 114. Phasenkurve und Integralkurve der Gleichung $\dot{z} = \lambda z$ bei rein imaginärem λ

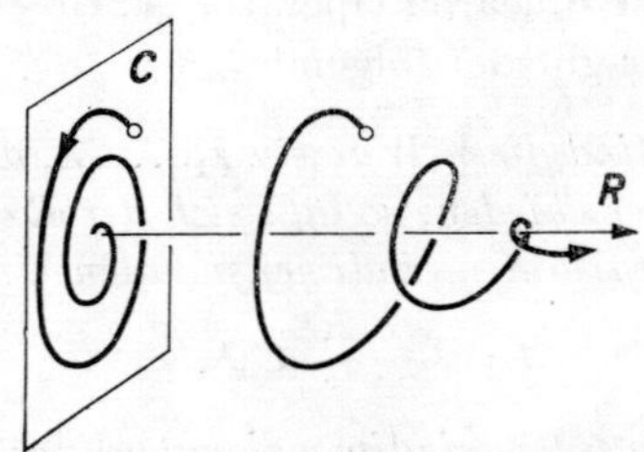

Abb. 115. Phasenkurve und Integralkurve der Gleichung $\dot{z} = \lambda z$ im Fall $\lambda = \alpha + i\omega$, $\alpha < 0$, $\omega > 0$

in diesem Fall ist der Phasenfluß der Gleichung (3) die Familie $\{g^t\}$ der Drehungen um den Winkel ωt (Abb. 114). Im allgemeinen Fall ist schließlich $\lambda = \alpha + i\omega$, und die Multiplikation mit $e^{\lambda t}$ ist gleich dem Produkt aus $e^{\alpha t}$ und $e^{i\omega t}$ (vgl. 3.3.5.):

$$e^{\lambda t} = e^{(\alpha + i\omega)t} = e^{\alpha t}\, e^{i\omega t}. \tag{4}$$

Somit ist die Transformation g^t des Phasenflusses von (3) gleich einer Drehstreckung, und zwar gleich einer $e^{\alpha t}$-fachen Dehnung bei gleichzeitiger Drehung um den Winkel ωt.

Wir untersuchen nun die Phasenkurven und nehmen dazu etwa $\alpha < 0$, $\omega > 0$ an (Abb. 115). In diesem Fall nähert sich der Phasenpunkt $e^{\lambda t} z_0$ für wachsendes t dem Koordinatenursprung, indem er entgegen dem Urzeigersinn (d. h. von 1 nach i) den Koordinatenursprung umläuft.

In Polarkoordinaten lautet die Phasenkurve, wenn man den Anfangspunkt für die Winkelmessung geeignet wählt,

$$r = e^{k\varphi} \quad \left(k = \frac{\alpha}{\omega}\right) \quad \text{oder} \quad \varphi = k^{-1} \ln r.$$

Eine solche Kurve heißt *logarithmische Spirale*.

Bei anderen Kombinationen der Werte von α und ω ergeben sich als Phasenkurven ebenfalls logarithmische Spiralen (Abb. 116, 117).

In allen Fällen (außer für $\lambda = 0$) ist der Punkt $z = 0$ der einzige Fixpunkt des Phasenflusses (und der einzige singuläre Punkt des der Gleichung (3) entsprechenden Vektorfeldes).

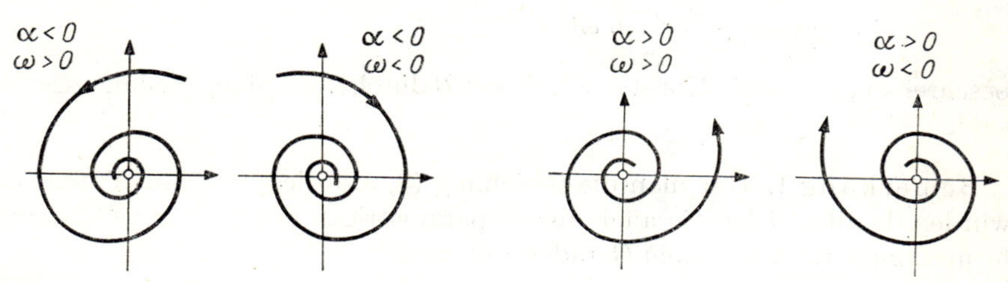

Abb. 116. Stabiler Strudel

Abb. 117. Instabiler Strudel

Diesen singulären Punkt nennen wir *Strudelpunkt* (dabei sei $\alpha \neq 0$, $\omega \neq 0$ vorausgesetzt). Ist $\alpha < 0$, so strebt $\boldsymbol{\varphi}(t)$ für $t \to +\infty$ gegen 0, und der Strudelpunkt ist *stabil*; ist $\alpha > 0$, so ist er *instabil*.

Für $\alpha = 0$, $\omega \neq 0$ bilden die Phasenkurven konzentrische Kreise, deren Mittelpunkt der singuläre Punkt ist. Wir nennen ihn dann *Wirbelpunkt* (Abb. 118).

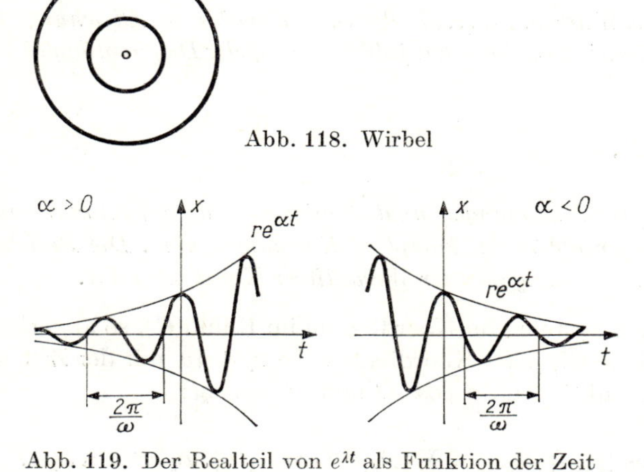

Abb. 118. Wirbel

Abb. 119. Der Realteil von $e^{\lambda t}$ als Funktion der Zeit

Wir wählen in $\boldsymbol{C}^1$ eine Koordinate $z = x + iy$ und untersuchen, wie sich Realteil $x(t)$ und Imaginärteil $y(t)$ bei der Bewegung des Phasenpunktes z ändern. Aus (4) folgt

$$x(t) = re^{\alpha t} \cos (\varphi + \omega t),$$

$$y(t) = re^{\alpha t} \sin (\varphi + \omega t),$$

worin die Konstanten r und φ durch die Anfangsbedingungen bestimmt sind (Abb. 119). Somit beschreiben die Koordinaten $x(t)$ und $y(t)$ im Fall $\alpha > 0$ harmonische Schwingungen mit der Frequenz ω und mit exponentiell wachsender Amplitude $re^{\alpha t}$, im Fall $\alpha < 0$ gedämpfte Schwingungen.

Die Änderung von x oder y mit der Zeit läßt sich auch durch

$$Ae^{\alpha t} \cos \omega t + Be^{\alpha t} \sin \omega t$$

beschreiben, wobei die Konstanten A und B durch die Anfangsbedingungen bestimmt sind.

Bemerkung 1. Hat man die Gleichung (3) auf diese Art und Weise studiert, so wurden damit gleichzeitig auch alle einparametrigen Gruppen der $\boldsymbol{C}$-linearen Transformationen der komplexen Geraden untersucht.

Bemerkung 2. Gleichzeitig haben wir das lineare Gleichungssystem auf der reellen Ebene,

$$\begin{cases} \dot{x} = \alpha x - \omega y, \\ \dot{y} = \omega x + \alpha y, \end{cases}$$

untersucht, in das die Gleichung (3) nach Reellifizierung übergeht.

Die Sätze aus 3.7.2. und 3.7.3. sowie die Überlegungen dieses Abschnittes liefern unmittelbar eine explizite Formel für die Lösungen der Gleichung (1).

3.7.5. Folgerung. *Die n Wurzeln $\lambda_1, \ldots, \lambda_n$ der charakteristischen Gleichung* (2) *seien paarweise voneinander verschieden. Dann hat jede Lösung $\boldsymbol{\varphi}$ der Differentialgleichung* (1) *die Gestalt*

$$\boldsymbol{\varphi}(t) = \sum_{k=1}^{n} c_k e^{\lambda_k t} \boldsymbol{\xi}_k, \tag{5}$$

wobei die $\boldsymbol{\xi}_k$ von den Anfangsbedingungen unabhängige konstante Vektoren und die c_k von den Anfangsbedingungen abhängige komplexe Konstanten sind. Die Beziehung (5) *stellt die Lösung von* (1) *unabhängig von der Wahl dieser Konstanten dar.*

Ist $z_1, \ldots, z_n$ ein lineares System von Koordinaten im Raum $\boldsymbol{C}^n$, so ändert sich der Realteil (bzw. der Imaginärteil) jeder Koordinate $z_l = x_l + iy_l$ mit der Zeit wie eine Linearkombination der Funktionen $e^{\alpha_k t} \cos \omega_k t$ und $e^{\alpha_k t} \sin \omega_k t$:

$$x_l = \sum_{k=1}^{n} r_{kl} e^{\alpha_k t} \cos (\varphi_{kl} + \omega_k t) = \sum_{k=1}^{n} (A_{kl} e^{\alpha_k t} \cos \omega_k t + B_{kl} e^{\alpha_k t} \sin \omega_k t). \tag{6}$$

Dabei ist $\lambda_k = \alpha_k + i\omega_k$, und r, φ, A, B sind reelle Konstanten, die von den Anfangsbedingungen abhängen.

Zum Beweis genügt es, die Anfangsbedingung nach der Eigenbasis zu entwickeln:

$$\boldsymbol{\varphi}(0) = c_1 \boldsymbol{\xi}_1 + \cdots + c_n \boldsymbol{\xi}_n.$$

3.8. Komplexifizierung der reellen linearen Gleichung

Wir benutzen die bei der Untersuchung der komplexen Gleichung erzielten Ergebnisse zum Studium des reellen Falles.

3.8.1. Die komplexifizierte Gleichung. Es sei $A: \boldsymbol{R}^n \to \boldsymbol{R}^n$ der die lineare Gleichung

$$\dot{\boldsymbol{x}} = A\boldsymbol{x}, \qquad \boldsymbol{x} \in \boldsymbol{R}^n, \tag{1}$$

definierende lineare Operator. Die Komplexifizierung der Gleichung (1) ist die Gleichung

$$\dot{\boldsymbol{z}} = {}^{C}A\boldsymbol{z}, \qquad \boldsymbol{z} \in \boldsymbol{C}^n = {}^{C}\boldsymbol{R}^n, \tag{2}$$

mit einem komplexen Phasenraum.

Lemma 1. *Die Lösungen der Gleichung* (2) *mit konjugiert-komplexen Anfangsbedingungen sind konjugiert-komplex.*

Beweis. Es sei $\boldsymbol{\varphi}$ eine Lösung, die der Anfangsbedingung $\boldsymbol{\varphi}(t_0) = \boldsymbol{z}_0$ genügt (Abb. 120). Dann ist $\overline{\boldsymbol{\varphi}}(t_0) = \overline{\boldsymbol{z}}_0$. Wir wollen zeigen, daß auch $\overline{\boldsymbol{\varphi}}$ eine Lösung ist, womit dann das Lemma (auf Grund der Eindeutigkeit) bewiesen ist.

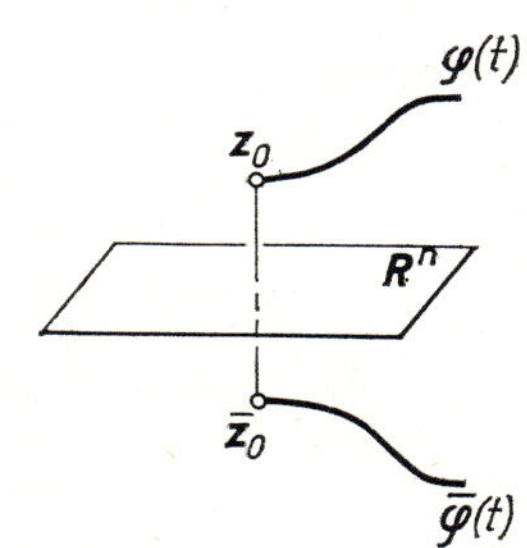

Abb. 120. Konjugiert-komplexe Lösungen

Für jedes t gilt

$$\frac{d\overline{\boldsymbol{\varphi}}}{dt} = \overline{\frac{d\boldsymbol{\varphi}}{dt}} = \overline{{}^{C}A\boldsymbol{\varphi}} = \overline{{}^{C}A}\,\overline{\boldsymbol{\varphi}} = {}^{C}A\overline{\boldsymbol{\varphi}},$$

was zu beweisen war.

Bemerkung. Statt der Gleichung (2) könnten wir auch die allgemeinere Gleichung

$$\dot{\boldsymbol{z}} = \boldsymbol{F}(\boldsymbol{z}, t), \qquad \boldsymbol{z} \in {}^{C}\boldsymbol{R}^n,$$

untersuchen, deren rechte Seite in konjugiert-komplexen Punkten konjugiert-komplexe Werte annimmt:

$$\boldsymbol{F}(\overline{\boldsymbol{z}}, t) = \overline{\boldsymbol{F}(\boldsymbol{z}, t)}.$$

Beispielsweise genügt dieser Bedingung jedes Polynom in den Koordinaten z_k der Vektoren $\boldsymbol{z}$ in einer reellen Basis, dessen Koeffizienten reelle Funktionen von t sind.

Folgerung. *Eine Lösung von* (2), *die einer reellen Anfangsbedingung genügt, ist reell und genügt gleichzeitig der Gleichung* (1).

Wäre nämlich $\overline{\varphi} \neq \varphi$ (Abb. 121), so würde sich ein Widerspruch zum Eindeutigkeitssatz ergeben.

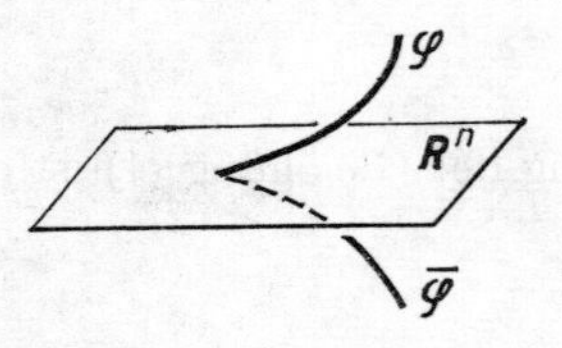

Abb. 121. Eine Lösung, die einer reellen Anfangsbedingung genügt, kann nicht komplexe Werte annehmen

Im folgenden Lemma ist die Linearität der Gleichung wesentlich.

Lemma 2. *Die Funktion* $\boldsymbol{z} = \boldsymbol{\varphi}(t)$ *ist genau dann Lösung der komplexifizierten Gleichung* (2), *wenn ihr Realteil und ihr Imaginärteil der reellen Ausgangsgleichung* (1) *genügen.*

Da nämlich

$$^{\mathbf{C}}A(\boldsymbol{x} + i\boldsymbol{y}) = A\boldsymbol{x} + iA\boldsymbol{y}$$

ist, läßt sich die Reellifizierung von (2) in ein direktes Produkt zerlegen:

$$\begin{cases} \dot{\boldsymbol{x}} = A\boldsymbol{x}, & \boldsymbol{x} \in \boldsymbol{R}^n, \\ \dot{\boldsymbol{y}} = A\boldsymbol{y}, & \boldsymbol{y} \in \boldsymbol{R}^n. \end{cases}$$

Aus Lemma 1 und 2 ist ersichtlich, daß man bei Kenntnis der komplexen Lösungen von (2) die reellen Lösungen von (1) angeben kann und umgekehrt. *Insbesondere stellen die Formeln* (6) *aus* 3.7.5. *die Lösung im Fall einfacher Wurzeln der charakteristischen Gleichung explizit dar.*

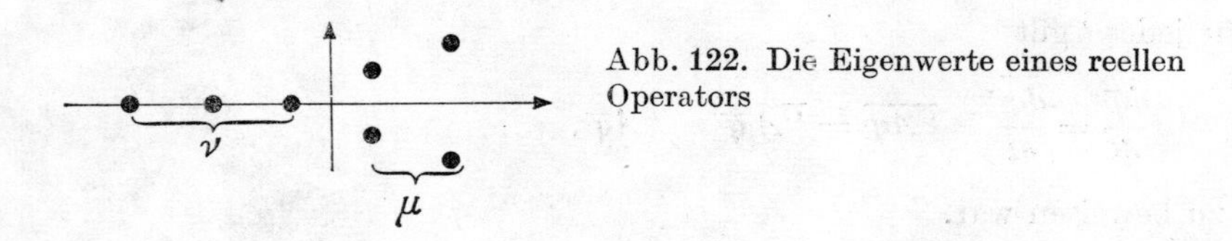

Abb. 122. Die Eigenwerte eines reellen Operators

3.8.2. Invariante Unterräume eines reellen Operators. Gegeben sei ein reeller linearer Operator $A: \boldsymbol{R}^n \to \boldsymbol{R}^n$, und λ sei eine (im allgemeinen komplexe) Wurzel der charakteristischen Gleichung $\det |A - \lambda E| = 0$. Offenbar gilt das folgende

Lemma 3. *Ist* $\boldsymbol{\xi} \in \boldsymbol{C}^n = {}^{\mathbf{C}}\boldsymbol{R}^n$ *ein Eigenvektor des Operators* $^{\mathbf{C}}A$ *zum Eigenwert* λ, *so ist* $\overline{\boldsymbol{\xi}}$ *ein Eigenvektor zum Eigenwert* $\overline{\lambda}$, *und die Vielfachheiten von* λ *und* $\overline{\lambda}$ *stimmen überein.*

Wegen $\overline{^{\mathbf{C}}A} = {}^{\mathbf{C}}A$ ist die Gleichung $^{\mathbf{C}}A\boldsymbol{\xi} = \lambda\boldsymbol{\xi}$ äquivalent zu $^{\mathbf{C}}A\overline{\boldsymbol{\xi}} = \overline{\lambda}\overline{\boldsymbol{\xi}}$, und die charakteristische Gleichung besitzt reelle Koeffizienten.

Wir nehmen nun an, die Eigenwerte $\lambda_1, \ldots, \lambda_n \in \boldsymbol{C}$ des Operators $A: \boldsymbol{R}^n \to \boldsymbol{R}^n$ sind paarweise voneinander verschieden (Abb. 122). Unter ihnen gibt es eine gewisse Anzahl ν von reellen Eigenwerten und eine gewisse Anzahl μ von Paaren konjugiert-komplexer Eigenwerte (dabei ist $\nu + 2\mu = n$, so daß die Anzahl der reellen Eigenwerte gerade oder ungerade ist, je nachdem, ob n eine gerade oder ungerade Zahl ist). Dann läßt sich der folgende Satz mühelos beweisen:

Satz. *Der Raum $\boldsymbol{R}^n$ läßt sich in eine direkte Summe aus ν bezüglich A invarianten eindimensionalen und aus μ bezüglich A invarianten zweidimensionalen Unterräumen zerlegen.*

Jedem Eigenwert entspricht nämlich ein reeller Eigenvektor und somit ein eindimensionaler invarianter Unterraum des $\boldsymbol{R}^n$.

Es sei λ, $\bar{\lambda}$ ein Paar konjugiert-komplexer Eigenwerte. Dem Eigenwert λ entspricht der Eigenvektor $\xi \in \boldsymbol{C}^n = {}^{\boldsymbol{C}}\boldsymbol{R}^n$ des komplexifizierten Operators ${}^{\boldsymbol{C}}A$.

Der konjugierte Vektor $\bar{\xi}$ ist nach Lemma 3 ebenfalls ein Eigenvektor, und zwar zum Eigenwert $\bar{\lambda}$.

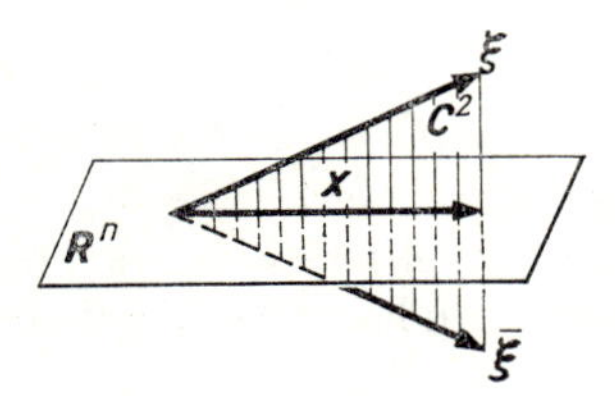

Abb. 123. Der Realteil eines Eigenvektors liegt in einer invarianten reellen Ebene

Die von den Eigenvektoren ξ, $\bar{\xi}$ aufgespannte komplexe Ebene $\boldsymbol{C}^2$ ist bezüglich des Operators ${}^{\boldsymbol{C}}A$ invariant. Der reelle Unterraum $\boldsymbol{R}^n \subset {}^{\boldsymbol{C}}\boldsymbol{R}^n$ ist ebenfalls invariant. Daher hat auch ihr Durchschnitt diese Eigenschaft bezüglich ${}^{\boldsymbol{C}}A$. Wir wollen zeigen, daß dieser Durchschnitt die zweidimensionale reelle Ebene $\boldsymbol{R}^2$ ist (Abb. 133).

Wir betrachten dazu den Real- und den Imaginärteil des Eigenvektors ξ:

$$\boldsymbol{x} = \frac{1}{2}(\xi + \bar{\xi}) \in \boldsymbol{R}^n, \qquad \boldsymbol{y} = \frac{1}{2i}(\xi - \bar{\xi}) \in \boldsymbol{R}^n.$$

Da die Vektoren $\boldsymbol{x}$ und $\boldsymbol{y}$ $\boldsymbol{C}$-Linearkombinationen der Vektoren ξ und $\bar{\xi}$ sind, gehören sie dem Durchschnitt $\boldsymbol{C}^2 \cap \boldsymbol{R}^n$ an. Die Vektoren $\boldsymbol{x}$ und $\boldsymbol{y}$ sind $\boldsymbol{C}$-linear unabhängig, da sich durch sie die $\boldsymbol{C}$-unabhängigen Vektoren ξ, $\bar{\xi}$ darstellen lassen:

$$\xi = \boldsymbol{x} + i\boldsymbol{y}, \qquad \bar{\xi} = \boldsymbol{x} - i\boldsymbol{y}.$$

Infolgedessen kann man jeden Vektor aus $\boldsymbol{C}^2$ auf eine einzige Art aus den reellen Vektoren $\boldsymbol{x}$ und $\boldsymbol{y}$ linear kombinieren:

$$\eta = a\boldsymbol{x} + b\boldsymbol{y}, \qquad a \in \boldsymbol{C}, \qquad b \in \boldsymbol{C}.$$

Ein solcher Vektor ist genau dann reell ($\eta = \bar{\eta}$), wenn $\bar{a}\boldsymbol{x} + \bar{b}\boldsymbol{y} = a\boldsymbol{x} + b\boldsymbol{y}$ ist, also a und b reell sind. *Somit ist der Durchschnitt $\boldsymbol{C}^2 \cap \boldsymbol{R}^n$ die von den Vektoren $\boldsymbol{x}$ und $\boldsymbol{y}$, d. h.*

von dem Real- und dem Imaginärteil des Eigenvektors $\boldsymbol{\xi}$ *aufgespannte zweidimensionale reelle Ebene* $\boldsymbol{R}^2$.

Die Eigenwerte der Einschränkung des Operators A auf die Ebene $\boldsymbol{R}^2$, in Zeichen $A|\boldsymbol{R}^2$, sind λ und $\bar{\lambda}$.

Durch Komplexifizierung ändern sich nämlich die Eigenwerte nicht. Nach der Komplexifizierung der Einschränkung von A auf die Ebene $\boldsymbol{R}^2$ ergibt sich eine Einschränkung von ${}^{\boldsymbol{C}}A$ auf $\boldsymbol{C}^2$. Nun wird die Ebene $\boldsymbol{C}^2$ durch die Eigenvektoren des Operators ${}^{\boldsymbol{C}}A$ zu den Eigenwerten λ, $\bar{\lambda}$ aufgespannt; demzufolge sind λ und $\bar{\lambda}$ die Eigenwerte von $A|\boldsymbol{R}^2$.

Es bleibt nun noch zu zeigen, daß die konstruierten ein- und zweidimensionalen invarianten Unterräume von $\boldsymbol{R}^n$ $\boldsymbol{R}$-linear unabhängig sind. Dies folgt sofort daraus, daß die n Eigenvektoren des Operators ${}^{\boldsymbol{C}}A$ $\boldsymbol{C}$-linear unabhängig sind und durch die Vektoren $\boldsymbol{\xi}_k$ $(k = 1, \ldots, \nu)$ und $\boldsymbol{x}_k, \boldsymbol{y}_k$ $(k = 1, \ldots, \mu)$ linear ausgedrückt werden können.

Damit ist der Satz bewiesen.

Wir sehen also: *Sind alle Eigenwerte des Operators* $A: \boldsymbol{R}^n \to \boldsymbol{R}^n$ *einfach, so zerfällt die lineare Differentialgleichung*

$$\dot{\boldsymbol{x}} = A\boldsymbol{x}, \qquad \boldsymbol{x} \in \boldsymbol{R}^n,$$

in ein direktes Produkt von Gleichungen mit ein- und zweidimensionalen Phasenräumen.

Wir erwähnen noch, daß das Polynom von allgemeiner Gestalt keine mehrfachen Nullstellen besitzt. Somit ist für das Studium linearer Differentialgleichungen notwendig, sie vor allem auf einer Geraden (was wir schon getan haben) und auf einer Ebene zu betrachten.

3.8.3. Lineare Gleichungen auf einer Ebene.

Satz. *Ist* $A: \boldsymbol{R}^2 \to \boldsymbol{R}^2$ *ein linearer Operator, dessen Eigenwerte* λ *und* $\bar{\lambda}$ *nicht reell sind, so ist* A *die Reellifizierung des Operators* $\Lambda: \boldsymbol{C}^1 \to \boldsymbol{C}^1$ *der Multiplikation mit der komplexen Zahl* λ.

Die Ebene $\boldsymbol{R}^2$ kann man, genauer gesagt, so mit einer Struktur der komplexen Geraden $\boldsymbol{C}^1$ versehen, daß $\boldsymbol{R}^2 = {}^{\boldsymbol{R}}\boldsymbol{C}^1$ und $A = {}^{\boldsymbol{R}}\Lambda$ ist.

Beweis. (Dies ist eine etwas geheimnisvolle Rechnung[1].) Es sei $\boldsymbol{x} + i\boldsymbol{y} \in {}^{\boldsymbol{C}}\boldsymbol{R}^2$ ein komplexer Eigenvektor des Operators ${}^{\boldsymbol{C}}A$ zum Eigenwert $\lambda = \alpha + i\omega$. Die Vektoren $\boldsymbol{x}$ und $\boldsymbol{y}$ bilden eine Basis im $\boldsymbol{R}^2$. Es gilt einerseits

$${}^{\boldsymbol{C}}A(\boldsymbol{x} + i\boldsymbol{y}) = (\alpha + i\omega)(\boldsymbol{x} + i\boldsymbol{y}) = \alpha\boldsymbol{x} - \omega\boldsymbol{y} + i(\omega\boldsymbol{x} + \alpha\boldsymbol{y})$$

und andererseits

$${}^{\boldsymbol{C}}A(\boldsymbol{x} + i\boldsymbol{y}) = A\boldsymbol{x} + iA\boldsymbol{y}.$$

---

[1]) Diese Rechnung kann man durch folgende Überlegung ersetzen. Es sei $\lambda = \alpha + i\omega$. Wir definieren den Operator $I: \boldsymbol{R}^2 \to \boldsymbol{R}^2$ durch die Bedingung $A = \alpha E + \omega I$. Ein solcher Operator existiert, da nach Voraussetzung $\omega \neq 0$ ist. Dann ist $I^2 = -E$, da der Operator A seiner charakteristischen Gleichung genügt. Nehmen wir I als Operator der Multiplikation mit i, so erhalten wir im $\boldsymbol{R}^2$ die gewünschte komplexe Struktur.

Daraus folgt

$$A\boldsymbol{x} = \alpha \boldsymbol{x} - \omega \boldsymbol{y}, \qquad A\boldsymbol{y} = \omega \boldsymbol{x} + \alpha \boldsymbol{y},$$

d. h., der Operator $A: \boldsymbol{R}^2 \to \boldsymbol{R}^2$ hat bezüglich der Basis $\boldsymbol{x}$, $\boldsymbol{y}$ genau dieselbe Matrix

$$\begin{pmatrix} \alpha & \omega \\ -\omega & \alpha \end{pmatrix}$$

wie der Operator ${}^{\boldsymbol{R}}\Lambda$ der Multiplikation mit $\lambda = \alpha + i\omega$ bezüglich der Basis $1, -i$. Somit ergibt sich die gesuchte komplexe Struktur auf $\boldsymbol{R}^2$, wenn $\boldsymbol{x}$ als 1 und $\boldsymbol{y}$ als $-i$ angenommen wird.

Folgerung 1. *Ist $A: \boldsymbol{R}^2 \to \boldsymbol{R}^2$ eine lineare Transformation der euklidischen Ebene mit nichtreellen Eigenwerten λ, $\bar{\lambda}$, so ist die Transformation A affin äquivalent einer $|\lambda|$-fachen Dehnung mit gleichzeitiger Drehung um den Winkel* arg λ.

Folgerung 2. *Der Phasenfluß der linearen Gleichung* (1) *mit nichtreellen Eigenwerten $\lambda, \bar{\lambda} = \alpha \pm i\omega$ auf der euklidischen Ebene $\boldsymbol{R}^2$ ist affin äquivalent der Familie der $e^{\alpha t}$-fachen Dehnungen bei gleichzeitiger Drehung um den Winkel ωt.*

Insbesondere ist der singuläre Punkt 0 ein Strudelpunkt, und die Phasenkurven sind die affinen Bilder logarithmischer Spiralen, die sich für $t \to +\infty$ dem Koordinatenursprung nähern, wenn der Realteil α der Eigenwerte λ, $\bar{\lambda}$ negativ, und sich von ihm entfernen, wenn $\alpha > 0$ ist (Abb. 124).

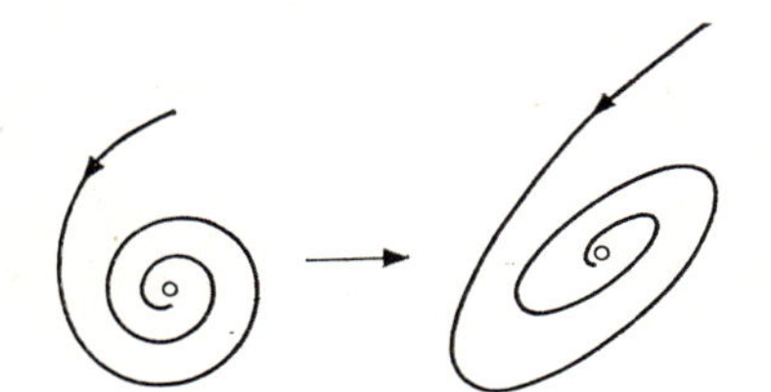

Abb. 124. Affines Bild einer logarithmischen Spirale

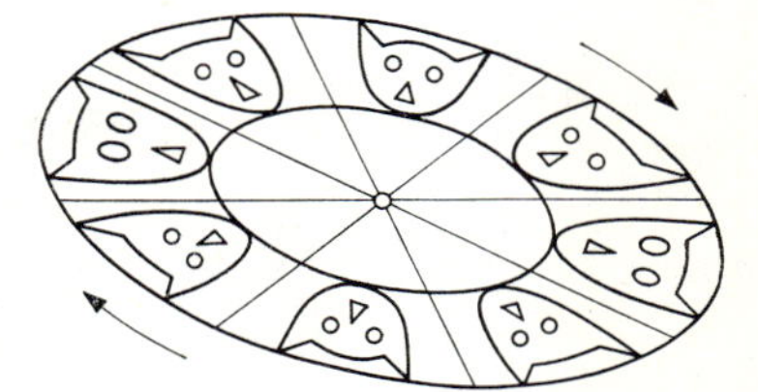

Abb. 125. Elliptische Drehung

Im Fall $\alpha = 0$ (Abb. 125) sind die Phasenkurven eine Familie konzentrischer Ellipsen mit dem singulären Punkt als *Mittelpunkt*, und die Transformationen des Phasenflusses heißen *elliptische Drehungen*.

3.8.4. Klassifizierung der singulären Punkte auf der Ebene. Es sei

$$\dot{\boldsymbol{x}} = A\boldsymbol{x}, \qquad \boldsymbol{x} \in \boldsymbol{R}^2, \qquad A: \boldsymbol{R}^2 \to \boldsymbol{R}^2,$$

eine beliebige lineare Gleichung auf der Ebene. Die Wurzeln λ_1, λ_2 der charakteristischen Gleichung seien voneinander verschieden. Sind sie reell und ist $\lambda_1 < \lambda_2$, so zerfällt die Gleichung in zwei eindimensionale Gleichungen, und wir erhalten einen der schon in Kapitel 1 untersuchten Fälle (Abb. 126, 127, 128).

Hier haben wir die Grenzfälle, daß λ_1 oder λ_2 gleich 0 ist, ausgelassen. Sie sind von weitaus geringerem Interesse, da man sie selten antrifft und sie, auch bei noch so kleinen Störungen, nicht verwenden kann. Ihre Untersuchung bereitet keine Schwierigkeiten.

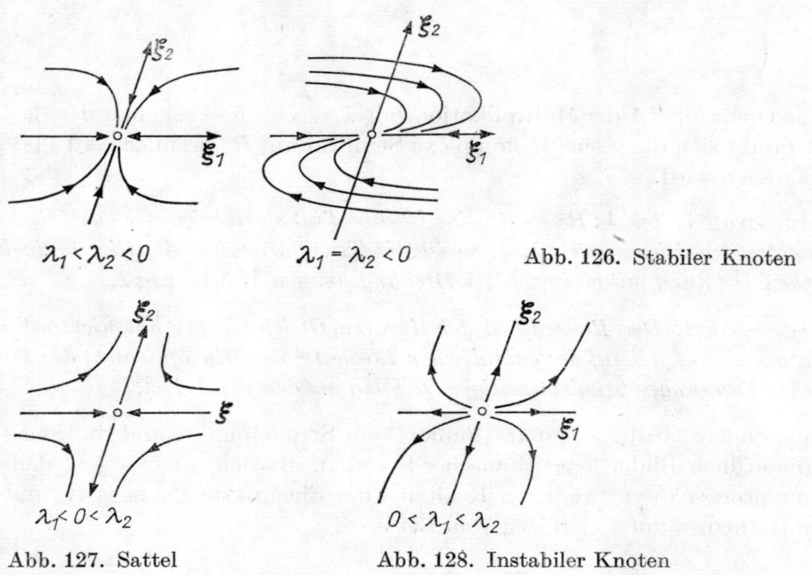

Abb. 126. Stabiler Knoten

Abb. 127. Sattel

Abb. 128. Instabiler Knoten

Sind die Wurzeln komplex, also $\lambda_{1,2} = \alpha \pm i\omega$, so ergibt sich in Abhängigkeit vom Vorzeichen von α einer der in Abb. 129, 130 und 131 angegebenen Fälle.

Der Fall des Wirbels ist auszuschließen, da er z. B. nur bei konservativen Systemen auftritt (vgl. 2.6.). Den Fall mehrfacher Wurzeln schließen wir ebenfalls aus. Dem

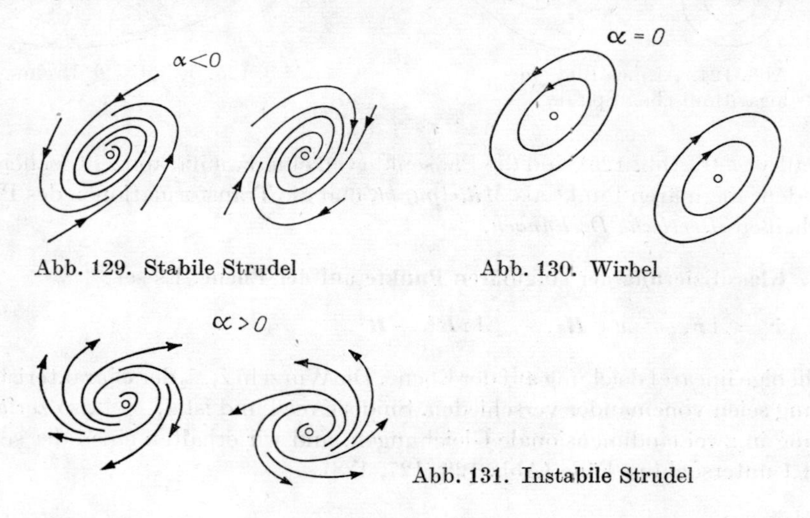

Abb. 129. Stabile Strudel

Abb. 130. Wirbel

Abb. 131. Instabile Strudel

Leser sei überlassen nachzuprüfen, daß der in Abb. 126 dargestellte Fall ($\lambda_1 = \lambda_2 < 0$; sogenannter ausgearteter Knoten) einem Jordanblock entspricht.

3.8.5. Beispiel: Pendel mit Reibung. Wir wenden das eben Gesagte auf die Gleichung der kleinen Schwingungen eines Pendels mit Reibung an:

$$\ddot{x} = -x - k\dot{x}$$

(k Reibungskoeffizient). Das ihr äquivalente System lautet

$$\begin{cases} \dot{x}_1 = x_2, \\ \dot{x}_2 = -x_1 - kx_2. \end{cases}$$

Wir untersuchen die charakteristische Gleichung. Die Systemmatrix

$$\begin{pmatrix} 0 & 1 \\ -1 & -k \end{pmatrix}$$

hat die Determinante 1 und die Spur $-k$. Die Wurzeln der charakteristischen Gleichung $\lambda^2 + k\lambda + 1 = 0$ sind für $|k| < 2$, d. h. bei nicht zu großer Reibung, komplex.[1])

Der Realteil jeder der komplexen Wurzeln $\lambda_{1,2} = \alpha \pm i\omega$ ist gleich $-k/2$. *Bei positivem, nicht allzu großem Reibungskoeffizienten* ($0 < k < 2$) *entspricht der unteren Gleichgewichtslage des Pendels* ($x_1 = x_2 = 0$) *ein stabiler Strudelpunkt.*

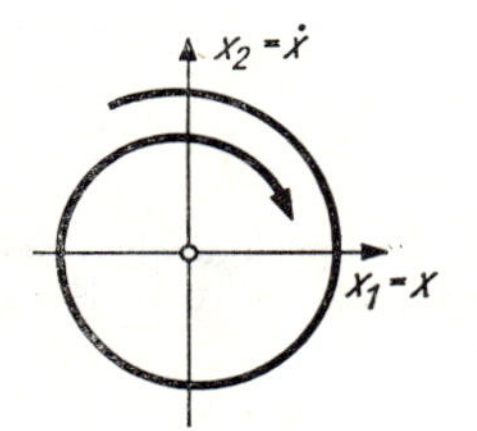

Abb. 132. Phasenebene eines Pendels bei kleiner Reibung

Für $k \to 0$ geht der Strudel in einen Wirbel über; je kleiner der Reibungskoeffizient ist, um so langsamer nähert sich der Phasenpunkt für $t \to +\infty$ der Gleichgewichtslage (Abb. 132). Explizite Formeln für die Änderung von $x_1 = x$ in Abhängigkeit von der Zeit ergeben sich aus 3.8.3., Folgerung 2, und den Beziehungen aus 3.7.4.:

$$x(t) = re^{\alpha t} \cos(\varphi - \omega t) = Ae^{\alpha t} \cos \omega t + Be^{\alpha t} \sin \omega t.$$

Dabei sind r und φ (bzw. A und B) durch die Anfangsbedingungen bestimmt.

Das Pendel führt also gedämpfte Schwingungen mit der veränderlichen Amplitude $re^{\alpha t}$ und der Periode $\frac{2\pi}{\omega}$ aus. Je größer der Reibungskoeffizient ist, desto schneller verkleinert sich die Amplitude.[2]) Die Frequenz $\omega = \sqrt{1 - \frac{k^2}{4}}$ wird mit wachsendem

[1]) Der Fall reeller Wurzeln wurde in 3.5.2. untersucht.

[2]) Dennoch führt das Pendel für jeden Wert $k < 2$ unendlich viele Schwingungen aus, während es für $k > 2$ nicht mehr als einmal seine Richtung ändert.

Reibungskoeffizienten k kleiner. Für $k \to 2$ strebt die Frequenz gegen 0, die Periode gegen ∞ (Abb. 133). Für kleine k ist $\omega \approx 1 - k^2/8$, so daß die Reibung die Periode nur unwesentlich ändert, und ihr Einfluß auf die Frequenz kann bei vielen Rechnungen vernachlässigt werden.

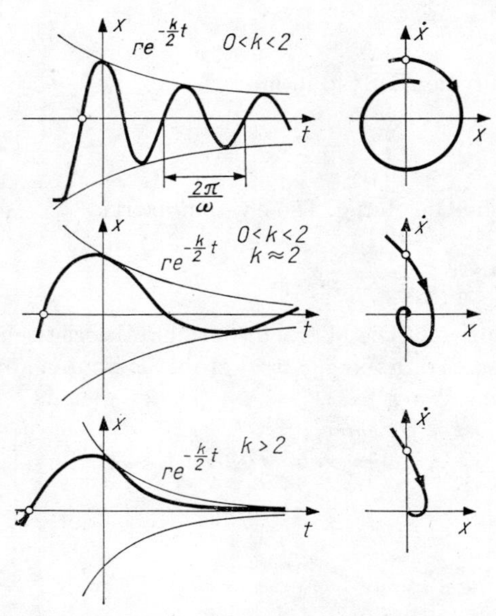

Abb. 133. Übergang von gedämpften Schwingungen zur aperiodischen Schwingung eines Pendels: Phasenkurven und Graphen der Lösungen für drei Werte des Reibungskoeffizienten

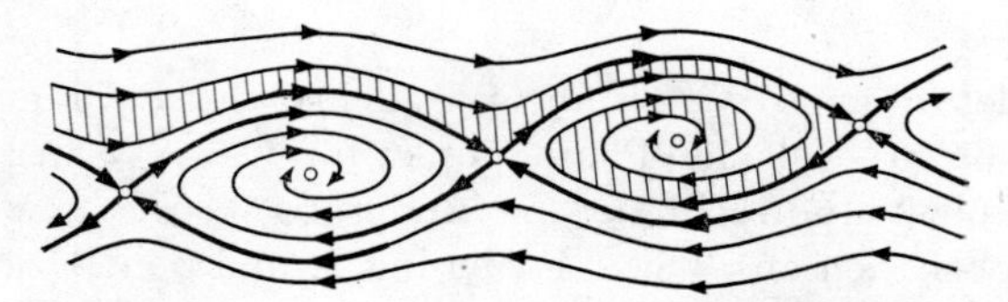

Abb. 134. Phasenebene eines Pendels bei kleiner Reibung. Nach einer gewissen Anzahl von Umdrehungen beginnt das Pendel, in der Umgebung der unteren Gleichgewichtslage hin- und herzuschwingen

Aufgabe 1. Man zeichne die Phasenkurven der nichtlinearisierten Gleichung eines Pendels mit Reibung:

$$\ddot{x} = -\sin x - k\dot{x}$$

(Abb. 134).

Hinweis. Man berechne die Ableitung der Gesamtenergie längs einer Phasenkurve.

3.8.6. Die allgemeine Lösung einer linearen Gleichung im Fall einfacher Wurzeln der charakteristischen Gleichung. Wir wissen bereits, daß jede Lösung φ der komplexifizierten Gleichung eine Linearkombination von Exponentialfunktionen ist (vgl. 3.7.5.):

$$\boldsymbol{\varphi}(t) = \sum_{k=1}^{n} c_k e^{\lambda_k t} \boldsymbol{\xi}_k .$$

Dabei ist $\boldsymbol{\xi}_k$ einer der Eigenvektoren zum Eigenwert λ_k, und *die zu reellen Eigenwerten gehörenden Eigenvektoren seien reell, die zu konjugiert-komplexen Eigenwerten gehörenden konjugiert-komplex.*

Bekanntlich stimmt die Lösung einer reellen Gleichung mit der Lösung der komplexifizierten Gleichung mit reellen Anfangsbedingungen überein. Der Vektor $\boldsymbol{\varphi}(0)$ ist genau dann reell, wenn

$$\sum_{k=1}^{n} c_k \boldsymbol{\xi}_k = \sum_{k=1}^{n} \bar{c}_k \bar{\boldsymbol{\xi}}_k$$

gilt. *Dabei müssen die Koeffizienten bei den konjugiert-komplexen Vektoren konjugiert-komplex und die bei den reellen Vektoren reell sein.*

Es sei noch erwähnt, daß die n komplexen Konstanten c_k (bei fester Wahl der Eigenvektoren) durch die Lösung der komplexen Gleichung eindeutig bestimmt sind. Damit haben wir den folgenden Satz bewiesen:

Satz. *Jede Lösung der reellen Gleichung läßt sich (bei fester Wahl der Eigenvektoren) auf eine und nur eine Weise in der Gestalt*

$$\boldsymbol{\varphi}(t) = \sum_{k=1}^{\nu} a_k e^{\lambda_k t} \boldsymbol{\xi}_k + \sum_{k=\nu+1}^{\nu+\mu} (c_k e^{\lambda_k t} \boldsymbol{\xi}_k + \bar{c}_k e^{\bar{\lambda}_k t} \bar{\boldsymbol{\xi}}_k) \tag{1}$$

darstellen, wobei die a_k reelle und die c_k komplexe Konstanten sind.

Die Formel (1) wird die *allgemeine Lösung* der Gleichung genannt. Sie kann auch in der Gestalt

$$\boldsymbol{\varphi}(t) = \sum_{k=1}^{\nu} a_k e^{\lambda_k t} \boldsymbol{\xi}_k + 2 \operatorname{Re} \left(\sum_{k=\nu+1}^{\nu+\mu} c_k e^{\lambda_k t} \boldsymbol{\xi}_k \right)$$

geschrieben werden. Wir erwähnen, daß die allgemeine Lösung von $\nu + 2\mu = n$ reellen Konstanten a_k, $\operatorname{Re} c_k$ und $\operatorname{Im} c_k$ abhängt. Diese Konstanten sind durch die Anfangsbedingungen eindeutig bestimmt.

Folgerung 1. *Es sei $\boldsymbol{\varphi} = (\varphi_1, \ldots, \varphi_n)$ eine Lösung eines Systems von n reellen linearen Differentialgleichungen erster Ordnung, und die Systemmatrix sei A. Ferner habe die charakteristische Gleichung von A nur einfache Wurzeln. Dann ist jede der Funktionen φ_m eine Linearkombination von Funktionen $e^{\lambda_k t}$ und $e^{\alpha_k t} \cos \omega_k t$, $e^{\alpha_k t} \sin \omega_k t$, wobei die λ_k die reellen und die $\alpha_k \pm i\omega_k$ die komplexen Wurzeln der charakteristischen Gleichung sind.*

Beweis. Wir entwickeln die allgemeine Lösung (1) nach den Basisvektoren:

$$\boldsymbol{\varphi} = \varphi_1 \boldsymbol{e}_1 + \cdots + \varphi_n \boldsymbol{e}_n .$$

Unter Berücksichtigung der Beziehung

$$e^{(\alpha_k \pm i\omega_k)t} = e^{\alpha_k t} (\cos \omega_k t \pm i \sin \omega_k t)$$

ergibt sich dann das Gewünschte.

Bei der praktischen Lösung linearer Systeme kann man, wenn die Eigenwerte bekannt sind, die Lösungen mit Hilfe der Methode der unbestimmten Koeffizienten als Linearkombination der Funktionen $e^{\lambda_k t}$, $e^{\alpha_k t} \cos \omega_k t$ und $e^{\alpha_k t} \sin \omega_k t$ angeben.

Folgerung 2. *Es sei A eine reelle quadratische Matrix mit einfachen Eigenwerten. Jedes Element der Matrix e^{At} ist eine Linearkombination von Funktionen $e^{\lambda_k t}$, $e^{\alpha_k t} \cos \omega_k t$ und $e^{\alpha_k t} \sin \omega_k t$, wobei die λ_k die reellen und die $\alpha_k \pm i\omega_k$ die komplexen Wurzeln der charakteristischen Gleichung von A sind.*

Beweis. Jede Spalte der Matrix e^{At} besteht aus den Koordinaten des Bildes des Basisvektors, das durch den Phasenfluß des zur Matrix A gehörenden Differentialgleichungssystems erzeugt wird.

Bemerkung. Das oben Gesagte läßt sich unmittelbar auf Gleichungen und Systeme höherer als erster Ordnung übertragen, da diese sich auf Systeme erster Ordnung zurückführen lassen (vgl. 2.3.).

Aufgabe 1. Man bestimme alle reellen Lösungen der Gleichungen

$$x^{\mathrm{IV}} + 4x = 0, \qquad x^{\mathrm{IV}} = x, \qquad \dddot{x} + x = 0.$$

3.9. Klassifizierung der singulären Punkte linearer Systeme

Wir haben schon gesehen, daß im allgemeinen Fall (wenn also die charakteristische Gleichung keine mehrfachen Wurzeln besitzt) ein reelles lineares System in ein direktes Produkt eindimensionaler und zweidimensionaler Systeme zerlegt werden kann. Da wir ein- und zweidimensionale Systeme schon studiert haben, können wir jetzt also zur Untersuchung mehrdimensionaler Systeme übergehen.

3.9.1. Beispiel: Singuläre Punkte in einem dreidimensionalen Raum. Die charakteristische Gleichung ist in diesem Fall eine reelle kubische Gleichung, die entweder drei reelle oder eine reelle und zwei komplexe Wurzeln besitzt. Je nach der Lage dieser Wurzeln λ_1, λ_2, λ_3 in der Ebene der komplexen Variablen λ sind mehrere Fälle zu unterscheiden. Dazu wenden wir unsere Aufmerksamkeit auf die Anordnung und das Vorzeichen der Realteile. Möglich sind zehn „normale" Fälle (Abb. 135) und eine Anzahl „ausgearteter" Fälle (vgl. z. B. Abb. 136), in denen der Realteil einer der drei Wurzeln gleich 0 oder der Realteil der konjugiert-komplexen Wurzeln gleich der reellen Wurzel ist (wir betrachten jetzt nicht den Fall mehrfacher Wurzeln). Das Verhalten der Phasenkurven kann in jedem dieser Fälle mühelos untersucht werden.

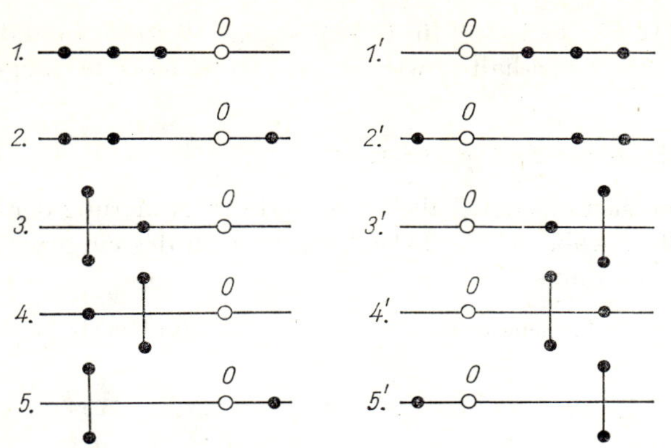

Abb. 135. Eigenwerte des reellen Operators $A: \boldsymbol{R}^3 \to \boldsymbol{R}^3$. Normale Fälle

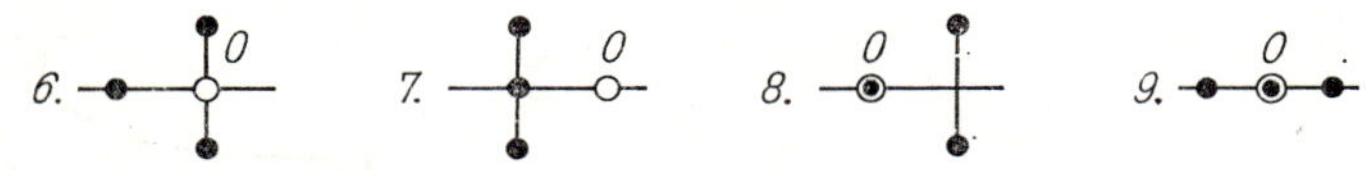

Abb. 136. Einige ausgeartete Fälle

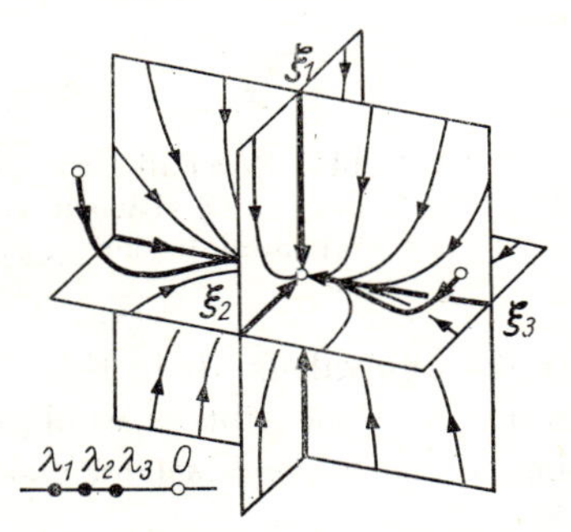

Abb. 137. Phasenraum einer linearen Gleichung im Fall $\lambda_1 < \lambda_2 < \lambda_3 < 0$. Der Phasenfluß bewirkt eine Stauchung in drei Richtungen

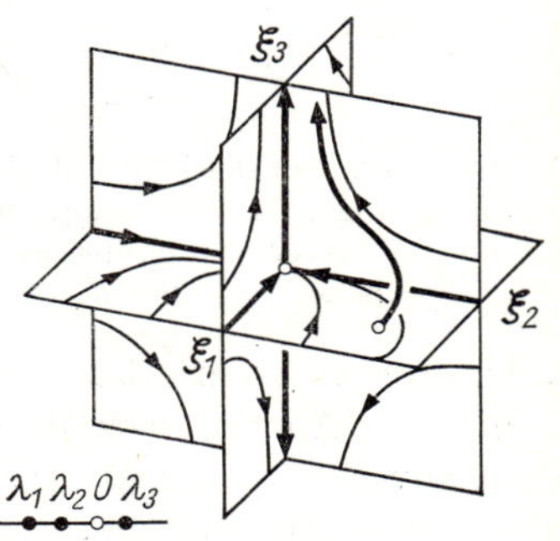

Abb. 138. Der Fall $\lambda_1 < \lambda_2 < 0 < \lambda_3$. Stauchung in zwei Richtungen, Dehnung in der dritten

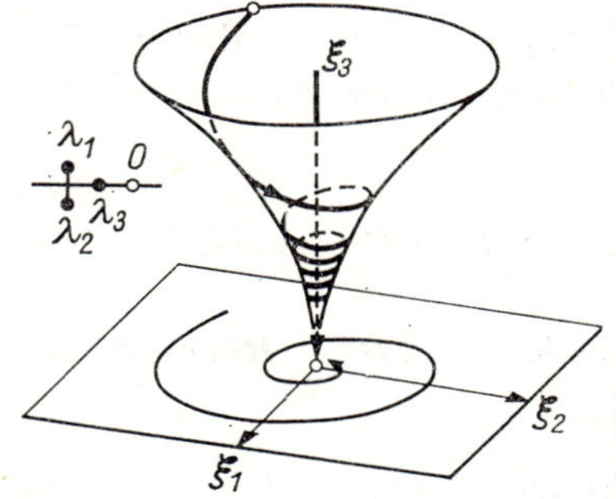

Abb. 139. Der Fall $\operatorname{Re} \lambda_{1,2} < \lambda_3 < 0$. Stauchung in ξ_3-Richtung, Drehung mit stärkerer Stauchung in der ξ_1, ξ_2-Ebene

Berücksichtigen wir, daß $e^{\lambda t}$ ($\mathrm{Re}\,\lambda < 0$) für $t \to +\infty$ gegen 0 strebt (und das um so schneller, je kleiner $\mathrm{Re}\,\lambda$ ist), so erhalten wir die in Abb. 137 bis 141 angegebenen Phasenkurven:

$$\varphi(t) = \mathrm{Re}(c_1 e^{\lambda_1 t} \xi_1 + c_2 e^{\lambda_2 t} \xi_2 + c_3 e^{\lambda_3 t} \xi_3).$$

Die Fälle 1' bis 5' ergeben sich aus den Fällen 1 bis 5 durch Änderung der Orientierung der t-Achse, so daß in Abb. 137 bis 141 alle Kurven in der entgegengesetzten Richtung durchlaufen werden müssen.

Aufgabe 1. Man zeichne die Phasenkurven in den Fällen 6 bis 9 (Abb. 136).

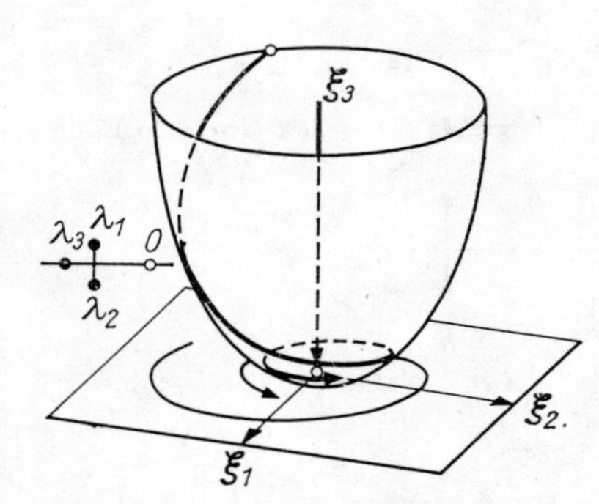

Abb. 140. Der Fall $\lambda_3 < \mathrm{Re}\,\lambda_{1,2} < 0$. Stauchung in ξ_3-Richtung, Drehung mit geringerer Stauchung in der ξ_1, ξ_2-Ebene

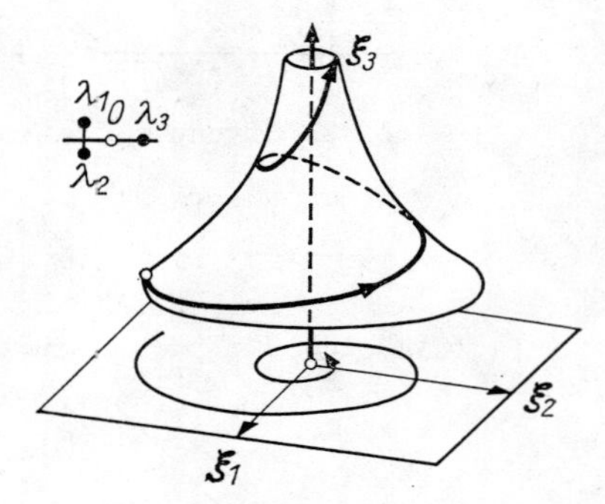

Abb. 141. Der Fall $\mathrm{Re}\,\lambda_{1,2} < 0 < \lambda_3$. Dehnung in ξ_3-Richtung, Drehung mit Stauchung in der ξ_1, ξ_2-Ebene

3.9.2. Lineare, differenzierbare und topologische Äquivalenz. Jede Klassifizierung basiert auf einer Äquivalenzrelation. Für lineare Systeme gibt es wenigstens drei sinnvolle Äquivalenzrelationen; sie entsprechen einem algebraischen, analytischen oder topologischen Herangehen.

Definition. Zwei Phasenflüsse $\{f^t\}, \{g^t\}: \boldsymbol{R}^n \to \boldsymbol{R}^n$ heißen *äquivalent*[1]), wenn eine bijektive Abbildung

$$h: \boldsymbol{R}^n \to \boldsymbol{R}^n$$

existiert, die den Fluß $\{f^t\}$ in den Fluß $\{g^t\}$ überführt, so daß $h \circ f^t = g^t \circ h$ für jedes $t \in \boldsymbol{R}$ gilt (Abb. 142). Wir können auch sagen, daß $\{f^t\}$ durch die Koordinatentransformation h in $\{g^t\}$ übergeht.

Die Phasenräume heißen dann

a) *linear äquivalent,* wenn die Abbildung $h: \boldsymbol{R}^n \to \boldsymbol{R}^n$ ein *linearer Isomorphismus* ist, $h \in GL(\boldsymbol{R}^n)$;

b) *differenzierbar äquivalent,* wenn die Abbildung $h: \boldsymbol{R}^n \to \boldsymbol{R}^n$ ein *Diffeomorphismus* ist;

1) Die hier eingeführte Äquivalenzrelation wird auch *Konjugiertheit* oder *Ähnlichkeit* genannt.

c) *topologisch äquivalent*, wenn die Abbildung $h: \boldsymbol{R}^n \to \boldsymbol{R}^n$ ein *Homöomorphismus*, d. h. eine bijektive und umkehrbar stetige Abbildung ist.

Aufgabe 1. Man beweise, daß aus der linearen Äquivalenz die differenzierbare und aus der differenzierbaren die topologische Äquivalenz folgt.

Es sei erwähnt, daß die Abbildung h die Phasenkurven von $\{f^t\}$ in die von $\{g^t\}$ überführt.

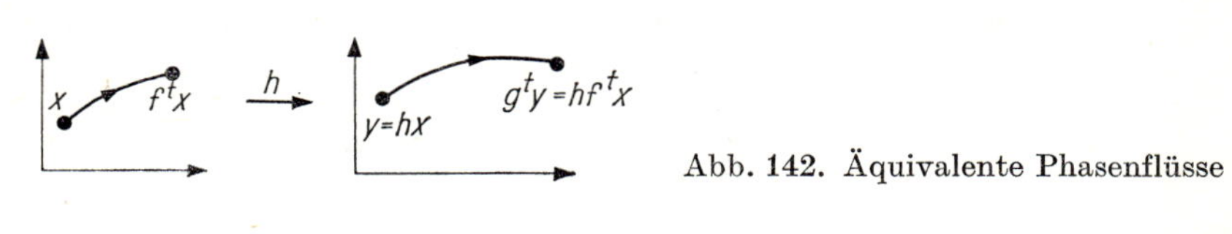

Abb. 142. Äquivalente Phasenflüsse

Aufgabe 2. Realisiert jeder lineare Automorphismus $h \in GL(\boldsymbol{R}^n)$, der die Phasenkurven von $\{f^t\}$ in die von $\{g^t\}$ überführt, eine lineare Äquivalenz dieser Phasenflüsse?

Lösung. Nein.

Hinweis. Man nehme $n = 1$, $f^t x = e^t x$, $g^t x = e^{2t} x$.

Aufgabe 3. Man zeige, daß die Relationen der linearen, der differenzierbaren und der topologischen Äquivalenz echte Äquivalenzrelationen sind, d. h., daß

$$f \sim f, \qquad (f \sim g) \Rightarrow (g \sim f), \qquad (f \sim g, g \sim k) \Rightarrow (f \sim k)$$

gilt.

Übrigens ist alles eben Gesagte auf die Phasenflüsse linearer Systeme übertragbar. Zur Abkürzung werden wir von der Äquivalenz der linearen Systeme selbst sprechen.

Alle linearen Systeme lassen sich also auf drei Arten in Äquivalenzklassen einteilen. Wir wollen nun diese Klassen genauer studieren.

3.9.3. Algebraische Klassifizierung.

Satz. *Sind $A, B: \boldsymbol{R}^n \to \boldsymbol{R}^n$ zwei lineare Operatoren mit nur einfachen Eigenwerten, so sind die Systeme*

$$\dot{\boldsymbol{x}} = A\boldsymbol{x}, \qquad \boldsymbol{x} \in \boldsymbol{R}^n, \qquad \text{und} \qquad \dot{\boldsymbol{y}} = B\boldsymbol{y}, \qquad \boldsymbol{y} \in \boldsymbol{R}^n,$$

genau dann linear äquivalent, wenn die Eigenwerte der Operatoren A und B übereinstimmen.

Beweis. Für die lineare Äquivalenz der linearen Systeme ist notwendig und hinreichend, daß für ein gewisses $h \in GL(\boldsymbol{R}^n)$

$$B = hAh^{-1}$$

gilt (Abb. 143); es ist nämlich $\dot{\boldsymbol{y}} = h\dot{\boldsymbol{x}} = hA\boldsymbol{x} = hAh^{-1}\boldsymbol{y}$. Die Eigenwerte der Operatoren A und hAh^{-1} stimmen überein. (Hier ist es unwesentlich, ob die Eigenwerte einfach sind oder nicht.)

Nun nehmen wir an, die Eigenwerte von A seien einfach und mögen mit denen von B übereinstimmen. Dann lassen sich A und B in direkte Produkte identischer (linear äquivalenter) ein- und zweidimensionaler Systeme gemäß 3.8. zerlegen; daher sind die Systeme linear äquivalent.

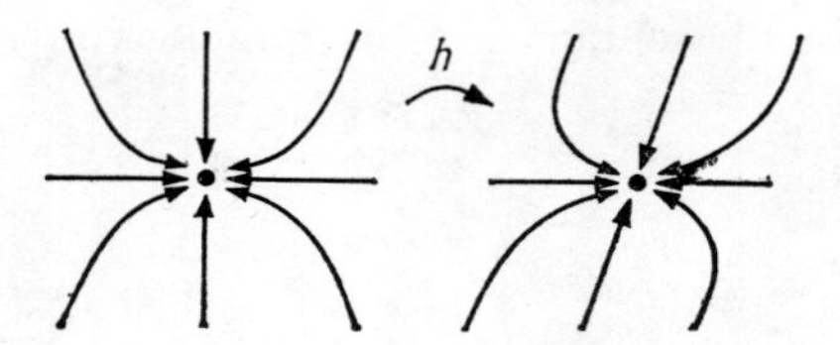

Abb. 143. Linear äquivalente Systeme

Aufgabe 1. Man zeige, daß die Systeme

$$\begin{cases} \dot{x}_1 = x_1, \\ \dot{x}_2 = x_2 \end{cases} \quad \text{und} \quad \begin{cases} \dot{x}_1 = x_1 + x_2, \\ \dot{x}_2 = x_2 \end{cases}$$

nicht linear äquivalent sind, obwohl ihre Eigenwerte übereinstimmen.

3.9.4. Analytische Klassifizierung. Offenbar gilt der

Satz. *Zwei lineare Systeme*

$$\dot{\boldsymbol{x}} = A\boldsymbol{x}, \qquad \dot{\boldsymbol{x}} = B\boldsymbol{x}, \qquad \boldsymbol{x} \in \boldsymbol{R}^n,$$

sind genau dann differenzierbar äquivalent, wenn sie linear äquivalent sind.[1])

Beweis. Es sei $h\colon \boldsymbol{R}^n \to \boldsymbol{R}^n$ ein Diffeomorphismus, der den Phasenfluß des zum Operator A gehörenden Systems in den des zweiten Systems überführt. Der Punkt $\boldsymbol{x} = 0$ ist ein Fixpunkt für den Phasenfluß des ersten Systems. Daher führt h den Punkt 0 in einen der Fixpunkte $\boldsymbol{c}$ des Phasenflusses des zweiten Systems über, so daß $B\boldsymbol{c} = 0$ ist. Der Diffeomorphismus $d\colon \boldsymbol{R}^n \to \boldsymbol{R}^n$ der Verschiebung um $\boldsymbol{c}$ ($d\boldsymbol{x} = \boldsymbol{x} - \boldsymbol{c}$) führt den Phasenfluß des zweiten Systems in sich über (es ist nämlich $(\boldsymbol{x} - \boldsymbol{c})^\cdot = \dot{\boldsymbol{x}} = B\boldsymbol{x} = B(\boldsymbol{x} - \boldsymbol{c})$). Der Diffeomorphismus

$$h_1 = d \circ h\colon \boldsymbol{R}^n \to \boldsymbol{R}^n$$

führt dann den Phasenfluß des ersten Systems in den des zweiten über und läßt den Punkt 0 fest: $h_1(0) = 0$.

Mit $H\colon \boldsymbol{R}^n \to \boldsymbol{R}^n$ bezeichnen wir die Ableitung des Diffeomorphismus h_1 im Punkt 0,

$$H = h_{1*}|_0 \in GL(\boldsymbol{R}^n).$$

Die Diffeomorphismen $h \circ e^{At}$ und $e^{Bt} \circ h$ stimmen für jedes t überein; daher sind für jedes t auch ihre Ableitungen an der Stelle $\boldsymbol{x} = 0$ gleich,

$$He^{At} = e^{Bt}H,$$

was zu beweisen war.

[1]) Man darf jedoch nicht glauben, daß jeder Diffeomorphismus, der die Äquivalenz dieser Systeme herstellt, linear ist. Beispiel: $A = B = 0$.

3.10. Topologische Klassifizierung der singulären Punkte

Wir betrachten zwei lineare Systeme

$$\dot{\boldsymbol{x}} = A\boldsymbol{x}, \qquad \dot{\boldsymbol{x}} = B\boldsymbol{x}, \qquad \boldsymbol{x} \in \boldsymbol{R}^n,$$

und setzen voraus, daß die Realteile sämtlicher Eigenwerte von 0 verschieden sind. Mit m_- und m_+ bezeichnen wir die Anzahl der Eigenwerte mit negativem bzw. positivem Realteil, so daß also $m_- + m_+ = n$ ist.

3.10.1. Satz. *Zwei Systeme, deren Eigenwerte nur von* 0 *verschiedene Realteile besitzen, sind genau dann topologisch äquivalent, wenn die Anzahl der Eigenwerte mit negativem (bzw. positivem) Realteil bei beiden Systemen die gleiche ist:*

$$m_-(A) = m_-(B), \qquad m_+(A) = m_+(B).$$

Dieser Satz bestätigt z. B., daß stabile Knoten und stabile Strudel (Abb. 144) einander topologisch äquivalent ($m_- = 2$), jedoch nicht einem Sattel äquivalent sind ($m_- = m_+ = 1$).

Ähnlich dem Trägheitsindex einer nichtausgearteten quadratischen Form ist die Zahl m_- die einzige topologische Invariante des Systems.

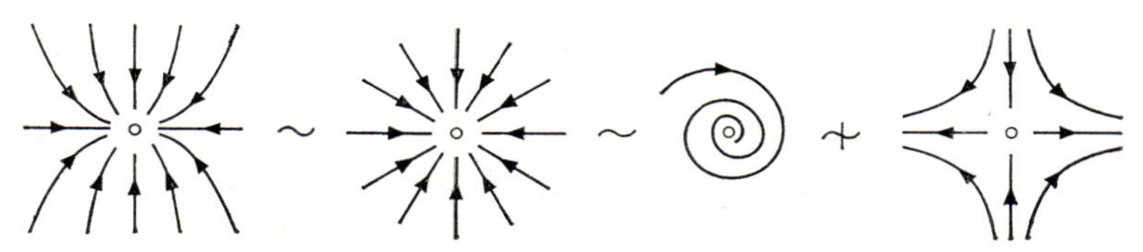

Abb. 144. Topologisch äquivalente und nichtäquivalente Systeme

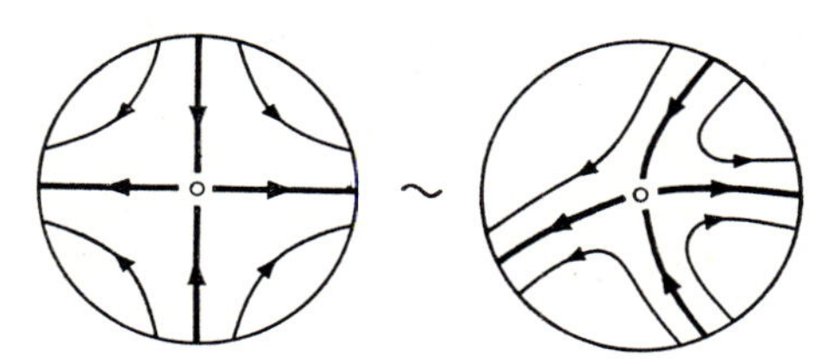

Abb. 145. Topologische Äquivalenz eines Systems und seiner Linearisierung

Bemerkung. Eine analoge Aussage gilt *lokal* (in der Umgebung eines Fixpunktes) für *nichtlineare* Systeme, deren lineare Anteile keine rein imaginären Eigenwerte besitzen. Insbesondere ist ein solches System in der Umgebung eines Fixpunktes zu seinem linearen Anteil topologisch äquivalent (Abb. 145). Wir können uns aber nicht bei dem Beweis dieses für das Studium nichtlinearer Systeme überaus wichtigen Satzes aufhalten.

3.10.2. Rückführung auf den Fall $m_- = 0$. Die topologische Äquivalenz linearer Systeme mit gleichen m_- und m_+ ergibt sich aus den folgenden drei Lemmata.

Lemma 1. *Die direkten Produkte topologisch äquivalenter Systeme sind topologisch äquivalent.*

Wenn also die durch die Operatoren

$$A_1, B_1\colon \boldsymbol{R}^{m_1} \to \boldsymbol{R}^{m_1}, \qquad A_2, B_2\colon \boldsymbol{R}^{m_2} \to \boldsymbol{R}^{m_2}$$

bestimmten Systeme durch die Homöomorphismen

$$h_1\colon \boldsymbol{R}^{m_1} \to \boldsymbol{R}^{m_1}, \qquad h_2\colon \boldsymbol{R}^{m_2} \to \boldsymbol{R}^{m_2}$$

ineinander übergeführt werden, existiert ein Homöomorphismus

$$h\colon \boldsymbol{R}^{m_1} + \boldsymbol{R}^{m_2} \to \boldsymbol{R}^{m_1} + \boldsymbol{R}^{m_2},$$

der den Phasenfluß des Produktsystems

$$\dot{\boldsymbol{x}}_1 = A_1\boldsymbol{x}_1, \qquad \dot{\boldsymbol{x}}_2 = A_2\boldsymbol{x}_2$$

in den Phasenfluß des Produktsystems

$$\dot{\boldsymbol{x}}_1 = B_1\boldsymbol{x}_1, \qquad \dot{\boldsymbol{x}}_2 = B_2\boldsymbol{x}_2$$

transformiert.

Der Beweis ist klar: Man braucht nur

$$h(\boldsymbol{x}_1, \boldsymbol{x}_2) = \big(h_1(\boldsymbol{x}_1), h_2(\boldsymbol{x}_2)\big)$$

zu setzen.

Aus der linearen Algebra ist bekannt:

Lemma 2. *Besitzt der Operator $A\colon \boldsymbol{R}^n \to \boldsymbol{R}^n$ keine rein imaginären Eigenwerte, so ist der Raum $\boldsymbol{R}^n$ als direkte Summe zweier bezüglich A invarianter Unterräume darstellbar,*

$$\boldsymbol{R}^n = \boldsymbol{R}^{m_-} + \boldsymbol{R}^{m_+},$$

derart, daß alle Eigenwerte der Einschränkung von A auf $\boldsymbol{R}^{m_-}$ negative Realteile und alle Eigenwerte der Einschränkung von A auf $\boldsymbol{R}^{m_+}$ positive Realteile haben (Abb. 146).

Dies folgt z. B. aus dem Satz über die Jordansche Normalform.

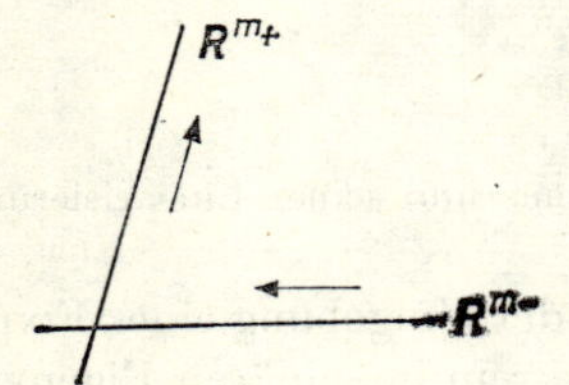

Abb. 146. Invariante Unterräume eines Operators ohne rein imaginäre Eigenwerte

Die Lemmata 1 und 2 führen den Beweis der topologischen Äquivalenz auf folgenden Spezialfall zurück:

Lemma 3. *Es sei $A\colon \boldsymbol{R}^n \to \boldsymbol{R}^n$ ein linearer Operator, dessen sämtliche Eigenwerte positive Realteile haben mögen* (Abb. 147). *Dann ist das System*

$$\dot{\boldsymbol{x}} = A\boldsymbol{x}, \qquad \boldsymbol{x} \in \boldsymbol{R}^n,$$

dem Standardsystem

$$\dot{\boldsymbol{x}} = \boldsymbol{x}, \qquad \boldsymbol{x} \in \boldsymbol{R}^n,$$

topologisch äquivalent (Abb. 147).

Dieses Lemma ist fast offensichtlich im eindimensionalen Fall sowie im Fall eines Strudels in der Ebene und demzufolge — nach Lemma 1 — auch bei jedem System ohne mehrfache Wurzeln.

Wir werden später (in 3.10.7.) den Beweis von Lemma 3 im allgemeinen Fall führen.

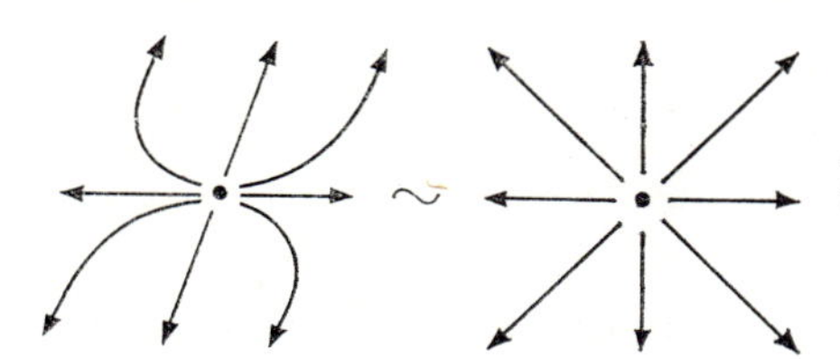

Abb. 147. Alle instabilen Knoten sind topologisch äquivalent

3.10.3. Die Ljapunov-Funktion. Der Beweis von Lemma 3 basiert auf der Konstruktion einer speziellen quadratischen Form, der sogenannten Ljapunov-Funktion.

Satz. *Es sei $A: \boldsymbol{R}^n \to \boldsymbol{R}^n$ ein linearer Operator, dessen sämtliche Eigenwerte positive Realteile besitzen. Dann existiert im $\boldsymbol{R}^n$ eine solche euklidische Struktur, daß der Vektor $A\boldsymbol{x}$ in jedem Punkt $\boldsymbol{x} \neq 0$ mit dem Radiusvektor $\boldsymbol{x}$ einen spitzen Winkel bildet.*

Mit anderen Worten:

Es existiert eine positiv definite quadratische Form r^2 im $\boldsymbol{R}^n$ derart, daß ihre Ableitung längs des Vektorfeldes $A\boldsymbol{x}$ positiv ist:

$$L_{A\boldsymbol{x}} r^2 > 0 \qquad \text{für} \qquad \boldsymbol{x} \neq 0. \tag{1}$$

Oder:

Es existiert im $\boldsymbol{R}^n$ ein Ellipsoid mit dem Mittelpunkt in 0 derart, daß in jedem seiner Punkte $\boldsymbol{x}$ der Vektor $A\boldsymbol{x}$ nach außen gerichtet ist (Abb. 148).

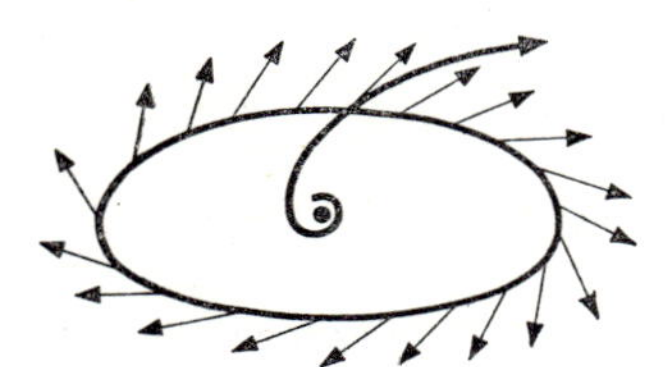

Abb. 148. Niveaufläche der Ljapunov-Funktion

Man kann leicht nachprüfen, daß diese drei Formulierungen einander äquivalent sind.

Wir beweisen (und benutzen im folgenden) den Satz in der zweiten Formulierung. Es ist zweckmäßig, den Beweis im Komplexen zu führen.

Alle Eigenwerte λ_k des Operators $A: \boldsymbol{C}^n \to \boldsymbol{C}^n$ mögen positive Realteile haben. Dann existiert eine positiv definite quadratische Form $r^2: {}^{\boldsymbol{R}}\boldsymbol{C}^n \to \boldsymbol{R}$, deren Ableitung längs des Vektorfeldes ${}^{\boldsymbol{R}}A\boldsymbol{z}$ ebenfalls eine positiv definite quadratische Form ist:

$$L_{{}^{\boldsymbol{R}}A\boldsymbol{z}} r^2 > 0 \qquad \textit{für} \qquad \boldsymbol{z} \neq 0. \tag{2}$$

Wenden wir die Ungleichung (2) auf den Fall an, daß A die Komplexifizierung eines reellen Operators ist und $\boldsymbol{z}$ einem reellen Unterraum angehört (Abb. 149), so erhalten wir die im Reellen gültige Aussage (1).

3.10.4. Konstruktion der Ljapunov-Funktion. Als Ljapunov-Funktion r^2 können wir die Summe aus den Quadraten der Absolutbeträge der Koordinaten in einer geeigneten Basis benutzen:

$$r^2 = (\boldsymbol{z}, \bar{\boldsymbol{z}}) = \sum_{k=1}^{n} z_k \bar{z}_k .$$

In einer fest gewählten Basis läßt sich der Vektor $\boldsymbol{z}$ mit der Menge der Zahlen $z_1, \ldots, z_n$ und der Operator $A: \boldsymbol{C}^n \to \boldsymbol{C}^n$ mit der Matrix (a_{kl}) identifizieren. Die Rechnung zeigt, daß *die Ableitung eine quadratische Form ist:*

$$L_{{}^{\boldsymbol{R}}A\boldsymbol{z}}(\boldsymbol{z}, \bar{\boldsymbol{z}}) = (A\boldsymbol{z}, \bar{\boldsymbol{z}}) + (\boldsymbol{z}, \overline{A\boldsymbol{z}}) = 2 \operatorname{Re} (A\boldsymbol{z}, \bar{\boldsymbol{z}}). \tag{3}$$

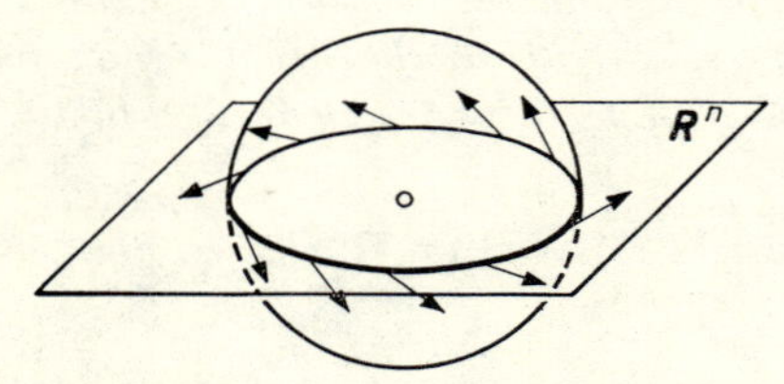

Abb. 149. Niveaufläche der Ljapunov-Funktion im $\boldsymbol{C}^n$

Abb. 150. Die positiv definite Form (4) im Fall $n = 1$

Ist die Basis eine Eigenbasis, so ist die erhaltene Form positiv definit (Abb. 150). In diesem Fall ist nämlich

$$2 \operatorname{Re} (A\boldsymbol{z}, \bar{\boldsymbol{z}}) = 2 \sum_{k=1}^{n} \operatorname{Re} \lambda_k |z_k|^2, \tag{4}$$

und da die Realteile aller Eigenwerte λ_k nach Voraussetzung positiv sind, ist (4) eine positiv definite Form.

Hat der Operator A keine Eigenbasis, so besitzt er eine Quasieigenbasis, die mit demselben Erfolg zur Konstruktion der Ljapunov-Funktion verwendet werden kann.

Genauer gesagt gilt das

Lemma 4. *Gegeben sei ein $\boldsymbol{C}$-linearer Operator $A: \boldsymbol{C}^n \to \boldsymbol{C}^n$, und es sei $\varepsilon > 0$. Dann kann in $\boldsymbol{C}^n$ eine Basis $\boldsymbol{\xi}_1, \ldots, \boldsymbol{\xi}_n$ derart gewählt werden, daß die Matrix (A) eine obere Dreiecksmatrix ist, deren Elemente oberhalb der Hauptdiagonalen dem Absolut-*

betrag nach kleiner als ε sind:

$$(A) = \begin{pmatrix} \lambda_1 & & < \varepsilon \\ & \cdot & \\ & \cdot & \\ & \cdot & \\ 0 & & \lambda_n \end{pmatrix}.$$

Beweis. Die Existenz einer Basis, in der (A) eine obere Dreiecksmatrix ist, folgt z. B. aus dem Satz über die Jordansche Normalform.

Diese Basis läßt sich durch Induktion nach n konstruieren, indem man nur die Tatsache benutzt, daß zu jedem linearen Operator $A: \boldsymbol{C}^n \to \boldsymbol{C}^n$ ein Eigenvektor existiert. Dieser Eigenvektor sei ξ_1 (Abb. 151). Wir betrachten den Faktorraum $\boldsymbol{C}^n/\boldsymbol{C}\xi_1 \cong \boldsymbol{C}^{n-1}$. Auf ihm definiert der Operator A einen Operator $\tilde{A}: \boldsymbol{C}^{n-1} \to \boldsymbol{C}^{n-1}$. Nun sei $\eta_2, \ldots, \eta_n$ eine Basis im $\boldsymbol{C}^{n-1}$, in der

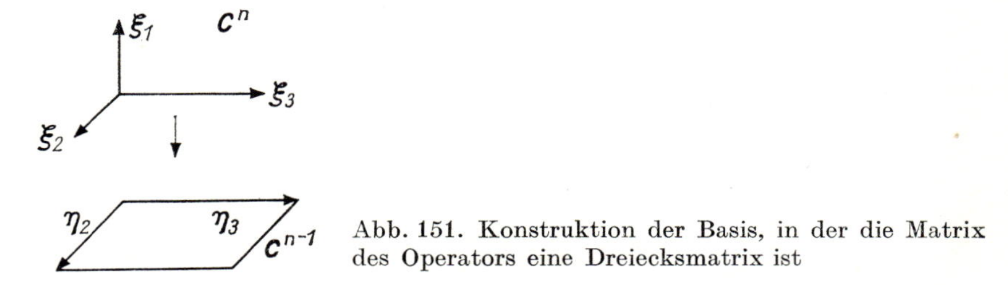

Abb. 151. Konstruktion der Basis, in der die Matrix des Operators eine Dreiecksmatrix ist

die Matrix des Operators $\tilde{A}$ eine obere Dreiecksmatrix ist, und mit $\xi_2, \ldots, \xi_n$ bezeichnen wir beliebige Repräsentanten der Klassen $\eta_2, \ldots, \eta_n$ im $\boldsymbol{C}^n$. Dann ist $\xi_1, \ldots, \xi_n$ die gesuchte Basis.

Die Matrix des Operators A in der Basis $\xi_1, \ldots, \xi_n$ sei eine obere Dreiecksmatrix. Wir wollen zeigen, daß *die Elemente oberhalb der Hauptdiagonalen beliebig klein gemacht werden können, indem man die Basisvektoren durch zu ihnen proportionale Vektoren ersetzt.* Dazu nehmen wir an, a_{kl} seien die Elemente der Matrix (A) in der Basis ξ_k derart, daß $a_{kl} = 0$ für $k > l$ ist. In der Basis $\xi_k' = N^k \xi_k$ (N eine natürliche Zahl) seien $a'_{kl} = a_{kl}/N^{l-k}$ die Elemente der Matrix (A). Dann ist für alle $l > k$

$$|a'_{kl}| < \varepsilon$$

bei hinreichend großem N. Damit ist Lemma 4 bewiesen.

Die Summe aus den Quadraten der Absolutbeträge der Koordinaten in der gewählten „ε-Quasieigenbasis" kann ebenfalls als Ljapunov-Funktion (bei hinreichend kleinem ε) benutzt werden.

3.10.5. Abschätzung der Ableitung. Wir betrachten die Menge aller quadratischen Formen im $\boldsymbol{R}^m$. Diese Menge besitzt eine natürliche Struktur des linearen Raumes $\boldsymbol{R}^{m(m+1)/2}$.

Offenbar gilt das folgende

Lemma 5. *Die Menge der positiv definiten quadratischen Formen im* $\boldsymbol{R}^m$ *ist im* $\boldsymbol{R}^{m(m+1)/2}$ *offen.*

Ist also die Form $a = \sum_{k,l=1}^{n} a_{kl} x_k x_l$ positiv definit, so existiert ein $\varepsilon > 0$ derart, daß jede Form $a + b$ mit $|b_{kl}| < \varepsilon$ (für alle k, l mit $1 \leqq k, l \leqq m$) ebenfalls positiv definit ist.

Beweis. Die Form a ist in allen Punkten der Einheitssphäre $\sum_{k=1}^{m} x_k^2 = 1$ positiv. Da die Sphäre kompakt und die Form stetig ist, wird die untere Schranke angenommen, und infolgedessen ist überall auf der Sphäre $a(x) \geqq \alpha > 0$.

Ist $|b_{kl}| < \varepsilon$, so gilt auf der Sphäre $|b(x)| \leqq \sum |b_{kl}| \leqq m^2 \varepsilon$.

Auf der Sphäre ist daher die Form $a + b$ für $\varepsilon < \alpha/m^2$ positiv und infolgedessen posititv definit. Damit ist das Lemma bewiesen.

Bemerkung. Aus unseren Überlegungen folgt auch, daß jede positiv definite quadratische Form a überall der Ungleichung

$$\alpha \, \|x\|^2 \leqq a(x) \leqq \beta \, \|x\|^2, \qquad 0 < \alpha < \beta, \tag{5}$$

genügt.

Aufgabe 1. Man beweise, daß die Menge der nichtausgearteten quadratischen Formen mit gegebener Signatur offen ist.

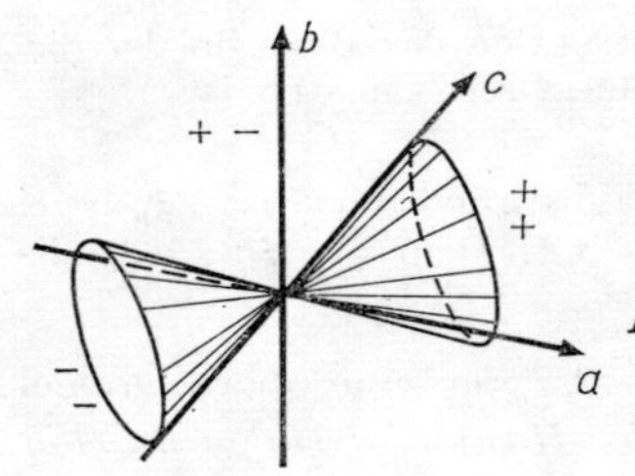

Abb. 152. Der Raum der quadratischen Formen

Beispiel 1. Der Raum der quadratischen Formen zweier Veränderlicher, $ax^2 + 2bxy + cy^2$, ist der dreidimensionale Raum mit den Koordinaten a, b, c (Abb. 152). Der Kegel $b^2 = ac$ teilt diesen Raum in drei offene Teilmengen gemäß den Signaturen.

Wir benutzen das Lemma 5 zum Beweis der folgenden Aussage: Für hinreichend keines ε ist die längs des Vektorfeldes ${}^{\boldsymbol{R}}Az$ abgeleitete Summe aus den Quadraten der Absolutbeträge der Koordinaten in einer nach Lemma 4 gewählten „ε-Quasieigenbasis" eine positiv definite Form.

Gemäß (3) ist diese Ableitung eine quadratische Form in den Real- und Imaginärteilen der Koordinaten $z_k = x_k + iy_k$.

Wir trennen in (3) die Summanden mit den Hauptdiagonalelementen und die mit den Elementen oberhalb der Hauptdiagonalen der Matrix (A) ab:

$$L_{\boldsymbol{R}_{Az}} r^2 = P + Q$$

mit

$$P = 2 \operatorname{Re} \sum_{k=l} a_{kl} z_k \bar{z}_l, \qquad Q = 2 \operatorname{Re} \sum_{k<l} a_{kl} z_k \bar{z}_l.$$

Die Elemente in der Hauptdiagonalen der Dreiecksmatrix (A) sind die Eigenwerte λ_k des Operators A. *Daher ist die quadratische Form*

$$P = \sum_{k=1}^{n} 2 \operatorname{Re} \lambda_k (x_k^2 + y_k^2)$$

in den Veränderlichen x_k und y_k positiv definit und hängt nicht von der Wahl der Basis ab.[1])

Mit Hilfe von Lemma 5 schließen wir, daß die Form $P + Q$ (die fast gleich P ist) für ein hinreichend kleines ε ebenfalls positiv definit ist. Die Koeffizienten der Form Q in den Veränderlichen x_k und y_k bleiben nämlich für ein hinreichend kleines ε ebenfalls beliebig klein (wegen $|a_{kl}| < \varepsilon$ für $k < l$).

Damit ist die Ungleichung (2) und mit ihr gleichzeitig auch (1) bewiesen.

Bemerkung. Da $L_{Ax} r^2$ eine positiv definite quadratische Form ist, gilt eine Ungleichung der Gestalt (5),

$$\alpha r^2 \leqq L_{Ax} r^2 \leqq \beta r^2, \tag{5'}$$

wobei α, β gewisse Konstanten mit $\beta > \alpha > 0$ sind.

Damit ist der in 3.10.3. formulierte Satz über die Ljapunov-Funktion bewiesen.

Die folgenden Aufgaben führen auf einen anderen Beweis dieses Satzes.

Aufgabe 2. Man zeige, daß die Ableitung längs des Vektorfeldes Ax auf $\mathbf{R}^n$ einen linearen Operator

$$L_A : \mathbf{R}^{n(n+1)/2} \to \mathbf{R}^{n(n+1)/2}$$

aus dem Raum der auf $\mathbf{R}^n$ quadratischen Formen auf sich definiert.

Aufgabe 3. Unter der Voraussetzung, daß die Eigenwerte λ_i des Operators A bekannt sind, bestimme man die Eigenwerte des Operators L_A.

Lösung. $\lambda_i + \lambda_j$, $\quad 1 \leqq i, j \leqq n$.

Hinweis. Angenommen, der Operator A besitze eine Eigenbasis. Dann sind die Eigenvektoren von L_A quadratische Formen, die gleich den paarweisen Produkten von Linearformen sind, welche Eigenvektoren des zu A dualen Operators darstellen.

Aufgabe 4. Man beweise, daß der Operator L_A ein Isomorphismus ist, wenn A keine sich nur im Vorzeichen unterscheidenden Eigenwerte besitzt. Haben insbesondere die Realteile aller Eigenwerte von A gleiches Vorzeichen, so ist jede quadratische Form auf $\mathbf{R}^n$ die Ableitung einer quadratischen Form längs des Vektorfeldes Ax.

Aufgabe 5. Sind die Realteile aller Eigenwerte positiv, so ist die quadratische Form, deren Ableitung längs des Vektorfeldes Ax positiv definit ist, ebenfalls positiv definit (und genügt folglich allen Voraussetzungen des bewiesenen Satzes).

Hinweis. Man schreibe die Form als Integral ihrer Ableitung längs der Phasenkurven.

---

[1]) Es muß erwähnt werden, daß die durch die Form P definierte Abbildung ${}^{\mathbf{R}}\mathbf{C}^n \to \mathbf{R}$ *von der Wahl der Basis abhängt.*

3.10.6. Konstruktion des Homöomorphismus h. Wir bereiten uns nun auf den Beweis von Lemma 3 vor. Den Homöomorphismus $h: \boldsymbol{R}^n \to \boldsymbol{R}^n$, der den Phasenfluß $\{f^t\}$ der Gleichung $\dot{\boldsymbol{x}} = A\boldsymbol{x}$ ($\operatorname{Re} \lambda_k > 0$) in den Phasenfluß $\{g^t\}$ der Gleichung $\dot{\boldsymbol{x}} = \boldsymbol{x}$ überführt, werden wir folgendermaßen konstruieren.

Wir betrachten die Sphäre[1])

$$S = \{\boldsymbol{x} \in \boldsymbol{R}^n : r^2(\boldsymbol{x}) = 1\},$$

wobei r^2 die Ljapunov-Funktion aus (1) ist. Die Punkte dieser Sphäre läßt der Homöomorphismus h fest. Es sei nun $\boldsymbol{x}_0$ ein Punkt auf S (Abb. 153). Der Punkt $f^t\boldsymbol{x}_0$ der

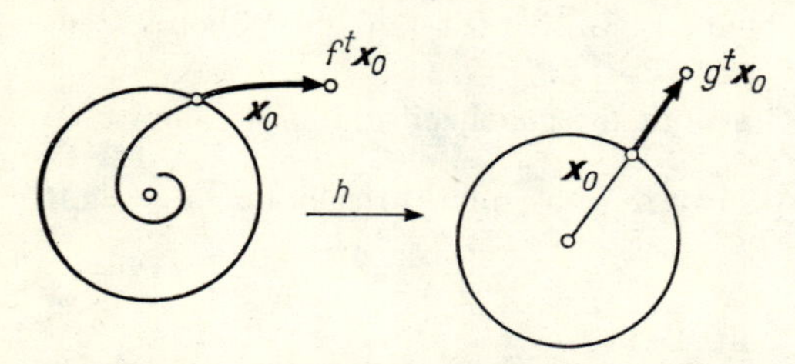

Abb. 153. Konstruktion des Homöomorphismus h

Phasenkurve von $\dot{\boldsymbol{x}} = A\boldsymbol{x}$ geht durch die Abbildung h in den Punkt $g^t\boldsymbol{x}_0$ der Phasenkurve von $\dot{\boldsymbol{x}} = \boldsymbol{x}$ über:

$$h(f^t\boldsymbol{x}_0) = g^t\boldsymbol{x}_0 \qquad \text{für alle } t \in \boldsymbol{R},\ \boldsymbol{x}_0 \in S, \tag{6}$$
$$h(0) = 0.$$

Wir müssen nachprüfen, daß

a) die Beziehung (6) den Wert von h in jedem Punkt $\boldsymbol{x} \in \boldsymbol{R}^n$ eindeutig bestimmt;

b) die Abbildung $h: \boldsymbol{R}^n \to \boldsymbol{R}^n$ umkehrbar eindeutig und umkehrbar stetig ist;

c) $h \circ f^t = g^t \circ h$ gilt.

Der Beweis dieser Behauptungen ist evident.

3.10.7. Beweis von Lemma 3.

Lemma 6. *Mit einer beliebigen von 0 verschiedenen Lösung $\boldsymbol{\varphi}: \boldsymbol{R} \to \boldsymbol{R}^n$ der Gleichung $\dot{\boldsymbol{x}} = A\boldsymbol{x}$ bilden wir die reelle Funktion*

$$\varrho(t) = \ln r^2(\boldsymbol{\varphi}(t))$$

der reellen Variablen t. Dann ist die Abbildung $\varrho: \boldsymbol{R} \to \boldsymbol{R}$ ein Diffeomorphismus, wobei

$$\alpha \leqq \frac{d\varrho}{dt} \leqq \beta$$

gilt ($\alpha, \beta = \text{const}$).

Beweis. Nach dem Eindeutigkeitssatz ist

$$r^2(\boldsymbol{\varphi}(t)) \neq 0 \qquad \text{für alle } t \in \boldsymbol{R},$$

[1]) Wenn man will, kann man von S auch als von einem Ellipsoid sprechen.

und mit Hilfe von (5') gelangen wir für

$$\frac{d\varrho}{dt} = \frac{1}{r^2} L_{Ax} r^2$$

zu der Abschätzung

$$\alpha \leqq \frac{d\varrho}{dt} \leqq \beta,$$

was zu beweisen war.

Aus dem Lemma 6 folgt:

1. *Jeder Punkt $\boldsymbol{x} \neq 0$ läßt sich in der Gestalt $\boldsymbol{x} = f^t \boldsymbol{x}_0$ darstellen, wobei $\boldsymbol{x}_0 \in S$, $t \in \boldsymbol{R}$ ist und $\{f^t\}$ den Phasenfluß der Gleichung $\dot{\boldsymbol{x}} = A\boldsymbol{x}$ bezeichnet.*

Zum Beweis betrachten wir die Lösung $\boldsymbol{\varphi}$, die der Anfangsbedingung $\boldsymbol{\varphi}(0) = \boldsymbol{x}$ genügt. Nach Lemma 6 gibt es ein τ, für das $r^2(\boldsymbol{\varphi}(\tau)) = 1$ ist. Der Punkt $\boldsymbol{x}_0 = \boldsymbol{\varphi}(\tau)$ gehört zu S. Setzen wir $t = -\tau$, so erhalten wir $\boldsymbol{x} = f^t \boldsymbol{x}_0$.

2. *Es gibt nur eine einzige Darstellung dieser Art.*

Eine im Punkt $\boldsymbol{x}$ entspringende Phasenkurve (Abb. 153) ist nämlich eindeutig bestimmt und schneidet die Sphäre in einem Punkt $\boldsymbol{x}_0$ (nach Lemma 6), und die Eindeutigkeit von t folgt auch aus der Monotonie von $\varrho(t)$ (Lemma 6).

Wir haben somit eine bijektive Abbildung des direkten Produkts aus einer Geraden und einer Sphäre auf einen punktierten euklidischen Raum konstruiert:

$$F: \boldsymbol{R} \times S^{n-1} \to \boldsymbol{R}^n \setminus 0, \qquad F(t, \boldsymbol{x}_0) = f^t \boldsymbol{x}_0.$$

Aus dem Satz über die Abhängigkeit einer Lösung von den Anfangsbedingungen folgt, daß sowohl die Abbildung F als auch ihre Inverse stetig (und sogar ein Diffeomorphismus) ist.

Erwähnt sei, daß für die Standardgleichung $\dot{\boldsymbol{x}} = \boldsymbol{x}$ die Beziehung $\frac{d\varrho}{dt} = 2$ gilt. Daher ist die Abbildung

$$G: \boldsymbol{R} \times S^{n-1} \to \boldsymbol{R}^n \setminus 0, \qquad G(t, \boldsymbol{x}_0) = g^t \boldsymbol{x}_0$$

ebenfalls bijektiv und umkehrbar stetig.

Die durch (6) definierte Abbildung h stimmt mit der Abbildung $G \circ F^{-1}: \boldsymbol{R}^n \setminus 0 \to \boldsymbol{R}^n \setminus 0$ überall außer in 0 überein. Damit haben wir bewiesen, daß $h: \boldsymbol{R}^n \to \boldsymbol{R}^n$ eine bijektive Abbildung ist.

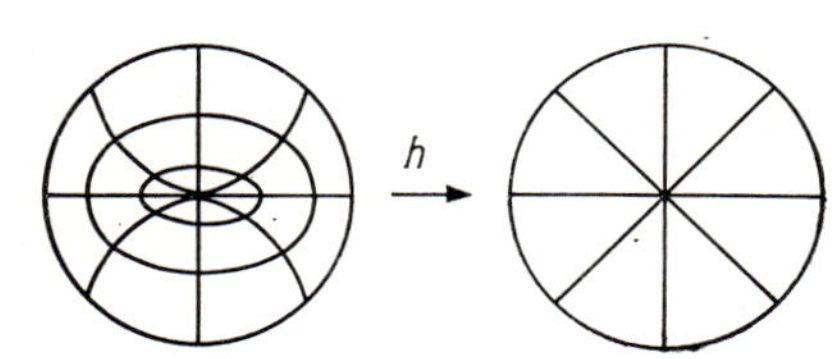

Abb. 154. Der Homöomorphismus h ist überall ein Diffeomorphismus, außer im Punkt 0

Die Stetigkeit von h und h^{-1} überall außer in 0 folgt aus der Stetigkeit von F, F^{-1} und G, G^{-1} (in Wirklichkeit ist h ein Diffeomorphismus überall außer in 0; vgl. Abb. 154).

Die Stetigkeit von h und h^{-1} im Punkt 0 ergibt sich aus Lemma 6. Dieses Lemma läßt sogar eine explizite Abschätzung von $r^2(h(\boldsymbol{x}))$ durch $r^2(\boldsymbol{x})$, $\|\boldsymbol{x}\| \leqq 1$, zu:

$$\left(r^2(\boldsymbol{x})\right)^{2/\alpha} \leqq r^2(h(\boldsymbol{x})) \leqq \left(r^2(\boldsymbol{x})\right)^{2/\beta}.$$

Ist nämlich $\boldsymbol{x} = F(t, \boldsymbol{x}_0)$, $t \leqq 0$, so gilt $\beta t \leqq \ln r^2(\boldsymbol{x}) \leqq \alpha t$ und $\ln r^2(h(\boldsymbol{x})) = 2t$, und da $\boldsymbol{x} = f^s \boldsymbol{x}_0$ für $\boldsymbol{x} \neq 0$ gilt, finden wir

$$\begin{aligned}(h \circ f^t)(\boldsymbol{x}) &= h(f^t(f^s(\boldsymbol{x}_0))) = h(f^{t+s}(\boldsymbol{x}_0)) = (g^{t+s}(\boldsymbol{x}_0) \\ &= g^t(g^s(\boldsymbol{x}_0)) = g^t(h(\boldsymbol{x})) = (g^t \circ h)(\boldsymbol{x}).\end{aligned}$$

Für $\boldsymbol{x} = 0$ ist ebenfalls $(h \circ f^t)(\boldsymbol{x}) = (g^t \circ h)(\boldsymbol{x})$. Damit sind die Behauptungen a) bis c) aus 3.10.6. bewiesen, und der Beweis von Lemma 3 ist beendet.

3.10.8. Beweis des Satzes über die topologische Klassifizierung. Mit Hilfe der Lemmata 1 bis 3 erkennen wir, daß jedes lineare System $\dot{\boldsymbol{x}} = A\boldsymbol{x}$, dessen Operator $A: \boldsymbol{R}^n \to \boldsymbol{R}^n$ keine Eigenwerte mit dem Realteil 0 besitzt, einem mehrdimensionalen Standardsattel (Abb. 155) topologisch äquivalent ist:

$$\dot{\boldsymbol{x}}_1 = -\boldsymbol{x}_1, \qquad \dot{\boldsymbol{x}}_2 = \boldsymbol{x}_2, \qquad \boldsymbol{x}_1 \in \boldsymbol{R}^{m_-}, \qquad \boldsymbol{x}_2 \in \boldsymbol{R}^{m_+}.$$

Infolgedessen sind zwei solche Systeme mit gleichen m_- und m_+ einander topologisch äquivalent.

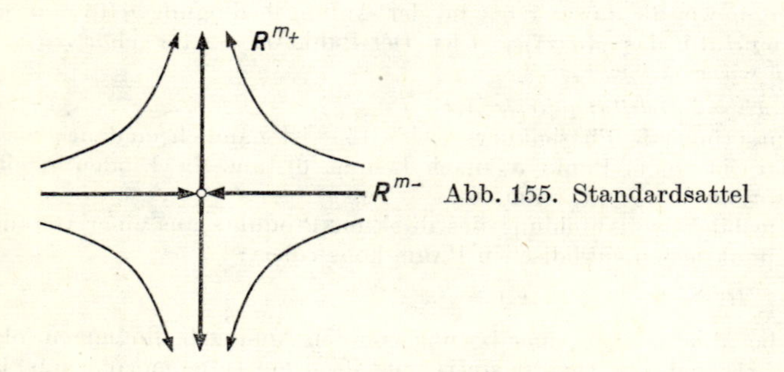

Abb. 155. Standardsattel

Wir erwähnen noch, daß die Unterräume $\boldsymbol{R}^{m_-}$ und $\boldsymbol{R}^{m_+}$ in bezug auf den Phasenfluß $\{g^t\}$ invariant sind. Mit wachsendem t nähert sich jeder Punkt von $\boldsymbol{R}^{m_-}$ dem Punkt 0.

Aufgabe 1. Man zeige, daß $g^t\boldsymbol{x}$ genau dann für $t \to +\infty$ gegen 0 strebt, wenn $\boldsymbol{x}$ zu $\boldsymbol{R}^{m_-}$ gehört.

Aus diesem Grunde nennen wir $\boldsymbol{R}^{m_-}$ den *einmündenden Zweig* und $\boldsymbol{R}^{m_+}$ den *entspringenden Zweig* des Sattels (im Fall allgemeiner autonomer Differentialgleichungen wird $\boldsymbol{R}^{m_-}$ auch die stabile und $\boldsymbol{R}^{m_+}$ die instabile invariante Mannigfaltigkeit genannt). Dabei ist $\boldsymbol{R}^{m_+}$ durch die Bedingungen $g^t\boldsymbol{x} \to 0$ für $t \to -\infty$ definiert.

Wir beweisen nun den zweiten Teil des Satzes über die topologische Klassifizierung: *Topologisch äquivalente Systeme besitzen die gleiche Anzahl von Eigenwerten mit negativem Realteil.*

Diese Anzahl ist gleich der Dimension m_- des einmündenden Zweiges des Sattels. Somit genügt es zu zeigen, daß *die Dimensionen der einmündenden Zweige bei topologisch äquivalenten Satteln gleich sind.*

Erwähnt sei, daß jeder Homöomorphismus h, der den Phasenfluß des einen Sattels in den des anderen überführt, auch den einmündenden Zweig des einen Sattels notwendig in den des anderen Sattels abbildet (die Konvergenz gegen 0 für $t \to +\infty$ bleibt nämlich bei einem Homöomorphismus erhalten). Daher vermittelt der Homöomorphismus h auch eine homöomorphe Abbildung des einmündenden Zweiges des einen Sattels auf den des anderen Sattels.

Daß die Dimensionen der Zweige übereinstimmen, ergibt sich jetzt aus dem folgenden topologischen Satz:

Die Dimension des Raumes $\boldsymbol{R}^n$ *ist eine topologische Invariante, d. h., der Homöomorphismus* $h: \boldsymbol{R}^m \to \boldsymbol{R}^n$ *existiert nur zwischen Räumen gleicher Dimension.*

Obwohl dieser Satz einleuchtend ist,[1]) ist sein Beweis nicht leicht und soll hier nicht gegeben werden.

Aufgabe 2. Man zeige, daß in einem dreidimensionalen Phasenraum die vier Sättel, bei denen $(m_-, m_+) = (3, 0), (2, 1), (1, 2), (0, 3)$ ist, topologisch nicht äquivalent sind (man benutze dazu nicht den eben zitierten topologischen Satz).

Hinweis. Eine eindimensionale invariante Mannigfaltigkeit besteht aus drei, eine höherdimensionale invariante Mannigfaltigkeit aus unendlich vielen Phasenkurven (Abb. 156).

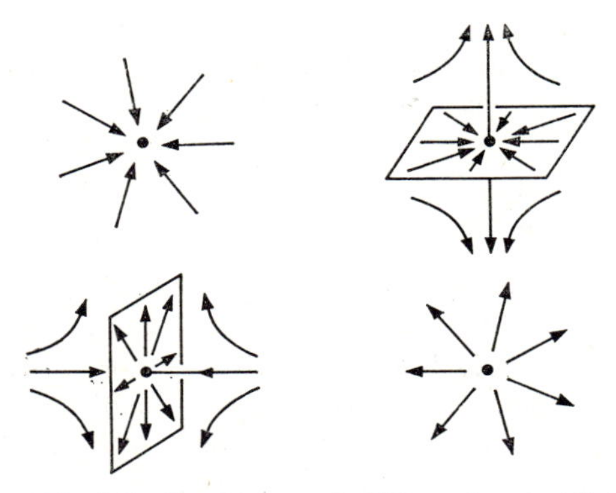

Abb. 156. Zweige von dreidimensionalen Satteln

Somit ist die topologische Klassifizierung der linearen Systeme, bei denen die Realteile der Eigenwerte nicht 0 sind, im $\boldsymbol{R}^1$, $\boldsymbol{R}^2$ und $\boldsymbol{R}^3$ abgeschlossen, während wir im Fall des $\boldsymbol{R}^n$ $(n > 3)$ gezwungen sind, auf den obigen Satz über die topologische Invarianz der Dimension zu verweisen.

Aufgabe 3. Man gebe eine topologische Klassifizierung der linearen Operatoren $A: \boldsymbol{R}^n \to \boldsymbol{R}^n$ an, deren Eigenwerte, absolut genommen, von 1 verschieden sind, und zeige ferner, daß die Anzahl der Eigenwerte, deren Absolutbetrag kleiner als 1 ist, die einzige topologische Invariante ist.

3.11. Stabilität der Gleichgewichtslagen

Die Frage nach der Stabilität der Gleichgewichtslage eines nichtlinearen Systems läßt sich genau so beantworten wie im Fall eines linearisierten Systems, wenn dieses keine Eigenwerte auf der imaginären Achse hat.

[1]) Es gibt jedoch bijektive Abbildungen von $\boldsymbol{R}^m$ auf $\boldsymbol{R}^n$ und auch stetige Abbildungen von $\boldsymbol{R}^m$ *auf* $\boldsymbol{R}^n$ für $m < n$ (beispielsweise $\boldsymbol{R}^1 \to \boldsymbol{R}^2$).

3.11.1. Stabilität im Ljapunovschen Sinne. Wir betrachten die Gleichung

$$\dot{\boldsymbol{x}} = \boldsymbol{v}(\boldsymbol{x}), \qquad \boldsymbol{x} \in U \subset \boldsymbol{R}^n, \tag{1}$$

wobei $\boldsymbol{v}$ ein r-mal ($r > 2$) differenzierbares Vektorfeld auf dem Gebiet U sei. Vorausgesetzt sei ferner, daß (1) eine Gleichgewichtslage besitzt (Abb. 157). Wir wählen die Koordinaten x_i so, daß die Gleichgewichtslage mit dem Koordinatenursprung übereinstimmt: $\boldsymbol{v}(0) = 0$.

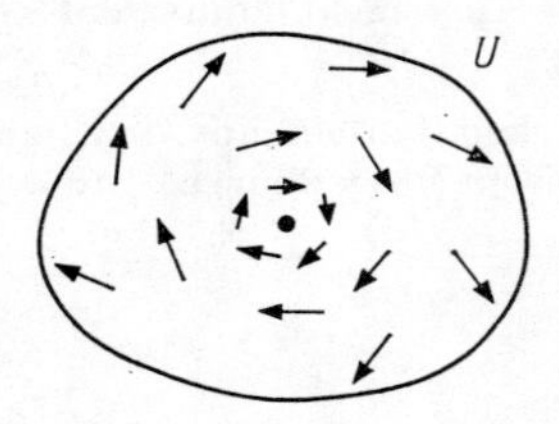

Abb. 157. Bleiben die in einer hinreichend kleinen Umgebung der Gleichgewichtslage beginnenden Phasenkurven in der Nähe dieses Punktes?

Diejenige Lösung, die der Anfangsbedingung $\boldsymbol{\varphi}(t_0) = 0$ genügt, ist $\boldsymbol{\varphi} = 0$. Uns interessiert nun das Verhalten der Lösungen unter benachbarten Anfangsbedingungen.

Definition. Die Gleichgewichtslage $\boldsymbol{x} = 0$ der Gleichung (1) heißt *stabil* (oder *im Ljapunovschen Sinne stabil*), wenn es zu jedem $\varepsilon > 0$ ein $\delta > 0$ (das nur von ε und nicht von t abhängt, wovon später noch die Rede sein wird) derart gibt, daß für jedes $\boldsymbol{x}_0$, das die Ungleichung $\|\boldsymbol{x}_0\| < \delta$ erfüllt,[1]) die Lösung $\boldsymbol{\varphi}$ von (1), die der Anfangsbedingung $\boldsymbol{\varphi}(0) = \boldsymbol{x}_0$ genügt, auf die ganze Halbachse $t > 0$ fortgesetzt werden kann und für alle $t > 0$ die Ungleichung $\|\boldsymbol{\varphi}(t)\| < \varepsilon$ erfüllt (Abb. 158).

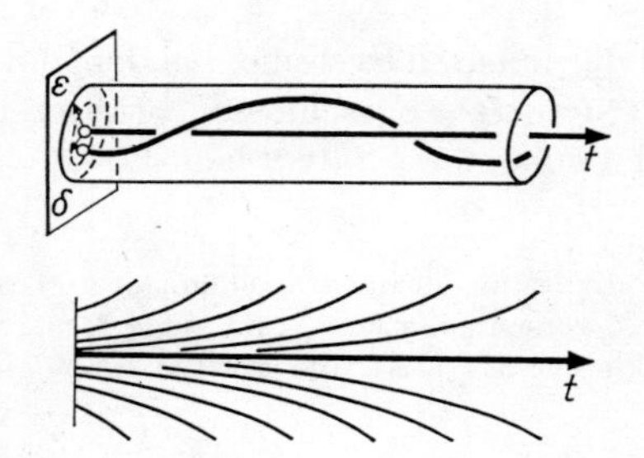

Abb. 158. Stabile und instabile Gleichgewichtslage: Die Integralkurven zeigen unterschiedliches Verhalten

Aufgabe 1. Man untersuche die Stabilität der Gleichgewichtslagen bei

a) $\dot{x} = 0$; b) $\dot{x} = x$;

c) $\begin{cases} \dot{x}_1 = x_2, \\ \dot{x}_2 = -x_1; \end{cases}$ d) $\begin{cases} \dot{x}_1 = x_1, \\ \dot{x}_2 = -x_2; \end{cases}$ e) $\begin{cases} \dot{x}_1 = x_2, \\ \dot{x}_2 = -\sin x_1. \end{cases}$

Aufgabe 2. Man zeige, daß die gegebene Definition korrekt ist, d. h., daß die Stabilität der Gleichgewichtslage von dem zur Definition benutzten Koordinatensystem unabhängig ist.

[1]) Ist $\boldsymbol{x} = (x_1, \ldots, x_n)$, so gilt $\|\boldsymbol{x}\|^2 = x_1{}^2 + \cdots + x_n{}^2$.

Aufgabe 3. Für alle $N > 0$ und ein $\varepsilon > 0$ existiere eine Lösung $\boldsymbol{\varphi}$ von (1) derart, daß für ein gewisses $t > 0$ die Ungleichung $\|\boldsymbol{\varphi}(t)\| > N\,\|\boldsymbol{\varphi}(0)\|$ mit $\|\boldsymbol{\varphi}(0)\| < \varepsilon$ erfüllt ist. Folgt hieraus die Instabilität der Gleichgewichtslage $\boldsymbol{x} = 0$?

3.11.2. Asymptotische Stabilität.

Definition. Die Gleichgewichtslage $\boldsymbol{x} = 0$ der Gleichung (1) heißt *asymptotisch stabil,* wenn sie (im Ljapunovschen Sinne) stabil ist und wenn für jede Lösung $\boldsymbol{\varphi}$ von (1), deren Anfangswert $\boldsymbol{\varphi}(0)$ in einer hinreichend kleinen Umgebung der Null liegt, die Beziehung

$$\lim_{t \to +\infty} \boldsymbol{\varphi}(t) = 0$$

gilt (Abb. 159).

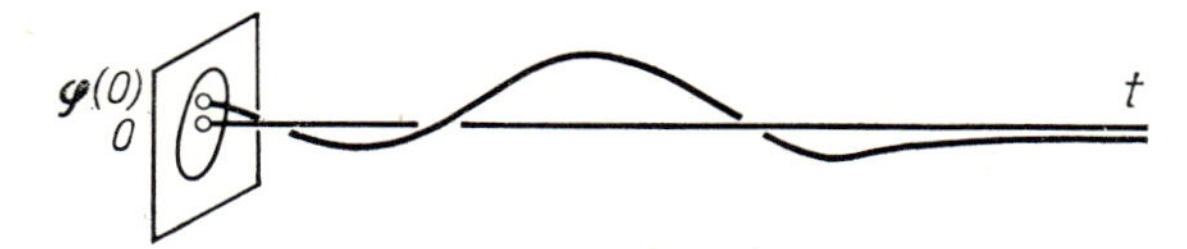

Abb. 159. Integralkurven bei asymptotisch stabiler Gleichgewichtslage

Aufgabe 1. Man löse die Aufgaben 1 bis 3 aus 3.11.1., nachdem man überall Stabilität durch asymptotische Stabilität ersetzt hat.

Aufgabe 2. Folgt die Stabilität einer Gleichgewichtslage im Ljapunovschen Sinne daraus, daß jede Lösung für $t \to +\infty$ gegen diese Gleichgewichtslage strebt?

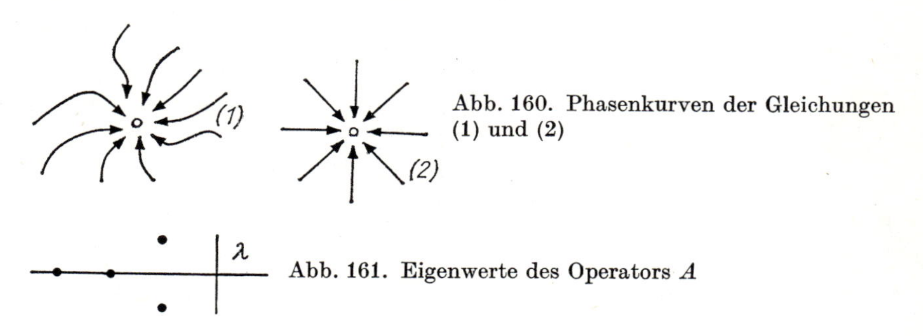

Abb. 160. Phasenkurven der Gleichungen (1) und (2)

Abb. 161. Eigenwerte des Operators A

3.11.3. Satz über die Stabilität durch die erste Näherung. Neben der Gleichung (1) betrachten wir noch die linearisierte Gleichung

$$\dot{\boldsymbol{x}} = A\boldsymbol{x}, \qquad A: \boldsymbol{R}^n \to \boldsymbol{R}^n \tag{2}$$

(Abb. 160). Dann ist

$$\boldsymbol{v}(\boldsymbol{x}) = \boldsymbol{v}_1 + \boldsymbol{v}_2, \qquad \boldsymbol{v}_1(\boldsymbol{x}) = A\boldsymbol{x}, \qquad \boldsymbol{v}_2(\boldsymbol{x}) = O(\|\boldsymbol{x}\|^2).$$

Satz. *Alle Eigenwerte des Operators A mögen in der linken Halbebene liegen:* $\operatorname{Re} \lambda < 0$ (Abb. 161). *Dann ist die Gleichgewichtslage* $\boldsymbol{x} = 0$ *der Gleichung* (1) *asymptotisch stabil.*

Aufgabe 1. Man nenne ein Beispiel für eine (im Ljapunovschen Sinne) instabile Gleichgewichtslage von (1), bei welcher für sämtliche Realteile $\operatorname{Re} \lambda \leqq 0$ gilt.

Hinweis. Ist der Realteil wenigstens eines Eigenwertes λ *positiv*, so kann man zeigen, daß die Gleichgewichtslage instabil ist. Sind die Realteile gleich 0, so hängt die Stabilität von den Gliedern höheren als ersten Grades in der Taylorreihe ab.

Aufgabe 2. Ist die Gleichgewichtslage 0 des Systems $\dot{x}_1 = x_2$, $\dot{x}_2 = -x_1^n$ (im Ljapunovschen Sinne und asymptotisch) stabil?

Lösung. Ist n gerade, so ist die Gleichgewichtslage (im Ljapunovschen Sinne) instabil; für ungerades n ist sie (im Ljapunovschen Sinne) stabil, aber nicht asymptotisch stabil.

3.11.4. Beweis des Satzes. Gemäß 3.10.3. existiert eine Ljapunov-Funktion, d. h. eine positiv definite quadratische Form r^2, deren Ableitung längs des linearen Vektorfeldes $\boldsymbol{v}_1$ eine negativ definite Form ist:

$$L_{\boldsymbol{v}_1} r^2 \leqq -2\gamma r^2$$

(γ eine positive Konstante); vgl. Abb. 162 mit $r^2 = \text{const}$.

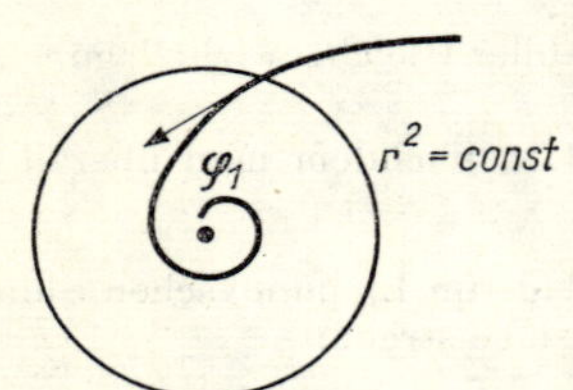

Abb. 162. Niveaufläche der Ljapunov-Funktion

Lemma. *In einer hinreichend kleinen Umgebung des Punktes $\boldsymbol{x} = 0$ genügt die Ableitung der Ljapunov-Funktion längs des nichtlinearen Vektorfeldes $\boldsymbol{v}$ der Ungleichung*

$$L_{\boldsymbol{v}} r^2 \leqq -\gamma r^2.$$

Zum Beweis des Lemmas zeigen wir, daß in der Beziehung

$$L_{\boldsymbol{v}} r^2 = L_{\boldsymbol{v}_1} r^2 + L_{\boldsymbol{v}_2} r^2$$

der zweite Summand für kleine r wesentlich kleiner als der erste ist:

$$L_{\boldsymbol{v}_2} r^2 = O(r^3). \tag{4}$$

Für jedes Feld $\boldsymbol{u}$ und jede Funktion f ist tatsächlich

$$L_{\boldsymbol{u}} f = \sum_{i=1}^{n} \frac{\partial f}{\partial x_i} u_i .$$

In unserem Fall ($\boldsymbol{u} = \boldsymbol{v}_2$, $f = r^2$) gilt $u_i = O(r^2)$ und $\dfrac{\partial f}{\partial x_i} = O(r)$ (weshalb?), woraus sich die Relation (4) ergibt. Also existieren ein $C > 0$ und ein $\sigma > 0$ derart, daß für alle $\boldsymbol{x}$ mit $\|\boldsymbol{x}\| < \sigma$ die Ungleichung

$$L_{\boldsymbol{v}_2} r^2 |_{\boldsymbol{x}} \leqq C |r^2(\boldsymbol{x})|^{3/2}$$

erfüllt ist. Ihre rechte Seite ist für hinreichend kleine $\|\boldsymbol{x}\|$ nicht größer als γr^2, so daß in einer gewissen Umgebung des Punktes $\boldsymbol{x} = 0$

$$L_v r^2 \leqq -2\gamma r^2 + \gamma r^2 = -\gamma r^2$$

gilt. Damit ist das Lemma bewiesen.

Nun sei $\boldsymbol{\varphi}$ eine von der Nullösung verschiedene Lösung von (1), die in einer hinreichend kleinen Umgebung des Punktes $\boldsymbol{x} = 0$ einer Anfangsbedingung unterworfen ist. Wir definieren eine zeitabhängige Funktion ϱ durch

$$\varrho(t) = \ln r^2\big(\boldsymbol{\varphi}(t)\big), \qquad t \geqq 0.$$

Nach dem Eindeutigkeitssatz ist $r^2\big(\boldsymbol{\varphi}(t)\big) \neq 0$, so daß die Funktion ϱ definiert und differenzierbar ist. Auf Grund von (3) gilt

$$\dot{\varrho} = \frac{1}{r^2 \circ \varphi} \frac{d}{dt} r^2 \circ \varphi = \frac{L_v r^2}{r^2} \leqq -\gamma.$$

Daraus ergibt sich, daß $r^2\big(\boldsymbol{\varphi}(t)\big)$ monoton abnimmt und für $t \to \infty$ gegen 0 strebt,

$$\begin{aligned} &\varrho(t) \leqq \varrho(0) - \gamma t, \\ &r^2\big(\boldsymbol{\varphi}(t)\big) \leqq r^2\big(\boldsymbol{\varphi}(0)\big)\, e^{-\gamma t} \to 0, \end{aligned} \tag{5}$$

was zu beweisen war.

Aufgabe 1. Man zeige die Lücke in diesem Beweis.

Lösung. Wir haben nicht bewiesen, daß sich die Lösung $\boldsymbol{\varphi}$ unbeschränkt nach vorne fortsetzen läßt.

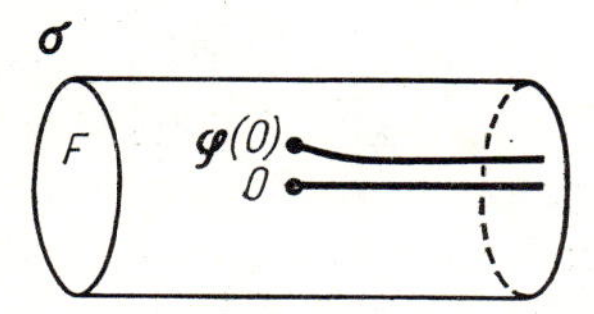

Abb. 163. Unbeschränkte Fortsetzbarkeit einer Lösung nach vorne

Zum Beweis betrachten wir ein solches $\sigma > 0$, daß für $\|\boldsymbol{x}\| < \sigma$ die Ungleichung (3) erfüllt ist, und im erweiterten Phasenraum die kompakte Menge

$$F = \{\boldsymbol{x}, t \colon r^2(\boldsymbol{x}) \leqq \sigma,\ |t| \leqq T\}$$

(Abb. 163). Ferner sei $\boldsymbol{\varphi}$ diejenige Lösung, die den Anfangswert $\boldsymbol{\varphi}(0)$ besitzt, für den $r^2\big(\boldsymbol{\varphi}(0)\big) < \sigma$ ist. Nach dem Fortsetzungssatz läßt sich $\boldsymbol{\varphi}$ nach vorne fortsetzen bis an die Begrenzung des Zylinders F. Solange der Punkt $\big(t, \boldsymbol{\varphi}(t)\big)$ zu F gehört, ist die Ableitung der Funktion $r^2\big(\boldsymbol{\varphi}(t)\big)$ negativ. Die Lösung kann daher nicht auf der Mantelfläche des Zylinders F (wo $r^2 = \sigma^2$ ist) auftreffen und ist demzufolge fortsetzbar bis $t = T$.

Da T beliebig (und von σ unabhängig) ist, läßt sich die Lösung $\boldsymbol{\varphi}$ unbeschränkt fortsetzen, wobei $r^2\big(\boldsymbol{\varphi}(t)\big) < \sigma^2$ gilt und die Ungleichung (3) für alle $t \geqq 0$ erfüllt ist.

Bemerkung 1. Wir haben sogar mehr bewiesen als die asymptotische Stabilität der Gleichgewichtslage. Aus der Ungleichung (5) ist ersichtlich, daß $\varphi(t)$ gleichmäßig gegen 0 konvergiert (gleichmäßig bezüglich der hinreichend nahe bei 0 liegenden Anfangswerte $\boldsymbol{x}_0$).

Außerdem gibt die Ungleichung (5) die (einem Exponentialgesetz folgende) Konvergenzgeschwindigkeit an.

Im wesentlichen besagt der Satz, daß die einem Exponentialgesetz folgende gleichmäßige Konvergenz der Lösungen der linearen Gleichung (2) gegen 0 beibehalten wird, auch wenn auf der rechten Seite von (2) eine nichtlineare Störung $\boldsymbol{v}_2(\boldsymbol{x}) = O(\|\boldsymbol{x}\|^2)$ auftritt. Eine analoge Behauptung gilt für verschiedene Störungen allgemeinerer Natur. Beispielsweise könnte man eine nichtautonome Störung $\boldsymbol{v}_2(\boldsymbol{x}, t)$ betrachten, für welche

$$\|\boldsymbol{v}_2(x, t)\| \leqq \varphi(\boldsymbol{x})$$

mit $\varphi(\boldsymbol{x}) = o(\boldsymbol{x})$ im Fall $\boldsymbol{x} \to 0$ gilt.

Aufgabe 2. Unter den Voraussetzungen des Satzes zeige man, daß die Gleichungen (1) und (2) in der Umgebung der Gleichgewichtslage topologisch äquivalent sind.

Bemerkung 2. Im Zusammenhang mit dem oben bewiesenen Satz gelangen wir zu dem folgenden, nach Routh und Hurwitz benannten Problem:

Liegen sämtliche Nullstellen eines gegebenen Polynoms in der linken Halbebene?

Diese Frage läßt sich durch endlich viele algebraische Operationen über den Koeffizienten des Polynoms beantworten. Entsprechende Algorithmen findet man in Lehrbüchern der Algebra (*Hurwitzsches Kriterium, Sturmsche Methode*) und der Funktionentheorie (*Argumentprinzip, Methode von Vyšnegradskij, Nykvist und Michailov*). Vgl. etwa A. G. Kuroš, Lehrgang der höheren Algebra [russ.], Moskau 1968, Kap. 9; M. A. Lawrentjew und B. W. Schabat, Methoden der komplexen Funktionentheorie, Berlin 1967, Kap. V (Übers. a. d. Russ.). Siehe auch die Monographie von N. G. Čebotarev und N. N. Mejman, Das Routh-Hurwitzsche Problem für Polynome und ganze Funktionen [russ.], Trudy matem. inst. akad. nauk im. Steklova, tom XXVI, Moskau 1949. Auf das Routh-Hurwitzsche Problem kommen wir noch in 5.4.5. zurück.

3.12. Der Fall rein imaginärer Eigenwerte

Lineare Gleichungen ohne rein imaginäre Eigenwerte wurden in 3.9. und 3.10. untersucht. Ihre Phasenkurven haben, wie wir sahen, einen relativ einfachen Verlauf (Sattel; vgl. 3.10.8.).

Lineare Gleichungen mit rein imaginären Eigenwerten liefern Beispiele für ein komplizierteres Verhalten der Phasenkurven. Gleichungen dieser Art begegnen uns z. B. bei Schwingungen konservativer Systeme (vgl. 3.13.6.).

3.12.1. Topologische Klassifizierung. Alle Eigenwerte $\lambda_1, \ldots, \lambda_n$ der linearen Gleichung

$$\dot{\boldsymbol{x}} = A\boldsymbol{x}, \qquad \boldsymbol{x} \in \boldsymbol{R}^n, \qquad A: \boldsymbol{R}^n \to \boldsymbol{R}^n, \tag{1}$$

seien rein imaginär. Wir fragen, wann dann zwei Gleichungen der Gestalt (1) topologisch äquivalent sind.

Aufgabe 1. Man zeige, daß im ebenen Fall ($n = 2$, $\lambda_{1,2} = \pm i\omega \neq 0$) zwei Gleichungen der Gestalt (1) genau dann topologisch äquivalent sind, wenn sie algebraisch äquivalent sind (d. h. die gleichen Eigenwerte besitzen).

Ein analoges Resultat wurde kürzlich auch für $n > 2$ bewiesen.

3.12.2. Beispiel. Im $\boldsymbol{R}^4$ betrachten wir die Gleichung

$$\begin{cases} \dot{x}_1 = \omega_1 x_2, \\ \dot{x}_2 = -\omega_1 x_1, \\ \dot{x}_3 = \omega_2 x_4, \\ \dot{x}_4 = -\omega_2 x_3 \end{cases} \qquad \begin{matrix} \lambda_{1,2} = \pm i\omega_1, \\ \\ \lambda_{3,4} = \pm i\omega_2. \end{matrix} \tag{2}$$

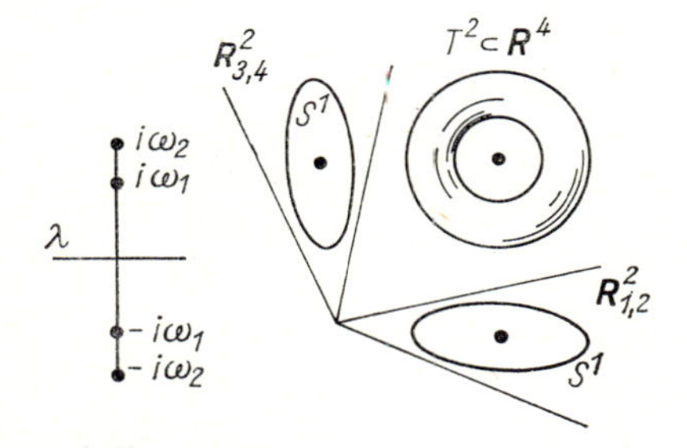

Abb. 164. Der Phasenraum des Systems (2)

Der Raum $\boldsymbol{R}^4$ läßt sich in die direkte Summe zweier invarianter Ebenen zerlegen (Abb. 164): $\boldsymbol{R}^4 = \boldsymbol{R}_{1,2} + \boldsymbol{R}_{3,4}$. Entsprechend zerfällt das System (2) in zwei unabhängige Systeme:

$$\begin{cases} \dot{x}_1 = \omega_1 x_2, \\ \dot{x}_2 = -\omega_1 x_1, \end{cases} \qquad (x_1, x_2) \in \boldsymbol{R}_{1,2},$$
$$\begin{cases} \dot{x}_3 = \omega_2 x_4, \\ \dot{x}_4 = -\omega_2 x_3, \end{cases} \qquad (x_3, x_4) \in \boldsymbol{R}_{3,4}. \tag{3}$$

In jeder dieser Ebenen sind die Phasenkurven Kreislinien

$$S^1 = \{\boldsymbol{x} \in \boldsymbol{R}_{1,2}: x_1^2 + x_2^2 = C > 0\}$$

oder Punkte ($C = 0$), und der Phasenfluß besteht aus Drehungen (um den Winkel $\omega_1 t$ bzw. $\omega_2 t$).

Jede Phasenkurve von (2) gehört dem direkten Produkt der Phasenkurven auf den Ebenen $\boldsymbol{R}_{1,2}$ und $\boldsymbol{R}_{3,4}$ an. Diese beiden Phasenkurven seien Kreislinien. Das direkte Produkt

$$T^2 = S^1 \times S^1 = \{\boldsymbol{x} \in \boldsymbol{R}^4: x_1^2 + x_2^2 = C, \ x_3^2 + x_4^2 = D\}$$

zweier Kreislinien heißt *zweidimensionaler Torus.*

Damit wir uns den Torus T^2 besser vorstellen können, gehen wir auf folgende Weise vor. Wir betrachten im $\boldsymbol{R}^3$ diejenige Fläche, die sich durch Rotation einer Kreislinie um eine in der gleichen Ebene liegende, aber die Kreislinie nicht schneidende Achse ergibt (Abb. 165). Die Punkte dieser Fläche werden durch zwei Winkelkoordinaten $\varphi_1, \varphi_2 \pmod{2\pi}$ bestimmt. Diese Koordinaten definieren einen Isomorphismus zwischen der Rotationsfläche und dem direkten Produkt T^2 zweier Kreislinien.

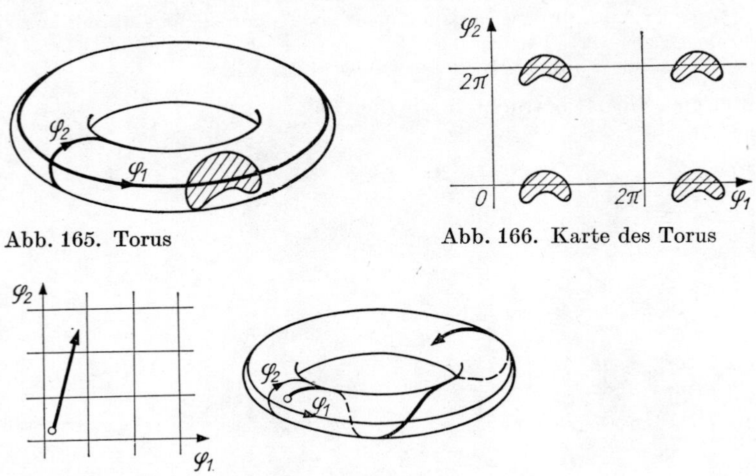

Abb. 165. Torus

Abb. 166. Karte des Torus

Abb. 167. „Einwicklung“ auf dem Torus

Die Koordinaten φ_1 und φ_2 kann man auch die *Länge* bzw. die *Breite* nennen. Die Karte des Torus (Abb. 166) läßt sich auf das Quadrat $0 \leqq \varphi_1 \leqq 2\pi$, $0 \leqq \varphi_2 \leqq 2\pi$ der φ_1, φ_2-Ebene abbilden, indem man die Punkte $(\varphi_1, 0)$ und $(\varphi_1, 2\pi)$ sowie $(0, \varphi_2)$ und $(2\pi, \varphi_2)$ miteinander „verheftet“. Als Karte kann man auch die ganze φ_1, φ_2-Ebene nehmen, nur hat dann jeder Punkt des Torus unendlich viele Bilder auf der Karte (so wie die beiden Bilder der Tschuktschenhalbinsel auf der Karte der Hemisphären).

Der Phasenfluß der Gleichung (2) läßt den Torus $T^2 \subset \boldsymbol{R}^4$ invariant; die Phasenkurven von (2) liegen auf der Oberfläche von T^2. Ist φ_1 ein Polarwinkel auf der Ebene $\boldsymbol{R}_{1,2}$, der in Richtung von x_2 nach x_1 orientiert ist, so gilt wegen (3) die Beziehung $\dot{\varphi}_1 = \omega_1$. Bei Orientierung von φ_2 in Richtung von x_4 nach x_3 erhalten wir analog $\dot{\varphi}_2 = \omega_2$.

Die Phasenkurven des Flusses (2) *genügen also der Differentialgleichung*

$$\dot{\varphi}_1 = \omega_1, \qquad \dot{\varphi}_2 = \omega_2. \tag{4}$$

Länge und Breite eines Phasenpunktes ändern sich gleichmäßig. Auf der Karte des Torus verläuft die Bewegung geradlinig, während man auf dem Torus selbst eine „Einwicklung“ erhält (Abb. 167).

3.12.3. Phasenkurven der Gleichung (4) **auf dem Torus.** Zwei Zahlen ω_1, ω_2 nennen wir *rational unabhängig*, wenn aus $k_1\omega_1 + k_2\omega_2 = 0$ mit ganzen k_1 und k_2 stets k_1

$= k_2 = 0$ folgt. Zum Beispiel sind $\sqrt{2}$ und $\sqrt{8}$ rational abhängig, $\sqrt{6}$ und $\sqrt{8}$ dagegen nicht.

Satz. *Sind ω_1 und ω_2 rational abhängig, so ist jede Phasenkurve der Gleichung* (4) *auf dem Torus eine geschlossene Kurve. Sind φ_1 und φ_2 rational unabhängig, so ist jede Phasenkurve von* (4) *auf dem Torus T^2 überall dicht*[1]) (Abb. 168).

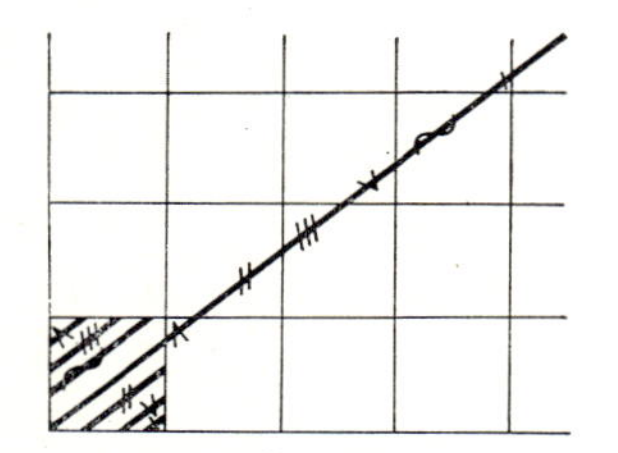

Abb. 168. Überall dichte Kurve auf dem Torus

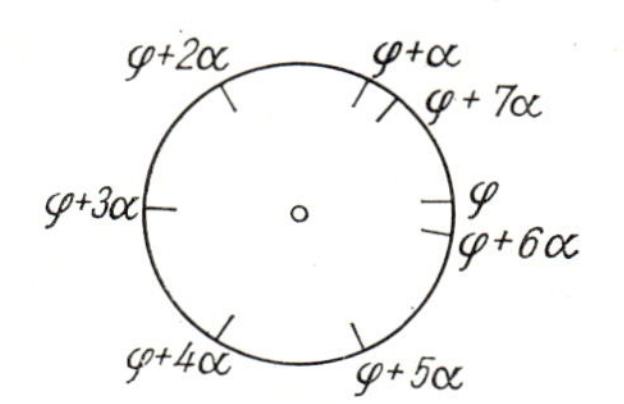

Abb. 169. Bilder eines Punktes der Kreislinie bei wiederholter Drehung um den Winkel α

Mit anderen Worten: Befindet sich auf jedem Feld eines unendlich großen Schachbretts ein Hase, wobei alle Hasen in der gleichen Stellung sitzen mögen, und schießt ein Jäger in diejenige Richtung, daß der Tangens des Neigungswinkels zwischen dieser Richtung und der Grundlinie des Schachbretts irrational ist, so trifft der Jäger mindestens einen Hasen. (Ist der Tangens des Neigungswinkels rational, so ist klar, daß man hinreichend kleine Hasen so hinsetzen kann, daß der Jäger sie nicht trifft.)

Lemma. *Wir betrachten eine mit 2π inkommensurable Drehung der Kreislinie S^1 um den Winkel α* (Abb. 169). *Die Bilder eines beliebigen Punktes φ der Kreislinie bei wiederholter Drehung um den Winkel α,*

$$\varphi, \quad \varphi + \alpha, \quad \varphi + 2\alpha, \quad \varphi + 3\alpha, \ldots \quad (\mathrm{mod}\ 2\pi),$$

bilden eine auf S^1 überall dichte Menge.

Der Beweis ließe sich mit Hilfe der Konstruktion abgeschlossener Untergruppen der Geraden (vgl. 2.4.) führen; wir wollen jedoch einen anderen Weg gehen.

Das Dirichletsche Schubfachprinzip. *Liegen in k Schubfächern $k + 1$ Gegenstände, so befindet sich in mindestens einem Schubfach mehr als ein Gegenstand.*

Wir teilen die Kreislinie in k gleiche Intervalle der Länge $2\pi/k$. Nach dem Schubfachprinzip fallen zwei der ersten $k + 1$ Teilungspunkte in das gleiche Intervall. Dies seien die Punkte $\varphi + p\alpha$ und $\varphi + q\alpha$ $(p > q)$. Wir setzen $p - q = s$. Der Drehwinkel $s\alpha$ unterscheidet sich von einem Vielfachen von 2π um weniger als $2\pi/k$. In der Folge der Punkte $\varphi, \varphi + s\alpha, \varphi + 2s\alpha, \ldots$ (mod 2π) haben je zwei benachbarte Punkte den gleichen Abstand (Abb. 170), und zwar sind sie weniger als $2\pi/k$ voneinander entfernt. Wählen wir k hinreichend groß, so kann $2\pi/k$ kleiner als ein beliebig vorgegebenes

[1]) Eine Menge A heißt überall dicht in einem Raum B, wenn in einer beliebig kleinen Umgebung eines Punktes von B stets ein Punkt von A zu finden ist.

$\varepsilon > 0$ gemacht werden. In jeder ε-Umgebung eines beliebigen Punktes von S^1 befinden sich also Punkte der Folge

$$\varphi + Ns\alpha \pmod{2\pi}, \qquad N = 0, 1, 2, \ldots$$

Damit ist das Lemma bewiesen.

Bemerkung. Beim Beweis benutzten wir zwar nicht die Inkommensurabilität von α mit 2π (d. h. die rationale Unabhängigkeit von α und 2π), jedoch ist der Satz offenbar nicht richtig, wenn α mit 2π kommensurabel ist.

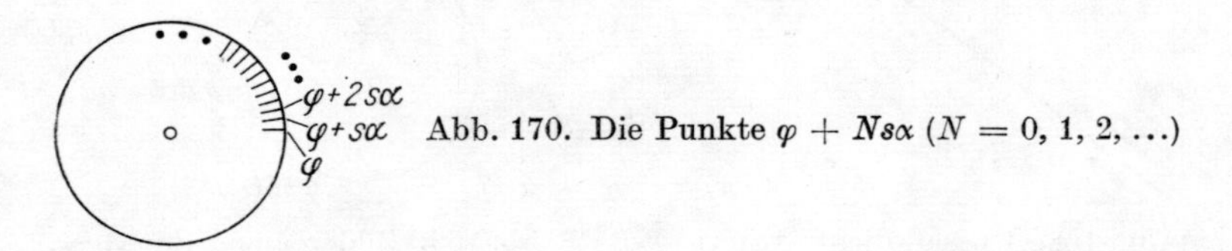

Abb. 170. Die Punkte $\varphi + Ns\alpha$ ($N = 0, 1, 2, \ldots$)

Aufgabe 1. Man finde die Lücke im Beweis des Lemmas und fülle sie aus.

Beweis des Satzes. Die Lösung der Gleichung (4) hat die Gestalt

$$\varphi_1(t) = \varphi_1(0) + \omega_1 t, \qquad \varphi_2(t) = \varphi_2(0) + \omega_2 t. \tag{5}$$

Wir nehmen an, die Zahlen ω_1 und ω_2 seien rational abhängig:

$$k_1\omega_1 + k_2\omega_2 = 0, \qquad k_1^2 + k_2^2 \neq 0.$$

Die Gleichungen

$$\omega_1 T = 2\pi k_2, \qquad \omega_2 T = -2\pi k_1$$

für T sind miteinander verträglich; ihre Lösung T ist zugleich die Periode der geschlossenen Phasenkurve (5).

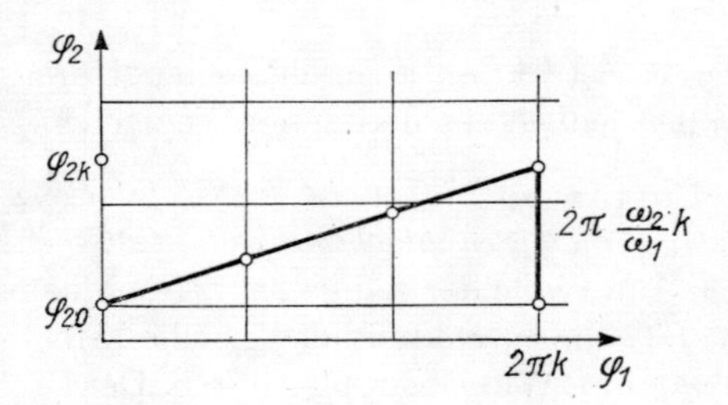

Abb. 171. Rückführung des Satzes auf das Lemma

Nun seien ω_1 und ω_2 rational unabhängig. Dann ist ω_1/ω_2 eine irrationale Zahl. Wir untersuchen die aufeinanderfolgenden Schnittpunkte der Phasenkurve (5) mit dem Meridian $\varphi_1 = 0 \pmod{2\pi}$; vgl. Abb. 171. Die Breite dieser Punkte wird durch die Beziehung

$$\varphi_{2,k} = \varphi_{2,0} + 2\pi\frac{\omega_2}{\omega_1}k \pmod{2\pi}$$

bestimmt. Nach dem Lemma ist die Menge dieser Schnittpunkte überall dicht auf dem Meridian. Nun bilden Geraden, die aus den Punkten einer auf einer Geraden überall dichten Menge entspringen und die in derselben Ebene wie diese Gerade liegen, aber nicht dieselbe Richtung haben, eine überall dichte Menge auf dieser Ebene. Daher ist das Bild

$$\tilde{\varphi}_1(t) = \varphi_1(t) - 2\pi \left[\frac{\varphi_1(t)}{2\pi}\right], \qquad \tilde{\varphi}_2(t) = \varphi_2(t) - 2\pi \left[\frac{\varphi_2(t)}{2\pi}\right],$$

der Phasenkurve (5) auf dem Quadrat

$$0 \leqq \tilde{\varphi}_1 < 2\pi, \qquad 0 \leqq \tilde{\varphi}_2 < 2\pi$$

überall dicht. Also ist die Phasenkurve von (4) — und infolgedessen auch von (2) — überall dicht auf dem Torus.

3.12.4. Folgerungen. Einige einfache Folgerungen aus dem eben bewiesenen Satz gehen über den Rahmen der Theorie der gewöhnlichen Differentialgleichungen hinaus.

Aufgabe 1. Gegeben sei die Folge der ersten Ziffern der Zweierpotenzen:

$$1,\ 2,\ 4,\ 8,\ 1,\ 3,\ 6,\ 1,\ 2,\ 5,\ 1,\ 2,\ 4,\ 8,\ \ldots$$

Tritt in dieser Folge die Ziffer 7 auf? Gibt es einen allgemeinen Ausdruck für die erste Ziffer der Zahl 2^n?

Aufgabe 2. Man beweise die Beziehung

$$\sup_{0<t<\infty} \left(\cos t + \sin \sqrt{2}t\right) = 2.$$

Aufgabe 3. Man betrachte die Gruppe S^1 der komplexen Zahlen mit dem Absolutbetrag 1 und bestimme alle ihre abgeschlossenen Untergruppen.

Lösung. 1, S^1, $\{\sqrt[n]{1}\}$.

3.12.5. Der mehrdimensionale Fall. Die Eigenwerte der Gleichung (1) im $\boldsymbol{R}^{2m}$ seien einfach und mögen die Gestalt

$$\lambda = \pm i\omega_1, \quad \pm i\omega_2, \quad \ldots, \quad \pm i\omega_m$$

haben. Analog zu 3.12.2. können wir zeigen, daß die Phasenkurven auf einem m-dimensionalen Torus

$$T^m = S^1 \times \cdots \times S^1 = \{(\varphi_1, \ldots, \varphi_m) \bmod 2\pi\} \cong \boldsymbol{R}^m/\boldsymbol{Z}^m$$

liegen und den Gleichungen

$$\dot{\varphi}_1 = \omega_1, \quad \dot{\varphi}_2 = \omega_2, \quad \ldots, \quad \dot{\varphi}_m = \omega_m$$

genügen. Die Zahlen $\omega_1, \ldots, \omega_m$ sind rational unabhängig, wenn die Beziehung

$$k_1\omega_1 + \cdots + k_m\omega_m = 0, \qquad k_i\ (i = 1, \ldots, m) \text{ ganz},$$

das Verschwinden sämtlicher k_i nach sich zieht.

Aufgabe 1.* Sind die Zahlen $\omega_1, \ldots, \omega_m$ rational unabhängig, so ist jede auf dem Torus T^m liegende Phasenkurve von (1) überall dicht auf T^m.

Folgerung. *Bewegt sich ein Pferd in Sprüngen* $(\sqrt{2}, \sqrt{3})$ *über ein Feld* (Abb. 172), *auf dem Maispflanzen in quadratischer Anordnung angebaut sind, so muß das Pferd unbedingt wenigstens eine Pflanze umknicken.*

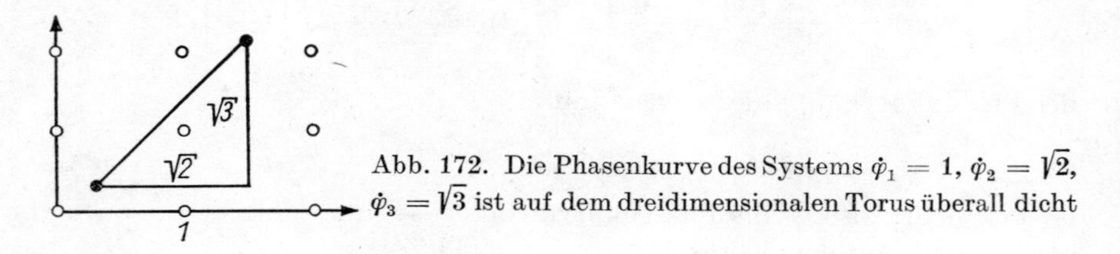

Abb. 172. Die Phasenkurve des Systems $\dot{\varphi}_1 = 1$, $\dot{\varphi}_2 = \sqrt{2}$, $\dot{\varphi}_3 = \sqrt{3}$ ist auf dem dreidimensionalen Torus überall dicht

3.12.6. Gleichmäßige Verteilung. Die oben betrachteten überall dichten Kurven besitzen die bemerkenswerte Eigenschaft, auf der Oberfläche des Torus gleichmäßig verteilt zu sein. Wir formulieren die entsprechende Aussage für den einfachsten Fall. Dazu betrachten wir auf der Kreislinie $S^1 = \{\varphi \bmod 2\pi\}$ die Folge der Punkte $\varphi_1, \varphi_2, \ldots$ Diese Folge heißt *gleichmäßig verteilt* (oder *gleichverteilt*), wenn für jeden Bogen $\Delta \subset S^1$ die Anzahl $N(\Delta, k)$ der auf Δ liegenden Punkte des Abschnitts $(\varphi_1, \ldots, \varphi_k)$ der Folge asymptotisch proportional der Länge von Δ ist:

$$\lim_{k\to\infty} \frac{N(\Delta, k)}{k} = \frac{|\Delta|}{2\pi}.$$

Aufgabe 1.* Man beweise, daß die Folge $\varphi, \varphi + \alpha, \varphi + 2\alpha, \ldots$ auf S^1 gleichverteilt ist, wenn α mit 2π inkommensurabel ist.

Folgerung. *Die Zahlen* 2^n *beginnen öfter mit der Ziffer* 7 *als mit* 8. *Bezeichnen* $N_7(k)$ *und* $N_8(k)$ *die Anzahl der Zahlen aus* $(1, 2, 4, \ldots, 2^k)$, *die mit* 7 *bzw.* 8 *anfangen, so existiert der Grenzwert*

$$\lim_{k\to\infty} \frac{N_7(k)}{N_8(k)}.$$

Aufgabe 2. Man bestimme diesen Grenzwert und überzeuge sich davon, daß er größer als 1 ist.

Bemerkung. Der in 3.12.4., Aufgabe 1, angegebene Abschnitt der Folge scheint darauf hinzudeuten, daß die Ziffer 7 selten auftritt. Das hängt damit zusammen, daß die irrationale Zahl $\log_{10} 2 = 0{,}3010\ldots$ der rationalen Zahl 3/10 sehr dicht benachbart ist.

3.13. Der Fall mehrfacher Eigenwerte

Die Lösung einer linearen Gleichung mit konstanten Koeffizienten führt auf die Berechnung der Matrix e^{At}. Im Fall paarweise voneinander verschiedener Eigenwerte der Matrix A wurde die explizite Form von e^{At} in 3.7.5. und 3.8.6. angegeben. Zur

Bestimmung der expliziten Form der Matrix e^{At} im Fall mehrfacher Eigenwerte benutzen wir die Jordansche Normalform.

3.13.1. Berechnung von e^{At}, wenn A ein Jordanblock ist. Schon in 3.2. haben wir auf eine Methode zur Berechnung von e^{At}, wenn A ein Jordanblock ist,

$$\begin{pmatrix} \lambda & 1 & & & 0 \\ & \lambda & \cdot & & \\ & & \cdot & \cdot & \\ & & & \cdot & \cdot \\ 0 & & & \cdot & 1 \\ & & & & \lambda \end{pmatrix} : \boldsymbol{R}^n \to \boldsymbol{R}^n,$$

hingewiesen: Der Differentialoperator im Raum der λ-Quasipolynome $e^{\lambda t} p_{<n}(t)$ besitzt (in der Basis $\boldsymbol{e}_k = \frac{t_k}{k!} e^{\lambda t}, 0 \leqq k < n$) die Matrix A. Auf Grund der Taylorschen Formel ist die Matrix $H^s = e^{As}$ die dem Operator der Verschiebung $f(t) \mapsto f(s + t)$ entsprechende Matrix in derselben Basis. Also ist

$$e^{\lambda(t+s)} \frac{(t + s)^k}{k!} = \sum_l h_{kl}(s)\, \boldsymbol{e}_l\,.$$

Die Elemente $h_{kl}(s)$ der Matrix H^s lassen sich nach der binomischen Formel berechnen. Sie erweisen sich als λ-Quasipolynome in s von niedrigerem als n-ten Grade.

Eine andere Methode zur Berechnung beruht auf dem folgenden

Lemma. *Gegeben seien zwei lineare Operatoren A und B von $\boldsymbol{R}^n$ in $\boldsymbol{R}^n$. Sind sie miteinander vertauschbar, d. h., ist $AB = BA$, so gilt $e^{A+B} = e^A e^B$.*

Beweis. Wir vergleichen die formalen Reihen

$$\begin{aligned} e^A e^B &= \left(E + A + \frac{A^2}{2} + \cdots\right)\left(E + B + \frac{B^2}{2} + \cdots\right) \\ &= E + (A + B) + \frac{1}{2}(A^2 + 2AB + B^2) + \cdots, \end{aligned}$$

$$\begin{aligned} e^{A+B} &= E + (A + B) + \frac{1}{2}(A + B)^2 + \cdots \\ &= E + (A + B) + \frac{1}{2}(A^2 + AB + BA + B^2) + \cdots. \end{aligned}$$

Ist $AB = BA$, so stimmen die Reihen überein (wegen $e^{x+y} = e^x e^y$ für $x, y \in \boldsymbol{R}$). Da die Reihen absolut konvergent sind, gilt $e^A e^B = e^{A+B}$, was zu beweisen war.

Wir stellen nun A in der Gestalt $A = \lambda E + \Delta$ dar, wobei Δ ein nilpotenter Jordanblock ist:

$$\Delta = \begin{pmatrix} 0 & 1 & & & \\ & 0 & \cdot & & \\ & & \cdot & \cdot & \\ & & & \cdot & 1 \\ & & & & 0 \end{pmatrix}.$$

Da λE mit jedem Operator vertauschbar ist, gilt $e^{At} = e^{t(\lambda E + \Delta)} = e^{\lambda t} e^{\Delta t}$. Zur Berechnung der Matrix

$$e^{\Delta t} = E + \Delta t + \frac{\Delta^2 t^2}{2} + \cdots + \frac{\Delta^{n-1} t^{n-1}}{(n-1)!} \qquad (\Delta^n = 0)$$

beachten wir, daß Δ auf der Basis $\boldsymbol{e}_1, \ldots, \boldsymbol{e}_n$ wie eine Verschiebung operiert: $0 \leftarrow \boldsymbol{e}_1 \leftarrow \cdots \leftarrow \boldsymbol{e}_n$. Daher operiert Δ^k wie eine Verschiebung um k Plätze. Δ^k besitzt also die Matrix

$$\begin{pmatrix} 0 \ldots 1 & & & \\ & \cdot & & \\ & & \cdot & \\ & & & \cdot \\ & & & 1 \\ & & & \vdots \\ & & & 0 \end{pmatrix}.$$

Hieraus folgt der

Satz. *Es gilt*

$$e^{\Delta t} = \begin{pmatrix} 1 & t & t^2/2 & \ldots & t^{n-1}/(n-1)! \\ & 1 & t & \ldots & t^{n-2}/(n-2)! \\ & & 1 & \cdot & \vdots \\ & & & \cdot \quad \cdot & \vdots \\ & & & \cdot & t^2/2 \\ & & & & \cdot \quad t \\ & & & & 1 \end{pmatrix},$$

$$e^{At} = \begin{pmatrix} e^{\lambda t} & t e^{\lambda t} & \ldots & t^{n-1} e^{\lambda t}/(n-1)! \\ & e^{\lambda t} & \cdot & \vdots \\ & & \cdot \quad \cdot & \vdots \\ & & \cdot \quad \cdot & \\ & & \cdot & t e^{\lambda t} \\ & & & e^{\lambda t} \end{pmatrix}. \tag{1}$$

Diese Überlegungen lassen sich unverändert auf den komplexen Fall ($\lambda \in \boldsymbol{C}$, $A : \boldsymbol{C}^n \to \boldsymbol{C}^n$) übertragen.

3.13.2. Ergänzungen. Aus (1) ergibt sich unmittelbar die

Folgerung 1. *Es seien $A: \boldsymbol{C}^n \to \boldsymbol{C}^n$ ein linearer Operator, $\lambda_1, \ldots, \lambda_k$ seine Eigenwerte und $\nu_1, \ldots, \nu_k$ deren Vielfachheiten. Ferner sei $t \in \boldsymbol{R}$. Dann ist jedes Element der Matrix e^{At} (bei beliebiger, aber fester Basis) gleich der Summe der λ_l-Quasipolynome in t von kleinerem als ν_l-tem Grade ($l = 1, \ldots, k$).*

Beweis. Wir untersuchen die Matrix des Operators e^{At} in der Basis, in der die Matrix A eine Jordanmatrix ist. Die Behauptung folgt dann aus (1). In jeder anderen Basis sind die Elemente der Matrix von e^{At} (mit konstanten Koeffizienten gebildete) Linearkombinationen aus Elementen der Matrix von e^{At} in der obigen Basis.

Folgerung 2. *Es sei $\boldsymbol{\varphi}$ Lösung der Differentialgleichung*

$$\dot{\boldsymbol{x}} = A\boldsymbol{x}, \qquad \boldsymbol{x} \in \boldsymbol{C}^n, \qquad A: \boldsymbol{C}^n \to \boldsymbol{C}^n.$$

Dann ist jede Komponente φ_j des Vektors $\boldsymbol{\varphi}$ (in einer beliebigen, aber festen Basis) gleich der Summe von λ_l-Quasipolynomen in t von kleinerem als ν_l-ten Grade:

$$\varphi_j(t) = \sum_{l=1}^{k} e^{\lambda_l t} p_{jl}(t)$$

(p_{jl} ein Polynom kleineren als ν_l-ten Grades).

Es ist in der Tat $\boldsymbol{\varphi}(t) = e^{At}\boldsymbol{\varphi}(0)$.

Folgerung 3. *Es seien A ein linearer Operator von $\boldsymbol{R}^n$ auf $\boldsymbol{R}^n$, λ_l ($l = 1, \ldots, k$) seine reellen Eigenwerte mit den Vielfachheiten $\nu_1, \ldots, \nu_k$ und ferner $\alpha_l \pm i\omega_l$ ($l = 1, \ldots, m$) seine komplexen Eigenwerte mit den Vielfachheiten $\mu_1, \ldots, \mu_m$. Dann sind jedes Element der Matrix e^{At} und jede Lösung von $\dot{\boldsymbol{x}} = A\boldsymbol{x}$, $\boldsymbol{x} \in \boldsymbol{R}^n$, gleich der Summe von komplexen λ_l- und $(\alpha_l \pm i\omega_l)$-Quasipolynomen von kleinerem als ν_l-tem bzw. μ_l-tem Grade.*

Eine solche Summe läßt sich auch in der weniger bequemen Gestalt

$$\varphi_j(t) = \sum_{l=1}^{k} e^{\lambda_l t} p_{jl} + \sum_{l=1}^{m} e^{\alpha_l t}[q_{jl}(t) \cos \omega_l t + r_{jl}(t) \sin \omega_l t]$$

angeben, wobei p, q, r Polynome kleineren als ν_l-ten, μ_l-ten bzw. μ_l-ten Grades mit *reellen* Koeffizienten sind.

Ist nämlich $z = x + iy$, $\lambda = \alpha + i\omega$, so gilt

$$\begin{aligned} \operatorname{Re} z e^{\lambda t} &= \operatorname{Re} e^{\alpha t}(x + iy)(\cos \omega t + i \sin \omega t) \\ &= e^{\alpha t}(x \cos \omega t - y \sin \omega t). \end{aligned}$$

Übrigens ist aus diesen Beziehungen sichtbar, daß — im Fall negativer Realteile bei sämtlichen Eigenwerten — alle Lösungen für $t \to \infty$ gegen 0 streben (wie es auf Grund von 3.10. und 3.11. auch sein muß).

3.13.3. Anwendung auf Gleichungssysteme höherer als erster Ordnung. Schreibt man das betrachtete System als System von Gleichungen erster Ordnung, so kann man das Problem auf das oben betrachtete zurückführen und es lösen, indem man die Matrix auf die Jordansche Form bringt. In der Praxis ist es oft zweckmäßiger, anders vorzugehen. Vor allem kann man die Eigenwerte des äquivalenten Systems erster Ordnung bestimmen, ohne seine Matrix aufzuschreiben.

Dem Eigenwert λ entspricht nämlich ein Eigenvektor und somit die Lösung $\boldsymbol{\varphi}(t) = e^{\lambda t}\boldsymbol{\varphi}(0)$ des äquivalenten Systems erster Ordnung. Dann besitzt aber das Ausgangssystem eine Lösung der Form $\boldsymbol{\psi}(t) = e^{\lambda t}\boldsymbol{\psi}(0)$. Wir setzen $\boldsymbol{\psi} = e^{\lambda t}\boldsymbol{\xi}$ in das Ausgangssystem ein. Dieses System läßt genau dann eine solche (nichttriviale) Lösung zu, wenn λ einer algebraischen Gleichung genügt, die alle Eigenwerte λ_l liefert.

Diese Lösungen können dann als Summe von λ_l-Quasipolynomen mit unbestimmten Koeffizienten gesucht werden.

Beispiel 1. $x^{\mathrm{IV}} = x$.

Wir machen den Ansatz $x = e^{\lambda t}\xi$ und erhalten $\lambda^4 e^{\lambda t}\xi = e^{\lambda t}\xi$, $\lambda^4 = 1$, $\lambda_{1,2,3,4} = 1, -1, i, -i$. Jede Lösung der gegebenen Gleichung hat also die Gestalt

$$x = C_1 e^t + C_2 e^{-t} + C_3 \cos t + C_4 \sin t .$$

Beispiel 2. $\ddot{x}_1 = x_2$, $\ddot{x}_2 = x_1$.

Wir setzen $\boldsymbol{x} = e^{\lambda t}\boldsymbol{\xi}$ und finden $\lambda^2\xi_1 = \xi_2$, $\lambda^2\xi_2 = \xi_1$. Dieses System linearer Gleichungen in ξ_1, ξ_2 besitzt genau dann eine nichttriviale Lösung, wenn $\lambda^4 = 1$ ist. Jede Lösung des gegebenen Systems hat also die Gestalt

$$x_1 = C_1 e^t + C_2 e^{-t} + C_3 \cos t + C_4 \sin t,$$
$$x_2 = D_1 e^t + D_2 e^{-t} + D_3 \cos t + D_4 \sin t.$$

Setzen wir x_1, x_2 in das System ein, so finden wir durch Koeffizientenvergleich

$$D_1 = C_1, \qquad D_2 = C_2, \qquad D_3 = -C_3, \qquad D_4 = -C_4.$$

Beispiel 3. $x^{\mathrm{IV}} - 2\ddot{x} + x = 0$.

Die Substitution $x = e^{\lambda t}\xi$ führt auf $\lambda^4 - 2\lambda^2 + 1 = 0$, $\lambda^2 = 1$, $\lambda_{1,2,3,4} = 1, 1, -1, -1$. Jede Lösung der gegebenen Gleichung hat also die Gestalt

$$(C_1 t + C_2)\, e^{\lambda t} + (C_3 t + C_4)\, e^{-\lambda t}.$$

Aufgabe 1. Man bestimme die Jordansche Normalform derjenigen Matrix vierter Ordnung, die der in Beispiel 3 gegebenen Gleichung entspricht.

3.13.4. Der Fall einer Gleichung n-ter Ordnung. Die Vielfachheiten der Eigenwerte bestimmen im allgemeinen nicht die Ordnungen der Jordanblöcke. Das Problem wird einfacher, wenn es sich um einen linearen Operator A handelt, der einer Differentialgleichung n-ter Ordnung entspricht:

$$x^{(n)} = a_1 x^{(n-1)} + \cdots + a_n x, \qquad a_k \in \boldsymbol{C}. \tag{2}$$

Aus 3.13.2., Folgerung 2, ergibt sich

Folgerung 4. *Jede Lösung der Gleichung* (2) *hat die Gestalt*

$$\varphi(t) = \sum_{l=1}^{k} e^{\lambda_l t} p_l(t), \tag{3}$$

wobei $\lambda_1, \ldots, \lambda_k$ *die Wurzeln der charakteristischen Gleichung*

$$\lambda^n = a_1\lambda^{n-1} + \cdots + a_n \tag{4}$$

sind und p_l *ein Polynom kleineren als* ν_l*-ten Grades ist (wenn* ν_l *die Vielfachheit von* λ_l *bezeichnet).*

Die Gleichung (2) besitzt tatsächlich genau dann eine Lösung der Gestalt $e^{\lambda t}$, wenn λ Wurzel von (4) ist. Damit ist die Folgerung 4 bewiesen.

Wir gehen nun zu dem äquivalenten System von Gleichungen erster Ordnung über,

$$\dot{x} = Ax, \qquad A = \begin{pmatrix} 0 & 1 & & & & \\ & 0 & 1 & & & \\ & & \cdot & \cdot & & \\ & & & \cdot & \cdot & \\ & & & & 0 & 1 \\ a_n & \cdots & & & a_2 & a_1 \end{pmatrix}, \tag{5}$$

und erhalten die

Folgerung 5. *Besitzt der Operator* $A\colon \mathbf{C}^n \to \mathbf{C}^n$ *eine Matrix der in* (5) *angegebenen Gestalt, so entspricht jedem Eigenwert* λ *von* A *genau ein Jordanblock, dessen Ordnung gleich der Vielfachheit von* λ *ist.*

Beweis. Auf Grund von (3) entspricht jedem Eigenwert λ ein einziger Eigenvektor. Ist ξ ein Eigenvektor des Operators A, so tritt unter den Lösungen der Gestalt (3) die erste Komponente $e^{\lambda t}\xi_0$ des Vektors $e^{\lambda t}\xi$ auf. Dann sind die übrigen Komponenten die Ableitungen: $\xi_k = \lambda^k\xi_0$, so daß durch die Zahl λ die Richtung des Vektors ξ eindeutig bestimmt ist.

Da jedem Jordanblock ein Eigenvektor entspricht, ist hiermit Folgerung 5 bewiesen.

Aufgabe 1. Ist jede Linearkombination (3) von Quasipolynomen Lösung der Gleichung (2)?

3.13.5. Über rekursive Folgen. Unsere Untersuchungen der Exponentialfunktion e^{At} mit stetigem Exponenten lassen sich leicht auf eine Exponentialfunktion A^n mit diskretem Exponenten übertragen. Insbesondere können wir jetzt eine beliebige rekursive Folge untersuchen, die durch die Rekursionsformel

$$x_n = a_1x_{n-1} + \cdots + a_kx_{n-k} \tag{6}$$

definiert ist (beispielsweise die durch die Beziehung $x_n = 2x_{n-1} + x_{n-2}$ mit den Anfangsgliedern $x_0 = 0$ und $x_1 = 1$ gegebene Folge 0, 1, 2, 5, 12, 29, ...).

Folgerung 6. *Das* n*-te Glied* x_n *einer rekursiven Folge läßt sich als Summe von Quasipolynomen in* n *darstellen:*

$$x_n = \sum_{l=1}^{m} \lambda_l^n p_l(n).$$

Dabei sind die λ_l die Eigenwerte der der Folge entsprechenden Matrix A, und p_l ist ein Polynom kleineren als ν_l-ten Grades (wenn ν_l die Vielfachheit von λ_l angibt).

Wir erinnern daran, daß die Matrix A die Matrix des Operators $A: \boldsymbol{R}^k \to \boldsymbol{R}^k$ ist, der in der Folge einen Abschnitt der Länge k, etwa $\xi_{n-1} = (x_{n-k}, \ldots, x_{n-1})$, in den nächstfolgenden Abschnitt der Länge k, also $\xi_n = (x_{n-k+1}, \ldots, x_n)$, überführt:

$$A\xi_{n-1} = \begin{pmatrix} 0 & 1 & & & \\ & 0 & 1 & & \\ & & \ddots & \ddots & \\ & & & 0 & 1 \\ a_k & \ldots & & a_2 & a_1 \end{pmatrix} \begin{pmatrix} x_{n-k} \\ \vdots \\ x_{n-1} \end{pmatrix} = \begin{pmatrix} x_{n-k+1} \\ \vdots \\ x_n \end{pmatrix} = \xi_n.$$

Es ist wichtig zu erwähnen, daß der Operator A nicht von n abhängt. Daher ist x_n eine der Komponenten des Vektors $A^n\xi$ (ξ ein konstanter Vektor). Die Matrix A ist von der in (5) angegebenen Gestalt. Benutzen wir die Folgerung 5 und führen wir A in eine Jordanmatrix über, so gelangen wir zur Folgerung 6.

Bei diesen Überlegungen brauchte man die Matrix A weder aufzuschreiben noch auf ihre Normalform zu bringen. Ein Eigenvektor des Operators A entspricht einer Lösung von (6) in der Gestalt $x = \lambda^n$. Setzen wir diese in (6) ein, so finden wir für λ die Gleichung

$$\lambda^k = a_1\lambda^{k-1} + \cdots + a_k.$$

Wir sehen sofort, daß dies genau die charakteristische Gleichung des Operators A ist.

Beispiel 1. Im Fall der Folge 0, 1, 2, 5, 12, 29, ... ($x_n = 2x_{n-1} + x_{n-2}$) erhalten wir die Gleichung $\lambda^2 = 2\lambda + 1$, deren Lösungen $\lambda_{1,2} = 1 \pm \sqrt{2}$ sind. Daher genügen der Rekursionsformel $x_n = 2x_{n-1} + x_{n-2}$ die Folgen mit den Gliedern

$$x_n = (1 + \sqrt{2})^n \quad \text{und} \quad x_n = (1 - \sqrt{2})^n$$

sowie beliebige ihrer Linearkombinationen

$$x_n = c_1(1 + \sqrt{2})^n + c_2(1 - \sqrt{2})^n$$

(und nur diese). Unter diesen Linearkombinationen kann man leicht diejenigen auswählen, für die $x_0 = 0$, $x_1 = 1$ ist:

$$c_1 + c_2 = 0, \qquad \sqrt{2}(c_1 - c_2) = 1.$$

Die Lösung lautet

$$x_n = \frac{(1 + \sqrt{2})^n}{2\sqrt{2}} - \frac{(1 - \sqrt{2})^n}{2\sqrt{2}}.$$

Bemerkung. Der erste Summand wächst exponentiell, der zweite nimmt exponentiell ab für $n \to \infty$. Daher gilt für große n

$$x_n \approx \frac{(1 + \sqrt{2})^n}{2\sqrt{2}},$$

insbesondere also $\frac{x_{n+1}}{x_n} \approx 1 + \sqrt{2}$. Hieraus erhalten wir eine sehr gute Näherungsformel für $\sqrt{2}$, nämlich

$$\sqrt{2} \approx \frac{x_{n+1} - x_n}{x_n}.$$

Durch Einsetzen von $x_n = 0, 1, 2, 5, 12, 29, \ldots$ ergibt sich

$$\sqrt{2} \approx \frac{1-0}{0} = \infty; \quad \sqrt{2} \approx \frac{2-1}{1} = 1; \quad \sqrt{2} \approx \frac{5-2}{2} = 1{,}5;$$

$$\sqrt{2} \approx \frac{12-5}{5} = 1{,}4; \quad \sqrt{2} \approx \frac{29-12}{12} = \frac{17}{12} \approx 1{,}417\ldots; \ldots$$

Mit genau dieser Approximation wurde im Altertum der Wert von $\sqrt{2}$ berechnet. Man kann sie auch durch Entwicklung von $\sqrt{2}$ in einen Kettenbruch erhalten. Übrigens ist $\frac{x_{n+1} - x_n}{x_n}$ die beste aller rationalen Approximationen von $\sqrt{2}$ mit Nennern, die nicht größer als x_n sind.

3.13.6. Kleine Schwingungen. Wir haben schon früher den Fall untersucht, daß jeder Wurzel der charakteristischen Gleichung (unabhängig von ihrer Vielfachheit) ein Eigenvektor entspricht, d. h. den Fall einer einzigen Gleichung n-ter Ordnung. Dem gegenüber steht der Fall, daß jeder Wurzel so viele Eigenvektoren entsprechen, wie die Vielfachheit der Wurzel angibt. Dieser Fall tritt bei kleinen Schwingungen eines konservativen mechanischen Systems auf.

Auf dem *euklidischen* Raum $\boldsymbol{R}^n$ sei eine quadratische Form U gegeben, die durch einen symmetrischen Operator A definiert ist:

$$U(\boldsymbol{x}) = \frac{1}{2}(A\boldsymbol{x}, \boldsymbol{x}), \quad \boldsymbol{x} \in \boldsymbol{R}^n, \quad A: \boldsymbol{R}^n \to \boldsymbol{R}^n, \quad A' = A.$$

Wir betrachten dann die Differentialgleichung

$$\ddot{\boldsymbol{x}} = -\operatorname{grad} U \tag{7}$$

(U potentielle Energie).[1]) Dabei ist es nützlich, sich wie in 2.6.2. ein Kügelchen vorzustellen, das sich auf dem Graphen von U entlangbewegt.

Der Gleichung (7) können wir auch die Gestalt

$$\ddot{\boldsymbol{x}} = -A\boldsymbol{x}$$

oder, in Koordinatenschreibweise, die eines Systems von n linearen Gleichungen zweiter Ordnung geben. Der allgemeinen Methode folgend, suchen wir die Lösung

---

[1]) Das Vektorfeld grad U wird durch die Bedingung

$$dU(\xi) = (\operatorname{grad} U, \xi) \text{ für jeden Vektor } \xi \in \boldsymbol{TR}_x{}^n$$

bestimmt. Hier steht auf der rechten Seite der Gleichung ein Skalarprodukt. In einem kartesischen (orthonormierten) Koordinatensystem hat das Vektorfeld grad U die Komponenten $\frac{\partial U}{\partial x_1}, \ldots, \frac{\partial U}{\partial x_n}$.

in der Form $\varphi = e^{\lambda t}\xi$ und finden

$$\lambda^2 e^{\lambda t}\xi = -Ae^{\lambda t}\xi, \qquad (A + \lambda^2 E)\,\xi = 0, \qquad \det|A + \lambda^2 E| = 0.$$

Hiernach gelangen wir zu n reellen (weshalb?) Werten für λ^2 und $2n$ Werten für λ.

Sind alle Werte voneinander verschieden, so ist jede Lösung von (7) eine Linearkombination von Exponentialfunktionen. Treten mehrfache Wurzeln auf, so taucht die Frage nach den Jordanblöcken auf.

Satz. *Ist die quadratische Form U nicht ausgeartet, so entsprechen jedem Eigenwert λ so viele linear unabhängige Eigenvektoren, wie die Vielfachheit von λ angibt, so daß jede Lösung von* (7) *als Summe von Exponentialfunktionen darstellbar ist:*[1])

$$\varphi(t) = \sum_{k=1}^{2n} e^{\lambda_k t}\xi_k, \qquad \xi_k \in \boldsymbol{C}^n.$$

Beweis. Man kann die quadratische Form U einer *Hauptachsentransformation* unterwerfen: Es existiert eine orthonormierte Basis $\boldsymbol{e}_1, \ldots, \boldsymbol{e}_n$, in der sich U durch

$$U(\boldsymbol{x}) = \frac{1}{2}\sum_{k=1}^{n} a_k x_k^2, \qquad \boldsymbol{x} = x_1\boldsymbol{e}_1 + \cdots + x_n\boldsymbol{e}_n,$$

darstellen läßt.

Da U nicht ausgeartet ist, ist also keine der Zahlen a_k gleich 0. In den gewählten Koordinaten nimmt (7) die Gestalt

$$\ddot{x}_1 = -a_1x_1, \qquad \ddot{x}_2 = -a_2x_2, \qquad \ldots, \qquad \ddot{x}_n = -a_nx_n$$

an, unabhängig davon, ob es mehrfache Wurzeln gibt.[2]) Unser System ist damit in das direkte Produkt von n „Pendelgleichungen" zerlegt. Jede dieser Gleichungen ($\ddot{x} = -ax$) läßt sich unmittelbar lösen. Ist $a > 0$, so gilt $a = \omega^2$ und

$$x = C_1 \cos \omega t + C_2 \sin \omega t;$$

ist $a < 0$, so ist $a = -\alpha^2$ und

$$x = C_1 \cosh \alpha t + C_2 \sinh \alpha t = D_1\, e^{\alpha t} + D_2 e^{-\alpha t}.$$

Diese Formeln implizieren insbesondere die Behauptung des Satzes.

Ist die Form U positiv definit, so sind alle a_k positiv. Der Punkt $\boldsymbol{x}$ führt n unabhängige Schwingungen in n zueinander senkrechten Richtungen $\boldsymbol{e}_1, \ldots, \boldsymbol{e}_n$ aus (vgl.

---

[1]) Es ist interessant, daß sich Lagrange, der die Differentialgleichung (7) der kleinen Schwingungen als erster untersuchte, anfangs irrte. Er dachte, daß im Fall mehrfacher Wurzeln „säkuläre" Summanden $te^{\lambda t}$ (im reellen Fall $t \sin \omega t$) wie in 3.13.2., 3.13.4. und 3.13.5. erforderlich sind.

[2]) Dabei haben wir wesentlich die Orthonormiertheit der Basis $\boldsymbol{e}_k$ benutzt; wäre die Basis nicht orthonormiert, so wären die Komponenten des Vektors grad $\frac{1}{2}\sum a_k x_k^2$ *nicht gleich* $a_k x_k$.

Abb. 173); diese Schwingungen sind die sogenannten *Eigenschwingungen*. Die Zahlen ω_k heißen *Eigenfrequenzen*; sie genügen der Gleichung

$$\det |A - \omega^2 E| = 0.$$

Die Phasenkurve des Punktes $\boldsymbol{x} = \boldsymbol{\varphi}(t)$ im $\boldsymbol{R}^n$ (wobei $\boldsymbol{\varphi}$ eine Lösung der Gleichung (7) ist) liegt in dem Parallelepiped $|x_k| \leqq X_k$; dabei ist X_k die Amplitude der k-ten Eigenschwingung. Insbesondere liegt für $n = 2$ die Phasenkurve in einem Rechteck.

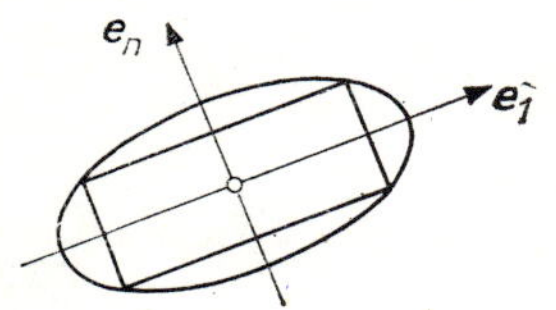

Abb. 173. Richtungen der Eigenschwingungen und Niveaulinie der potentiellen Energie

Sind die Frequenzen ω_1 und ω_2 kommensurabel, so ist die Phasenkurve eine geschlossene Kurve. Sie heißt in diesem Fall *Lissajoussche* Figur (Abb. 174). Sind ω_1 und ω_2 inkommensurabel, so ist die Phasenkurve im Rechteck überall dicht; dies folgt aus dem Satz in 3.12.

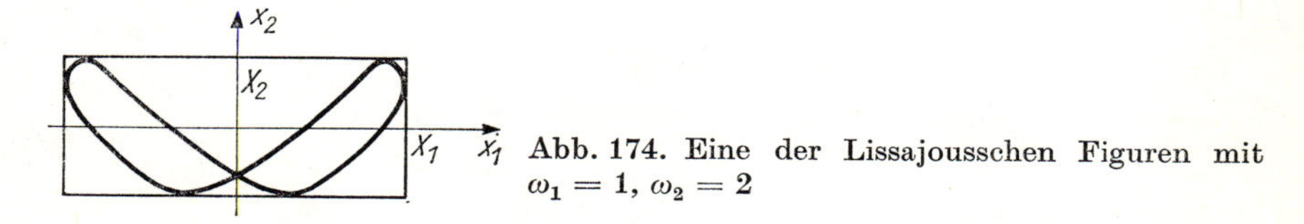

Abb. 174. Eine der Lissajousschen Figuren mit $\omega_1 = 1$, $\omega_2 = 2$

Aufgabe 1. Man zeichne die Lissajousschen Figuren für $\omega_1 = 1$, $\omega_2 = 3$ und für $\omega_1 = 2$, $\omega_2 = 3$.

Aufgabe 2. Man beweise, daß sich unter den Lissajousschen Figuren mit $\omega_2 = n\omega_1$ der Graph des *Tschebyscheffschen Polynoms* n-ten Grades,

$$T_n(x) = \cos n \arccos x,$$

befindet.

Aufgabe 3. Welche Gestalt haben die Phasenkurven $\boldsymbol{x} = \boldsymbol{\varphi}(t)$ im Fall $U = x_1^2 - x_2^2$?

Aufgabe 4. Für welche U ist die Gleichgewichtslage $x = \dot{x} = 0$ von (7)
a) im Ljapunovschen Sinne stabil,
b) asymptotisch stabil?

3.14. Quasipolynome

Bei der Lösung linearer Gleichungen mit konstanten Koeffizienten begegneten wir ständig Quasipolynomen. Wir wollen nun die Gründe dafür suchen und bei dieser Gelegenheit einige neue Anwendungen angeben.

3.14.1. Linearer Funktionenraum. Wir betrachten die Menge F aller unendlich oft differenzierbaren komplexwertigen Funktionen auf der reellen Achse $\boldsymbol{R}$. Die Menge

F ist mit einer natürlichen Struktur des komplexen linearen Raumes versehen: Sind f_1, f_2 Funktionen aus F, so gehört die Funktion $c_1 f_1 + c_2 f_2$ (c_1, c_2 Konstanten aus $\boldsymbol{C}$) ebenfalls zu F.

Definition. Die Funktionen $f_1, \ldots, f_n \in F$ heißen *linear unabhängig*, wenn sie als Vektoren des linearen Raumes F linear unabhängig sind, d. h., wenn die Beziehung

$$c_1 f_1 + \cdots + c_n f_n \equiv 0$$

die Relation

$$c_1 = \cdots = c_n = 0$$

mit $c_1, \ldots, c_n \in \boldsymbol{C}$ nach sich zieht.

Aufgabe 1. Für welche Werte von α und β sind die Funktionen $\sin \alpha t$ und $\sin \beta t$ für alle α und β linear abhängig?

Aufgabe 2. Man zeige, daß die Funktionen $e^{\lambda_1 t}, \ldots, e^{\lambda_n t}$ linear unabhängig sind, wenn alle λ_k paarweise verschieden sind.

Hinweis. Dies folgt aus der Existenz einer linearen Gleichung n-ter Ordnung, die die Funktionen $e^{\lambda_1 t}, \ldots, e^{\lambda_n t}$ als Lösungen besitzt (vgl. 3.14.2.).

Unter den Elementen des Raumes F befinden sich λ-Quasipolynome

$$f(t) = e^{\lambda t} \sum_{k=0}^{\nu-1} c_k t^k$$

und, allgemein, endliche Summen von λ_l-Quasipolynomen:

$$f(t) = \sum_{l=1}^{k} e^{\lambda_l t} \sum_{m=0}^{\nu_l - 1} c_{lm} t^m, \qquad \lambda_i \neq \lambda_j. \tag{1}$$

Aufgabe 3. Man beweise, daß jede Funktion der Gestalt (1) auf genau eine Art als Summe (1) darstellbar ist, d. h.: *Ist die Summe* (1) *gleich* 0, *so ist jeder Koeffizient* c_{lm} *gleich* 0.

Hinweis. Zu einer der möglichen Lösungen vgl. die Folgerung in 3.14.2.

3.14.2. Linearer Raum der Lösungen einer linearen Gleichung.

Satz. *Die Menge X aller Lösungen der linearen Gleichung*

$$x^{(n)} + a_1 x^{(n-1)} + \cdots + a_n x = 0 \tag{2}$$

bildet in F einen linearen Unterraum der endlichen Dimension n.

Beweis. Es sei $D\colon F \to F$ derjenige Operator, der jede Funktion in ihre Ableitung überführt. D ist ein linearer Operator:

$$D(c_1 f_1 + c_2 f_2) = c_1 D f_1 + c_2 D f_2.$$

Wir betrachten dann das Polynom in D

$$A = a(D) = D^n + a_1 D^{n-1} + \cdots + a_n E.$$

Der Operator A ist ein linearer Operator von F in F. Die Lösungen[1]) der Gleichung (2) sind die Elemente des Kerns von A. Also ist $X = \operatorname{Ker} A$.

[1]) Wir wissen von vornherein, daß alle Lösungen von (2) unendlich oft differenzierbar sind, d. h. zu F gehören (vgl. 3.13.4.).

Der Kern Ker A ist ein linearer Raum; also ist auch der Raum X linear. Wir wollen zeigen, daß X dem Raum $\boldsymbol{C}^n$ isomorph ist. Dazu stellen wir eine Funktion $\varphi \in X$ als Tupel von n Zahlen dar, und zwar als Tupel der Werte der Funktion φ und ihrer Ableitungen im Punkt $t = 0$:

$$\boldsymbol{\varphi}_0 = \big(\varphi(0), (D\varphi)(0), \ldots, (D^{n-1}\varphi)(0)\big).$$

Wir erhalten damit die Abbildung

$$B\colon X \to \boldsymbol{C}^n, \qquad B(\varphi) = \boldsymbol{\varphi}_0.$$

Diese Abbildung ist linear. Das durch B vermittelte Bild ist der ganze Raum $\boldsymbol{C}^n$, denn auf Grund des Existenzsatzes gibt es eine Lösung $\varphi \in X$ mit beliebig vorgegebenen Anfangswerten $\boldsymbol{\varphi}_0$.

Der Kern der Abbildung B ist 0, da nach dem Eindeutigkeitssatz die Lösung $(\varphi \equiv 0)$ durch die Anfangsbedingungen $\boldsymbol{\varphi}_0 = 0$ eindeutig bestimmt ist. Also ist B ein Isomorphismus, was zu beweisen war.

Folgerung. *Sind $\lambda_1, \ldots, \lambda_k$ die Wurzeln der charakteristischen Gleichung $a(\lambda) = 0$ der Differentialgleichung* (2) *und $\nu_1, \ldots, \nu_k$ deren Vielfachheiten, so ist jede Lösung von* (2) *auf eine einzige Art in der Gestalt* (1) *darstellbar, und jede Summe von Quasipolynomen der Gestalt* (1) *genügt der Gleichung* (2).

Beweis. Die Formel (1) definiert eine Abbildung $\Phi\colon \boldsymbol{C}^n \to F$, die der Funktion f das n-Tupel der Koeffizienten c_{lm} zuordnet. Diese Abbildung ist linear. Das durch Φ vermittelte Bild enthält den Raum X der Lösungen von (2), denn auf Grund von 3.13. läßt sich jede Lösung von (2) in der Gestalt (1) darstellen. Nach dem vorhergehenden Satz ist die Dimension von X gleich n.

Eine lineare Abbildung von $\boldsymbol{C}^n$ in den Raum X derselben Dimension ist ein Isomorphismus; also ist Φ ein Isomorphismus zwischen $\boldsymbol{C}^n$ und X, womit die Folgerung bewiesen ist.

3.14.3. Invarianz gegenüber Translationen.

Satz. *Der Raum X der Lösungen von* (2) *ist invariant gegenüber Translationen, die die Funktion $\varphi(t)$ in $\varphi(t + s)$ überführen.*

Die verschobene Lösung ist nämlich ebenfalls eine Lösung, wie es auch bei jeder autonomen Gleichung der Fall ist (vgl. 2.4.).

Beispiele für Unterräume von F, die gegenüber Translationen invariant sind:

1. Der eindimensionale Raum $\{ce^{\lambda t}\}$.
2. Der n-dimensionale Raum der λ-Quasipolynome $\{e^{\lambda t}p_{<n}(t)\}$.
3. Die Ebene $\{c_1 \cos \omega t + c_2 \sin \omega t\}$.
4. Der $2n$-dimensionale Raum $\{p_{<n}(t) \cos \omega t + q_{<n}(t) \sin \omega t\}$.

Man kann zeigen, daß jeder gegenüber Translationen invariante endlichdimensionale Unterraum von F der Raum der Lösungen der Differentialgleichung (2) ist. Ein solcher Raum läßt sich in die direkte Summe von Räumen von Quasipolynomen zerlegen.

Damit ist auch die Bedeutung der Quasipolynome für die Theorie der linearen Differentialgleichungen mit konstanten Koeffizienten geklärt.

Ist eine beliebige Gleichung invariant gegenüber einer beliebigen Transformationsgruppe, so spielt bei der Lösung dieser Gleichung derjenige Funktionenraum eine wichtige Rolle, dessen Elemente gegenüber dieser Gruppe invariant sind. Auf diese Weise entstehen in der Mathematik diverse spezielle Funktionen. Zum Beispiel sind mit der Drehgruppe der Kugel die Kugelfunktionen verknüpft; sie bilden endlichdimensionale Funktionenräume, die gegenüber Drehungen der Sphäre invariant sind.

Aufgabe 1.* Man bestimme alle endlichdimensionalen Unterräume des Raumes der auf der Kreislinie stetig differenzierbaren Funktionen, die gegenüber Drehungen der Kreislinie invariant sind.

3.14.4. Historische Bemerkungen. Die Theorie der linearen Differentialgleichungen mit konstanten Koeffizienten wurde von EULER und LAGRANGE begründet und bis zur Konstruktion der Jordanschen Normalform einer Matrix ausgearbeitet.

EULER und LAGRANGE stellten dabei folgende Überlegungen an. Es seien λ_1, λ_2 zwei Wurzeln der charakteristischen Gleichung. Ihnen entsprechen die Lösungen $e^{\lambda_1 t}$, $e^{\lambda_2 t}$, mit deren Hilfe sich im Raum F die zweidimensionale Ebene

$$\{c_1 e^{\lambda_1 t} + c_2 e^{\lambda_2 t}\}$$

aufspannen läßt (Abb. 175). Jetzt möge die Gleichung so verändert werden, daß sich λ_2 an λ_1 annähert. Dann strebt $e^{\lambda_2 t}$ gegen $e^{\lambda_1 t}$, und für $\lambda_2 = \lambda_1$ artet die Ebene in eine Gerade aus.

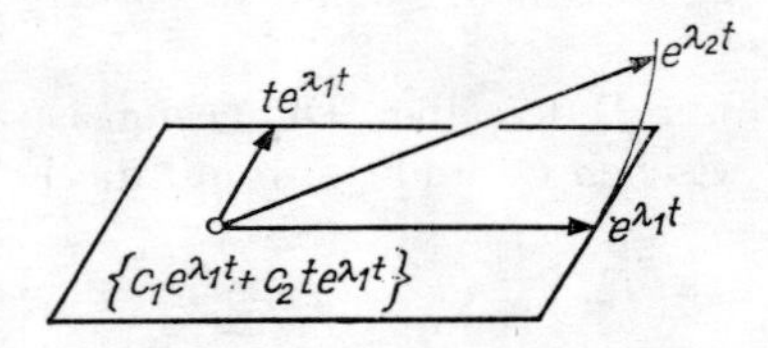

Abb. 175. Grenzlage der von $e^{\lambda_1 t}$ und $e^{\lambda_2 t}$ im Raum F aufgespannten Ebene

Die Frage ist nun, ob es nicht eine Grenzlage der Ebene gibt, wenn λ_2 gegen λ_1 strebt.

Anstelle von $e^{\lambda_1 t}$ und $e^{\lambda_2 t}$ kann man, wenn $\lambda_1 \neq \lambda_2$ ist, $e^{\lambda_1 t}$ und $e^{\lambda_2 t} - e^{\lambda_1 t}$ als Basis wählen. Nun ist $e^{\lambda_2 t} - e^{\lambda_1 t} \approx (\lambda_2 - \lambda_1)\, te^{\lambda_1 t}$. Die Basis $\left(e^{\lambda_1 t}, (e^{\lambda_2 t} - e^{\lambda_1 t})/(\lambda_2 - \lambda_1)\right)$ geht für $\lambda_2 \to \lambda_1$ in die Basis $(e^{\lambda_1 t}, te^{\lambda_1 t})$ der Grenzebene über. Daher ist naturgemäß zu erwarten, daß die Lösungen der Gleichung im Grenzfall (nämlich bei Auftreten der Doppelwurzel $\lambda_2 = \lambda_1$) in der Grenzebene $c_1 e^{\lambda_1 t} + c_2 te^{\lambda_1 t}$ liegen. Ist die Formel für die Lösung einmal aufgestellt, so kann man dies einfach durch Einsetzen in die Gleichung verifizieren.

Auf dieselbe Weise erklärt sich das Auftreten von Lösungen $t^k e^{\lambda t}$ $(k < \nu)$ im Fall einer ν-fachen Wurzel.

Diese Überlegungen lassen sich völlig exakt durchführen (wenn man den Satz von der Differenzierbarkeit der Lösungen nach einem Parameter heranzieht).

3.14.5. Inhomogene Gleichungen. Gegeben sei ein linearer Operator $A: L_1 \to L_2$. Als Lösung der inhomogenen Gleichung

$$Ax = f,$$

deren rechte Seite f (die sogenannte Störfunktion) ein Element aus L_2 ist, zählt jedes Urbild $x \in L_1$ des Elements $f \in L_2$ (Abb. 176).

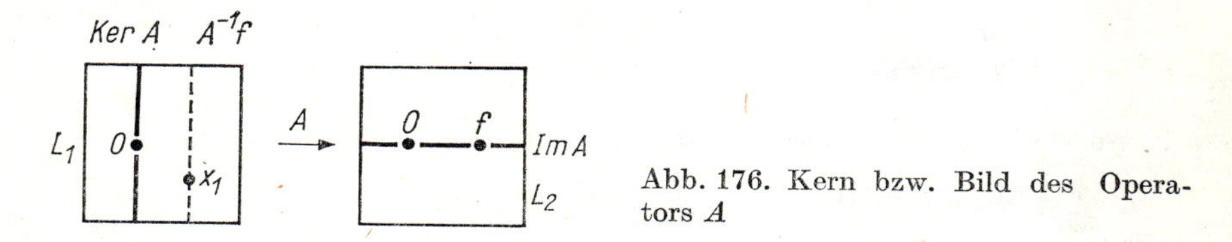

Abb. 176. Kern bzw. Bild des Operators A

Jede Lösung dieser inhomogenen Gleichung ist die Summe aus einer Partiallösung x_1 und der allgemeinen Lösung der homogenen Gleichung $Ax = 0$:

$$A^{-1}f = x_1 + \operatorname{Ker} A.$$

Die inhomogene Gleichung ist lösbar, wenn f dem linearen Raum

$$\operatorname{Im} A = A(L_1) \subseteq L_2$$

angehört.

Wir untersuchen speziell die Differentialgleichung

$$x^{(n)} + a_1 x^{(n-1)} + \cdots + a_n x = f(t) \tag{3}$$

(das ist eine *lineare inhomogene Differentialgleichung n-ter Ordnung mit konstanten Koeffizienten*).

Satz. *Ist die rechte Seite $f(t)$ von (3) als Summe von Quasipolynomen darstellbar, so ist jede Lösung von (3) Summe von Quasipolynomen.*

Wir betrachten den Raum

$$C^m = \{e^{\lambda t} p_{<m}(t)\}$$

der λ-Quasipolynome kleineren als m-ten Grades. Da der lineare Operator D (der jede Funktion in ihre Ableitung überführt) den Raum C^m auf sich abbildet, ist der Operator

$$A = a(D) = D^n + a_1 D^{n-1} + \cdots + a_n E: C^m \to C^m$$

ebenfalls ein linearer Operator von C^m in C^m. Jetzt können wir die Gleichung (3) in der Gestalt $Ax = f$ schreiben. Um zu erkennen, ob sie lösbar ist, müssen wir das Bild $\operatorname{Im} A = A(C^m)$ der Abbildung A bestimmen.

Lemma 1. *Ist λ nicht Wurzel der charakteristischen Gleichung, d. h., ist $a(\lambda) \neq 0$, so ist $A: C^m \to C^m$ ein Isomorphismus.*

Beweis. Die dem Operator $D: C^m \to C^m$ zugeordnete Matrix ist, in einer geeigneten Basis, ein Jordanblock, dessen Elemente in der Hauptdiagonalen gleich λ sind. In derselben Basis ist dem Operator A eine Dreiecksmatrix zugeordnet, deren Elemente in der Hauptdiagonalen gleich $a(\lambda)$ sind. Also gilt

$$\det A = (a(\lambda))^m \neq 0,$$

und A ist ein Isomorphismus.

Folgerung. *Ist λ nicht Wurzel der charakteristischen Gleichung, so besitzt die Gleichung* (3), *wenn ihre rechte Seite als λ-Quasipolynom kleineren als m-ten Grades darstellbar ist, eine Partikularlösung ebenfalls in Gestalt eines solchen Quasipolynoms.*

Lemma 2. *Hat die charakteristische Gleichung die ν-fache Wurzel λ, d. h., ist*

$$a(z) = (z - \lambda)^\nu b(z), \qquad b(\lambda) \neq 0,$$

so gilt

$$A\boldsymbol{C}^m = \boldsymbol{C}^{m-\nu}.$$

Beweis. Es gilt $A = a(D) = (D - \lambda E)^\nu b(D)$. Auf Grund von Lemma 1 ist dann die Abbildung $b(D)$ ein Isomorphismus von $\boldsymbol{C}^m$ in sich. Also bleibt zu zeigen, daß $D - \lambda E)^\nu \boldsymbol{C}^m = \boldsymbol{C}^{m-\nu}$ ist. Nun ist die Matrix des Operators $D - \lambda E$ in der Basis

$$\boldsymbol{e}_k = \frac{t^k}{k!} e^{\lambda t}, \qquad 0 \leqq k < m,$$

ein nilpotenter Jordanblock, d. h., dieser Operator wirkt auf dieser Basis wie eine Translation:

$$0 \leftarrow\!\dashv \boldsymbol{e}_0 \leftarrow\!\dashv \boldsymbol{e}_1 \leftarrow\!\dashv \cdots \leftarrow\!\dashv \boldsymbol{e}_{m-1}.$$

Der Operator $(D - \lambda E)^\nu$ wirkt also wie eine Translation um ν Plätze und bildet somit $\boldsymbol{C}^m$ in $\boldsymbol{C}^{m-\nu}$ ab.

Folgerung. *Es sei λ eine ν-fache Wurzel der charakteristischen Gleichung* ($a(\lambda) = 0$) *und $f \in \boldsymbol{C}^k$ ein λ-Quasipolynom kleineren als k-ten Grades. Dann hat die Gleichung* (3) *eine Lösung $\varphi \in \boldsymbol{C}^{k+\nu}$ in Gestalt eines λ-Quasipolynoms kleineren als* $(k + \nu)$*-ten Grades.*

Diese Aussage ergibt sich aus Lemma 2, wenn man dort $m = k + \nu$ setzt.

Beweis des Satzes. Wir betrachten die Menge Σ aller möglichen Summen von Quasipolynomen. Sie bildet einen linearen unendlichdimensionalen Unterraum des Raumes F. Auf Grund der eben formulierten Folgerung enthält das Bild $A(\Sigma)$ des Operators

$$A = a(D)\colon \Sigma \to \Sigma$$

alle Quasipolynome. Da $A(\Sigma)$ ein linearer Raum ist, stimmt $A(\Sigma)$ mit Σ überein. Also besitzt (3) eine Partikularlösung in Gestalt einer Summe von Quasipolynomen. Zu ihr braucht man nur noch die allgemeine Lösung der homogenen Gleichung hinzuzufügen, die wegen 3.13. ebenfalls Summe von Quasipolynomen ist. Damit ist der Satz bewiesen.

Bemerkung 1. *Ist* $f = e^{\lambda t} p_{<k}(t)$, *so existiert eine Partikularlösung von* (3) *der Gestalt* $\varphi = t^{\nu} e^{\lambda t} q_{<k}(t)$.

Nach Lemma 2 existiert nämlich eine Partikularlösung in Gestalt eines Quasipolynoms kleineren als $(k + \nu)$-ten Grades. Da aber die Summanden kleineren als ν-ten Grades der homogenen Gleichung genügen (vgl. die Folgerung in 3.13.2.), kann man sie vernachlässigen.

Bemerkung 2. *Sind die Koeffizienten der Gleichung* (3) *und die Wurzel* λ *reell, so läßt sich die Lösung in Gestalt eines reellen Quasipolynoms angeben. Ist dagegen* $\lambda = \alpha \pm i\omega$, *so hat die Lösung die Gestalt*

$$e^{\alpha t}(p(t) \cos \omega t + q(t) \sin \omega t).$$

Dabei kann die Sinusfunktion sogar dann in der Lösung auftreten, wenn auf der rechten Seite der Gleichung nur die Kosinusfunktion steht.

Aufgabe 1. Wie lauten die Partikularlösungen der folgenden 13 Gleichungen?

a, b) $\ddot{x} \pm x = t^2$; c, d) $\ddot{x} \pm x = e^{2t}$;
e, f) $\ddot{x} \pm x = te^{-t}$; g, h) $\ddot{x} \pm x = t^3 \sin t$;
i, j) $\ddot{x} \pm x = te^t \cos t$; k, l) $\ddot{x} \pm 2ix = t^2 e^t \sin t$;
m) $x^{\mathrm{IV}} + 4x = t^2 e^t \cos t$.

3.14.6. Die Methode der komplexen Amplituden. Sind die Wurzeln komplex, so ist es im allgemeinen einfacher, folgendermaßen vorzugehen.

Die Koeffizienten der Gleichung (3) seien reell, und die Funktion $f(t)$ lasse sich als Realteil einer komplexwertigen Funktion $F(t)$ darstellen: $f(t) = \mathrm{Re}\, F(t)$. Mit Φ bezeichnen wir eine komplexe Lösung der Gleichung $a(D)\, \Phi = F$. Nehmen wir den Realteil, so können wir uns davon überzeugen, daß $a(D)\, \varphi = f$ gilt, wenn $\varphi = \mathrm{Re}\, \Phi$ ist (wegen $a = \mathrm{Re}\, a$).

Um also die Lösungen einer linearen inhomogenen Differentialgleichung mit der Störfunktion f *zu bestimmen, genügt es,* f *als Realteil einer komplexen Funktion* F *aufzufassen, die Differentialgleichung mit der Störfunktion* F *zu lösen und dann den Realteil der Lösung zu nehmen.*

Beispiel 1. Es sei $f(t) = \cos \omega t = \mathrm{Re}\, e^{i\omega t}$. Da das Quasipolynom $F(t) = e^{i\omega t}$ den Grad 0 hat, kann man die Lösung in der Gestalt $Ct^{\nu} e^{i\omega t}$ ansetzen, wobei C eine komplexe Konstante, die sogenannte *komplexe Amplitude,* und ν die Vielfachheit der Nullstelle $i\omega$ ist. Somit ist

$$\varphi(t) = \mathrm{Re}\, (Ct^{\nu} e^{i\omega t}).$$

Setzen wir $C = re^{i\theta}$, so gelangen wir zu

$$\varphi(t) = rt^{\nu} \cos (\omega t + \theta).$$

Also liefert die komplexe Amplitude C auch Information über die Amplitude r und die Phase θ der reellen Lösung.

Beispiel 2. Wir betrachten ein Pendel (oder ein anderes lineares Schwingungssystem, etwa ein Gewicht an einer Feder oder einen elektrischen Schwingungskreis) unter Einwirkung einer periodischen äußeren Kraft (Abb. 177):

$$\ddot{x} + \omega^2 x = f(t), \qquad f(t) = \cos \nu t = \operatorname{Re} e^{i\nu t}.$$

Die charakteristische Gleichung $\lambda^2 + \omega^2 = 0$ hat die Wurzeln $\lambda = \pm i\omega$. Ist $\nu^2 \neq \omega^2$, so machen wir für die Partikularlösung den Ansatz $\Phi = Ce^{i\nu t}$. Gehen wir mit ihm in die Gleichung ein, so finden wir

$$C = \frac{1}{\omega^2 - \nu^2}. \tag{4}$$

Die Größe C ist in der Gestalt $C = r(\nu)\, e^{i\theta(\nu)}$ darstellbar.

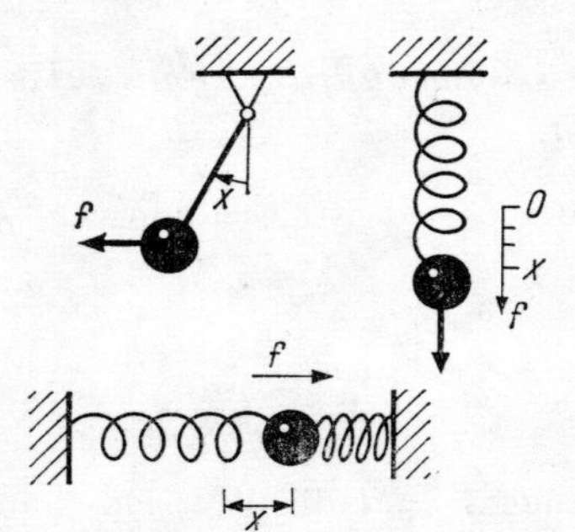

Abb. 177. Schwingendes System unter Einwirkung einer äußeren Kraft $f(t) = \cos \nu t$

Nach (4) haben die Amplitude r und die Phase θ den in Abb. 178 gezeigten Verlauf.[1]) Da der Realteil von Φ gleich $r \cos(\nu t + \theta)$ ist, hat die allgemeine Lösung der inhomogenen Gleichung die Gestalt

$$x = r \cos(\nu t + \theta) + C_1 \cos(\omega t + \theta_1)$$

mit willkürlichen Konstanten C_1 und θ_1.

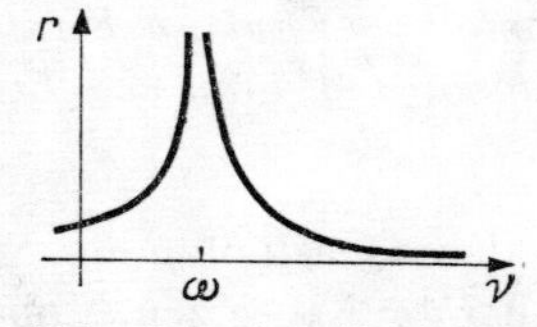

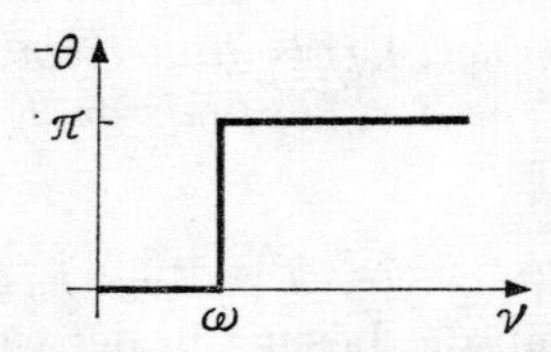

Abb. 178. Amplitude bzw. Phase der erzwungenen Schwingungen eines Pendels ohne Reibung als Funktionen der Frequenz der äußeren Kraft

Unter Einwirkung einer äußeren Kraft setzt sich also die Pendelschwingung aus einer „erzwungenen Schwingung“ $r \cos(\nu t + \theta)$ mit derselben Frequenz wie der der äußeren Kraft und einer „freien Schwingung“ mit der Eigenfrequenz ω zusammen.

Die Abhängigkeit der Amplitude r der erzwungenen Schwingung von der Frequenz ν der äußeren Kraft besitzt Resonanzcharakter: Je mehr sich die Frequenz

[1]) Die Wahl von $\theta = -\pi$ (und nicht $+\pi$) für $\nu > \omega$ wird später in Beispiel 3 begründet.

der äußeren Kraft an die Eigenfrequenz ω annähert, um so stärker schwingt das System.

Diese Resonanzerscheinung, die bei Übereinstimmung von Frequenz der äußeren Kraft und Eigenfrequenz des schwingenden Systems beobachtet werden kann, ist für die Praxis außerordentlich wichtig. Beispielsweise ist bei Berechnungen von Konstruktionen darauf zu achten, daß die Eigenfrequenzen der Konstruktionen nicht in der Nähe der Frequenzen der auf die Konstruktionen einwirkenden äußeren Kräfte liegen. Andernfalls kann sogar eine kleine Kraft, die während einer längeren Zeit angreift, eine Konstruktion in Schwingungen versetzen und schließlich zerstören (*Resonanzkatastrophe*).

Die Phase θ der erzwungenen Schwingungen ändert sich beim Durchgang von ν durch den Resonanzwert ω sprunghaft um $-\pi$. Für nahe bei ω gelegene ν sind „Schwebungen" zu beboachten (Abb. 179a): Die Amplitude der Pendelschwingungen nimmt abwechselnd zu (solange das Verhältnis von Phase der Pendelschwingung zu Phase der äußeren Kraft so groß ist, daß die äußere Kraft das Pendel in Schwingungen versetzt, indem sie ihm Energie verleiht) und ab (wenn sich das Phasenverhältnis so ändert, daß die äußere Kraft das Pendel bremst).

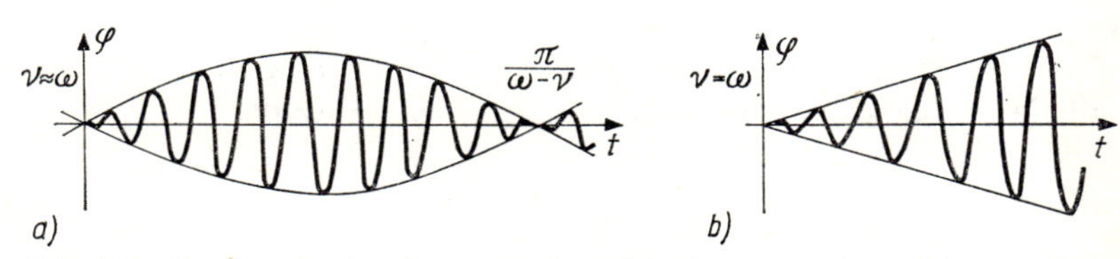

Abb. 179. Summe zweier harmonischer Schwingungen benachbarter Frequenzen (Schwebungen) und ihr Grenzwert im Resonanzfall (Resonanzkatastrophe)

Je näher die Frequenzen ν und ω beieinanderliegen, um so langsamer ändert sich das Phasenverhältnis und um so größer ist die Periode der Schwebungen. Für $\nu \to \omega$ strebt die Periode der Schwebungen gegen ∞.

Bei Resonanz ($\nu = \omega$) ist das Phasenverhältnis konstant, und die erzwungenen Schwingungen können unbeschränkt wachsen (Abb. 179b). Suchen wir nämlich im Fall $\nu = \omega$ nach der allgemeinen Methode eine Partikularlösung in der Gestalt $x = \operatorname{Re} Cte^{i\omega t}$ und setzen dies in die Differentialgleichung ein, so finden wir $C = \frac{1}{2i\omega}$, woraus $x = \frac{t}{2\omega} \sin \omega t$ folgt (Abb. 179b), d. h., die erzwungenen Schwingungen wachsen unbeschränkt mit t.

Beispiel 3. Wir untersuchen die Pendelgleichung bei Vorhandensein von Reibung:

$$\ddot{x} + k\dot{x} + \omega^2 x = f(t).$$

Die charakteristische Gleichung $\lambda^2 + k\lambda + \omega^2 = 0$ hat die Wurzeln

$$\lambda_{1,2} = -\alpha \pm i\Omega \qquad \text{mit } \alpha = \frac{k}{2},\ \Omega = \sqrt{\omega^2 - \frac{k^2}{4}}$$

(vgl. Abb. 180). Der Reibungskoeffizient k sei positiv und relativ klein ($k^2 < 4\omega^2$). Betrachten wir eine harmonische äußere Kraft $f(t) = \cos \nu t = \operatorname{Re} e^{i\nu t}$, so kann $i\nu$, da der Reibungskoeffizient k von 0 verschieden ist, nicht Wurzel der charakteristischen

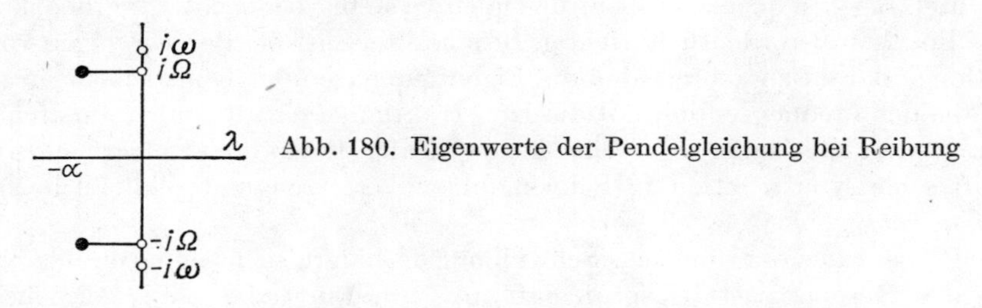

Abb. 180. Eigenwerte der Pendelgleichung bei Reibung

Gleichung sein (da $\lambda_{1,2}$ von 0 verschiedene Realteile besitzt). Daher muß man die Lösung in der Gestalt $x = \operatorname{Re} Ce^{i\nu t}$ ansetzen. Substitution in die Differentialgleichung ergibt

$$C = \frac{1}{\omega^2 - \nu^2 + ki\nu}. \tag{5}$$

In trigonometrischer Form lautet die Konstante $C = re^{i\theta}$. Die Graphen der Amplitude r bzw. der Phase θ der erzwungenen Schwingung in Abhängigkeit von der Frequenz ν haben wegen (5) die in Abb. 181 angegebene Gestalt.

Abb. 181. Amplitude bzw. Phase der erzwungenen Schwingungen eines Pendels mit Reibung als Funktionen der Frequenz der äußeren Kraft

Fügen wir zu dieser Partikularlösung der inhomogenen Gleichung die allgemeine Lösung der homogenen Gleichung,

$$C_1 e^{-\alpha t} \cos(\Omega t + \theta_1),$$

hinzu, so gelangen wir zu der allgemeinen Lösung der inhomogenen Gleichung:

$$x = r \cos(\nu t + \theta) + C_1 e^{-\alpha t} \cos(\Omega t + \theta_1).$$

Für $t \to \infty$ strebt $C_1 e^{-\alpha t} \cos(\Omega t + \theta_1)$ gegen 0, so daß allein die erzwungene Schwingung $x = r \cos(\nu t + \theta)$ übrigbleibt.

Vergleichen wir nun das Verhalten des Pendels bei $k = 0$ (Abb. 178) und $k > 0$ (Abb. 181), so sehen wir, daß *der Einfluß einer kleinen Reibung dazu führt, daß die Amplitude der Schwingungen bei Resonanz nicht unendlich groß wird, sondern einen bestimmten endlichen Wert hat, der dem Reibungskoeffizienten umgekehrt proportional ist.*

Die Funktion $r(\nu)$, die die Abhängigkeit der Amplitude der Schwingungen von der Frequenz der äußeren Kraft angibt, hat nämlich in der Nähe von $\nu = \omega$ ein stark ausgeprägtes Maximum (Abb. 181). Aus (5) ist ersichtlich, daß die Größe dieses Maximums bei Verkleinerung von k wie $\frac{1}{k\omega}$ wächst.

Vom physikalischen Standpunkt aus ist leicht vorauszusehen, ob die Amplitude der erzwungenen Schwingungen im Fall $k > 0$ endlich ist, indem man das Energiegleichgewicht überprüft. Bei großen Amplituden ist der Energieverlust durch Reibung größer als die dem Pendel durch die äußere Kraft verliehene Energie. Daher nimmt die Amplitude ab, solange sich nicht ein Zustand eingestellt hat, in welchem der durch Reibung entstehende Energieverlust durch die Arbeit der äußeren Kraft kompensiert wird. Die Amplitude der aufgetretenen Schwingungen wächst umgekehrt proportional zum Reibungskoeffizienten, wenn dieser gegen 0 strebt.

Die Phasenverschiebung von θ ist stets negativ: *Die erzwungene Schwingung bleibt hinter der erregenden Kraft zurück.*

Aufgabe 1. Man zeige, daß jede Lösung eines linearen inhomogenen Gleichungssystems mit konstanten Koeffizienten, dessen rechte Seite als Summe von Quasipolynomen mit vektoriellen Koeffizienten, also durch

$$f = \sum_l e^{\lambda_l t} \sum_k c_{kl} t^k$$

darstellbar ist, sich ebenfalls als Summe von Quasipolynomen mit vektoriellen Koeffizienten schreiben läßt.

Aufgabe 2. Man beweise, daß jede Lösung einer linearen inhomogenen Rekursionsformel

$$x_n - (a_1 x_{n-1} + \cdots + a_k x_{n-k}) = f(n),$$

deren rechte Seite eine Summe von Quasipolynomen ist, ebenfalls als Summe von Quasipolynomen dargestellt werden kann. Ferner bestimme man die Formel für das allgemeine Glied der Folge 0, 2, 7, 18, 41, 88, ... $(x_n = 2x_{n-1} + n)$.

3.14.7. Anwendung auf die Berechnung schwach nichtlinearer Schwingungen. Bei der Untersuchung, wie die Lösung einer Gleichung von den Parametern abhängt, muß man lineare inhomogene Gleichungen lösen: Gleichungen der Variationen (2.3.5.). Ist insbesondere das „ungestörte" System linear, so läßt sich das Problem oft auf die Lösung linearer Gleichungen zurückführen, deren rechte Seiten als Summe von Exponentialfunktionen (oder trigonometrischen Funktionen) oder von Quasipolynomen darstellbar sind.

Aufgabe 1. Man untersuche, wie die Periode der Pendelschwingungen, die sich durch die Beziehung $\ddot{x} = -\sin x$ beschreiben lassen, von der als klein angenommenen Amplitude A abhängt.

Lösung. $T = 2\pi \left(1 + \frac{A^2}{16} + O(A^4)\right)$.

Bei einer Auslenkung von 30° aus der Ruhelage ist z. B. die Periode um 2% größer als die Periode der kleinen Schwingungen.

Lösungsweg. Wir fassen die Lösung der Pendelgleichung unter der Anfangsbedingung $x(0) = A$, $\dot{x}(0) = 0$ als Funktion von A auf. Sie ist eine glatte Funktion auf Grund des Satzes von der Differenzierbarkeit der Lösung nach den Anfangswerten. Wir entwickeln sie nun in der Umgebung von $A = 0$ in eine Taylorreihe:

$$x = Ax_1(t) + A^2x_2(t) + A^3x_3(t) + O(A^4).$$

Dann ist

$$\dot{x} = A\dot{x}_1 + A^2\dot{x}_2 + A^3\dot{x}_3 + O(A^4),$$
$$\ddot{x} = A\ddot{x}_1 + A^2\ddot{x}_2 + A^3\ddot{x}_3 + O(A^4),$$
$$\sin x = Ax_1 + A^2x_2 + A^3\left(x_3 - \frac{1}{6}x_1^3\right) + O(A^4).$$

Da die Gleichung $\ddot{x} = -\sin x$ für jedes A erfüllt ist, erhalten wir für x_1, x_2, x_3

$$\ddot{x}_1 = -x_1, \qquad \ddot{x}_2 = -x_2, \qquad \ddot{x}_3 = -x_3 + \frac{1}{6}x_1^3. \tag{6}$$

Auch die Anfangsbedingung $x(0) = A$, $\dot{x}(0) = 0$ ist für jedes A erfüllt, so daß wir zu (6) die Anfangsbedingungen

$$x_1(0) = 1, \qquad x_2(0) = x_3(0) = \dot{x}_1(0) = \dot{x}_2(0) = \dot{x}_3(0) = 0 \tag{7}$$

finden. Lösen wir (6) unter den Bedingungen (7), so gelangen wir zu

$$x_1 = \cos t, \qquad x_2 = 0$$

und für x_3 zu der Gleichung

$$\ddot{x}_3 + x_3 = \frac{1}{6}\cos^3 t, \qquad x_3(0) = \dot{x}_3(0) = 0.$$

Die Lösung dieser Gleichung (etwa mit Hilfe der Methode der komplexen Amplituden) ergibt

$$x_3 = \alpha(\cos t - \cos 3t) + \beta t \sin t \quad \text{mit} \quad \alpha = \frac{1}{192}, \quad \beta = \frac{1}{16}.$$

Der Einfluß der Nichtlinearität ($\sin x \neq x$) auf die Pendelschwingungen läßt sich also durch Hinzufügen eines Summanden $A^3x_3 + O(A^4)$ berücksichtigen:[1])

$$x = A\cos t + A^3[\alpha(\cos t - \cos 3t) + \beta t \sin t] + O(A^4).$$

Die Periode T der Schwingungen liegt, wie das Maximum von $x(t)$, für kleine A in der Nähe von 2π. Dieses Maximum ergibt sich aus der Bedingung $x(T) = 0$, d. h.

$$A(-\sin t + A^2[(\beta - \alpha)\sin T + 3\alpha \sin 3T + \beta T \cos T] + O(A^3)) = 0.$$

Wir lösen diese Gleichung näherungsweise, setzen dazu $T = 2\pi + u$ und erhalten für u die Beziehung

$$\sin u = A^2[2\pi\beta + O(u)] + O(A^3),$$

woraus sich auf Grund des Satzes über implizite Funktionen

$$u = 2\pi\beta A^2 + O(A^3)$$

ergibt, d. h.

$$T = 2\pi\left(1 + \frac{A^2}{16} + o(A^2)\right).$$

Da $T(A)$ eine gerade Funktion ist, gilt $o(A^2) = O(A^4)$.

---

[1]) Hier ist es nützlich, sich an den Becher zu erinnern, in dessen Boden sich ein Loch befindet (vgl. die Warnung in 2.3.5.); aus dem Auftreten eines „säkulären" Summanden $t \sin t$ in der Formel für x_3 darf man nicht auf das Verhalten des Pendels für $t \to \infty$ schließen. Unsere Näherung ist nur auf einem endlichen Zeitintervall gültig; für große t wird der Summand $O(A^4)$ ebenfalls groß. In der Tat bleibt die exakte Lösung der Pendelgleichung für alle t (durch die Größe A) beschränkt, wie der Energieerhaltungssatz es verlangt.

Aufgabe 2. Man untersuche die Abhängigkeit der Periode T der Schwingung von der Amplitude im Fall der Gleichung

$$\ddot{x} + \omega^2 x + a x^2 + b x^3 = 0.$$

Lösung. $T = \frac{2\pi}{\omega}\left(1 + \left[\frac{5a^2}{12\omega^4} - \frac{3b}{8\omega^2}\right] A^2 + o(A^2)\right).$

Aufgabe 3. Man ermittle das Resultat aus den Aufgaben 1 und 2 mit Hilfe der expliziten Formel für die Periode der Schwingung (vgl. 2.6.7.).

3.15. Lineare nichtautonome Gleichungen

Derjenige Teil der Theorie der linearen Gleichungen, in dem die Invarianz gegenüber Translationen keine Rolle spielt, läßt sich leicht auf lineare Gleichungen und Systeme mit variablen Koeffizienten übertragen.

3.15.1. Definition. Eine Gleichung der Gestalt

$$\dot{\boldsymbol{x}} = A(t)\,\boldsymbol{x}, \qquad \boldsymbol{x} \in \boldsymbol{R}^n, \qquad A(t)\colon \boldsymbol{R}^n \to \boldsymbol{R}^n, \tag{1}$$

wobei t einem Intervall I der reellen Achse angehört, heißt *lineare* (*homogene*) *Differentialgleichung mit variablen Koeffizienten.*[1]) Das Intervall I kann dabei auch die ganze Achse $\boldsymbol{R}$ sein.

Geometrisch werden die Lösungen von (1) durch Integralkurven im Streifen $I \times \boldsymbol{R}^n$ des erweiterten Phasenraumes abgebildet (Abb. 182). Wie gewöhnlich werden wir die Funktion $A(t)$ als glatt[2]) voraussetzen.

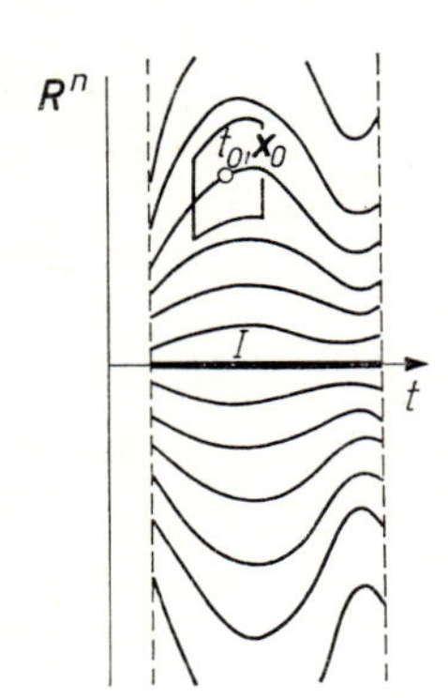

Abb. 182. Integralkurven einer linearen Gleichung

Beispiel 1. Wir untersuchen die Pendelgleichung $\ddot{x} = -\omega^2 x$. Die Frequenz ω wird durch die Länge des Pendels bestimmt. Die Schwingungen eines Pendels variabler Länge lassen sich durch die analoge Gleichung

$$\ddot{x} = -\omega^2(t)\,x$$

[1]) Wir nehmen an, die Koeffizienten seien reell. Der Fall komplexer Koeffizienten verläuft analog.

[2]) Es würde genügen, die Funktion $A(t)$ als stetig vorauszusetzen (vgl. 4.3.6.).

beschreiben, die man auch auf die Form (1) bringen kann:

$$\begin{cases}\dot{x}_1 = x_2, \\ \dot{x}_2 = -\omega^2(t)\, x_1,\end{cases} \qquad A(t) = \begin{pmatrix} 0 & 1 \\ -\omega^2(t) & 0\end{pmatrix}.$$

Ein Beispiel für ein Pendel variabler Länge ist die Schaukel. Der Mensch ändert beim Schaukeln die Größe des Parameters ω periodisch, indem er die Lage seines Schwerpunktes ändert (Abb. 183).

Abb. 183. Schaukel

3.15.2. Existenz von Lösungen. Daß die Gleichung (1) eine Lösung hat, nämlich die Nullösung, ist sofort zu sehen. Nach den allgemeinen Sätzen aus Kapitel 2 gibt es, wie auch die Anfangsbedingungen $(t_0, \boldsymbol{x}_0) \in I \times \boldsymbol{R}^n$ beschaffen sein mögen, eine in einer gewissen Umgebung des Punktes t_0 definierte Lösung. Bei einer nichtlinearen Gleichung kann diese Lösung nicht auf das ganze Intervall I fortgesetzt werden (Abb. 184). Lineare Gleichungen besitzen die Besonderheit, daß ihre Lösungen während einer endlichen Zeit nicht unendlich groß werden können.

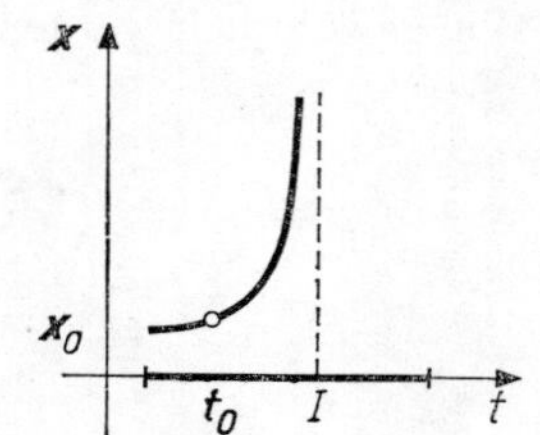

Abb. 184. Nichtfortsetzbare Lösung der Gleichung $\dot{x} = x^2$

Satz. *Jede Lösung der Gleichung* (1) *läßt sich auf das ganze Intervall I fortsetzen.*

Die Ursache dafür ist darin zu suchen, daß für eine lineare Gleichung die Ungleichung $\|\dot{\boldsymbol{x}}\| \leqq C\|\boldsymbol{x}\|$ gilt, die Lösung also nicht schneller als e^{Ct} wächst.

Ein exakter Beweis dieses Satzes läßt sich etwa folgendermaßen führen. Es sei $[a, b]$ ein kompaktes Segment von I. Dann ist auf $[a, b]$ die Norm[1]) des Operators $A(t)$ beschränkt:

$$\|A(t)\| < C = C(a, b).$$

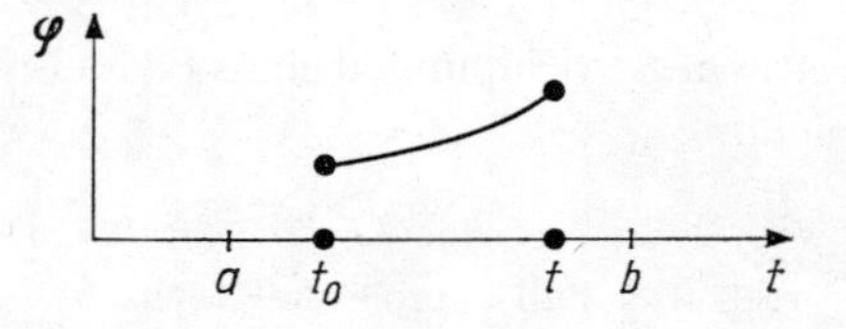

Abb. 185. A-priori-Abschätzung für das Wachstum der Lösung auf dem Segment $[a, b]$

---

[1]) Der $\boldsymbol{R}^n$ sei mit einer beliebigen euklidischen Metrik versehen.

Wir beweisen zunächst die folgende a-priori-Abschätzung: *Ist eine Lösung φ auf dem Segment $[t_0, t]$, $a \leqq t_0 \leqq t \leqq b$, definiert* (Abb. 185), *so gilt*

$$\|\varphi(t)\| \leqq e^{C(t-t_0)} \|\varphi(t_0)\|. \tag{2}$$

Für die Nullösung ist (2) offenbar gültig. Ist $\varphi(t_0) \neq 0$, so kann $\varphi(\tau)$, $t_0 \leqq \tau \leqq t$, wegen des Eindeutigkeitssatzes nicht gleich 0 sein. Setzen wir $\|\varphi(\tau)\| = r(\tau)$, so ist die Funktion $L(\tau) = \ln r^2$ für $t_0 \leqq \tau \leqq t$ definiert. Nach Voraussetzung gilt $\dot{L} \leqq \frac{2r\dot{r}}{r^2} \leqq 2C$. Daher ist $L(t) \leqq L(t_0) + 2C(t - t_0)$, womit (2) bewiesen ist.

Es sei nun $\|\boldsymbol{x}_0\|^2 = B > 0$. Im erweiterten Phasenraum betrachten wir die kompakte Menge

$$F = \{t, \boldsymbol{x}: a \leqq t \leqq b, \|\boldsymbol{x}\|^2 \leqq 2Be^{2C(b-a)}\}$$

(Abb. 186). Nach dem Satz über die Fortsetzbarkeit läßt sich die Lösung, die der Anfangsbedingung $\varphi(t_0) = \boldsymbol{x}_0$ genügt, bis zum Rand von F nach vorne fortsetzen. Der Rand von F ist durch die Deckflächen ($t = a$, $t = b$) und durch die Mantelfläche ($\|\boldsymbol{x}\|^2 = 2Be^{2C(b-a)}$) gegeben.

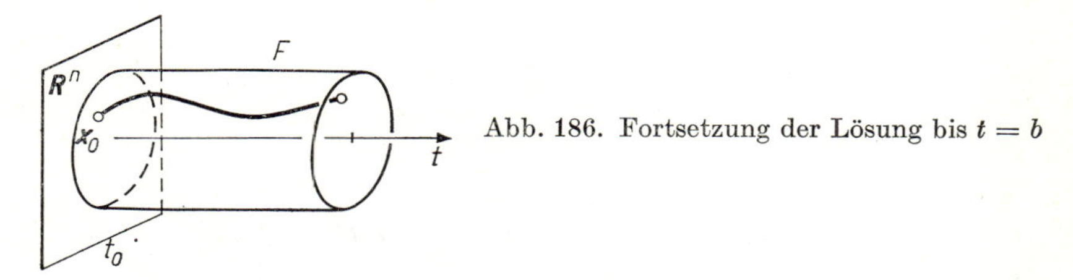

Abb. 186. Fortsetzung der Lösung bis $t = b$

Dabei kann die Lösung nie auf die Mantelfläche auftreffen, denn auf Grund der a-priori-Abschätzung ist

$$\|\varphi(t)\|^2 \leqq Be^{2C(b-a)}.$$

Also setzt sich die Lösung $\varphi(t)$ nach rechts bis $t = b$ fort. Analog läßt sich beweisen, daß man sie auch nach links bis $t = a$ fortsetzen kann. Da a und b beliebig gewählt sind, ist damit der Satz bewiesen.

3.15.3. Der lineare Lösungsraum. Es sei X die Menge aller Lösungen von (1), die auf dem ganzen Intervall I definiert sind. Da diese Lösungen Abbildungen $\varphi: I \to \boldsymbol{R}^n$ mit Werten aus dem linearen Phasenraum $\boldsymbol{R}^n$ sind, kann man sie addieren und mit Zahlen multiplizieren:

$$(c_1\varphi_1 + c_2\varphi_2)(t) = c_1\varphi_1(t) + c_2\varphi_2(t).$$

Satz. *Die Menge X aller auf dem Intervall I definierten Lösungen von* (1) *ist ein linearer Raum.*

Der Beweis ist evident:

$$\frac{d}{dt}(c_1\varphi_1 + c_2\varphi_2) = c_1\dot{\varphi}_1 + c_2\dot{\varphi}_2 = c_1A\varphi_1 + c_2A\varphi_2 = A(c_1\varphi_1 + c_2\varphi_2).$$

Satz. *Der lineare Raum X aller Lösungen einer linearen Gleichung ist dem Phasenraum $\boldsymbol{R}^n$ dieser Gleichung isomorph.*

Beweis. Es sei $t \in I$. Wir betrachten die Abbildung

$$B_t: X \to \boldsymbol{R}^n, \qquad B_t\varphi = \varphi(t),$$

die jeder Lösung φ ihren Wert zur Zeit t zuordnet.

Die Abbildung B_t ist linear (da der Wert einer Summe von Lösungen gleich der Summe der Werte dieser Lösungen ist). Ihr Bild ist der ganze Phasenraum $\boldsymbol{R}^n$, denn auf Grund des Existenzsatzes gibt es zu jedem $\boldsymbol{x}_0 \in \boldsymbol{R}^n$ eine Lösung $\boldsymbol{\varphi}$ mit der Anfangsbedingung $\boldsymbol{\varphi}(t_0) = \boldsymbol{x}_0$. Der Kern der Abbildung B_t ist 0, da die Lösung, die der Anfangsbedingung $\boldsymbol{\varphi}(t_0) = 0$ genügt, auf Grund des Eindeutigkeitssatzes identisch 0 ist. Also ist B_t ein *Isomorphismus* von X auf $\boldsymbol{R}^n$. Damit sind wir zu dem fundamentalen Ergebnis der Theorie der linearen Gleichungen gelangt.

Definition. Eine Basis des linearen Raumes X heißt *Fundamentalsystem von Lösungen* der Gleichung (1).

Aufgabe 1. Man bestimme ein Fundamentalsystem von Lösungen der Gleichung (1) mit

$$A = \begin{pmatrix} 0 & 1 \\ -1 & 0 \end{pmatrix}.$$

Aus dem zuletzt bewiesenen Satz ergibt sich:

Folgerung 1. *Jede Gleichung* (1) *besitzt ein Fundamentalsystem von n Lösungen* $\boldsymbol{\varphi}_1, \ldots, \boldsymbol{\varphi}_n$.

Folgerung 2. *Jede Lösung der Gleichung* (1) *ist Linearkombination der Lösungen des Fundamentalsystems.*

Folgerung 3. *Je $n + 1$ Lösungen der Gleichung* (1) *sind linear abhängig.*

Folgerung 4. *Die der Gleichung* (1) *entsprechenden Abbildungen im Zeitintervall* (t_0, t_1),

$$g_{t_0}^{t_1} = B_{t_1} B_{t_0}^{-1} : \boldsymbol{R}^n \to \boldsymbol{R}^n$$

(Abb. 187), *sind lineare Isomorphismen.*

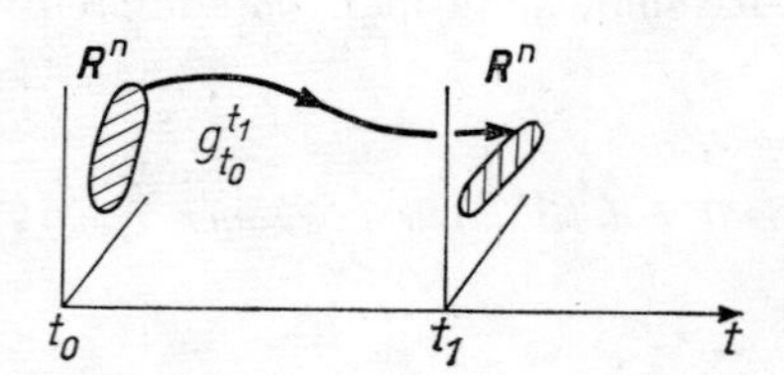

Abb. 187. Lineare Transformation des Phasenraumes mit Hilfe der Lösungen der linearen Gleichung im Zeitintervall (t_0, t_1)

3.15.4. Die Wronskische Determinante. Gegeben sei eine beliebige Basis $\boldsymbol{e}_1, \ldots, \boldsymbol{e}_n$ im Phasenraum $\boldsymbol{R}^n$. Durch die Wahl der Basis sind Volumeneinheit und Orientierung im $\boldsymbol{R}^n$ festgelegt. Folglich besitzt jedes Parallelepiped ein wohlbestimmtes Volumen im Phasenraum.

Wir betrachten die n Vektorfunktionen $\boldsymbol{\varphi}_k : I \to \boldsymbol{R}^n$ $(k = 1, \ldots, n)$.

Definition. Unter der *Wronskischen Determinante* des Systems der Vektorfunktionen $\boldsymbol{\varphi}_k$ verstehen wir die skalare Funktion $W : I \to \boldsymbol{R}$, deren Wert im Punkt t gleich der Maßzahl des (orientierten) Volumens des Parallelepipeds ist, das von den Vektoren $\boldsymbol{\varphi}_1(t), \ldots, \boldsymbol{\varphi}_n(t) \in \boldsymbol{R}^n$ aufgespannt wird:

$$W(t) = \begin{vmatrix} \varphi_{11}(t) & \ldots & \varphi_{n1}(t) \\ \ldots & \ldots & \ldots \\ \varphi_{1n}(t) & \ldots & \varphi_{nn}(t) \end{vmatrix},$$

$$\boldsymbol{\varphi}_k(t) = \varphi_{k1}(t)\,\boldsymbol{e}_1 + \cdots + \varphi_{kn}(t)\,\boldsymbol{e}_n.$$

Sind insbesondere $\boldsymbol{\varphi}_k$ die Lösungen von (1), so sind ihre Bilder vermöge des oben konstruierten Isomorphismus B_t die Vektoren $\boldsymbol{\varphi}_k(t)$ des Phasenraumes $\boldsymbol{R}^n$. Sie sind genau dann linear abhängig, wenn ihre Wronskische Determinante im Punkt t gleich 0 ist. Daraus ergibt sich:

Folgerung 5. *Die Lösungen $\boldsymbol{\varphi}_1, \ldots, \boldsymbol{\varphi}_n$ der Gleichung* (1) *bilden genau dann ein Fundamentalsystem, wenn ihre Wronskische Determinante in jedem Punkt von* 0 *verschieden ist.*

Folgerung 6. *Ist die Wronskische Determinante eines Lösungssystems von* (1) *in einem Punkt t gleich* 0, *so ist sie für alle t identisch* 0.

Aufgabe 2. Kann die Wronskische Determinante eines Systems linear unabhängiger Vektorfunktionen $\boldsymbol{\varphi}_k$ identisch 0 sein?

Aufgabe 3. Man zeige, daß die Wronskische Determinante eines Fundamentalsystems von Lösungen proportional der Determinante der Transformation im Zeitintervall (t_0, t) ist:

$$W(t) = \det g_{t_0}^t W(t_0).$$

Hinweis. Zur Lösung der Aufgabe vgl. 3.15.6.

3.15.5. Der Fall einer einzigen Gleichung. Wir betrachten eine Differentialgleichung n-ter Ordnung

$$x^{(n)} + a_1 x^{(n-1)} + \cdots + a_n x = 0 \tag{3}$$

mit im allgemeinen variablen Koeffizienten $a_k = a_k(t)$, $t \in I$.

Einige Gleichungen zweiter Ordnung mit variablen Koeffizienten begegnen uns so häufig in der Praxis, daß sie einen eigenen Namen bekommen haben. Ihre Lösungen sind nicht weniger ausführlich untersucht und tabelliert worden als die Sinus- und die Kosinusfunktion (vgl. etwa F. Jahnke und K. Emde, Tafeln höherer Funktionen, Nachdr. d. 5. Aufl., Leipzig 1960, oder I. N. Bronstein und K. A. Semendjajew, Taschenbuch der Mathematik, 17. Aufl., Leipzig 1977 (Übers. a. d. Russ.)).

Beispiel 1. Die Besselsche Gleichung

$$\ddot{x} + \frac{1}{t}\dot{x} + \left(1 - \frac{\nu^2}{t^2}\right)x = 0.$$

Beispiel 2. Die Gaußsche hypergeometrische Gleichung

$$\ddot{x} + \frac{(\alpha + \beta + 1)\,t - \gamma}{t(t-1)}\dot{x} + \frac{\alpha\beta}{t(t-1)}x = 0.$$

Beispiel 3. Die Mathieusche Gleichung

$$\ddot{x} + (a + b\cos t)\,x = 0.$$

Man könnte die Gleichung (3) als System aus n Gleichungen erster Ordnung schreiben und die vorhergehenden Überlegungen anstellen. Man kann aber auch unmittelbar den Raum X der Lösungen von (3) untersuchen. Dies ist der lineare Raum der Funktionen $\varphi: I \to \boldsymbol{R}$. Er ist dem Lösungsraum des zu (3) äquivalenten Systems aus n Gleichungen isomorph, und dieser natürliche Isomorphismus ist dadurch definiert, daß wir der Funktion φ die Vektorfunktion

$$\boldsymbol{\varphi} = (\varphi, \dot{\varphi}, \ldots, \varphi^{(n-1)})$$

der Ableitungen von φ zuordnen.

Folgerung 7. *Der Raum X der Lösungen von* (3) *ist dem Phasenraum $\boldsymbol{R}^n$ von* (3) *isomorph, wobei der Isomorphismus so definiert ist, daß jeder Lösung $\varphi \in X$ ein n-Tupel von Zahlen zugeordnet wird, welches sich aus den Werten der Ableitungen in einem beliebigen Punkt t_0 zusammensetzt:*

$$\varphi \to \big(\varphi(t_0),\ \dot{\varphi}(t_0),\ \ldots,\ \varphi^{(n-1)}(t_0)\big).$$

Definition. Eine Basis des linearen Raumes X heißt *Fundamentalsystem der Lösungen* von (3).

Aufgabe 1. Man gebe ein Fundamentalsystem von Lösungen der Gleichung (3) im Fall konstanter Koeffizienten a_k an (etwa für $\ddot{x} + ax = 0$).

Lösung. $\{t^r e^{\lambda t}\}$ mit $0 \leqq r < \nu$, wenn λ eine ν-fache Wurzel der charakteristischen Gleichung ist. Im Fall komplexer Wurzeln $\lambda = \alpha \pm i\omega$ muß man $e^{\lambda t}$ durch $e^{\alpha t} \cos \omega t$ und $e^{\alpha t} \sin \omega t$ ersetzen. Insbesondere ergibt sich bei der Gleichung $\ddot{x} + ax = 0$

$$\cos \omega t \quad \text{und} \quad \sin \omega t \quad \text{für } a = \omega^2 > 0,$$

$$\cosh \alpha t \quad \text{und} \quad \sinh \alpha t \quad \text{oder} \quad e^{\alpha t} \quad \text{und} \quad e^{-\alpha t} \quad \text{für } a = -\alpha^2 < 0,$$

$$1 \text{ und } t \text{ für } a = 0$$

als Fundamentalsystem.

Definition. Unter der *Wronskischen Determinante des Systems der Funktionen* $\varphi_k: I \to \boldsymbol{R}$ $(k = 1, \ldots, n)$ verstehen wir die skalare Funktion $W: I \to \boldsymbol{R}$, deren Wert im Punkt t gleich

$$W(t) = \begin{vmatrix} \varphi_1(t) & \ldots & \varphi_n(t) \\ \dot{\varphi}_1(t) & \ldots & \dot{\varphi}_n(t) \\ \cdot & \cdot & \cdot \\ \varphi_1{}^{(n-1)}(t) & \ldots & \varphi_n{}^{(n-1)}(t) \end{vmatrix}$$

ist. Dies ist die Wronskische Determinante des Systems der Vektorfunktionen $\boldsymbol{\varphi}_k: I \to \boldsymbol{R}^n$, die aus φ_k auf die übliche Art und Weise entstehen:

$$\boldsymbol{\varphi}_k(t) = \big(\varphi_k(t), \dot{\varphi}_k(t), \ldots, \varphi_k{}^{(n-1)}(t)\big), \qquad k = 1, \ldots, n.$$

Das eben Gesagte über die Wronskische Determinante eines Systems von Vektorfunktionen, die die Gleichung (1) lösen, läßt sich ohne Änderungen für die Wronskische Determinante eines Lösungssystems von (3) verwenden. Insbesondere gilt die

Folgerung 8. *Ist die Wronskische Determinante eines Lösungssystems von* (3) *in wenigstens einem Punkt t gleich* 0, *so ist sie für alle t identisch* 0.

Aufgabe 2. Die Wronskische Determinante zweier Funktionen sei im Punkt t_0 gleich 0. Folgt daraus, daß sie identisch 0 ist?

Folgerung 9. *Ist die Wronskische Determinante eines Lösungssystems von* (3) *in wenigstens einem Punkt gleich* 0, *so sind diese Lösungen linear abhängig.*

Aufgabe 3. Die Wronskische Determinante zweier Funktionen sei identisch 0. Folgt daraus, daß diese Funktionen linear abhängig sind?

Folgerung 10. *Ein System von n Lösungen der Gleichung* (3) *ist genau dann ein Fundamentalsystem, wenn die Wronskische Determinante in wenigstens einem Punkt von* 0 *verschieden ist.*

Beispiel 4. Wir betrachten das System der Funktionen $e^{\lambda_1 t}, \ldots, e^{\lambda_n t}$. Sie bilden ein Fundamentalsystem von Lösungen einer linearen Gleichung der Gestalt (3) (welcher?) und sind linear unabhängig, d. h., ihre Wronskische Determinante ist von 0 verschieden. Sie lautet

$$W = \begin{vmatrix} e^{\lambda_1 t} & \ldots & e^{\lambda_n t} \\ \lambda_1 e^{\lambda_1 t} & \ldots & \lambda_n e^{\lambda_n t} \\ \cdots & \cdots & \cdots \\ \lambda_1^{n-1} e^{\lambda_1 t} & \ldots & \lambda_n^{n-1} e^{\lambda_n t} \end{vmatrix} = e^{(\lambda_1 + \cdots + \lambda_n)t} \begin{vmatrix} 1 & \ldots & 1 \\ \lambda_1 & \ldots & \lambda_n \\ \cdots & \cdots & \cdots \\ \lambda_1^{n-1} & \ldots & \lambda_n^{n-1} \end{vmatrix}.$$

Folgerung 11. *Die Vandermondesche Determinante*

$$\begin{vmatrix} 1 & \ldots & 1 \\ \lambda_1 & \ldots & \lambda_n \\ \cdots & \cdots & \cdots \\ \lambda_1^{n-1} & \ldots & \lambda_n^{n-1} \end{vmatrix}$$

ist von 0 *verschieden, wenn die* λ_k $(k = 1, \ldots, n)$ *paarweise voneinander verschieden sind.*

Beispiel 5. Die Pendelgleichung $\ddot{x} + \omega^2 x = 0$ hat die Funktionen $\cos \omega t$ und $\sin \omega t$ als Fundamentalsystem. Die Wronskische Determinante

$$W = \begin{vmatrix} \cos \omega t & \sin \omega t \\ -\omega \sin \omega t & \omega \cos \omega t \end{vmatrix} = \omega$$

ist konstant. Dies ist nicht erstaunlich, da der Phasenfluß der Pendelgleichung den Flächeninhalt invariant läßt (vgl. 3.4.4.).

Wir wollen nun untersuchen, wie sich im allgemeinen Fall das Volumen eines Körpers im Phasenraum unter der Wirkung von Transformationen $g_{t_0}^t$ im Zeitintervall (t_0, t) ändert.

3.15.6. Der Satz von Liouville. *Die Wronskische Determinante eines Lösungssystems von* (1) *ist Lösung der Gleichung*

$$\dot{W} = aW \qquad \textit{mit} \qquad a(t) = \operatorname{sp} A(t) \qquad [\textit{Spur von } A(t)]. \tag{4}$$

Folgerung. *Es ist*

$$W(t) = \left[\exp \int_{t_0}^{t} a(\tau)\, d\tau\right] W(t_0), \qquad \det g_{t_0}^t = \exp \int_{t_0}^{t} a(\tau)\, d\tau. \tag{5}$$

Die Gleichung (4) läßt sich nämlich leicht lösen:

$$\frac{dW}{W} = a\,dt, \qquad \ln W - \ln W_0 = \int_{t_0}^{t} a(\tau)\,d\tau.$$

Übrigens ist aus (5) wieder ersichtlich, daß die Wronskische Determinante eines Lösungssystems entweder identisch 0 oder in keinem Punkt gleich 0 ist.

Aufgabe 1. Man bestimme das Volumen des durch die Transformation des Phasenflusses von

$$\begin{cases} \dot{x}_1 = 2x_1 - x_2 - x_3, \\ \dot{x}_2 = x_1 + x_2 + x_3, \\ \dot{x}_3 = x_1 - x_2 - x_3 \end{cases}$$

nach der Zeit $t = 1$ erhaltenen Bildes des Einheitswürfels $0 \leqq x_i \leqq 1$.

Lösung. Es ist $\operatorname{sp} A = 2$, also $W(t) = e^{2t} W(0) = e^{2t}$.

Beweisidee für den Satz von Liouville. Sind die Koeffizienten konstant, so stimmt (4) mit der Liouvilleschen Formel aus 3.4.4. überein. Durch „Einfrieren“ der Koeffizienten $A(t)$ (d. h., wir setzen sie ihren Werten in einem gewissen Zeitpunkt τ gleich) können wir uns von der Gültigkeit der Gleichung (4) für jedes τ überzeugen.

Beweis. Gegeben sei die lineare Transformation $g_\tau^{\tau+\Delta}: \boldsymbol{R}^n \to \boldsymbol{R}^n$ (Abb. 188) in dem kleinen Zeitintervall $(\tau, \tau + \Delta)$. Diese Transformation führt den Wert einer beliebigen Lösung $\boldsymbol{\varphi}$ zum Zeitpunkt τ in den Wert zum Zeitpunkt $\tau + \Delta$ über. Auf Grund von (1) ist dann

$$\boldsymbol{\varphi}(\tau + \Delta) = \boldsymbol{\varphi}(\tau) + A(\tau)\,\boldsymbol{\varphi}(\tau)\,\Delta + o(\Delta),$$

d. h.

$$g_\tau^{\tau+\Delta} = E + \Delta A(\tau) + o(\Delta).$$

Folglich ist auf Grund von 3.4. der Dehnungskoeffizient für die Volumina bei der Transformation $g_\tau^{\tau+\Delta}$ gleich

$$\det g_\tau^{\tau+\Delta} = 1 + \Delta a + o(\Delta) \qquad \text{mit} \qquad a = \operatorname{sp} A.$$

Nun ist $W(\tau)$ das Volumen des Parallelepipeds Π_τ, das von den Werten des Lösungssystems im Zeitpunkt τ aufgespannt wird. Die Transformation $g_\tau^{\tau+\Delta}$ führt diese Werte in das System der Werte desselben Lösungssystem im Zeitpunkt $\tau + \Delta$ über. Das von diesen neuen Werten aufgespannte Parallelepiped $\Pi_{\tau+\Delta}$ hat das Volumen $W(\tau + \Delta)$. Somit ist

$$W(\tau + \Delta) = \det g_\tau^{\tau+\Delta} W(\tau) = [1 + \Delta a(\tau) + o(\Delta)]\, W(\tau),$$

woraus $\dot{W} = aW$ folgt, was zu beweisen war.

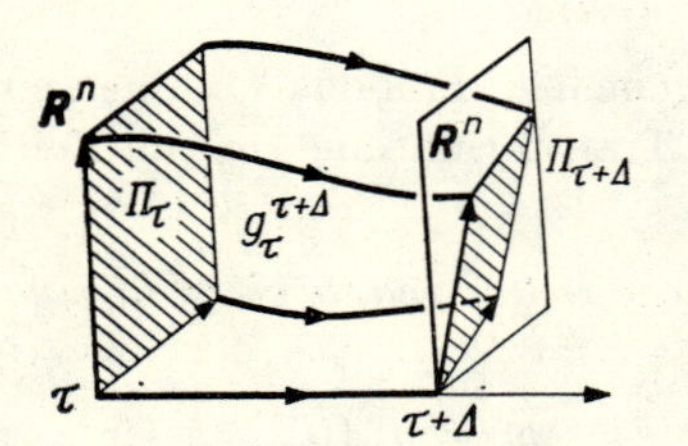

Abb. 188. Die Wirkung des Phasenflusses auf das von einem Fundamentalsystem von Lösungen aufgespannte Parallelepiped Π_τ

Folgerung. *Die Wronskische Determinante eines Lösungssystems von* (3) *ist gleich*

$$W(t) = \left[\exp\left(-\int_{t_0}^{t} a_1(\tau)\,d\tau\right)\right] W(t_0).$$

Das Minuszeichen tritt deshalb auf, weil man das Glied $a_1 x^{(n-1)}$ auf die rechte Seite bringen muß, wenn man die Gleichung (3) als System (1) schreibt. In der Hauptdiagonalen der Systemmatrix

$$\begin{pmatrix} 0 & 1 & & \\ & \cdot & \cdot & \\ & & \cdot & \cdot \\ & & \cdot & 1 \\ -a_n & \dots & & -a_1 \end{pmatrix}$$

stehen bis auf ein Element, das gleich $-a_1$ ist, nur Nullen.

Beispiel 1. Wir betrachten die Gleichung der Schaukel:

$$\ddot{x} + f(t)\, x = 0.$$

Satz. *Die Gleichgewichtslage $x = \dot{x} = 0$ kann für keine Funktion f asymptotisch stabil sein.*

Beweis. Gegeben sei eine Basis ξ, η in der Ebene $\boldsymbol{R}^2$ der Anfangsbedingungen (Abb. 189). Stabilität würde bedeuten, daß $g_{t_0}^t \xi \to 0$ und $g_{t_0}^t \eta \to 0$ ist. Dann gilt $W(t) \to 0$ für jedes zugehörige Fundamentalsystem.

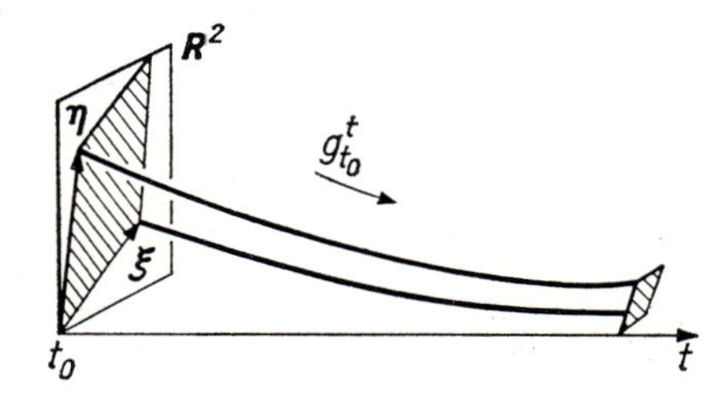

Abb. 189. Phasenfluß eines asymptotisch stabilen linearen Systems

Die zu betrachtende Gleichung ist dem System

$$\begin{cases} \dot{x}_1 = x_2, \\ \dot{x}_2 = -f(t)\, x_1 \end{cases}$$

mit der Matrix

$$A = \begin{pmatrix} 0 & 1 \\ -f & 0 \end{pmatrix}$$

äquivalent. Daher ist sp $A = 0$, also $W(t) = \text{const}$, im Widerspruch zu $W(t) \to 0$.

Aufgabe 2. Man untersuche die Bewegung einer Schaukel bei Reibung,

$$\ddot{x} + \alpha(t)\, \dot{x} + \omega^2(t)\, x = 0,$$

und zeige, daß asymptotische Stabilität nicht auftreten kann, wenn der Reibungskoeffizient negativ ist ($\alpha(t) < 0$ für alle t).

Stimmt es, daß bei positivem Reibungskoeffizienten die Gleichgewichtslage (0, 0) stets stabil ist?

Bemerkung. Die Funktion

$$\operatorname{div} \boldsymbol{v} = \sum_{i=1}^{n} \frac{\partial v_i}{\partial x_i}$$

heißt *Divergenz* des Vektorfeldes $\boldsymbol{v}$ im euklidischen Raum $\boldsymbol{R}^n$ mit orthonormierten kartesischen Koordinaten x_i. *Für ein lineares Vektorfeld* $\boldsymbol{v}(\boldsymbol{x}) = A\boldsymbol{x}$ *ist die Divergenz gleich der Spur des Operators* A:

$$\operatorname{div} A\boldsymbol{x} = \operatorname{sp} A\,.$$

Die Divergenz eines Vektorfeldes bestimmt die Geschwindigkeit, mit der sich die Volumina durch den entsprechenden Phasenfluß ändern.

Gegeben sei nun ein Gebiet D im euklidischen Phasenraum der (nicht notwendig linearen) Gleichung $\dot{x} = \boldsymbol{v}(x)$. Mit $D(t)$ bezeichnen wir dann das unter der Einwirkung des Phasenflusses entstandene Bild von D und mit $V(t)$ das Volumen von $D(t)$.

Aufgabe 3.* Man beweise den folgenden Satz.

Satz von Liouville. *Es gilt*

$$\frac{dV}{dt} = \int_{D(t)} \operatorname{div} \boldsymbol{v}\, dx$$

(Abb. 190).

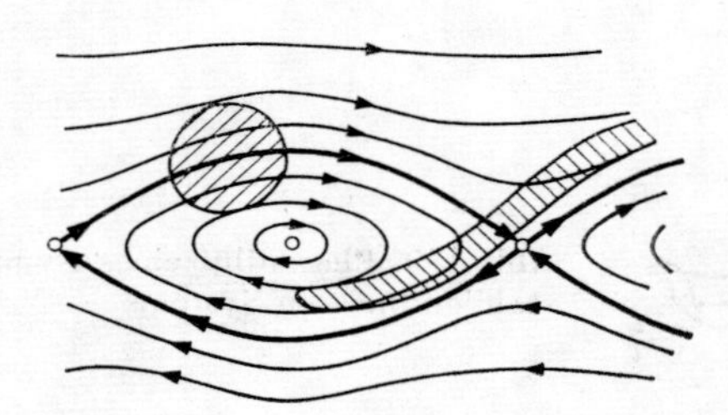

Abb. 190. Der Phasenfluß eines Vektorfeldes der Divergenz 0 läßt den Flächeninhalt invariant

Folgerung 1. *Ist* $\operatorname{div} \boldsymbol{v} = 0$, *so läßt der Phasenfluß das Volumen eines beliebigen Gebietes invariant.*

Ein solcher Phasenfluß kann als Strömung einer inkompressiblen „Phasenflüssigkeit" im Phasenraum aufgefaßt werden.

Folgerung 2. *Der Phasenfluß der Hamiltonschen Gleichungen*

$$\dot{p}_k = -\frac{\partial H}{\partial q_k}, \qquad \dot{q}_k = \frac{\partial H}{\partial p_k}, \qquad k = 1, \ldots, n,$$

läßt das Volumen invariant.

Es ist nämlich

$$\operatorname{div} \boldsymbol{v} = \sum \left(\frac{\partial^2 H}{\partial q_k \partial p_k} - \frac{\partial^2 H}{\partial p_k \partial q_k} \right) \equiv 0.$$

Diese Tatsache spielt in der statistischen Physik eine fundamentale Rolle.

3.16. Lineare Gleichungen mit periodischen Koeffizienten

Die Theorie der linearen Gleichungen mit periodischen Koeffizienten zeigt uns, wie man auf einer Schaukel schwingen muß und weshalb die obere, im allgemeinen instabile Gleichgewichtslage eines Pendels stabil wird, wenn der Aufhängepunkt des Pendels hinreichend schnelle Schwingungen längs der Vertikalen ausführt.

3.16.1. Abbildung nach einer Periode. Wir untersuchen die Gleichung

$$\dot{\boldsymbol{x}} = \boldsymbol{v}(\boldsymbol{x}, t), \qquad \boldsymbol{v}(\boldsymbol{x}, t + T) = \boldsymbol{v}(\boldsymbol{x}, t), \qquad \boldsymbol{x} \in \boldsymbol{R}^n, \tag{1}$$

deren rechte Seite periodisch von der Zeit abhängt (Abb. 191).

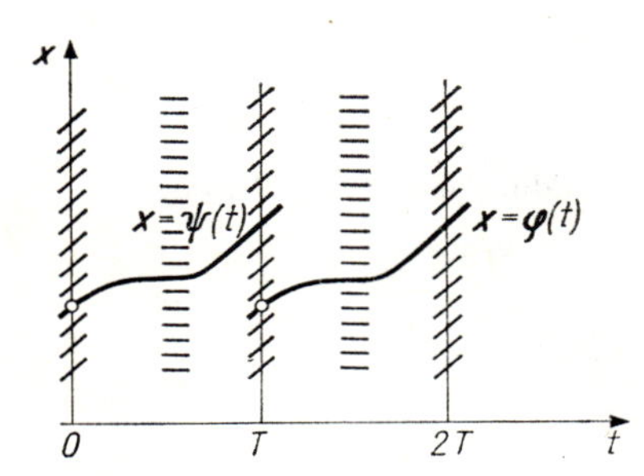

Abb. 191. Erweiterter Phasenraum einer Gleichung mit periodischen Koeffizienten

Beispiel 1. Die Bewegung eines Pendels mit periodisch sich ändernden Parametern (z. B. die Bewegung einer Schaukel) wird durch ein System von Gleichungen der Gestalt (1) beschrieben:

$$\dot{x}_1 = x_2, \qquad \dot{x}_2 = -\omega^2(t)\, x_1, \qquad \omega(t + T) = \omega(t). \tag{2}$$

Wir wollen voraussetzen, daß alle Lösungen von (1) unbeschränkt fortsetzbar sind: Dies ist von vornherein klar bei linearen Gleichungen, die uns besonders interessieren.

Die Periodizität der Störfunktion zeigt sich bei speziellen Eigenschaften des Phasenflusses der Gleichung (1).

Lemma 1. *Die Transformation*

$$g_{t_1}^{t_2} \colon \boldsymbol{R}^n \to \boldsymbol{R}^n$$

des Phasenraumes $\boldsymbol{R}^n$ in sich im Zeitintervall (t_1, t_2) *ändert sich nicht, wenn t_1 und t_2 gleichzeitig um die Periode T der Störfunktion in* (1) *vergrößert werden.*

Beweis. Wir müssen zeigen, daß die Verschiebung $\psi(t) = \varphi(t + T)$ der Lösung $\varphi(t)$ um die Zeit T ebenfalls eine Lösung ist. Nun geht das Richtungsfeld von (1) durch eine Verschiebung des Phasenraumes längs der Zeitachse um die Zeit T in sich über (Abb. 191). Daher berührt die um T verschobene Integralkurve von (1) überall das Richtungsfeld und bleibt folglich eine Integralkurve. Also ist

$$g_{t_1+T}^{t_2+T} = g_{t_1}^{t_2},$$

was zu beweisen war.

Wir betrachten nun speziell die Transformation $g_0{}^T$, die während einer Periode T durch den Phasenfluß realisierbar ist. Sie wird im folgenden eine wichtige Rolle spielen. Wir nennen sie die *Abbildung nach der Zeit* T und bezeichnen sie mit

$$A = g_0{}^T: \boldsymbol{R}^n \to \boldsymbol{R}^n$$

(Abb. 192).

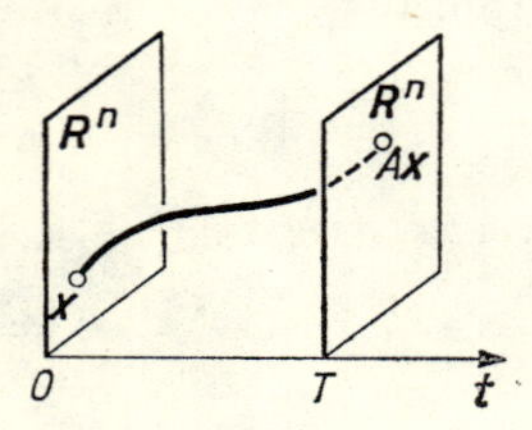

Abb. 192. Abbildung nach einer Periode

Beispiel 2. Für die Systeme

$$\begin{cases} \dot{x}_1 = x_2, \\ \dot{x}_2 = -x_1, \end{cases} \quad \text{und} \quad \begin{cases} \dot{x}_1 = x_1, \\ \dot{x}_2 = -x_2, \end{cases}$$

die man als periodisch mit einer beliebigen Periode T auffassen kann, ist die Abbildung A eine Drehung bzw. eine hyperbolische Drehung.

Lemma 2. *Die Transformationen* $g_0{}^{nT}$ *bilden eine Gruppe,* $g_0{}^{nT} = A^n$. *Außerdem gilt* $g_0{}^{nT+s} = g_0{}^s g_0{}^{nT}$.

Beweis. Auf Grund von Lemma 1 ist $g_{nT}^{nT+s} = g_0{}^s$, also $g_0{}^{nT+s} = g_{nT}^{nT+s} g_0{}^{nT} = g_0{}^s g_0{}^{nT}$, und setzen wir $s = T$, so gelangen wir zu $g_0{}^{(n+1)T} = A g_0{}^{nT}$, woraus sich durch Induktion $g_0{}^{nT} = A^n$ ergibt. Damit ist das Lemma bewiesen.

Zu sämtlichen Eigenschaften der Lösungen von (1) gibt es analoge Eigenschaften der Abbildung A nach einer Periode.

Satz. 1. *Der Punkt* x_0 *ist genau dann Fixpunkt der Abbildung* A $(A\boldsymbol{x}_0 = \boldsymbol{x}_0)$, *wenn die Lösung, die der Anfangsbedingung* $\boldsymbol{x}(0) = \boldsymbol{x}_0$ *genügt, periodisch mit der Periode* T *ist.*

2. *Eine periodische Lösung* $\boldsymbol{x}(t)$ *ist genau dann im Ljupunovschen Sinne stabil* (*bzw. asymptotisch stabil*), *wenn der Fixpunkt* $\boldsymbol{x}_0$ *der Abbildung* A *im Ljapunovschen Sinne stabil* (*bzw. asymptotisch stabil*) *ist.*[1])

---

[1]) Ein Fixpunkt $\boldsymbol{x}_0$ der Abbildung A heißt *im Ljapunovschen Sinne stabil* (bzw. *asymptotisch stabil*), wenn für alle $\varepsilon > 0$ ein $\delta > 0$ derart existiert, daß im Fall $|\boldsymbol{x} - \boldsymbol{x}_0| < \delta$ die Ungleichung $|A^n\boldsymbol{x} - A^n\boldsymbol{x}_0| < \varepsilon$ für alle $0 < n < \infty$ gleichzeitig (bzw. wenn darüber hinaus $A^n\boldsymbol{x} - A^n\boldsymbol{x}_0 \to 0$ für $n \to \infty$) gilt.

3. *Ist das System* (1) *linear, d. h., ist*

$$\boldsymbol{v}(\boldsymbol{x}, t) = \boldsymbol{V}(t)\, \boldsymbol{x}$$

eine in $\boldsymbol{x}$ *lineare Funktion, so ist die Abbildung A linear.*

4. *Ist außerdem die Spur des linearen Operators* $\boldsymbol{V}(t)$ *gleich* 0, *so ist die Abbildung A volumentreu*: det $A = 1$.

Beweis. Die Behauptungen 1 und 2 folgen aus der Beziehung $g_0^{T+s} = g_0^s A$ und aus der stetigen Abhängigkeit der Lösung von den Anfangsbedingungen auf dem Intervall $[0, T]$.

Die Behauptung 3 ergibt sich aus der Tatsache, daß die Summe der Lösungen eines linearen Systems ebenfalls eine Lösung ist.

Die Behauptung 4 läßt sich aus dem Satz von Liouville herleiten.

3.16.2. Stabilitätsbedingungen. Wir wollen nun den eben bewiesenen Satz auf die dem System (2) entsprechende Abbildung A der x_1, x_2-Phasenebene auf sich anwenden. Da das System (2) linear und die Spur der Matrix der rechten Seite gleich 0 ist, erhalten wir die

Folgerung. *Die Abbildung A ist linear und flächentreu, d. h. läßt den Flächeninhalt invariant* (det $A = 1$). *Für die Stabilität der Nullösung des Systems* (2) *ist dann notwendig und hinreichend, daß die Abbildung A stabil ist.*

Aufgabe 1. Man zeige, daß eine Drehung der Ebene eine stabile, eine hyperbolische Drehung der Ebene jedoch eine instabile Abbildung ist.

Wir studieren nun eingehender die flächentreuen Abbildungen einer Ebene auf sich.

Satz. *Es sei A die Matrix einer flächentreuen linearen Abbildung der Ebene auf sich* (det $A = 1$). *Dann ist die Abbildung A stabil im Fall* $|\mathrm{sp}\, A| < 2$ *und instabil im Fall* $|\mathrm{sp}\, A| > 2$.

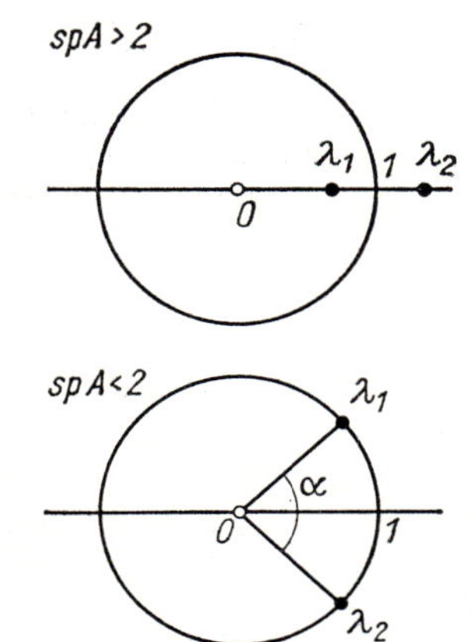

Abb. 193. Eigenwerte der Abbildung nach einer Periode

Beweis. Mit λ_1, λ_2 bezeichnen wir zwei Eigenwerte der Matrix A. Sie genügen der charakteristischen Gleichung $\lambda^2 - (\operatorname{sp} A) \cdot \lambda + 1 = 0$ mit den reellen Koeffizienten

$$\lambda_1 + \lambda_2 = \operatorname{sp} A, \qquad \lambda_1 \lambda_2 = \det A = 1.$$

Die Wurzeln λ_1, λ_2 dieser reellen quadratischen Gleichung sind reell für $|\operatorname{sp} A| > 2$ und konjugiert-komplex für $|\operatorname{sp} A| < 2$ (Abb. 193). Im ersten Fall ist einer der Eigenwerte, absolut genommen, größer, der andere kleiner als 1; also ist die Abbildung A eine hyperbolische Drehung und instabil. Im zweiten Fall liegen die Eigenwerte auf dem Einheitskreis:

$$1 = \lambda_1 \lambda_2 = \lambda_1 \bar{\lambda}_1 = |\lambda_1|^2.$$

Die Abbildung A ist also einer Drehung um den Winkel α (mit $\lambda_{1,2} = e^{\pm i\alpha}$) äquivalent, d. h., sie ist bei Wahl einer geeigneten euklidischen Struktur in der Ebene eine Drehung (weshalb?). Also ist sie in diesem Fall stabil. Damit ist der Satz bewiesen.

Wir konnten somit die Frage nach der Stabilität der Nullösung von (2) auf die Berechnung der Spur der Matrix A zurückführen. Leider läßt sich die Spur nur in einigen Spezialfällen explizit angeben. Man kann sie jedoch stets näherungsweise berechnen, indem man die Gleichung im Intervall $0 \leqq t \leqq T$ numerisch integriert. In dem wichtigen Fall, daß nämlich $\omega(t)$ fast konstant ist, helfen auch einfache allgemeine Überlegungen.

3.16.3. Stark stabile Systeme. Wir untersuchen jetzt das lineare System (1) in einem zweidimensionalen Phasenraum (d. h. für $n = 2$). Ein solches System heißt *Hamiltonsches System,* wenn $\operatorname{div} \boldsymbol{v} = 0$ ist. Bei Hamiltonschen Systemen läßt der Phasenfluß, wie schon früher erwähnt wurde, den Flächeninhalt invariant: $\det A = 1$.

Definition. Die Nullösung eines Hamiltonschen Systems heißt *stark stabil,* wenn sie stabil ist und jedes benachbarte lineare Hamiltonsche System ebenfalls eine stabile Nullösung besitzt.

Die beiden vorhergehenden Sätze liefern die

Folgerung. *Ist* $|\operatorname{sp} A| < 2$, *so ist die Nullösung stark stabil.*

Ist nämlich $|\operatorname{sp} A| < 2$, so ist für eine Abbildung A', die einem hinreichend benachbarten System entspricht, ebenfalls die Ungleichung $|\operatorname{sp} A'| < 2$ erfüllt.

Wir wenden dies auf ein System mit fast konstanten Koeffizienten an. Zum Beispiel untersuchen wir die Gleichung

$$\ddot{x} = -\omega^2(1 + \varepsilon a(t))\, x, \qquad \varepsilon \ll 1, \tag{3}$$

mit $a(t + 2\pi) = a(t)$, etwa $a(t) = \cos t$ (Pendel mit einer in der Nähe von ω liegenden Frequenz, mit kleiner Amplitude und mit der Periode 2π).[1]

Jedes System (3) wird durch einen Punkt der ω, ε-Ebene der Parameter repräsentiert (Abb. 194). Offenbar bilden sowohl stabile ($|\operatorname{sp} A| < 2$) als auch instabile Systeme ($|\operatorname{sp} A| > 2$) eine offene Menge in der ω, ε-Ebene.

[1]) Im Fall $a(t) = \cos t$ wird (3) die *Mathieusche Gleichung* genannt (vgl. auch 3.15.5.).

Die Stabilitätsgrenze wird durch die Gleichung $|\mathrm{sp}\, A| = 2$ gegeben.

Satz. *Alle Punkte der ω-Achse mit Ausnahme von* $\omega = \frac{k}{2}$ $(k = 1, 2, \ldots)$ *entsprechen stark stabilen Systemen der Gestalt* (3).

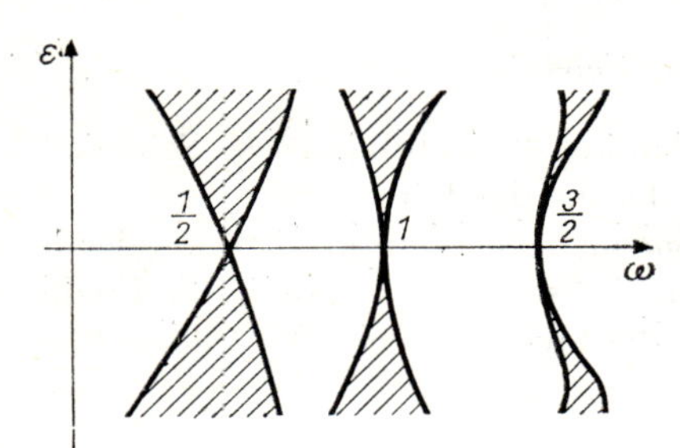

Abb. 194. Instabilitätsbereich bei Parameterresonanz

Somit gehören auf der ω-Achse nur die Punkte $\omega = \frac{k}{2}$ $(k = 1, 2, \ldots)$ zu der Menge der instabilen Systeme, d. h., eine Schaukel, deren Länge man wenig, aber periodisch ändert, kann nur dann schwingen, wenn die Periode, mit der sich die Länge ändert, in der Nähe eines ganzzahligen Vielfachen der halben Periode der Eigenschwingungen liegt — ein Resultat, das jedem aus eigener Erfahrung wohlbekannt ist.

Den Beweis des Satzes kann man darauf gründen, daß die Gleichung (3) für $\varepsilon = 0$ konstante Koeffizienten besitzt und sich explizit lösen läßt.

Aufgabe 1. Für das System (3) mit $\varepsilon = 0$ berechne man die Transformationsmatrix A in der Basis $x, \dot{x}$ nach einer Periode $T = 2\pi$.

Lösung. Allgemeine Lösung:

$$x = C_1 \cos \omega t + C_2 \sin \omega t;$$

Partikularlösung, die der Anfangsbedingung $x = 1$, $\dot{x} = 0$ genügt:

$$x = \cos \omega t, \qquad \dot{x} = -\omega \sin \omega t;$$

Partikularlösung, die der Anfangsbedingung $x = 0$, $\dot{x} = 1$ genügt:

$$x = \frac{1}{\omega} \sin \omega t, \qquad \dot{x} = \cos \omega t.$$

Die Matrix lautet

$$A = \begin{pmatrix} \cos 2\pi\omega & \frac{1}{\omega} \sin 2\pi\omega \\ -\omega \sin 2\pi\omega & \cos 2\pi\omega \end{pmatrix}.$$

Aus der Lösung von Aufgabe 1 folgt $|\mathrm{sp}\, A| = |2 \cos 2\pi\omega| < 2$ für $\omega \neq \frac{k}{2}$ $(k = 1, 2, \ldots)$, so daß sich der Beweis des Satzes aus der vorhergehenden Folgerung ergibt.

Eine eingehendere Analyse[1]) zeigt, daß allgemein (und speziell für $a(t) = \cos t$) der Instabilitätsbereich (in Abb. 194 schraffiert) tatsächlich in der Nähe der Punkte $\omega = \frac{k}{2}$ $(k = 1, 2, \ldots)$ an die ω-Achse herankommt.

Somit ist bei gewissen Beziehungen zwischen der Frequenz, mit der sich die Parameter ändern, und der Eigenfrequenz der Schaukel $\left(\omega \approx \frac{k}{2}, k = 1, 2, \ldots\right)$ die untere Gleichgewichtslage der idealisierten Schaukel (3) instabil. Diese Schaukel schwingt also bei beliebig kleiner periodischer Änderung der Länge.

Diese Erscheinung heißt *Parameterresonanz*. Das Charakteristikum der Parameterresonanz besteht darin, daß sie dann am stärksten auftritt, wenn die Frequenz ν, mit der sich die Parameter ändern (in (3) ist die Frequenz ν gleich 1), doppelt so groß wie die Eigenfrequenz ω ist.

Bemerkung. Theoretisch ist die Parameterresonanz bei den unendlich vielen Quotienten $\frac{\omega}{\nu} \approx \frac{k}{2}$ $(k = 1, 2, \ldots)$ zu beobachten. Praktisch tritt sie gewöhnlich nur dann auf, wenn k nicht sehr groß ist ($k = 1, 2$, selten 3). Das liegt daran, daß

a) sich der Instabilitätsbereich für große k zungenförmig gegen die ω-Achse verschiebt und es für die Resonanzfrequenz ω sehr scharfe Schranken gibt ($\approx \varepsilon^k$ für die glatte Funktion $a(t)$ in (3));

b) für große k eine schwache Instabilität vorliegt, da die Größe $|\mathrm{sp}\, A| - 2$ klein ist und die Eigenwerte für große k in der Nähe von 1 liegen;

c) eine beliebig kleine Reibung darauf führt, daß es zu einer Parameterresonanz k-ter Ordnung ein Minimum ε_k der Amplitude gibt: Für $\varepsilon < \varepsilon_k$ sind die Schwingungen gedämpft. Mit wachsendem k nimmt ε_k schnell zu (Abb. 195).

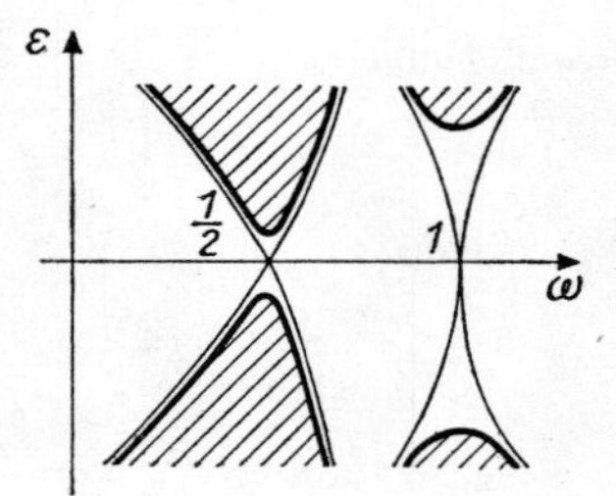

Abb. 195. Einfluß einer kleinen Reibung auf den Instabilitätsbereich

Wir bemerken ferner, daß die Größe x unbeschränkt wächst, wenn bei (3) der instabile Fall vorliegt. In realen Schwingungssystemen ist die Amplitude der Schwingungen nur endlich, da die linearisierte Gleichung (3) für große x nicht mehr gültig ist und nichtlineare Einflüsse berücksichtigt werden müssen.

[1]) Vgl. etwa Aufgabe 1 in 3.16.4.

3.16.4. Aufgaben.

Aufgabe 1. Man bestimme die Form des Stabilitätsbereiches in der ω, ε-Ebene für das durch die Gleichung

$$\ddot{x} = -f(t)\, x, \tag{4}$$

$$f(t) = \begin{cases} \omega + \varepsilon, & 0 \leqq t < \pi, \\ \omega - \varepsilon, & \pi \leqq t < 2\pi, \end{cases} \qquad \varepsilon \ll 1,$$

$$f(t + 2\pi) = f(t)$$

beschriebene System.

Lösungsweg. Die Lösung der Aufgabe 1 aus 3.16.3. besagt, daß $A = A_2 A_1$ mit

$$A_i = \begin{pmatrix} c_i & \frac{1}{\omega_i} s_i \\ -\omega_i s_i & c_i \end{pmatrix}, \quad c_i = \cos \pi\omega_i, \quad s_i = \sin \pi\omega_i, \quad \omega_{1,2} = \omega \pm \varepsilon$$

$(i = 1, 2)$ ist. Daher ist der Rand des Stabilitätsbereiches durch die Gleichung

$$|\mathrm{sp}\, A| = \left| 2c_1c_2 - \left(\frac{\omega_1}{\omega_2} + \frac{\omega_2}{\omega_1}\right) s_1 s_2 \right| = 2 \tag{5}$$

bestimmt. Wegen $\varepsilon \ll 1$ gilt

$$\frac{\omega_2}{\omega_1} = \frac{\omega + \varepsilon}{\omega - \varepsilon} \approx 1.$$

Mit Hilfe der Bezeichnung $\dfrac{\omega_1}{\omega_2} + \dfrac{\omega_2}{\omega_1} = 2(1 + \Delta)$ folgt, wie man leicht ausrechnen kann,

$$\Delta = \frac{2\varepsilon^2}{\omega^2} + O(\varepsilon^4) \ll 1.$$

Benutzen wir die Beziehungen

$$2c_1c_2 = \cos 2\pi\varepsilon + \cos 2\pi\omega,$$

$$2s_1s_2 = \cos 2\pi\varepsilon - \cos 2\pi\omega,$$

so können wir der Gleichung (5) die Gestalt

$$-\Delta \cos 2\pi\varepsilon + (2 + \Delta) \cos 2\pi\omega = \pm 2$$

oder

$$\cos 2\pi\omega = \frac{2 + \Delta \cos 2\pi\varepsilon}{2 + \Delta}, \tag{6_1}$$

$$\cos 2\pi\omega = \frac{-2 + \Delta \cos 2\pi\varepsilon}{2 + \Delta} \tag{6_2}$$

geben. Im ersten Fall ist $\cos 2\pi\omega \approx 1$. Daher setzen wir $\omega = k + a$, $|a| \ll 1$, und erhalten

$$\cos 2\pi\omega = \cos 2\pi a = 1 - 2\pi^2 a^2 + O(a^4).$$

Schreiben wir nun (6_1) in der Form

$$\cos 2\pi\omega = 1 - \frac{\Delta}{2 + \Delta}(1 - \cos 2\pi\varepsilon)$$

oder

$$2\pi^2 a^2 + O(a^4) = \Delta \pi^2 \varepsilon^2 + O(\varepsilon^4)$$

und setzen wir $\Delta = \frac{2\varepsilon^2}{\omega^2} + O(\varepsilon^4)$, so gelangen wir zu $a = \pm\frac{\varepsilon^2}{\omega^2} + o(\varepsilon^2)$, d. h. $\omega = k \pm \frac{\varepsilon^2}{k^2} + o(\varepsilon^2)$ (Abb. 196).

Analog läßt sich die Gleichung (6_2) lösen, und wir erhalten schließlich

$$\omega = k + \frac{1}{2} \pm \frac{\varepsilon}{\pi\left(k + \frac{1}{2}\right)} + o(\varepsilon).$$

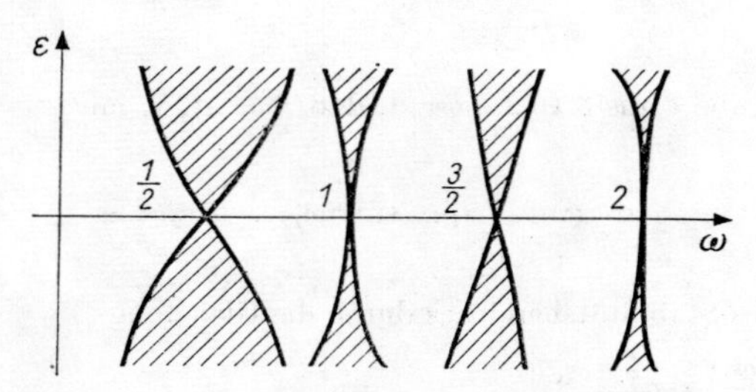

Abb. 196. Instabilitätsbereich für die Gleichung (4)

Aufgabe 2. Kann die obere, im allgemeinen instabile Gleichgewichtslage eines Pendels stabil werden, wenn der Aufhängepunkt des Pendels in vertikaler Richtung schwingt?

Die Länge des Pendelarmes sei l, die Amplitude der Schwingungen des Aufhängepunktes sei $a \ll l$, und die Periode dieser Schwingungen sei mit 2τ bezeichnet, wobei während einer halben Periode die Beschleunigung des Aufhängepunktes konstant und gleich $\pm c$ sei (dann ist $c = 8a/\tau^2$). Es zeigt sich, daß bei hinreichend schnellen Schwingungen des Aufhängepunktes ($\tau \ll 1$) die obere Gleichgewichtslage stabil wird.

Lösungsweg. Die Bewegungsgleichung können wir auf die Gestalt $\ddot{x} = (\omega^2 \pm \alpha^2)\,x$ mit $\omega^2 = g/l$, $\alpha^2 = c/l$ bringen (das Vorzeichen ändert sich während der Zeit τ). Sind die Schwingungen des Aufhängepunktes hinreichend schnell, so ist $\alpha^2 > \omega^2$ $(\alpha^2 = 8a/(l\tau^2))$. Analog zu Aufgabe 1 ist $A = A_2 A_1$ mit

$$A_1 = \begin{pmatrix} \cosh k\tau & \frac{1}{k}\sinh k\tau \\ k\sinh k\tau & \cosh k\tau \end{pmatrix}, \quad k^2 = \alpha^2 + \omega^2,$$

$$A_2 = \begin{pmatrix} \cos \Omega\tau & \frac{1}{\Omega}\sin \Omega\tau \\ -\Omega\sin \Omega\tau & \cos \Omega\tau \end{pmatrix}, \quad \Omega^2 = \alpha^2 - \omega^2.$$

Die Stabilitätsbedingung $|\mathrm{sp}\, A| < 2$ lautet daher

$$\left| 2\cosh k\tau \cos \Omega\tau + \left(\frac{k}{\Omega} - \frac{\Omega}{k}\right) \sinh k\tau \sin \Omega\tau \right| < 2. \tag{7}$$

Wir werden zeigen, daß (7) für hinreichend schnelle Schwingungen des Aufhängepunktes, d. h. für $c \gg g$ erfüllt ist. Dazu führen wir dimensionslose Variable ε, μ ein und setzen

$$\frac{a}{l} = \varepsilon^2 \ll 1, \quad \frac{g}{c} = \mu^2 \ll 1.$$

Dann ist

$$k\tau = 2\sqrt{2}\,\varepsilon\sqrt{1+\mu^2}, \qquad \Omega\tau = 2\sqrt{2}\,\varepsilon\sqrt{1-\mu^2},$$

$$\frac{k}{\Omega} - \frac{\Omega}{k} = \sqrt{\frac{1+\mu^2}{1-\mu^2}} - \sqrt{\frac{1-\mu^2}{1+\mu^2}} = 2\mu^2 + O(\mu^4).$$

Für die kleinen Größen ε, μ gelten somit die folgenden Entwicklungen mit einer Genauigkeit von der Ordnung $O(\varepsilon^4 + \mu^4)$:

$$\cosh k\tau = 1 + 4\varepsilon^2(1+\mu^2) + \frac{8}{3}\varepsilon^4 + \cdots,$$

$$\cos \Omega\tau = 1 - 4\varepsilon^2(1-\mu^2) + \frac{8}{3}\varepsilon^4 + \cdots,$$

$$\left(\frac{k}{\Omega} - \frac{\Omega}{k}\right)\sinh k\tau \sin \Omega\tau = 16\varepsilon^2\mu^2 + \cdots.$$

Also nimmt die Stabilitätsbedingung (7) die Gestalt

$$2\left(1 - 16\varepsilon^4 + \frac{16}{3}\varepsilon^4 + 8\varepsilon^2\mu^2 + \cdots\right) + 16\varepsilon^2\mu^2 < 2$$

an. Vernachlässigen wir hier die Glieder höherer als vierter Ordnung, so finden wir $\frac{2}{3}32\varepsilon^4 > 32\varepsilon^2\mu^2$ oder $\mu^2 < \frac{2}{3}\varepsilon^2$, also $\frac{g}{c} < \frac{2}{3}\frac{a}{l}$. Diese Ungleichung kann man auch umformen in

$$N > \sqrt{\frac{3}{64}}\,\omega\,\frac{l}{a} \approx 0{,}22\,\omega\,\frac{l}{a},$$

wobei $N = \frac{1}{2\tau}$ die Anzahl der Schwingungen des Aufhängepunktes pro Zeiteinheit ist. Ist z. B. die Pendellänge $l = 20$ cm und die Amplitude der Schwingungen des Aufhängepunktes $a = 1$ cm, so ist $N > 0{,}22\sqrt{980/20}\cdot 20 \approx 31$ (Schwingungen pro Sekunde). Insbesondere ist die obere Gleichgewichtslage stabil, wenn der Aufhängepunkt mehr als 40 vertikale Schwingungen pro Sekunde ausführt.

3.17. Variation der Konstanten

Studiert man Gleichungen, die den schon behandelten „nichtgestörten" Gleichungen benachbart sind, so ist oft das folgende Verfahren von Nutzen. Ist c ein erstes Integral der „nichtgestörten" Gleichung, so braucht die Funktion c für die benachbarte „gestörte" Gleichung kein erstes Integral mehr zu sein. Oft jedoch gelingt es (exakt oder näherungsweise) festzustellen, wie sich die Werte von $c(\varphi(t))$, wobei φ eine Lösung der „gestörten" Gleichung ist, mit der Zeit ändern. Ist insbesondere die Ausgangsgleichung linear und homogen und die „gestörte" inhomogen, so führt dieses Verfahren auf eine explizite Form der Lösung, wobei auf Grund der Linearität der Gleichung nicht gefordert wird, daß die Störung „klein" ist.

3.17.1. Der einfachste Fall. Die einfachste lineare inhomogene Gleichung

$$\dot{\boldsymbol{x}} = \boldsymbol{f}(t), \qquad \boldsymbol{x} \in \boldsymbol{R}^n, \qquad t \in I, \tag{1}$$

die der einfachsten homogenen Gleichung

$$\dot{\boldsymbol{x}} = 0 \tag{2}$$

zugeordnet ist, läßt sich durch Quadratur lösen:

$$\boldsymbol{\varphi}(t) = \boldsymbol{\varphi}(t_0) + \int_{t_0}^{t} \boldsymbol{f}(\tau)\, d\tau. \tag{3}$$

3.17.2. Der allgemeine Fall. Wir betrachten die lineare inhomogene Gleichung

$$\dot{\boldsymbol{x}} = A(t)\,\boldsymbol{x} + \boldsymbol{h}(t), \qquad \boldsymbol{x} \in \boldsymbol{R}^n, \qquad t \in I, \tag{4}$$

die der homogenen Gleichung

$$\dot{\boldsymbol{x}} = A(t)\,\boldsymbol{x} \tag{5}$$

zugeordnet ist, und setzen voraus, daß die homogene Gleichung (5) schon gelöst und $\boldsymbol{x} = \boldsymbol{\varphi}(t)$ ihre Lösung sei. Wir wählen die Anfangsbedingungen $\boldsymbol{c} = \boldsymbol{\varphi}(t_0)$ als die die Integralkurven von (5) begradigenden Koordinaten $(\boldsymbol{c}, t)$ im erweiterten Phasenraum (Abb. 197).

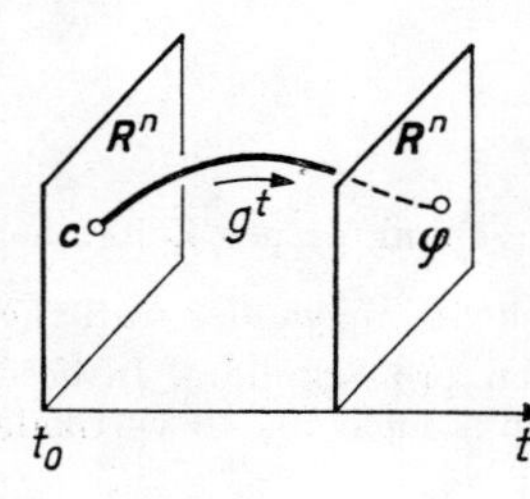

Abb. 197. Die Koordinaten des Punktes $\boldsymbol{c}$ sind erste Integrale der homogenen Gleichung

In den neuen Koordinaten hat (5) die einfache Gestalt (2). Da der Übergang zu den begradigenden Koordinaten eine in $\boldsymbol{x}$ lineare Transformation ist, nimmt die inhomogene Gleichung (4) in den neuen Koordinaten die einfache Gestalt (1) an, in der wir sie lösen können.

3.17.3. Der Kalkül. Zur Lösung der inhomogenen Gleichung (4) machen wir den Ansatz

$$\boldsymbol{\varphi}(t) = g^t\boldsymbol{c}(t), \qquad \boldsymbol{c}: I \to \boldsymbol{R}^n, \tag{6}$$

wobei $g^t: \boldsymbol{R}^n \to \boldsymbol{R}^n$ ein der homogenen Gleichung (5) zugeordneter linearer Operator der Transformation im Zeitintervall (t_0, t) ist. Differentiation nach t ergibt

$$\dot{\boldsymbol{\varphi}} = \dot{g}^t\boldsymbol{c} + g^t\dot{\boldsymbol{c}} = Ag^t\boldsymbol{c} + g^t\dot{\boldsymbol{c}} = A\boldsymbol{\varphi} + g^t\dot{\boldsymbol{c}},$$

und setzen wir dies in (4) ein, so finden wir $g^t\dot{\boldsymbol{c}} = \boldsymbol{h}(t)$. Wir sind damit zu folgendem Satz gelangt.

Satz. *Die Beziehung* (6) *gibt genau dann eine Lösung von* (4) *an, wenn* $\boldsymbol{c}$ *der Gleichung*

$$\dot{\boldsymbol{c}} = \boldsymbol{f}(t)$$

mit $\boldsymbol{f}(t) = (g^t)^{-1}\boldsymbol{h}(t)$ *genügt.*

Die letzte Gleichung besitzt die einfache Gestalt (1). Wenden wir (3) an, so erhalten wir die

Folgerung. *Jede Lösung der inhomogenen Gleichung* (4) *mit der Anfangsbedingung* $\varphi(t_0) = \boldsymbol{c}$ *ist von der Gestalt*

$$\varphi(t) = g^t \left(\boldsymbol{c} + \int_{t_0}^{t} (g^\tau)^{-1}\boldsymbol{h}(\tau)\, d\tau\right).$$

Bemerkung. Legt man ein Koordinatensystem zugrunde, so läßt sich der obige Satz folgendermaßen formulieren:

Kennt man ein Fundamentalsystem von Lösungen der homogenen Gleichung (5), *so genügt es, um die lineare inhomogene Gleichung* (4) *zu lösen, in die inhomogene Gleichung eine Linearkombination von Lösungen dieses Fundamentalsystems einzusetzen und die Koeffizienten als unbekannte Funktionen der Zeit aufzufassen. Zur Bestimmung dieser Koeffizienten ergibt sich dann eine einfache Gleichung der Form* (1).

Aufgabe 1. Man löse die Gleichung $\ddot{x} + x = f(t)$.

Lösungsweg. Zunächst stellen wir das homogene System zweier Gleichungen auf:

$$\dot{x}_1 = x_2, \qquad \dot{x}_2 = -x_1.$$

Dessen Fundamentalsystem ist bekannt; es lautet

$$(x_1 = \cos t,\ x_2 = -\sin t), \qquad (x_1 = \sin t,\ x_2 = \cos t).$$

Nach der allgemeinen Methode machen wir dann für die Lösung den Ansatz

$$x_1 = c_1(t)\cos t + c_2(t)\sin t,$$
$$x_2 = -c_1(t)\sin t + c_2(t)\cos t$$

und erhalten zur Bestimmung von c_1 und c_2 das System

$$\dot{c}_1\cos t + \dot{c}_2\sin t = 0, \qquad -\dot{c}_1\sin t + \dot{c}_2\cos t = f(t).$$

Also ist

$$\dot{c}_1 = -f(t)\sin t, \qquad \dot{c}_2 = f(t)\cos t,$$

und die Lösung lautet

$$x(t) = \left[x(0) - \int_0^t f(\tau)\sin\tau\, d\tau\right]\cos t + \left[\dot{x}(0) + \int_0^t f(\tau)\cos\tau\, d\tau\right]\sin t.$$

4. Beweise der grundlegenden Sätze

In diesem Kapitel beweisen wir die Sätze von der Existenz, Eindeutigkeit, Stetigkeit und Differenzierbarkeit der Lösungen gewöhnlicher Differentialgleichungen und darüber hinaus die Sätze von der Begradigung des Vektor- und des Richtungsfeldes.

Die Beweise enthalten außerdem ein Verfahren zur Konstruktion von Näherungslösungen.

4.1. Kontrahierende Abbildungen

Die im folgenden dargelegte Methode, einen Fixpunkt der Abbildung eines metrischen Raumes M in sich zu bestimmen, läßt sich zur Konstruktion der Lösungen von Differentialgleichungen verwenden.

4.1.1. Definition. Es sei $A: M \to M$ eine Abbildung eines mit einer Metrik ϱ versehenen Raumes M in sich. Die Abbildung von M heißt *kontrahierende* Abbildung, wenn es eine Konstante λ $(0 < \lambda < 1)$ gibt, für die

$$\varrho(Ax, Ay) \leqq \lambda \varrho(x, y) \qquad \text{für alle } x, y \in M \tag{1}$$

gilt.

Beispiel 1. Es sei $A: \boldsymbol{R} \to \boldsymbol{R}$ eine reelle Funktion einer reellen Variablen (Abb. 198). Ist die Ableitung A' von A dem Absolutbetrag nach überall kleiner als 1, so braucht die Ab-

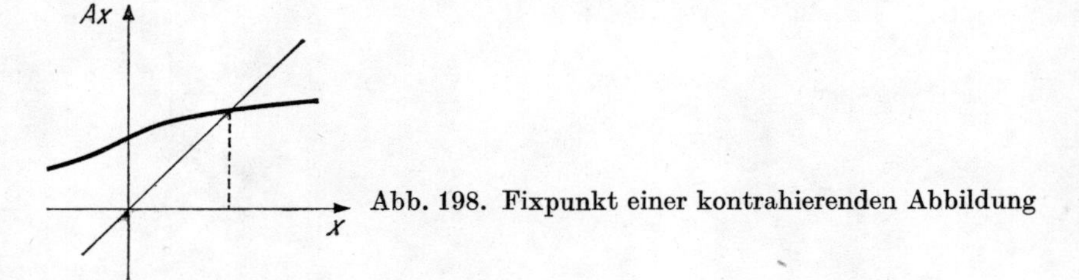

Abb. 198. Fixpunkt einer kontrahierenden Abbildung

bildung A nicht kontrahierend zu sein. Sie ist jedoch im Fall

$$|A'| \leqq \lambda < 1$$

eine kontrahierende Abbildung.

Beispiel 2. Ist $A: \boldsymbol{R}^n \to \boldsymbol{R}^n$ ein linearer Operator und liegen alle seine Eigenwerte im Innern der Einheitskreisscheibe, so gibt es im $\boldsymbol{R}^n$ eine solche euklidische Metrik (Ljapunov-Funktion; vgl. 3.10.), daß A eine kontrahierende Abbildung ist.

Aufgabe 1. Welche der folgenden Abbildungen einer (mit der üblichen Metrik versehenen) Geraden in sich sind kontrahierende Abbildungen?

a) $y = \sin x$; b) $y = \sqrt{x^2 + 1}$; c) $y = \arctan x$.

Aufgabe 2. Darf das Zeichen $\leqq$ in der Ungleichung (1) durch $<$ ersetzt werden?

4.1.2. Satz über kontrahierende Abbildungen. Ein Punkt $x \in M$ heißt *Fixpunkt* der Abbildung $A: M \to M$, wenn $Ax = x$ gilt.

Ist $A: M \to M$ eine kontrahierende Abbildung eines vollständigen metrischen Raumes M in sich, so besitzt A genau einen Fixpunkt. Für jeden Punkt $x \in M$ strebt die Folge der durch die Anwendung von A auf x erhaltenen Bilder

$$x, Ax, A^2x, \ldots$$

gegen den Fixpunkt von A (Abb. 199).

Beweis. Es sei $\varrho(x, Ax) = d$. Dann ist

$$\varrho(A^n x, A^{n+1} x) \leqq \lambda^n d.$$

Da die Reihe $\sum_{n=0}^{\infty} \lambda^n$ konvergiert, ist die Folge der $A^n x$ $(n = 0, 1, 2, \ldots)$ eine Fundamentalfolge. Nach Voraussetzung ist der Raum M vollständig; also existiert der Grenzwert $X = \lim_{n\to\infty} A^n x$.

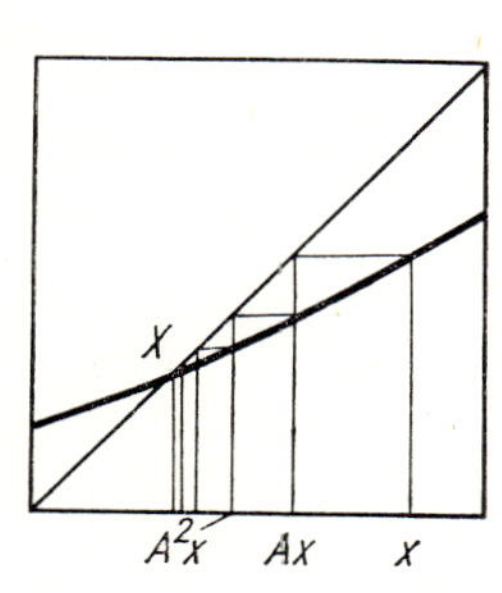

Abb. 199. Folge der Bilder des Punktes x bei der Abbildung A

Wir müssen zeigen, daß X Fixpunkt von A ist. Da jede kontrahierende Abbildung stetig ist (man kann $\delta = \varepsilon$ nehmen), gilt

$$AX = A \lim_{n\to\infty} A^n x = \lim_{n\to\infty} A^{n+1} x = X.$$

Außerdem stimmt jeder Fixpunkt Y mit X überein, denn aus

$$\varrho(X, Y) = \varrho(AX, AY) \leqq \lambda\varrho(X, Y), \qquad 0 < \lambda < 1,$$

folgt

$$\varrho(X, Y) = 0.$$

4.1.3. Bemerkung. Die Punkte $x, Ax, A^2x, \ldots$ heißen *sukzessive Approximationen* von X. Ist x eine Approximation des Fixpunktes X der kontrahierenden Abbildung A, so läßt sich die Genauigkeit dieser Approximation mit Hilfe des Abstandes d zwischen den Punkten x und Ax abschätzen. Es gilt nämlich

$$\varrho(x, X) \leqq \frac{d}{1-\lambda},$$

denn es ist $d + \lambda d + \lambda^2 d + \cdots = \dfrac{d}{1-\lambda}$ (Abb. 200).

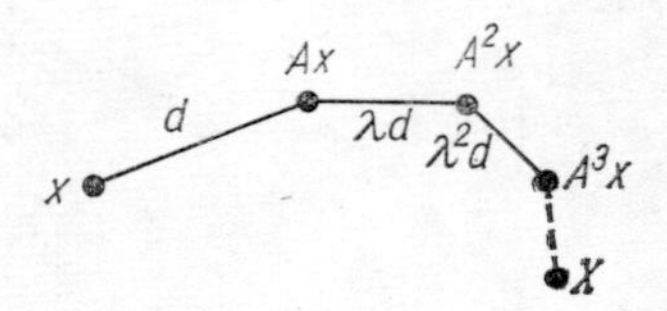

Abb. 200. Abschätzung der Genauigkeit der Approximation x an den Fixpunkt X

4.2. Beweis des Existenzsatzes und des Satzes über die stetige Abhängigkeit von den Anfangsbedingungen

In diesem Abschnitt werden wir eine kontrahierende Abbildung eines vollständigen metrischen Raumes konstruieren, deren Fixpunkt die Lösung der gegebenen Differentialgleichung bestimmt.

4.2.1. Die Picardschen sukzessiven Approximationen. Wir betrachten die Differentialgleichung $\dot{\boldsymbol{x}} = \boldsymbol{v}(\boldsymbol{x}, t)$, die auf einem Gebiet des erweiterten Phasenraumes $\boldsymbol{R}^{n+1}$ durch ein Vektorfeld $\boldsymbol{v}$ definiert ist (Abb. 201).

Wir nennen eine Abbildung A, die die Funktion $\boldsymbol{\varphi}: t \mapsto \boldsymbol{x}$ in die Funktion $A\boldsymbol{\varphi}: \tau \mapsto \boldsymbol{x}$ mit

$$(A\boldsymbol{\varphi})(t) = \boldsymbol{x}_0 + \int_{t_0}^{t} \boldsymbol{v}(\boldsymbol{\varphi}(\tau), \tau)\, d\tau$$

überführt, *Picardsche Abbildung*. Geometrisch bedeutet der Übergang von $\boldsymbol{\varphi}$ zu $A\boldsymbol{\varphi}$ (Abb. 202), zur Kurve $(\boldsymbol{\varphi})$ eine neue Kurve $(A\boldsymbol{\varphi})$ zu konstruieren, deren Tangente für jedes t parallel zum gegebenen Richtungsfeld ist, aber nicht auf der Kurve $(A\boldsymbol{\varphi})$ selbst — sonst wäre ja $A\boldsymbol{\varphi}$ Lösung —, sondern in dem entsprechenden Punkt der

Kurve (φ). Also gilt:

$$\begin{pmatrix} \varphi \textit{ ist Lösung mit der Anfangsbedingung} \\ \varphi(t_0) = x_0 \end{pmatrix} \Leftrightarrow (\varphi = A\varphi).$$

Angeregt durch den Satz über kontrahierende Abbildungen, betrachten wir nun die Folge $\varphi, A\varphi, A^2\varphi, \ldots$ der *Picardschen Approximationen* (die etwa mit $\varphi = x_0$ beginnt).

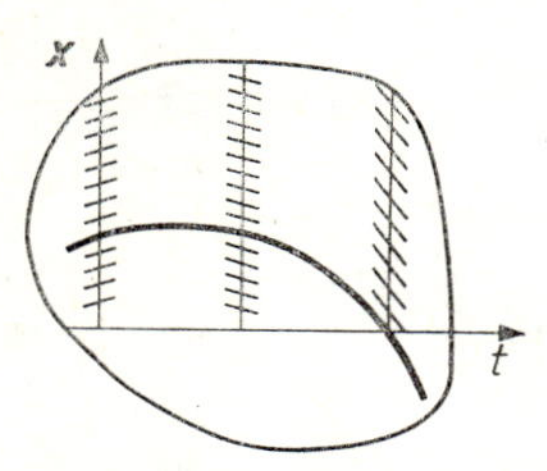

Abb. 201. Integralkurve der Gleichung $\dot{x} = v(x, t)$

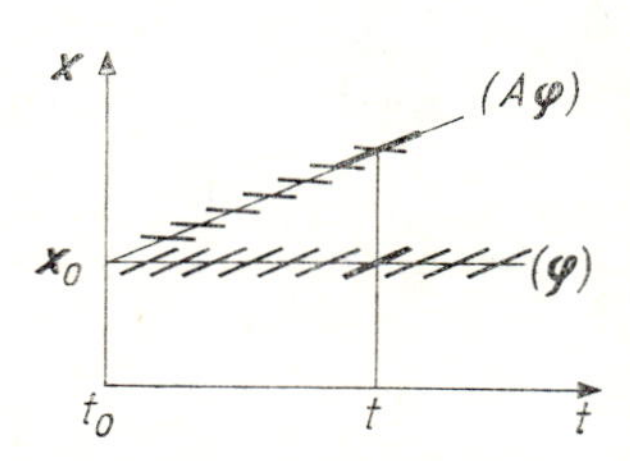

Abb. 202. Picardsche Abbildung A

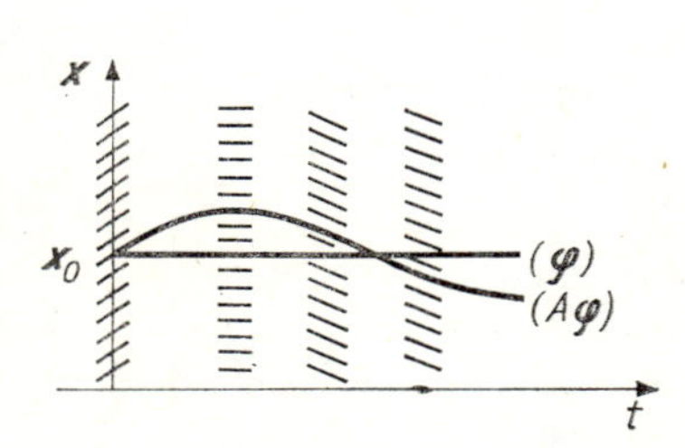

Abb. 203. Picardsche Approximationen für die Gleichung $\dot{x} = f(t)$

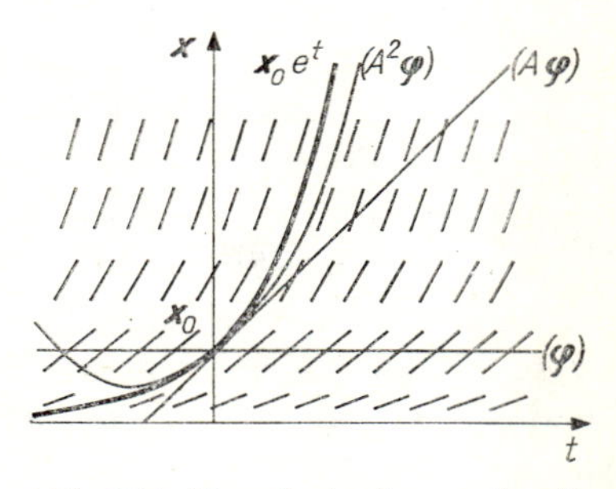

Abb. 204. Picardsche Approximationen für die Gleichung $\dot{x} = x$

Beispiel 1. $\dot{x} = f(t)$ (Abb. 203). Hier ist

$$(A\varphi)(t) = x_0 + \int_{t_0}^{t} f(\tau)\, d\tau,$$

also führt in diesem Fall schon der erste Schritt zur exakten Lösung.

Beispiel 2. $\dot{x} = x$, $t_0 = 0$ (Abb. 204). Daß diese Näherungen konvergieren, kann man sofort sehen; im Punkt t gilt nämlich

$$\varphi = x_0,$$

$$A\varphi = x_0 + \int_0^t x_0\, d\tau = x_0(1 + t),$$

$$A^2\varphi = x_0 + \int_0^t x_0(1 + \tau)\, d\tau = x_0\left(1 + t + \frac{t^2}{2}\right),$$

. . . .

$$A^n\varphi = x_0\left(1 + t + \frac{t^2}{2} + \cdots + \frac{t^n}{n!}\right),$$

. . . .

und

$$\lim_{n\to\infty} A^n \boldsymbol{\varphi} = e^t \boldsymbol{x}_0,$$

Bemerkung 1. Die beiden Definitionen der Exponentialfunktion,

a) $e^t = \lim\limits_{n\to\infty} \left(1 + \frac{t}{n}\right)^n$,

b) $e^t = 1 + t + \frac{t^2}{2!} + \cdots$,

entsprechen somit den beiden Methoden zur näherungsweisen Lösung der einfachsten Differentialgleichung $\dot{x} = x$, nämlich der Eulerschen Polygonzugmethode und dem Picardschen Verfahren der sukzessiven Approximation. Die historisch gesehen erste Definition der Exponentialfunktion lautete einfach:

c) e^t ist diejenige Lösung der Gleichung $\dot{x} = x$, die der Anfangsbedingung $x(0) = 1$ genügt.

Bemerkung 2. Analog läßt sich die Konvergenz der Approximationen bei der Gleichung $\dot{x} = kx$ nachweisen. Im allgemeinen ist der Grund für die Konvergenz der sukzessiven Approximationen darin zu suchen, daß die Gleichung $\dot{x} = kx$ die „schlechteste" ist: Die sukzessiven Approximationen für jede andere Gleichung konvergieren nicht langsamer als für eine Gleichung der Gestalt $\dot{x} = kx$.

Um nachzuprüfen, ob die Folge der sukzessiven Approximationen konvergiert, konstruieren wir einen vollständigen metrischen Raum, in dem die Picardsche Abbildung eine kontrahierende Abbildung ist. Zuvor rufen wir jedoch einige Tatsachen aus der Analysis in unser Gedächtnis zurück.

4.2.2. Vorbereitende Abschätzungen.

a) *Vektornorm.* Wir bezeichnen die Norm eines Vektors $\boldsymbol{x}$ des euklidischen Raumes $\boldsymbol{R}^n$ mit $|\boldsymbol{x}| = \sqrt{(\boldsymbol{x}, \boldsymbol{x})}$. Der mit der Metrik $\varrho(\boldsymbol{x}, \boldsymbol{y}) = |\boldsymbol{x} - \boldsymbol{y}|$ versehene Raum $\boldsymbol{R}^n$ ist ein vollständiger metrischer Raum.

Zwei wichtige Ungleichungen seien erwähnt: die Dreiecksungleichung

$$|\boldsymbol{x} + \boldsymbol{y}| \leqq |\boldsymbol{x}| + |\boldsymbol{y}|$$

und die Schwarzsche Ungleichung

$$|(\boldsymbol{x}, \boldsymbol{y})| \leqq |\boldsymbol{x}|\,|\boldsymbol{y}|.$$ [1]

[1] Wir wiederholen hier einen Beweis dieser Ungleichungen. Durch die Vektoren $\boldsymbol{x}$ und $\boldsymbol{y}$ des euklidischen Raumes $\boldsymbol{R}^n$ wird eine zweidimensionale Ebene aufgespannt, die eine euklidische Struktur (eine Metrik) aus $\boldsymbol{R}^n$ erhält. In einer euklidischen Ebene aber sind diese Ungleichungen aus der elementaren Geometrie bekannt. Somit sind sie auch für jeden anderen euklidischen Raum, etwa für den $\boldsymbol{R}^n$, gültig. Insbesondere haben wir hiermit ohne Rechnung gezeigt, daß $\left|\sum\limits_{i=1}^n x_i y_i\right|^2 \leqq \sum\limits_{i=1}^n x_i^2 \cdot \sum\limits_{i=1}^n y_i^2$, $\left|\int\limits_a^b fg\,dt\right|^2 \leqq \int\limits_a^b f^2\,dt \cdot \int\limits_a^b g^2\,dt$ ist.

b) *Vektorintegral.* Es sei $\boldsymbol{f}\colon [a, b] \to \boldsymbol{R}^n$ eine auf $[a, b]$ stetige Vektorfunktion mit Werten in $\boldsymbol{R}^n$. Ihr Integral

$$\boldsymbol{I} = \int_a^b \boldsymbol{f}(t)\, dt \in \boldsymbol{R}^n$$

wird wie üblich (mit Hilfe von Integralsummen) definiert.

Lemma. *Es gilt*

$$\left| \int_a^b \boldsymbol{f}(t)\, dt \right| \leqq \int_a^b |\boldsymbol{f}(t)|\, dt. \tag{1}$$

Beweis. Wir vergleichen die Integralsummen mit Hilfe der Dreiecksungleichung und erhalten

$$|\sum \boldsymbol{f}(t_i)\, \Delta_i| \leqq \sum |\boldsymbol{f}(t_i)|\, |\Delta_i|,$$

was zu beweisen war.

c) *Operatornorm.* Es sei $A : \boldsymbol{R}^m \to \boldsymbol{R}^n$ ein linearer Operator aus einem euklidischen Raum in einen anderen. Seine Norm bezeichnen wir mit

$$|A| = \sup_{x \in \boldsymbol{R}^n \setminus 0} \frac{|Ax|}{|x|}.$$

Dann ist

$$|A + B| \leqq |A| + |B|, \qquad |AB| \leqq |A|\, |B|. \tag{2}$$

Die Menge der linearen Operatoren aus $\boldsymbol{R}^m$ in $\boldsymbol{R}^n$ bildet einen vollständigen metrischen Raum, wenn in ihr die Metrik

$$\varrho(A, B) = |A - B|$$

eingeführt wird.

4.2.3. Lipschitzbedingung. Es sei $A : M_1 \to M_2$ eine Abbildung des metrischen Raumes M_1 (mit der Metrik ϱ_1) in den metrischen Raum M_2 (mit der Metrik ϱ_2), und L sei eine positive reelle Zahl.

Definition. Man sagt, die Abbildung A *genüge einer Lipschitzbedingung mit der Konstanten* L (in Zeichen: $A \in \operatorname{Lip} L$), wenn sie den Abstand zwischen zwei beliebigen Punkten von M_1 höchstens L-mal vergrößert (Abb. 205):

$$\varrho_2(Ax, Ay) \leqq L\varrho_1(x, y) \qquad \text{für alle } x, y \in M_1.$$

Eine Abbildung A *genügt* dann *einer Lipschitzbedingung,* wenn eine Konstante L derart existiert, daß $A \in \operatorname{Lip} L$ ist.

Aufgabe 1. Genügen die folgenden Abbildungen einer Lipschitzbedingung? (Es sei eine euklidische Metrik zugrunde gelegt.)

a) $y = x^2$, $x \in \mathbf{R}$; b) $y = \sqrt{x}$, $x > 0$;

c) $y = \sqrt{x_1^2 + x_2^2}$, $(x_1, x_2) \in \mathbf{R}^2$; d) $y = \sqrt{x_1^2 - x_2^2}$, $x_1^2 \geqq x_2^2$;

e) $y = \begin{cases} x \log x & (0 < x \leqq 1), \\ 0 & (x = 0); \end{cases}$ f) $y = x^2$, $x \in \mathbf{C}$, $|x| \leqq 1$.

Aufgabe 2. Man zeige: *Eine kontrahierende Abbildung genügt einer Lipschitzbedingung und ist folglich stetig.*

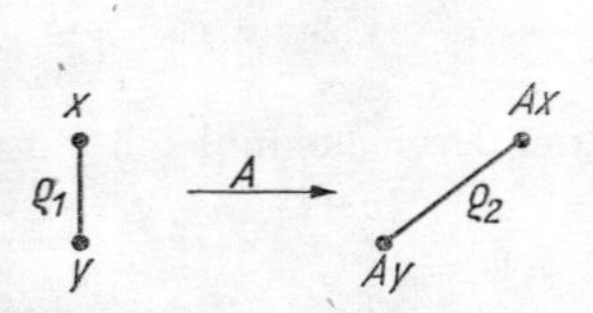

Abb. 205. Lipschitzbedingung: $\varrho_2 \leqq L\varrho_1$

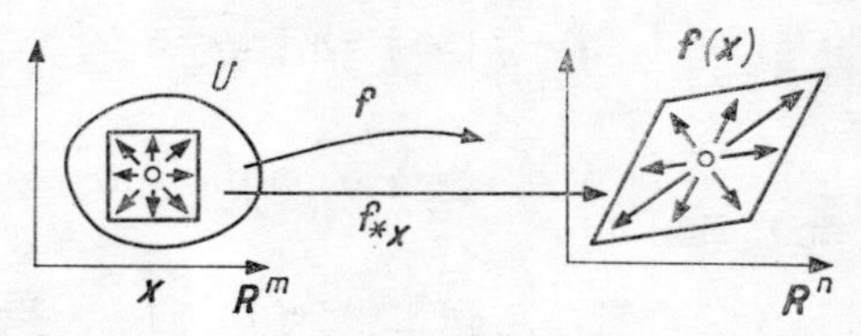

Abb. 206. Ableitung der Abbildung $\boldsymbol{f}$

4.2.4. Differenzierbarkeit und Lipschitzbedingung. Es sei $\boldsymbol{f}\colon U \to \mathbf{R}^n$ eine zur Klasse C^r $(r \geqq 1)$ gehörende Abbildung eines Gebietes U des euklidischen Raumes $\mathbf{R}^m$ in den euklidischen Raum $\mathbf{R}^n$ (Abb. 206). Der Tangentialraum an einen euklidischen Raum in einem beliebigen Punkt besitzt seinerseits eine euklidische Struktur. Daher ist die Ableitung von $\boldsymbol{f}$ in einem Punkt $\boldsymbol{x} \in U \subset \mathbf{R}^m$,

$$\boldsymbol{f}_{*\boldsymbol{x}}\colon T\mathbf{R}_{\boldsymbol{x}}^{m} \to T\mathbf{R}^n_{\boldsymbol{f}(\boldsymbol{x})},$$

ein linearer Operator aus einem euklidischen Raum in einen anderen. Offenbar gilt der

Satz. *Eine auf einer konvexen kompakten Teilmenge V von U stetig differenzierbare Abbildung $\boldsymbol{f}$ genügt einer Lipschitzbedingung, deren Konstante L gleich dem Supremum der Ableitung von $\boldsymbol{f}$ auf V ist:*

$$L = \sup_{\boldsymbol{x} \in V} |\boldsymbol{f}_{*\boldsymbol{x}}|.$$

Beweis. Wir verbinden zwei Punkte $\boldsymbol{x}, \boldsymbol{y} \in V$ durch eine Strecke (Abb. 207) und setzen $\boldsymbol{z}(t) = \boldsymbol{x} + t(\boldsymbol{y} - \boldsymbol{x})$, $0 \leqq t \leqq 1$. Nach der Newton-Leibnizschen Formel gilt

$$\boldsymbol{f}(\boldsymbol{y}) - \boldsymbol{f}(\boldsymbol{x}) = \int_0^1 \frac{d}{dt} \boldsymbol{f}(\boldsymbol{z}(\tau))\, d\tau = \int_0^1 \boldsymbol{f}_{*\boldsymbol{z}(\tau)} \dot{\boldsymbol{z}}(\tau)\, d\tau.$$

Die Beziehungen (1), (2) aus 4.2.2. und $\dot{\boldsymbol{z}} = \boldsymbol{y} - \boldsymbol{x}$ liefern nun

$$\left| \int_0^1 \boldsymbol{f}_{*\boldsymbol{z}(\tau)} \dot{\boldsymbol{z}}(\tau)\, d\tau \right| \leqq \int_0^1 L|\boldsymbol{y} - \boldsymbol{x}|\, d\tau = L|\boldsymbol{y} - \boldsymbol{x}|,$$

was zu beweisen war.

Bemerkung. Die Norm $|f_*|$ der Ableitung erreicht auf V ihren größten Wert. Da nämlich f nach Voraussetzung zur Klasse C^1 gehört, ist f_* also stetig, und $|f_*|$ nimmt auf der kompakten Menge V das Supremum L an.

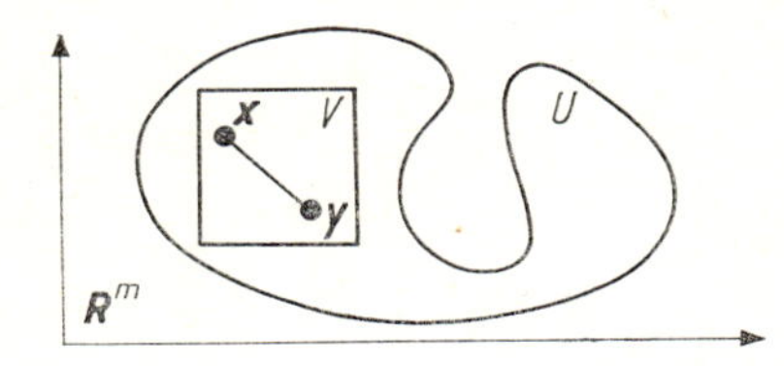

Abb. 207. Die stetige Differenzierbarkeit zieht das Erfülltsein der Lipschitzbedingung nach sich

Wir wollen nun nachweisen, daß die Folge der Picardschen Approximationen in einer kleinen Umgebung eines beliebigen Punktes konvergent ist. Um diese Umgebung näher zu beschreiben, führen wir in 4.2.5. vier Größen ein.

4.2.5. Die Größen C, L, a', b'. Die rechte Seite $\boldsymbol{v}$ der Differentialgleichung

$$\dot{\boldsymbol{x}} = \boldsymbol{v}(\boldsymbol{x}, t) \tag{3}$$

sei auf einem Gebiet U des erweiterten Phasenraumes definiert, $U \subset \boldsymbol{R}^n \times \boldsymbol{R}^1$, und dort differenzierbar (gehöre dort der Klasse C^r, $r \geqq 1$, an). Wir führen in $\boldsymbol{R}^n$ und damit auch in $\boldsymbol{TR}_x{}^n$ eine euklidische Struktur ein.

Nun betrachten wir einen beliebigen Punkt $(\boldsymbol{x}_0, t_0) \in U$ (Abb. 208). Der Zylinder

$$Z = \{\boldsymbol{x}, t \colon |t - t_0| \leqq a,\ |\boldsymbol{x} - \boldsymbol{x}_0| \leqq b\}$$

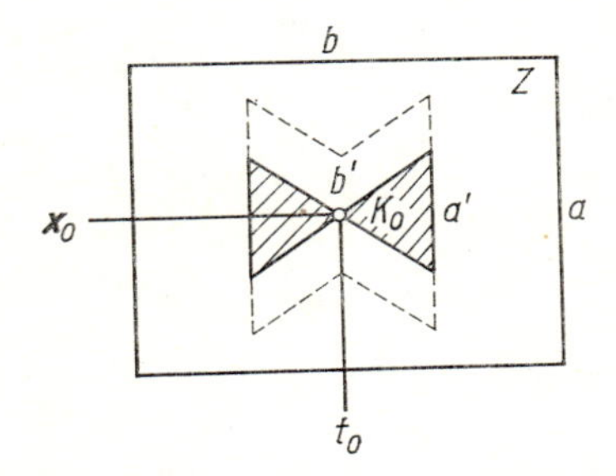

Abb. 208. Zylinder Z und Kegel K_0

liegt, wenn a und b hinreichend klein sind, im Gebiet U. Mit C und L sei das Supremum von $|\boldsymbol{v}|$ bzw. $|\boldsymbol{v}_*|$[1]) auf Z bezeichnet. Es wird, da der Zylinder eine kompakte Menge ist, tatsächlich erreicht:

$$|\boldsymbol{v}| \leqq C, \qquad |\boldsymbol{v}_*| \leqq L.$$

Nun untersuchen wir den Kegel K_0 mit der Spitze $(\boldsymbol{x}_0, t_0)$, der Höhe a' und dem Öffnungswinkel C:

$$K_0 = \{\boldsymbol{x}, t \colon |t - t_0| \leqq a',\ |\boldsymbol{x} - \boldsymbol{x}_0| \leqq C|t - t_0|\}.$$

[1]) Der Stern im Index bezeichnet hier und im folgenden die Ableitung nach x bei festem t.

Ist die Zahl a' hinreichend klein, so liegt K_0 innerhalb des Zylinders Z. Sind $a', b' > 0$ hinreichend klein, so ist auch jeder Kegel $K_{\boldsymbol{x}}$, der aus K_0 durch Parallelverschiebung der Spitze in den Punkt $(\boldsymbol{x}, t_0)$ mit $|\boldsymbol{x} - \boldsymbol{x}_0| \leqq b'$ gewonnen wird, in Z enthalten.

Wir nehmen an, daß a' und b' so klein gewählt wurden, daß $K_{\boldsymbol{x}} \subset Z$ ist. Für eine Lösung $\boldsymbol{\varphi}$ der Gleichung (3) mit der Anfangsbedingung $\boldsymbol{\varphi}(t_0) = \boldsymbol{x}$ machen wir den Ansatz $\boldsymbol{\varphi}(t) = \boldsymbol{x} + \boldsymbol{h}(\boldsymbol{x}, t)$; vgl. Abb. 209. Die entsprechende Integralkurve verläuft im Innern des Kegels $K_{\boldsymbol{x}}$.

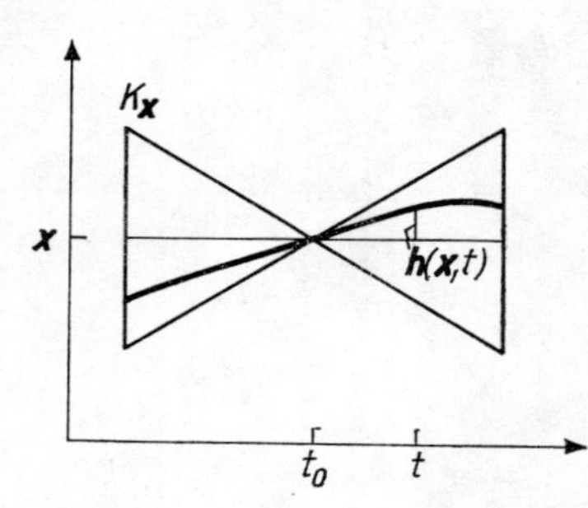

Abb. 209. Bestimmung von $\boldsymbol{h}(\boldsymbol{x}, t)$

4.2.6. Der metrische Raum M. Wir untersuchen jetzt alle möglichen stetigen Abbildungen $\boldsymbol{h}$ des Zylinders $|\boldsymbol{x} - \boldsymbol{x}_0| \leqq b'$, $|t - t_0| \leqq a'$ in den euklidischen Raum $\boldsymbol{R}^n$, und mit M bezeichnen wir die Menge dieser Abbildungen, die außerdem die Bedingung

$$|\boldsymbol{h}(\boldsymbol{x}, t)| \leqq C|t - t_0| \tag{4}$$

erfüllen (insbesondere ist $\boldsymbol{h}(\boldsymbol{x}, t_0) = \boldsymbol{0}$). Wir führen in M durch

$$\varrho(\boldsymbol{h}_1, \boldsymbol{h}_2) = \|\boldsymbol{h}_1 - \boldsymbol{h}_2\| = \max_{\substack{|\boldsymbol{x}-\boldsymbol{x}_0| \leqq b' \\ |t-t_0| \leqq a'}} |\boldsymbol{h}_1(\boldsymbol{x}, t) - \boldsymbol{h}_2(\boldsymbol{x}, t)|$$

eine Metrik ein.

Satz. *Die mit der Metrik ϱ versehene Menge M ist ein vollständiger metrischer Raum.*

Beweis. Eine gleichmäßig konvergente Folge stetiger Funktionen strebt gegen eine stetige Funktion. Genügen die Funktionen einer solchen Folge der Ungleichung (4), so genügt auch die Grenzfunktion dieser Ungleichung, und zwar mit derselben Konstanten C.

Es sei noch erwähnt, daß der Raum M von drei positiven Zahlen abhängt: von a', b' und C.

4.2.7. Die kontrahierende Abbildung $A: M \to M$. Wir definieren eine Abbildung $A: M \to M$ durch

$$(A\boldsymbol{h})(\boldsymbol{x}, t) = \int_{t_0}^{t} \boldsymbol{v}\big(\boldsymbol{x} + \boldsymbol{h}(\boldsymbol{x}, \tau), \tau\big)\, d\tau.^{1)} \tag{5}$$

[1]) Beim Vergleich mit der Picardschen Abbildung aus 4.2.1. dürfen wir nicht vergessen, daß wir jetzt die Lösung in der Form $\boldsymbol{x} + \boldsymbol{h}$ suchen.

Auf Grund von (4) gehört der Punkt $(\boldsymbol{x} + \boldsymbol{h}(\boldsymbol{x}, \tau), \tau)$ zum Kegel $K_{\boldsymbol{x}}$ und folglich zum Definitionsgebiet des Feldes $\boldsymbol{v}$.

Satz. *Ist a' hinreichend klein, so ist durch* (5) *eine kontrahierende Abbildung des Raumes M in sich definiert.*

Beweis. 1. Zunächst zeigen wir, daß *A den Raum M in sich überführt.* Die Funktion $\boldsymbol{Ah}$ ist stetig, da das Integral einer stetig von einem Parameter abhängenden stetigen Funktion von eben diesem Parameter und von der oberen Grenze stetig abhängt. Ferner genügt $\boldsymbol{Ah}$ der Ungleichung (4), denn es ist

$$|(\boldsymbol{Ah})(\boldsymbol{x}, t)| \leqq \left|\int_{t_0}^{t} \boldsymbol{v}(\boldsymbol{x} + \boldsymbol{h}(\boldsymbol{x}, \tau), \tau)\, d\tau\right| \leqq \left|\int_{t_0}^{t} C\, dt\right| \leqq C|t - t_0|.$$

Also ist $AM \subset M$.

2. Jetzt zeigen wir, daß *A eine kontrahierende Abbildung ist:*

$$\|\boldsymbol{Ah}_1 - \boldsymbol{Ah}_2\| \leqq \lambda\, \|\boldsymbol{h}_1 - \boldsymbol{h}_2\|, \qquad 0 < \lambda < 1.$$

Dazu schätzen wir den Wert von $\boldsymbol{Ah}_1 - \boldsymbol{Ah}_2$ im Punkt $(\boldsymbol{x}, t)$ ab. Es gilt (Abb. 210)

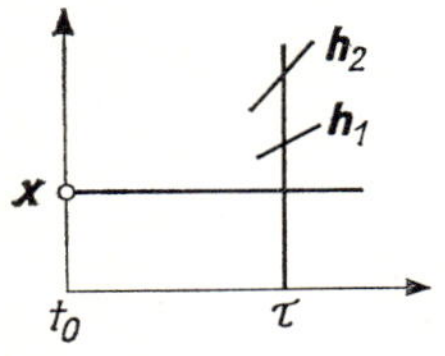

Abb. 210. Vergleich von $\boldsymbol{v}_1$ und $\boldsymbol{v}_2$

$$(\boldsymbol{Ah}_1 - \boldsymbol{Ah}_2)(\boldsymbol{x}, t) = \int_{t_0}^{t} (\boldsymbol{v}_1 - \boldsymbol{v}_2)\, d\tau$$

mit $\boldsymbol{v}_i(\tau) = \boldsymbol{v}(\boldsymbol{x} + \boldsymbol{h}_i(\boldsymbol{x}, \tau), \tau)$, $i = 1, 2$. Auf Grund des Satzes aus 4.2.4. genügt die Funktion $\boldsymbol{v}(\boldsymbol{x}, \tau)$ für festes τ einer Lipschitzbedingung (bezüglich $\boldsymbol{x}$) mit der Konstanten L. Daher ist

$$|\boldsymbol{v}_1(\tau) - \boldsymbol{v}_2(\tau)| \leqq L|\boldsymbol{h}_1(\boldsymbol{x}, \tau) - \boldsymbol{h}_2(\boldsymbol{x}, \tau)| \leqq L\, \|\boldsymbol{h}_1 - \boldsymbol{h}_2\|$$

und nach dem Lemma aus 4.2.2.

$$|(\boldsymbol{Ah}_1 - \boldsymbol{Ah}_2)(\boldsymbol{x}, t)| \leqq \left|\int_{t_0}^{t} L\|\boldsymbol{h}_1 - \boldsymbol{h}_2\|\, d\tau\right| \leqq La'\|\boldsymbol{h}_1 - \boldsymbol{h}_2\|.$$

Hieraus ist ersichtlich, daß A im Fall $La' < 1$ eine kontrahierende Abbildung ist.

Damit ist der Satz bewiesen.

4.2.8. Existenz- und Eindeutigkeitssatz.

Folgerung. *Die rechte Seite $\boldsymbol{v}$ der Differentialgleichung* (3) *sei in einer Umgebung des Punktes $(\boldsymbol{x}_0, t_0)$ des erweiterten Phasenraumes stetig differenzierbar. Dann besitzt* *der Punkt t_0 eine solche Umgebung, daß die Gleichung* (3) *dort eine Lösung φ hat, die der Anfangsbedingung $\varphi(t_0) = \boldsymbol{x}$ genügt, wobei $\boldsymbol{x}$ ein beliebig nahe bei $\boldsymbol{x}_0$ liegender Punkt ist; außerdem hängt diese Lösung stetig von dem Anfangswert $\boldsymbol{x}$ ab.*

Beweis. Die kontrahierende Abbildung A besitzt auf Grund des Satzes aus 4.1.2. einen Fixpunkt $\boldsymbol{h} \in M$. Setzen wir

$$\boldsymbol{g}(\boldsymbol{x}, t) = \boldsymbol{x} + \boldsymbol{h}(\boldsymbol{x}, t),$$

so ist

$$\boldsymbol{g}(\boldsymbol{x}, t) = \boldsymbol{x} + \int_{t_0}^{t} \boldsymbol{v}\big(\boldsymbol{g}(\boldsymbol{x}, \tau), \tau\big)\, d\tau,$$

$$\frac{\partial \boldsymbol{g}(\boldsymbol{x}, t)}{\partial t} = \boldsymbol{v}\big(\boldsymbol{g}(\boldsymbol{x}, t), t\big).$$

Wir sehen also, daß $\boldsymbol{g}$ bei festem $\boldsymbol{x}$ der Gleichung (3) und für $t = t_0$ der Anfangsbedingung $\boldsymbol{g}(\boldsymbol{x}, t_0) = \boldsymbol{x}$ genügt. Wegen $\boldsymbol{h} \in M$ ist die Funktion $\boldsymbol{g}$ stetig. Damit ist die Folgerung bewiesen.

Wir haben hiermit den Existenzsatz für die Gleichung (3) bewiesen und eine Lösung gefunden, die stetig von den Anfangswerten abhängt.

Aufgabe 1. Man beweise den Eindeutigkeitssatz.

Lösungsweg 1. In der Definition von M setzen wir $b' = 0$. Das Vorhandensein eines einzigen Fixpunktes der kontrahierenden Abbildung $A: M \to M$ zieht das Vorhandensein einer einzigen Lösung $\boldsymbol{\varphi}$ nach sich (die der Anfangsbedingung $\boldsymbol{\varphi}(t_0) = \boldsymbol{x}_0$ genügt).

Lösungsweg 2. Es seien $\boldsymbol{\varphi}_1$ und $\boldsymbol{\varphi}_2$ zwei für $|t - t_0| < \alpha$ definierte Lösungen, die der gemeinsamen Anfangsbedingung $\boldsymbol{\varphi}_1(t_0) = \boldsymbol{\varphi}_2(t_0)$ genügen. Wir wählen ein α' mit $0 < \alpha' < \alpha$ und setzen

$$\|\boldsymbol{\varphi}\| = \max_{|t-t_0|<\alpha'} |\boldsymbol{\varphi}(t)|.$$

Nun ist

$$\boldsymbol{\varphi}_1(t) - \boldsymbol{\varphi}_2(t) = \int_{t_0}^{t} [\boldsymbol{v}(\boldsymbol{\varphi}_1(\tau), \tau) - \boldsymbol{v}(\boldsymbol{\varphi}_2(\tau), \tau)]\, d\tau.$$

Für hinreichend kleines α' liegen die Punkte $(\boldsymbol{\varphi}_1(\tau), \tau)$ und $(\boldsymbol{\varphi}_2(\tau), \tau)$ in dem Zylinder, in dem $\boldsymbol{v} \in \operatorname{Lip} L$ ist. Daher gilt $\|\boldsymbol{\varphi}_1 - \boldsymbol{\varphi}_2\| \leqq L\alpha' \|\boldsymbol{\varphi}_1 - \boldsymbol{\varphi}_2\|$, woraus sich für $L\alpha' < 1$ die Beziehung $\|\boldsymbol{\varphi}_1 - \boldsymbol{\varphi}_2\| = 0$ ergibt. Also stimmen die Lösungen $\boldsymbol{\varphi}_1, \boldsymbol{\varphi}_2$ in einer gewissen Umgebung des Punktes t_0 überein.

Damit ist der lokale Eindeutigkeitssatz bewiesen.

4.2.9. Andere Anwendungen kontrahierender Abbildungen.

Aufgabe 1. Man beweise den Satz über die inverse Funktion.

Hinweis. Es genügt, zu einer der Klasse C^1 angehörenden Abbildung, deren linearer Teil gleich der Identität $\boldsymbol{y} = \boldsymbol{x} + \boldsymbol{\varphi}(\boldsymbol{x})$ mit $\boldsymbol{\varphi}'(0) = 0$ ist, in einer Umgebung des Punktes $0 \in \boldsymbol{R}^n$ die Inverse zu bilden (der allgemeine Fall läßt sich auf diesen durch eine lineare Koordinatentransformation zurückführen).

Wir suchen die Lösung in der Form $\boldsymbol{x} = \boldsymbol{y} + \boldsymbol{\psi}(\boldsymbol{y})$. Dann erhalten wir für $\boldsymbol{\psi}$ die Gleichung

$$\boldsymbol{\psi}(\boldsymbol{y}) = -\boldsymbol{\varphi}(\boldsymbol{y} + \boldsymbol{\psi}(\boldsymbol{y})).$$

Folglich ist die gesuchte Funktion ψ Fixpunkt der durch

$$(A\psi)(\boldsymbol{y}) = -\boldsymbol{\varphi}(\boldsymbol{y} + \psi(\boldsymbol{y}))$$

definierten Abbildung A.

In einer geeigneten Metrik ist A eine kontrahierende Abbildung, da die Ableitung der Funktion $\boldsymbol{\varphi}$ in der Umgebung des Punktes 0 (infolge der Bedingung $\boldsymbol{\varphi}'(0) = 0$) klein ist.

Aufgabe 2. Man zeige, daß ein Eulerscher Polygonzug gegen eine Lösung strebt, sobald die Schrittweite gegen 0 konvergiert.

Lösung. Es sei $\boldsymbol{g}_\Delta = \boldsymbol{x} + \boldsymbol{h}_\Delta$ ein Eulerscher Polygonzug mit der Schrittweite Δ und dem Anfangspunkt $\boldsymbol{g}_\Delta(\boldsymbol{x}, t_0) = \boldsymbol{x}$ (Abb. 211), d. h., für $t \neq t_0 + k\Delta$ ist

$$\frac{\partial}{\partial t} \boldsymbol{g}_\Delta(\boldsymbol{x}, t) = \boldsymbol{v}\big(\boldsymbol{g}_\Delta(\boldsymbol{x}, s(t)), s(t)\big)$$

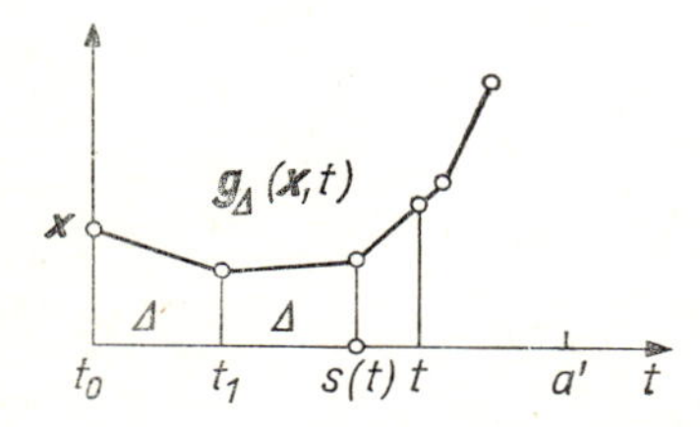

Abb. 211. Der Eulersche Polygonzug $\boldsymbol{g}_\Delta(\boldsymbol{x}, t)$

mit $s(t) = t_0 + k\Delta$, $k = [(t - t_0)/\Delta]$ (ganzer Teil von $(t - t_0)/\Delta$). Die Abweichung zwischen dem Eulerschen Polygonzug und der Lösung $\boldsymbol{g}$ läßt sich mit Hilfe der Formel aus 4.1.3. abschätzen:

$$\|\boldsymbol{g}_\Delta - \boldsymbol{g}\| = \|\boldsymbol{h}_\Delta - \boldsymbol{h}\| \leqq \frac{1}{1 - \lambda} \|A\boldsymbol{h}_\Delta - \boldsymbol{h}_\Delta\|.$$

Nun ist

$$(A\boldsymbol{h}_\Delta)(\boldsymbol{x}, t) = \int_{t_0}^{t} \boldsymbol{v}(\boldsymbol{g}_\Delta(\boldsymbol{x}, \tau), \tau)\, d\tau,$$

$$\boldsymbol{h}_\Delta(\boldsymbol{x}, t) = \int_{t_0}^{t} \boldsymbol{v}\big(\boldsymbol{g}_\Delta(\boldsymbol{x}, s(\tau)), s(\tau)\big)\, d\tau.$$

Für $\Delta \to 0$ konvergiert die Differenz der Integranden gleichmäßig bezüglich τ, $|\tau| \leqq a'$, gegen 0 (auf Grund der gleichgradigen Stetigkeit von $\boldsymbol{v}$). Daher ist $\|A\boldsymbol{h}_\Delta - \boldsymbol{h}_\Delta\| \to 0$ für $\Delta \to 0$; der Eulersche Polygonzug strebt also gegen die Lösung.

Aufgabe 3.* Wir betrachten einen Diffeomorphismus A einer Umgebung des Punktes $0 \in \boldsymbol{R}^n$ auf eine andere Umgebung dieses Punktes, wobei 0 in 0 übergehen soll. Ferner setzen wir voraus, daß der lineare Teil von A in 0 (d. h. der Operator $A_{*0}: \boldsymbol{R}^n \to \boldsymbol{R}^n$) keine Eigenwerte mit dem Absolutbetrag 1 besitzt. Die Anzahl der Eigenwerte mit $|\lambda| < 1$ und der mit $|\lambda| > 1$ sei m_- bzw. m_+. Dann besitzt A_{*0} einen invarianten Unterraum $\boldsymbol{R}^{m_-}$ (einmündenden Zweig des Sattels) und einen invarianten Unterraum $\boldsymbol{R}^{m_+}$ (entspringenden Zweig des Sattels), deren Punkte bei Anwendung von A_{*0}^N gegen 0 streben, wenn $N \to +\infty$ (für $\boldsymbol{R}^{m_-}$) bzw. $N \to -\infty$ (für $\boldsymbol{R}^{m_+}$) ist (Abb. 212).

Es ist zu zeigen, daß die nichtlineare Abbildung A in der Umgebung des Punktes 0 ebenfalls invariante Untermannigfaltigkeiten M^{m_-} und M^{m_+} (einmündende bzw. entspringende Zweige) besitzt, die im Punkt 0 die Unterräume $\boldsymbol{R}^{m_-}$ bzw. $\boldsymbol{R}^{m_+}$ tangieren; dabei ist $A^N x \to 0$ für $N \to +\infty$ im Fall $x \in M^{m_-}$ bzw. für $N \to -\infty$ im Fall $x \in M^{m_+}$.

Hinweis. Man wähle eine beliebige Untermannigfaltigkeit Γ_0 der Dimension m_+ aus (etwa die den Unterraum $\boldsymbol{R}^{m_+}$ in 0 tangierende) und wende auf sie die Potenzen von A an. Mit Hilfe der Methode der kontrahierenden Abbildungen zeige man, daß sie so erhaltenen Approximationen $\Gamma_N = A^N\Gamma_0$ für $N \to +\infty$ gegen M^{m_+} konvergieren.

Aufgabe 4.* Man beweise, daß für den nichtlinearen Sattel von $\dot{\boldsymbol{x}} = \boldsymbol{v}(\boldsymbol{x})$, $\boldsymbol{v}(0) = 0$, die einmündenden bzw. die entspringenden Zweige existieren (vorausgesetzt, daß keiner der Eigenwerte des Operators $A = \boldsymbol{v}_*(0)$ auf der imaginären Achse liegt).

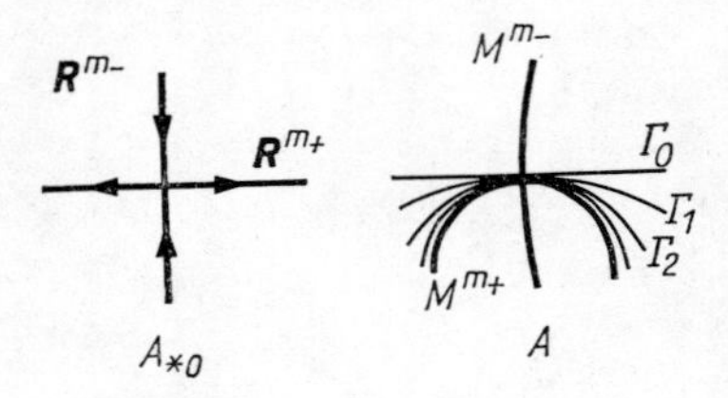

Abb. 212. Die invarianten Mannigfaltigkeiten der Abbildung A bzw. ihres linearen Teils A_{*0}

4.3. Satz von der Differenzierbarkeit

Ziel dieses Abschnitts ist der Beweis des Satzes von der Begradigung.

4.3.1. Gleichung der Variationen. Mit dem Begriff der differenzierbaren Abbildung f von U in V ist der Begriff der in jedem Punkt linearen Abbildung f_{*x} des Tangentialraumes TU_x in den Tangentialraum $TV_{f(x)}$ verknüpft.

Analog ist der Differentialgleichung

$$\dot{\boldsymbol{x}} = \boldsymbol{v}(\boldsymbol{x}, t), \qquad \boldsymbol{x} \in U \subset \boldsymbol{R}^n, \tag{1}$$

das Differentialgleichungssystem

$$\begin{cases} \dot{\boldsymbol{x}} = \boldsymbol{v}(\boldsymbol{x}, t), & \boldsymbol{x} \in U \subset \boldsymbol{R}^n, \\ \dot{\boldsymbol{y}} = \boldsymbol{v}_*(\boldsymbol{x}, t)\,\boldsymbol{y}, & \boldsymbol{y} \in TU_{\boldsymbol{x}}, \end{cases} \tag{2}$$

zugeordnet, das wir das *Gleichungssystem der Variationen* für (1) nennen und das bezüglich des Tangentialvektors $\boldsymbol{y}$ *linear* ist (Abb. 213).

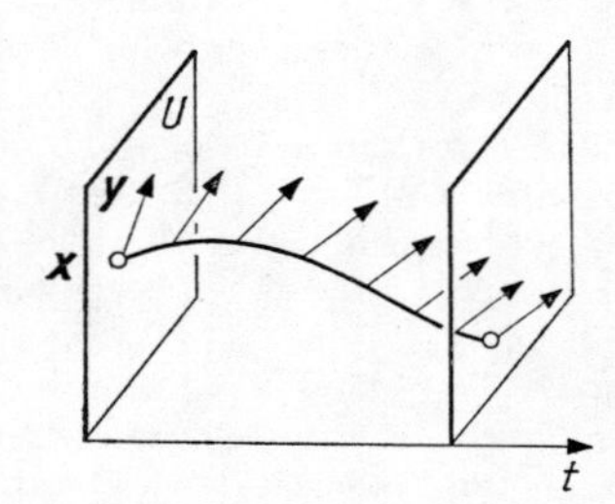

Abb. 213. Lösung der Gleichung der Variationen mit den Anfangswerten $\boldsymbol{x}, \boldsymbol{y}$

Der Stern in (2) bezeichnet hier (und im folgenden) die Ableitung nach $\boldsymbol{x}$ bei festem t. Also ist $\boldsymbol{v}_*(\boldsymbol{x}, t)$ ein linearer Operator von $\boldsymbol{R}^n$ in $\boldsymbol{R}^n$.

Neben (2) betrachtet man zweckmäßigerweise das System

$$\begin{cases} \dot{\boldsymbol{x}} = \boldsymbol{v}(\boldsymbol{x}, t), & \boldsymbol{x} \in U \subset \boldsymbol{R}^n, \\ \dot{z} = \boldsymbol{v}_*(\boldsymbol{x}, t)\, z, & z \colon \boldsymbol{R}^n \to \boldsymbol{R}^n. \end{cases} \tag{3}$$

Es ergibt sich aus (2), wenn man dort den unbekannten Vektor $\boldsymbol{y}$ durch eine unbekannte lineare Transformation z ersetzt. Wir werden auch das System (3) ein *Gleichungssystem der Variationen* nennen.

Bemerkung. Ist allgemein eine lineare Gleichung

$$\dot{\boldsymbol{y}} = A(t)\, \boldsymbol{y}, \qquad \boldsymbol{y} \in \boldsymbol{R}^n, \tag{2'}$$

gegeben, so ist es bequem, die bezüglich des linearen Operators z assoziierte Gleichung

$$\dot{z} = A(t)\, z, \qquad z \colon \boldsymbol{R}^n \to \boldsymbol{R}^n, \tag{3'}$$

zu betrachten.

Kennt man die Lösungen einer der Gleichungen (2'), (3'), so kann man leicht die der anderen Gleichung bestimmen (wie?).

4.3.2. Satz von der Differenzierbarkeit. *Die rechte Seite* $\boldsymbol{v}$ *der Differentialgleichung* (1) *sei zweimal stetig differenzierbar in einer gewissen Umgebung des Punktes* $(\boldsymbol{x}_0, t_0)$. *Dann ist die Lösung* $\boldsymbol{g}(\boldsymbol{x}, t)$ *von* (1), *die der Anfangsbedingung* $\boldsymbol{g}(\boldsymbol{x}, t_0) = \boldsymbol{x}$ *genügt, nach dem Anfangswert* $\boldsymbol{x}$ *stetig differenzierbar, wenn* $\boldsymbol{x}$ *und* t *in einer (eventuell kleineren) Umgebung des Punktes* $(\boldsymbol{x}_0, t_0)$ *variieren:*

$$\boldsymbol{v} \in C^2 \Rightarrow \boldsymbol{g} \in C_{\boldsymbol{x}}^1$$

($\boldsymbol{g}$ ist bezüglich $\boldsymbol{x}$ von der Klasse C^1).

Beweis. Aus $\boldsymbol{v} \in C^2$ folgt zunächst $\boldsymbol{v}_* \in C^1$. Daher genügt das System (3) der Gleichungen der Variationen den Bedingungen aus 4.2., und die Folge der Picardschen Approximationen konvergiert gleichmäßig gegen die Lösung von (3) in einer hinreichend kleinen Umgebung des Punktes t_0. Wir wählen die Anfangsbedingungen $\boldsymbol{\varphi}_0 = \boldsymbol{x}$ (hinreichend nahe bei $\boldsymbol{x}_0$), $\psi_0 = E$ und bezeichnen die Picardschen Appromationen mit $\boldsymbol{\varphi}_n$ (für $\boldsymbol{x}$) und ψ_n (für z), d. h., wir setzen

$$\boldsymbol{\varphi}_{n+1}(\boldsymbol{x}, t) = \boldsymbol{x} + \int_{t_0}^{t} \boldsymbol{v}\big(\boldsymbol{\varphi}_n(\boldsymbol{x}, \tau), \tau\big)\, d\tau, \tag{4}$$

$$\psi_{n+1}(\boldsymbol{x}, t) = E + \int_{t_0}^{t} \boldsymbol{v}_*\big(\boldsymbol{\varphi}_n(\boldsymbol{x}, \tau), \tau\big)\, \psi_n(\boldsymbol{x}, \tau)\, d\tau. \tag{5}$$

Nun ist $\boldsymbol{\varphi}_{0*} = \psi_0$. Aus den Definitionsgleichungen (4) und (5) schließen wir durch Induktion nach n, daß $\boldsymbol{\varphi}_{n+1*} = \psi_{n+1}$ gilt. Daher ist $\{\psi_n\}$ die Folge der Ableitungen der die Folge $\{\boldsymbol{\varphi}_n\}$ bildenden Elemente. Die beiden aus (4) und (5) gebildeten Folgen sind (als Folgen der Picardschen Approximationen von (3)) für hinreichend kleines $|t - t_0|$ gleichmäßig konvergent. Also ist die Folge $\{\boldsymbol{\varphi}_n\}$ nebst der aus den Ableitungen ihrer

Elemente nach $\boldsymbol{x}$ gebildeten Folge gleichmäßig konvergent. Infolgedessen ist die Grenzfunktion $\boldsymbol{g}(\boldsymbol{x}, t) = \lim\limits_{n\to\infty} \varphi_n(\boldsymbol{x}, t)$ nach $\boldsymbol{x}$ stetig differenzierbar, was zu beweisen war.

Bemerkung. Wir haben gleichzeitig den folgenden Satz bewiesen.

Satz. *Die Ableitung* $\boldsymbol{g}_*$ *einer Lösung von* (1) *nach dem Anfangswert* $\boldsymbol{x}$ *genügt der Gleichung der Variationen* (3) *mit der Anfangsbedingung* $z(t_0) = E$:

$$\frac{\partial}{\partial t}\boldsymbol{g}(\boldsymbol{x}, t) = \boldsymbol{v}\big(\boldsymbol{g}(\boldsymbol{x}, t), t\big),$$

$$\frac{\partial}{\partial t}\boldsymbol{g}_*(\boldsymbol{x}, t) = \boldsymbol{v}_*\big(\boldsymbol{g}(\boldsymbol{x}, t), t\big)\, \boldsymbol{g}_*(\boldsymbol{x}, t),$$

$$\boldsymbol{g}(\boldsymbol{x}, t_0) = \boldsymbol{x}, \qquad \boldsymbol{g}_*(\boldsymbol{x}, t_0) = E.$$

Dieser Satz verdeutlicht den Sinn der Gleichungen der Variationen: Sie beschreiben die Wirkung von Transformationen im Zeitintervall (t_0, t) auf den Tangentialvektor an den Phasenraum (Abb. 214).

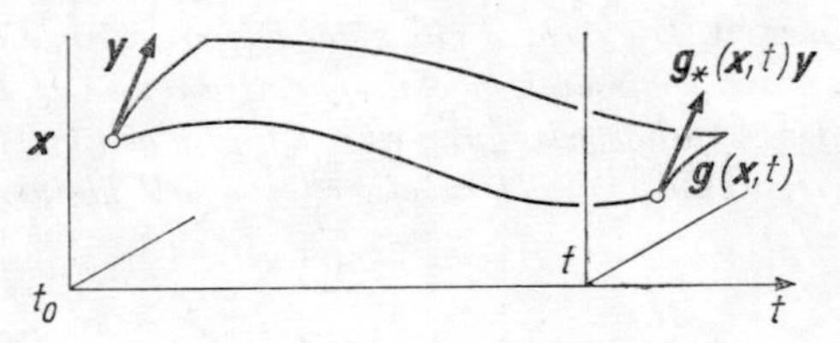

Abb. 214. Wirkung einer Transformation im Zeitintervall (t_0, t) auf eine Kurve im Phasenraum und auf deren Tangentialvektor

4.3.3. Höhere Ableitungen nach x. Es sei $r \geqq 2$ eine ganze Zahl.

Satz T_r. *Die rechte Seite* $\boldsymbol{v}$ *von* (1) *sei in einer Umgebung des Punktes* $(\boldsymbol{x}_0, t_0)$ *r-mal stetig differenzierbar. Dann ist die Lösung* $\boldsymbol{g}(\boldsymbol{x}, t)$ *von* (1), *die der Anfangsbedingung* $\boldsymbol{g}(\boldsymbol{x}, t_0) = \boldsymbol{x}$ *genügt,* $(r-1)$*-mal stetig nach dem Anfangswert* $\boldsymbol{x}$ *differenzierbar, wenn* $\boldsymbol{x}$ *und t in einer (eventuell kleineren) Umgebung des Punktes* $(\boldsymbol{x}_0, t_0)$ *variieren, d. h.:*

$$\boldsymbol{v} \in C^r \Rightarrow \boldsymbol{g} \in C_x^{r-1}.$$

Beweis. Aus $\boldsymbol{v} \in C^r$ folgt $\boldsymbol{v}_* \in C^{r-1}$. Das bedeutet, daß das System (3) der Gleichungen der Variationen den Voraussetzungen des Satzes T_{r-1} genügt. Somit ergibt sich der Satz T_r $(r > 2)$ aus dem Satz T_{r-1}:

$$\boldsymbol{v} \in C^r \Rightarrow \boldsymbol{v}_* \in C^{r-1} \Rightarrow \boldsymbol{g}_* \in C_x^{r-2} \Rightarrow \boldsymbol{g} \in C_x^{r-1}.$$

Hiermit ist der Satz T_r bewiesen, da der Satz T_2 mit dem schon in 4.3.2. bewiesenen Satz identisch ist.

4.3.4. Ableitungen nach x und t. Es sei $r \geqq 2$ wieder eine ganze Zahl.

Satz T_r'. *Unter den Voraussetzungen des Satzes* T_r *ist die Lösung* $\boldsymbol{g}(\boldsymbol{x}, t)$ *eine gleich-*

zeitig nach $\boldsymbol{x}$ und t differenzierbare Funktion der Klasse C^{r-1}:

$$\boldsymbol{v} \in C^r \Rightarrow \boldsymbol{g} \in C^{r-1}.$$

Dieser Satz ist offenbar eine Folgerung des vorhergehenden.
Wir geben hier den formalen Beweis des Satzes T_r'.

Lemma. *Es sei $\boldsymbol{f}$ eine Funktion, deren Definitionsbereich das direkte Produkt aus einem Gebiet G des euklidischen Raumes $\boldsymbol{R}^m$ und einem Intervall I der t-Achse und deren Wertebereich der euklidische Raum $\boldsymbol{R}^n$ ist:*

$$\boldsymbol{f}: G \times I \to \boldsymbol{R}^n.$$

Wir konstruieren das Integral

$$\boldsymbol{F}(\boldsymbol{x}, t) = \int_{t_0}^{t} \boldsymbol{f}(\boldsymbol{x}, \tau)\, d\tau, \qquad \boldsymbol{x} \in G, \qquad [t_0, t] \subset I.$$

Dann gehört $\boldsymbol{F}$ zur Klasse C^r, wenn $\boldsymbol{f} \in C_{\boldsymbol{x}}^r$ und $\boldsymbol{f} \in C^{r-1}$ ist.

Jede r-te partielle Ableitung von $\boldsymbol{F}$ nach x_i und t, in der die Differentiation nach t explizit auftritt, läßt sich nämlich durch $\boldsymbol{f}$ und partielle Ableitungen von $\boldsymbol{f}$ kleinerer als r-ter Ordnung ausdrücken und ist demzufolge stetig, und jede r-te partielle Ableitung nach den x_i ist nach Voraussetzung stetig.

Beweis des Satzes. Es gilt

$$\boldsymbol{g}(\boldsymbol{x}, t) = \boldsymbol{x} + \int_{t_0}^{t} \boldsymbol{v}(\boldsymbol{g}(\boldsymbol{x}, \tau), \tau)\, d\tau.$$

Setzen wir $\boldsymbol{v}(\boldsymbol{g}(\boldsymbol{x}, \tau), \tau) = \boldsymbol{f}(\boldsymbol{x}, \tau)$ und wenden wir das Lemma an, so finden wir für $1 \leqq \varrho \leqq r$:

$$\boldsymbol{g} \in C^{\varrho-1} \cap C_{\boldsymbol{x}}^{\varrho} \Rightarrow \boldsymbol{g} \in C^{\varrho}.$$

Auf Grund von Satz T_r gehört $\boldsymbol{g}$ für $\varrho < r$ zu $C_{\boldsymbol{x}}^{\varrho}$, so daß wir

$$\boldsymbol{g} \in C^0 \Rightarrow \boldsymbol{g} \in C^1 \Rightarrow \cdots \Rightarrow \boldsymbol{g} \in C^{r-1}$$

erhalten. Da $\boldsymbol{g}$ nach 4.2. zur Klasse C^0 gehört (die Lösung ist stetig bezüglich $\boldsymbol{x}$ und t), ist damit der Satz T_r' bewiesen.

Aufgabe 1. Man zeige, daß jede Lösung der Differentialgleichung (1) unendlich oft nach den Anfangswerten differenzierbar ist, wenn die rechte Seite von (1) unendlich oft differenzierbar ist:

$$\boldsymbol{v} \in C^\infty \Rightarrow \boldsymbol{g} \in C^\infty.$$

Bemerkung. Wenn die rechte Seite $\boldsymbol{v}$ von (1) analytisch ist (d. h. sich in der Umgebung eines beliebigen Punktes in eine gegen $\boldsymbol{v}$ konvergierende Taylorreihe entwickeln läßt), so ist auch die Lösung $\boldsymbol{g}$ analytisch in $\boldsymbol{x}$ und t.

Differentialgleichungen mit analytischen rechten Seiten können sowohl für komplexe Werte der Ortskoordinaten als auch (was besonders wichtig ist) für komplexe Werte der Zeit untersucht werden. Zu dieser Theorie vgl. etwa W. W. Golubew, Vorlesungen über Differentialgleichungen im Komplexen, Berlin 1958 (Übers. a. d. Russ.).

4.3.5. Satz über die Begradigung. Dieser Satz ist offenbar eine Folgerung aus dem Satz T_r'. Bevor wir ihn beweisen, erinnern wir uns an zwei einfache geometrische Aussagen. Es seien L_1 und L_2 zwei lineare Unterräume eines linearen Raumes L (Abb. 215). Die beiden Unterräume L_1 und L_2 heißen *transversal*, wenn ihre Summe den ganzen Raum L ergibt: $L_1 + L_2 = L$. Beispielsweise sind im $\boldsymbol{R}^3$ eine Gerade und eine Ebene transversal, wenn sie sich unter einem von Null verschiedenen Winkel schneiden.

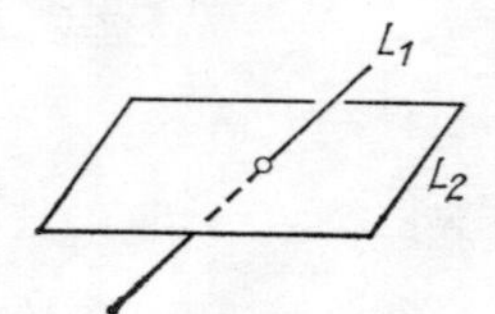

Abb. 215. Die Gerade L_1 und die Ebene L_2 sind im $\boldsymbol{R}^3$ zueinander transversal

Aussage 1. *Zu jedem k-dimensionalen Unterraum $\boldsymbol{R}^k$ von $\boldsymbol{R}^n$ gibt es einen transversalen $(n - k)$-dimensionalen Unterraum (der sogar unter den $\binom{n}{k}$ Koordinatenunterräumen $\boldsymbol{R}^{n-k}$ des Raumes $\boldsymbol{R}^n$ enthalten ist).*

Zum Beweis ziehe man den *Satz vom Rang einer Matrix* heran.

Aussage 2. *Führt die lineare Abbildung $A: L \to M$ zwei beliebige zueinander transversale Unterräume in ebenfalls zueinander transversale Unterräume über, so ist sie surjektiv (d. h., A bildet diese Unterräume auf den ganzen Raum M ab).*

Es ist nämlich

$$AL = AL_1 + AL_2 = M.$$

Beweis des Satzes über die Begradigung: Der nichtautonome Fall (vgl. 2.2.1.). Wir betrachten eine Abbildung G eines Gebietes des direkten Produkts $\boldsymbol{R}^n \times \boldsymbol{R}$ in den erweiterten Phasenraum der Gleichung

$$\dot{\boldsymbol{x}} = \boldsymbol{v}(\boldsymbol{x}, t); \tag{1}$$

dabei sei G durch die Beziehung $G(\boldsymbol{x}, t) = (\boldsymbol{g}(\boldsymbol{x}, t), t)$ bestimmt, in der $\boldsymbol{g}(\boldsymbol{x}, t)$ diejenige Lösung von (1) sei, die der Anfangsbedingung $\boldsymbol{g}(\boldsymbol{x}, t_0) = \boldsymbol{x}$ genügt.

Wir zeigen, daß G in der Umgebung des Punktes $(\boldsymbol{x}_0, t_0)$ ein begradigender Diffeomorphismus ist.

a) *Die Abbildung G ist differenzierbar,* d. h., es ist $G \in C^{r-1}$, wenn $\boldsymbol{v} \in C^r$ ist (das gilt auf Grund von Satz T_r').

b) *Die Abbildung G ist zeitinvariant: $G(\boldsymbol{x}, t) = (\boldsymbol{g}(\boldsymbol{x}, t), t)$.*

c) *Die Abbildung G_* führt das Standardvektorfeld $\boldsymbol{e}$ $(\dot{\boldsymbol{x}} = 0,\ \dot{t} = 1)$ in das gegebene Feld über: $G_* \boldsymbol{e} = (\boldsymbol{v}, 1)$* (da $\boldsymbol{g}(\boldsymbol{x}, t)$ Lösung der Differentialgleichung (1) ist).

d) *Die Abbildung G ist in der Umgebung des Punktes $(\boldsymbol{x}_0, t_0)$ ein Diffeomorphismus.* Betrachten wir nämlich die Einschränkungen des linearen Operators $G_*|_{t_0, \boldsymbol{x}_0}$ auf die zueinander transversalen Ebenen $\boldsymbol{R}^n$ und $\boldsymbol{R}^1$ (Abb. 216), so finden wir

$$G_*|_{\boldsymbol{R}^n:t=t_0} = E, \qquad G_*|_{\boldsymbol{R}^1:x=x_0}\,\boldsymbol{e} = \boldsymbol{v} + \boldsymbol{e}.$$

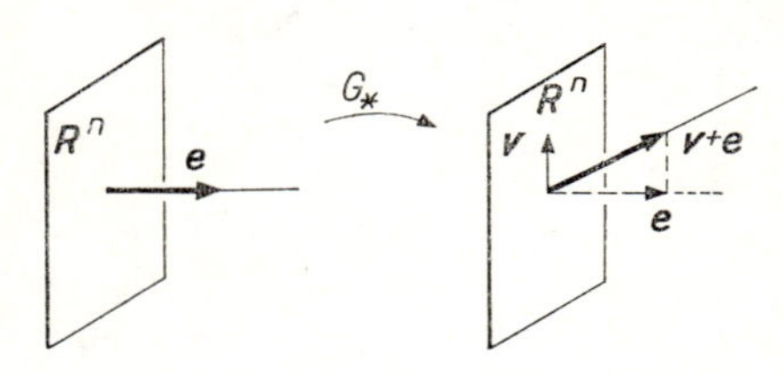

Abb. 216. Ableitung der Abbildung G im Punkt $(\boldsymbol{x}_0, t_0)$

Die Ebene $\boldsymbol{R}^n$ und die Gerade mit dem Richtungsvektor $\boldsymbol{v} + \boldsymbol{e}$ sind zueinander transversal. Also ist G_* eine lineare Abbildung von $\boldsymbol{R}^{n+1}$ in sich und folglich ein Isomorphismus (die Funktionaldeterminante von G_* im Punkt $(\boldsymbol{x}_0, t_0)$ ist von 0 verschieden). Nach dem Satz über die inverse Funktion ist G ein lokaler Diffeomorphismus.

Damit ist der Satz bewiesen.

Beweis des Satzes über die Begradigung: Der autonome Fall (vgl. 2.1.1.). Wir untersuchen die autonome Gleichung

$$\dot{\boldsymbol{x}} = \boldsymbol{v}(\boldsymbol{x}), \qquad \boldsymbol{x} \in U \subset \boldsymbol{R}^n. \tag{6}$$

Der Vektor $\boldsymbol{v}_0$ der Phasengeschwindigkeit im Punkt $\boldsymbol{x}_0$ ist von 0 verschieden (Abb. 217). Dann existiert eine zu $\boldsymbol{v}_0$ transversale $(n-1)$-dimensionale Hyperebene $\boldsymbol{R}^{n-1} \subset \boldsymbol{R}^n$ durch $\boldsymbol{x}_0$ (d. h., die entsprechende Ebene im Tangentialraum $TU_{\boldsymbol{x}_0}$ ist zu der Geraden $\boldsymbol{R}^1$, in der $\boldsymbol{v}_0$ liegt, transversal).

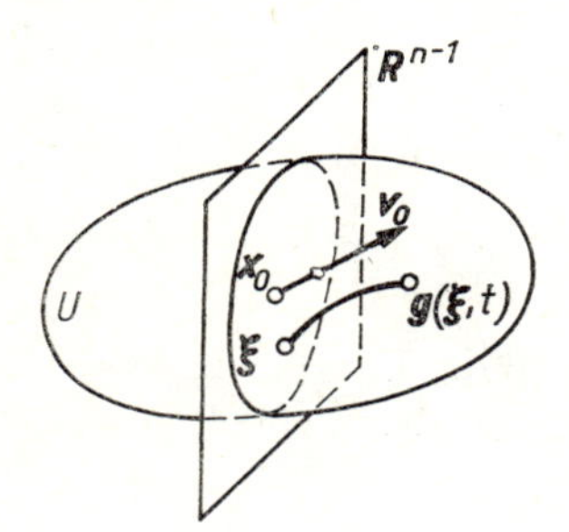

Abb. 217. Konstruktion des das Vektorfeld begradigenden Diffeomorphismus

Wir definieren eine Abbildung G eines Gebietes aus $\boldsymbol{R}^{n-1} \times \boldsymbol{R}$ ($\boldsymbol{R}^{n-1} = \{\xi\}$, $\boldsymbol{R} = \{t\}$) in ein Gebiet aus $\boldsymbol{R}^n$ durch die Beziehung $G(\xi, t) = \boldsymbol{g}(\xi, t)$, wobei ξ in $\boldsymbol{R}^{n-1}$ in der Umgebung von $\boldsymbol{x}_0$ liegt und $\boldsymbol{g}(\xi, t)$ den Wert derjenigen Lösung von (6) zur Zeit t bezeichnet, die der Anfangsbedingung $\varphi(0) = \xi$ genügt.

Wir wollen zeigen, daß die Abbildung G^{-1} in einer hinreichend kleinen Umgebung des Punktes ($\xi = \boldsymbol{x}_0$, $t = 0$) ein begradigender Diffeomorphismus ist.

a) *Die Abbildung G ist differenzierbar* ($G \in C^{r-1}$, wenn $\boldsymbol{v} \in C^r$); das gilt auf Grund von Satz T_r'.

b) *Die Abbildung* G^{-1} *ist begradigend.* G_* führt nämlich das Standardvektorfeld $\boldsymbol{e}$ ($\dot{\xi} = 0$, $\dot{t} = 1$) in $G_*\boldsymbol{e} = \boldsymbol{v}$ über, da $\boldsymbol{g}(\xi, t)$ der Gleichung (6) genügt.

c) *Die Abbildung G ist ein lokaler Diffeomorphismus.* Betrachten wir nämlich den linearen Operator $G_*|_{\boldsymbol{x}_0,t_0}$ auf den zueinander transversalen Ebenen $\boldsymbol{R}^{n-1}$ und $\boldsymbol{R}^1$, so finden wir

$$G_*|_{\boldsymbol{R}^{n-1}} = E, \qquad G_*|_{\boldsymbol{R}^1}\boldsymbol{e} = \boldsymbol{v}_0.$$

Also führt der Operator $G_*|_{\boldsymbol{x}_0,t_0}$ das Paar zueinander transversaler Unterräume $\boldsymbol{R}^{n-1}$ und $\boldsymbol{R}^1 \subset \boldsymbol{R}^n$ in ein Paar zueinander transversaler Räume über. Daher vermittelt $G_*|_{\boldsymbol{x}_0,t_0}$ eine lineare Abbildung von $\boldsymbol{R}^n$ auf $\boldsymbol{R}^n$, also ist $G_*|_{\boldsymbol{x}_0,t_0}$ ein Isomorphismus. Nach dem Satz über die inverse Funktion ist dann G ein lokaler Diffeomorphismus. Damit ist der Satz bewiesen. (In den Bezeichnungen von 2.1. ist $f = G^{-1}$.)

Bemerkung. Da beim Beweis des Satzes von der Differenzierbarkeit eine Ableitung verlorenging (aus $\boldsymbol{v} \in C^r$ folgt $\boldsymbol{g} \in C^{r-1}$), kann im Fall der begradigenden Diffeomorphismen nur garantiert werden, daß diese Diffeomorphismen zur Klasse C^{r-1} gehören. In Wirklichkeit gehört aber der konstruierte begradigende Diffeomorphismus zur Klasse C^r; den Beweis dafür wollen wir jetzt angeben.

4.3.6. Die letzte Ableitung. Im Satz von der Differenzierbarkeit (vgl. 4.3.2.) nahmen wir an, das Feld $\boldsymbol{v}$ sei zweimal stetig differenzierbar. In Wirklichkeit genügt jedoch, einmalige stetige Differenzierbarkeit vorauszusetzen.

Satz. *Ist die rechte Seite* $\boldsymbol{v}(\boldsymbol{x}, t)$ *der Differentialgleichung* $\dot{\boldsymbol{x}} = \boldsymbol{v}(\boldsymbol{x}, t)$ *stetig differenzierbar, so ist die Lösung* $\boldsymbol{g}(\boldsymbol{x}, t)$, *die der Anfangsbedingung* $\boldsymbol{g}(\boldsymbol{x}, t_0) = \boldsymbol{x}$ *genügt, nach den Anfangswerten stetig differenzierbar:*

$$\boldsymbol{v} \in C^1 \Rightarrow \boldsymbol{g} \in C_{\boldsymbol{x}}{}^1. \tag{7}$$

Folgerungen.

1. *Aus* $\boldsymbol{v} \in C^r$ *folgt* $g \in C^r$ $(r \geqq 1)$.

2. *Der in* 4.3.5. *konstruierte begradigende Diffeomorphismus ist r-mal stetig differenzierbar, wenn* $\boldsymbol{v}$ *zur Klasse* C^r *gehört.*

Diese Folgerungen ergeben sich aus (7), wenn man die Überlegungen aus 4.3.3. bis 4.3.5. wörtlich übernimmt. Der Beweis von (7) erfordert jedoch gewisse Kunstgriffe.

Beweis des Satzes. Wir beginnen mit folgenden Hilfssätzen:

Lemma 1. *Die Lösung der linearen Gleichung*

$$\dot{\boldsymbol{y}} = A(t)\,\boldsymbol{y},$$

deren rechte Seite stetig von t abhängt, existiert und ist stetig, wird durch die Anfangsbedingungen $\varphi(t_0) = \boldsymbol{y}_0$ *eindeutig bestimmt und hängt von* $\boldsymbol{y}_0$ *und t stetig ab.*

Beim Beweis des Existenzsatzes, des Eindeutigkeitssatzes bzw. des Satzes von der Stetigkeit (vgl. 4.2.) wurde nur die Differenzierbarkeit nach $\boldsymbol{x}$ bei festem t benutzt (eigentlich sogar nur eine Lipschitzbedingung bezüglich $\boldsymbol{x}$). Der Beweis bleibt also gültig, wenn die Abhängigkeit der rechten Seite von t nur als stetig vorausgesetzt wird. Damit ist das Lemma 1 bewiesen.

Da die Lösung von $\boldsymbol{y}_0$ linear, von t aber stetig differenzierbar abhängt, gehört sie zur Klasse C^1 gleichzeitig bezüglich $\boldsymbol{y}_0$ und t.

Lemma 2. *Hängt der lineare Operator A aus Lemma 1 noch von einem Parameter α derart ab, daß die Funktion $A(t, \alpha)$ stetig ist, so ist auch die Lösung eine stetige Funktion von $\boldsymbol{y}_0$, t und α.*

Die Lösung läßt sich nämlich als Grenzwert einer Folge Picardscher Approximationen angeben. Jede dieser Approximationen ist stetig in $\boldsymbol{y}_0$, t und α, so daß die Folge in einer hinreichend kleinen Umgebung eines beliebigen Punktes $(\boldsymbol{y}_0, t_0, \alpha_0)$ gleichmäßig bezüglich $\boldsymbol{y}_0$, t und α konvergiert. Daher ist ihr Grenzwert eine in $\boldsymbol{y}_0$, t und α stetige Funktion, was zu beweisen war.

Wir wenden nun das Lemma 2 auf die Gleichung der Variationen an.

Lemma 3. *Das Gleichungssystem der Variationen*

$$\begin{cases} \dot{\boldsymbol{x}} = \boldsymbol{v}(\boldsymbol{x}, t), \\ \dot{\boldsymbol{y}} = \boldsymbol{v}_*(\boldsymbol{x}, t)\, \boldsymbol{y} \end{cases}$$

besitzt eine Lösung, die durch die Anfangswerte eindeutig bestimmt ist und von diesen stetig abhängt, sobald das Feld $\boldsymbol{v}$ zur Klasse C^1 gehört.

Auf Grund des Existenzsatzes aus 4.2. besitzt die erste Gleichung des Systems eine Lösung. Diese Lösung ist durch die Anfangswerte $\boldsymbol{x}_0$ und t_0 eindeutig bestimmt und hängt von ihnen stetig ab. Setzen wir die Lösung in die zweite Gleichung ein, so gelangen wir zu einer in $\boldsymbol{y}$ linearen Gleichung. Ihre rechte Seite hängt stetig von t und von dem — hier als Parameter auftretenden — Anfangswert $\boldsymbol{x}_0$ der Lösung der ersten Gleichung ab. Diese lineare Gleichung hat nach Lemma 2 eine Lösung, die durch die Anfangswerte $\boldsymbol{y}_0$ bestimmt und in t, $\boldsymbol{y}_0$ und dem Parameter $\boldsymbol{x}_0$ stetig ist. Damit ist Lemma 3 bewiesen.

Die Gleichungen der Variationen sind also auch im Fall $\boldsymbol{v} \in C^1$ lösbar. Im Fall $\boldsymbol{v} \in C^2$ haben wir gezeigt: Die Ableitung der Lösung nach den Anfangswerten genügt der Gleichung der Variationen (3). Jetzt können wir dies nicht behaupten, da wir noch nicht wissen, ob diese Ableitung wirklich existiert.

Um die Differenzierbarkeit der Lösung nach den Anfangswerten zu beweisen, betrachten wir zunächst einen Spezialfall.

Lemma 4. *Ist das Vektorfeld $\boldsymbol{v}(\boldsymbol{x}, t) \in C^1$ nebst seiner Ableitung $\boldsymbol{v}_*$ im Punkt $\boldsymbol{x} = 0$ für alle t gleich 0, so ist die Lösung der Gleichung $\dot{\boldsymbol{x}} = \boldsymbol{v}(\boldsymbol{x}, t)$ im Punkt $\boldsymbol{x} = 0$ nach den Anfangswerten differenzierbar.*

Nach Voraussetzung ist nämlich $|\boldsymbol{v}(\boldsymbol{x}, t)| = o(|\boldsymbol{x}|)$ in der Umgebung des Punktes $\boldsymbol{x} = 0$. Schätzen wir die Abweichung der Approximation $\boldsymbol{x} = \boldsymbol{x}_0$ von der Lösung $\boldsymbol{x} = \boldsymbol{\varphi}(t)$, die der Anfangsbedingung $\boldsymbol{\varphi}(t_0) = \boldsymbol{x}_0$ genügt, mit Hilfe der Formel aus 4.1.3. ab, so finden wir für hinreichend kleine $|\boldsymbol{x}_0|$ und $|t - t_0|$

$$|\boldsymbol{\varphi} - \boldsymbol{x}_0| \leq \frac{1}{1 - \lambda} \left| \int_{t_0}^{t} \boldsymbol{v}(\boldsymbol{x}_0, \tau)\, d\tau \right| \leq K \max_{t_0 \leq \tau \leq t} |\boldsymbol{v}(\boldsymbol{x}_0, \tau)|$$

mit einer von $\boldsymbol{x}_0$ unabhängigen Konstanten K. Somit gilt

$$|\boldsymbol{\varphi} - \boldsymbol{x}_0| = o(|\boldsymbol{x}_0|),$$

woraus folgt, daß $\boldsymbol{\varphi}$ im Punkt 0 nach $\boldsymbol{x}_0$ differenzierbar ist, was zu beweisen war.

Nun führen wir den allgemeinen Fall auf einen Spezialfall von Lemma 4 zurück. Dazu genügt es, im erweiterten Phasenraum ein passendes Koordinatensystem zu wählen. Vor allem können wir annehmen, daß die zu betrachtende Lösung die Nullösung ist.

Lemma 5. *Es sei* $\boldsymbol{x} = \boldsymbol{\varphi}(t)$ *eine Lösung der Gleichung* $\dot{\boldsymbol{x}} = \boldsymbol{v}(\boldsymbol{x}, t)$, *deren rechte Seite* $\boldsymbol{v}(\boldsymbol{x}, t)$ *zur Klasse* C^1 *gehöre und auf einem Gebiet des erweiterten Phasenraumes* $\boldsymbol{R}^n \times \boldsymbol{R}^1$ *definiert sei. Dann existiert ein* C^1*-Diffeomorphismus des erweiterten Phasenraumes, der zeitinvariant ist* $\big((\boldsymbol{x}, t) \mapsto (\boldsymbol{x}_1(\boldsymbol{x}, t), t)\big)$ *und die Lösung* $\boldsymbol{\varphi}$ *in die Lösung* $\boldsymbol{x}_1 \equiv 0$ *überführt.*

Wegen $\boldsymbol{\varphi} \in C^1$ genügt es tatsächlich, die Verschiebung $\boldsymbol{x}_1 = \boldsymbol{x} - \boldsymbol{\varphi}(t)$ auszuführen. Damit ist das Lemma 5 bewiesen.

Im $\boldsymbol{x}_1, t$-Koordinatensystem ist die rechte Seite der gegebenen Differentialgleichung an der Stelle $\boldsymbol{x}_1 = 0$ gleich 0. Wir wollen zeigen, daß die Ableitung der rechten Seite nach $\boldsymbol{x}_1$ ebenfalls mit Hilfe einer passenden, in $\boldsymbol{x}$ linearen Koordinatentransformation zu 0 gemacht werden kann.

Lemma 6. *Unter den Voraussetzungen von Lemma 5 lassen sich die Koordinaten* $\boldsymbol{x}_1$, t *so wählen, daß die Gleichung* $\dot{\boldsymbol{x}} = \boldsymbol{v}(\boldsymbol{x}, t)$ *äquivalent der Gleichung* $\dot{\boldsymbol{x}}_1 = \boldsymbol{v}_1(\boldsymbol{x}_1, t)$ *ist, wobei das Feld* $\boldsymbol{v}_1$ *nebst seiner Ableitung* $\dfrac{\partial \boldsymbol{v}_1}{\partial \boldsymbol{x}_1}$ *im Punkt* $\boldsymbol{x}_1 = 0$ *gleich 0 wird. Dann kann die Funktion* $\boldsymbol{x}_1(\boldsymbol{x}, t)$ *linear (aber nicht unbedingt homogen) in* $\boldsymbol{x}$ *gewählt werden.*

Auf Grund von Lemma 5 kann man $\boldsymbol{v}_1(0, t) = 0$ annehmen.

Bevor wir Lemma 6 beweisen, untersuchen wir zuerst noch einen seiner Spezialfälle.

Lemma 7. *Die Aussage von Lemma 6 bleibt für die lineare Gleichung* $\dot{\boldsymbol{x}} = A(t)\,\boldsymbol{x}$ *gültig.*

Zum Beweis von Lemma 7 genügt es, für $\boldsymbol{x}_1$ den Wert der Lösung, die der Anfangsbedingung $\varphi(t) = \boldsymbol{x}$ genügt, in dem festen Zeitpunkt t_0 zu nehmen. Gemäß Lemma 1 ist $\boldsymbol{x}_1 = B(t)\,\boldsymbol{x}$, wobei $B\colon \boldsymbol{R}^n \to \boldsymbol{R}^n$ ein in t linearer Operator der Klasse C^1 ist. Im $\boldsymbol{x}_1, t$-Koordinatensystem erhält die lineare Gleichung die Gestalt $\dot{\boldsymbol{x}}_1 = 0$. Damit ist Lemma 7 bewiesen.

Zum Beweis von Lemma 6 linearisieren wir die Gleichung $\dot{\boldsymbol{x}} = \boldsymbol{v}(x, t)$ im Nullpunkt, d. h., wir bilden die Gleichung der Variationen

$$\dot{\boldsymbol{x}} = A(t)\,\boldsymbol{x} \qquad \text{mit} \qquad A(t) = \boldsymbol{v}_*(0, t).$$

Nach Voraussetzung ist $v \in C^1$, also $A \in C^0$. Auf Grund von Lemma 7 kann man C^1-Koordinaten $\boldsymbol{x}_1 = B(t)\,\boldsymbol{x}$ so wählen, daß die linearisierte Gleichung in den neuen Koordinaten die Gestalt $\dot{\boldsymbol{x}}_1 = 0$ annimmt. Es läßt sich leicht prüfen, daß der lineare Teil der rechten Seite der ursprünglichen nichtlinearen Gleichung in diesem Koordinatensystem gleich 0 ist. Dazu führen wir die Bezeichnungen $\boldsymbol{v} = A\boldsymbol{x} + \boldsymbol{r}$ (dann ist $\boldsymbol{r} = o(|\boldsymbol{x}|)$) und $\boldsymbol{x} = C\boldsymbol{x}_1$ (dann ist $C = B^{-1}$) ein. Die Differentialgleichung für $\boldsymbol{x}_1$ ergibt sich aus $\dot{\boldsymbol{x}} = \boldsymbol{v}$ durch die Substitution $\boldsymbol{x} = C\boldsymbol{x}_1$:

$$\dot{C}\boldsymbol{x}_1 + C\dot{\boldsymbol{x}}_1 = AC\boldsymbol{x}_1 + \boldsymbol{r}.$$

Nun sind nach Definition von C die ersten in $\boldsymbol{x}_1$ linearen Summanden auf der linken und der rechten Seite gleich. Also ist

$$\dot{\boldsymbol{x}}_1 = C^{-1}\boldsymbol{r}(C\boldsymbol{x}_1, t) = o(|\boldsymbol{x}_1|).$$

Damit ist das Lemma 6 bewiesen.

Fassen wir Lemma 6 und Lemma 4 zusammen, so gelangen wir zu folgendem Schluß:

Lemma 8. *Die Differentialgleichung* $\dot{\boldsymbol{x}} = \boldsymbol{v}(\boldsymbol{x}, t)$, *deren rechte Seite zur Klasse* C^1 *gehört, besitzt eine nach dem Anfangswert differenzierbare Lösung. Die Ableitung* z *dieser Lösung nach dem Anfangswert genügt dem Gleichungssystem der Variationen*

$$\begin{cases} \dot{\boldsymbol{x}} = \boldsymbol{v}(\boldsymbol{x}, t), \\ \dot{z} = \boldsymbol{v}_*(\boldsymbol{x}, t)\, z, \end{cases} \qquad z(t_0) = E\colon \boldsymbol{R}^n \to \boldsymbol{R}^n.$$

Zum Beweis von Lemma 8 genügt es, die Gleichung im Koordinatensystem aus Lemma 6 aufzuschreiben und Lemma 4 anzuwenden.

Um schließlich den Satz zu beweisen, brauchen wir uns nur davon zu überzeugen, daß die Ableitung der Lösung nach dem Anfangswert stetig ist. Auf Grund von Lemma 8 existiert diese Ableitung und genügt einem Gleichungssystem der Variationen. Aus Lemma 3 folgt, daß die Lösungen dieses Systems stetig von $\boldsymbol{x}_0$ und t abhängen, womit der Satz bewiesen ist.

5. Differentialgleichungen auf Mannigfaltigkeiten

In diesem Kapitel werden wir differenzierbare Mannigfaltigkeiten definieren und die Existenz eines durch ein Vektorfeld auf einer Mannigfaltigkeit gegebenen Phasenflusses beweisen.

In der Theorie der Differentialgleichungen auf Mannigfaltigkeiten gibt es viele interessante und wichtige Resultate, über die jedoch in diesem Kapitel, das sich nur mit einer kurzen, auf der Grenze zwischen Analysis und Topologie angesiedelten Einführung in diese Theorie beschäftigt, nicht gesprochen werden soll.

5.1. Differenzierbare Mannigfaltigkeiten

Der Begriff der differenzierbaren Mannigfaltigkeit spielt in Geometrie und Analysis eine ebenso fundamentale Rolle wie der Gruppenbegriff oder der Begriff des linearen Raumes in der Algebra.

5.1.1. Beispiele für Mannigfaltigkeiten. Folgende Objekte erweisen sich z. B. als Mannigfaltigkeiten im Sinne der noch zu gebenden Definition (vgl. Abb. 218):

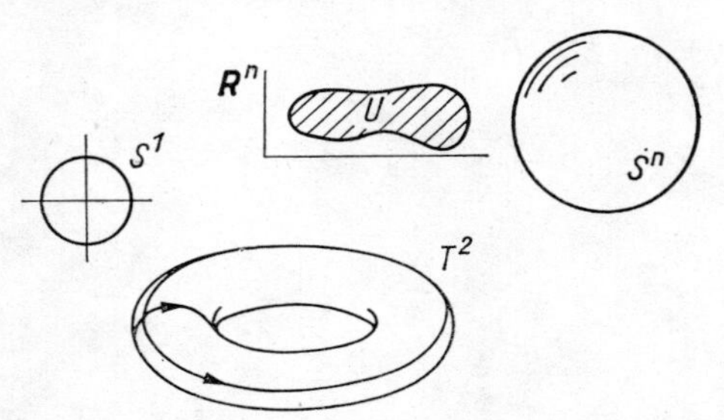

Abb. 218. Beispiele für Mannigfaltigkeiten

1. Der lineare Raum $\boldsymbol{R}^n$ oder ein beliebiges Gebiet U (offene Teilmenge) von $\boldsymbol{R}^n$.

2. Die im euklidischen Raum $\boldsymbol{R}^{n+1}$ durch $x_1^2 + \cdots + x_{n+1}^2 = 1$ definierte Sphäre S^n (insbesondere die Kreislinie S^1).

3. Der Torus $T^2 = S^1 \times S^1$ (vgl. 3.12.).
4. Der projektive Raum

$$\boldsymbol{RP}^n = \{(x_0 : x_1 : \ldots : x_n)\}.$$

Die Punkte dieses Raumes sind die Geraden durch den Koordinatenursprung im $\boldsymbol{R}^{n+1}$. Eine solche Gerade wird durch einen beliebigen (vom Koordinatenursprung verschiedenen) ihrer Punkte bestimmt. Die Koordinaten dieses Punktes $(x_0, \ldots, x_n)$ im $\boldsymbol{R}^{n+1}$ heißen *homogene Koordinaten* des entsprechenden Punktes des projektiven Raumes.

Das letzte Beispiel ist besonders lehrreich.

Bei den folgenden Definitionen ist es nützlich, sich an die affinen Koordinaten im projektiven Raum zu erinnern (vgl. Beispiel 3 in 5.1.3.).

5.1.2. Definitionen. Unter einer *differenzierbaren Mannigfaltigkeit M* verstehen wir eine Menge M, auf der eine differenzierbare Struktur definiert ist.

Eine Menge M ist mit einer *Struktur einer differenzierbaren Mannigfaltigkeit* versehen, wenn ein *Atlas* definiert ist, der aus miteinander verträglichen *Karten* besteht.

Definition 1. Unter einer *Karte* versteht man ein Gebiet $U \subset \boldsymbol{R}^n$ und eine eineindeutige Abbildung $\varphi \colon W \to U$ einer Teilmenge W von M auf U (Abb. 219). Wir nennen $\varphi(x)$ das *Bild* des Punktes $x \in W \subset M$ auf der Karte U.

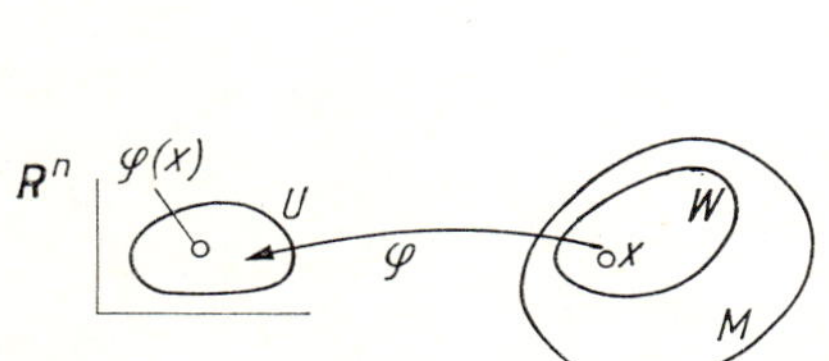

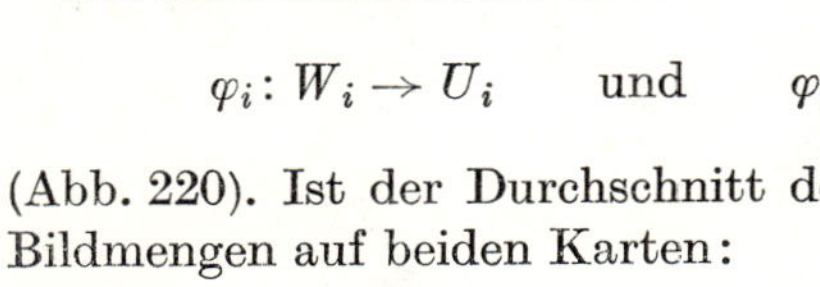

Abb. 219. Karte

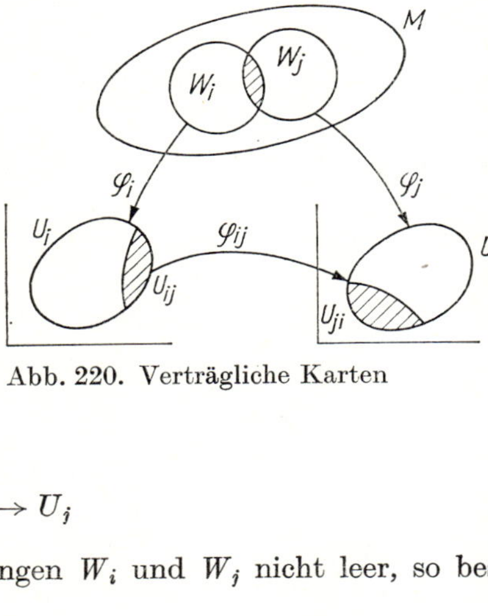

Abb. 220. Verträgliche Karten

Wir betrachten zwei Karten

$$\varphi_i \colon W_i \to U_i \qquad \text{und} \qquad \varphi_j \colon W_j \to U_j$$

(Abb. 220). Ist der Durchschnitt der Mengen W_i und W_j nicht leer, so besitzt er Bildmengen auf beiden Karten:

$$U_{ij} = \varphi_i(W_i \cap W_j), \qquad U_{ji} = \varphi_j(W_j \cap W_i).$$

Der Übergang von einer Karte zur anderen wird durch eine *Abbildung zwischen Teilmengen linearer Räume* definiert:

$$\varphi_{ij} \colon U_{ij} \to U_{ji}, \qquad \varphi_{ij}(x) = \varphi_j\big(\varphi_i^{-1}(x)\big).$$

Definition 2. Zwei Karten

$$\varphi_i: W_i \to U_i, \qquad \varphi_j: W_j \to U_j$$

heißen miteinander *verträglich*, wenn

a) die Mengen U_{ij}, U_{ji} offen (evtl. leer) sind;

b) die Abbildungen φ_{ij}, φ_{ji} (die definiert sind, wenn $W_i \cap W_j$ nicht leer ist) Diffeomorphismen zwischen Gebieten des $\boldsymbol{R}^n$ sind.

Bemerkung. Je nach der Klasse der stetigen Differenzierbarkeit der Abbildungen φ_{ij} ergeben sich verschiedene Klassen von Mannigfaltigkeiten.

Faßt man den Diffeomorphismus als Diffeomorphismus der Klasse C^r, $1 \leqq r \leqq \infty$, auf, so ist die Mannigfaltigkeit (die wir später definieren werden) eine *differenzierbare Mannigfaltigkeit* der Klasse C^r. Setzen wir $r = 0$, d. h., fordern wir nur, daß die φ_{ij} Homöomorphismen sind, so ergibt sich die Definition einer *topologischen Mannigfaltigkeit*. Verlangen wir schließlich, daß die φ_{ij} analytisch[1]) sind, so erhalten wir *analytische Mannigfaltigkeiten.*

Es gibt auch noch andere Mannigfaltigkeiten. Ist z. B. im $\boldsymbol{R}^n$ eine Orientierung eingeführt und wird gefordert, daß die Diffeomorphismen φ_{ij} diese Orientierung nicht verändern (d. h., die Funktionaldeterminante der φ_{ij} ist in jedem Punkt positiv), so gelangt man zu der Definition der *orientierten Mannigfaltigkeiten.*

Definition 3. Unter einem *Atlas* auf M versteht man die Gesamtheit der Karten $\varphi_i: W_i \to U_i$, wenn

a) je zwei beliebige Karten miteinander verträglich sind;

b) jeder Punkt $x \in M$ auf mindestens einer Karte einen Bildpunkt besitzt.

Definition 4. Zwei Atlanten auf M heißen *äquivalent*, wenn ihre Vereinigung ebenfalls ein Atlas ist (wenn also jede Karte des ersten Atlas mit jeder Karte des zweiten verträglich ist).

Es ist leicht zu erkennen, daß die Definition 4 tatsächlich eine Äquivalenzrelation formuliert.

Definition 5. Eine Klasse von äquivalenten Atlanten heißt *Struktur einer differenzierbaren Mannigfaltigkeit* auf M.

Wir erwähnen an dieser Stelle noch zwei Bedingungen, die man Mannigfaltigkeiten auferlegt, damit Pathologien vermieden werden.

1. *Separiertheit* (Hausdorffsches Trennungsaxiom). Je zwei beliebige Punkte x, $y \in M$ besitzen disjunkte Umgebungen (Abb. 221), d. h., es gibt entweder zwei Karten

$$\varphi_i: W_i \to U_i, \qquad \varphi_j: W_j \to U_j$$

---

[1]) Eine Funktion heißt *analytisch*, wenn sie sich in der Umgebung jedes Punktes in eine Taylorreihe entwickeln läßt.

mit disjunkten W_i, W_j und $x \in W_i$, $y \in W_j$, oder es gibt eine Karte, auf der beide Punkte x, y abgebildet sind.

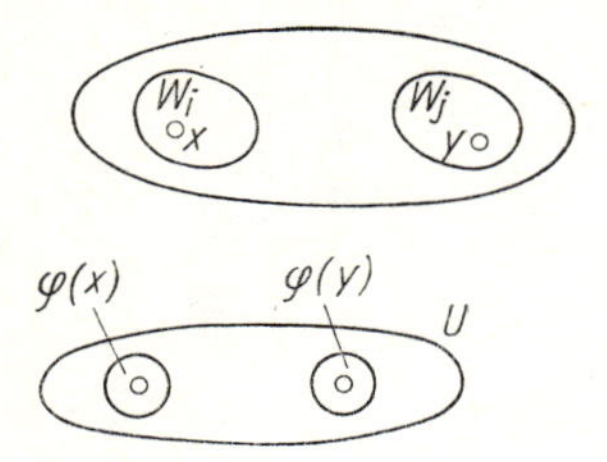

Abb. 221. Separiertheit

Wird Separiertheit nicht gefordert, so ist eine Menge, die sich aus zwei Geraden $\boldsymbol{R} = \{x\}$, $\boldsymbol{R} = \{y\}$ durch Identifizierung der Punkte x, y mit gleichen negativen Koordinaten ergibt, eine Mannigfaltigkeit. Auf einer solchen Mannigfaltigkeit gilt der Eindeutigkeitssatz für die Fortsetzung von Lösungen einer Differentialgleichung nicht, obwohl der lokale Eindeutigkeitssatz gültig ist.

2. *Abzählbarkeit.* Es existiert ein Atlas M aus höchstens abzählbar vielen Karten.

Das Wort „Mannigfaltigkeit" bedeutet im folgenden stets eine differenzierbare Mannigfaltigkeit, die separiert und abzählbar ist.

5.1.3. Beispiele für Atlanten.

1. Die Sphäre S^2, die im $\boldsymbol{R}^3$ durch $x_1^2 + x_2^2 + x_3^2 = 1$ definiert ist, kann man mit einem Atlas aus zwei Karten versehen, beispielsweise durch stereographische Projektion (Abb. 222). Dabei ist

$$W_1 = S^2 \setminus N, \qquad U_1 = \boldsymbol{R}_1^2,$$
$$W_2 = S^2 \setminus S, \qquad U_2 = \boldsymbol{R}_2^2.$$

Aufgabe 1. Man gebe die Formeln für die Abbildungen φ_1, φ_2 an und weise nach, daß diese beiden Karten miteinander verträglich sind.

Analog kann man durch einen Atlas aus zwei Karten eine differenzierbare Struktur auf S^n definieren.

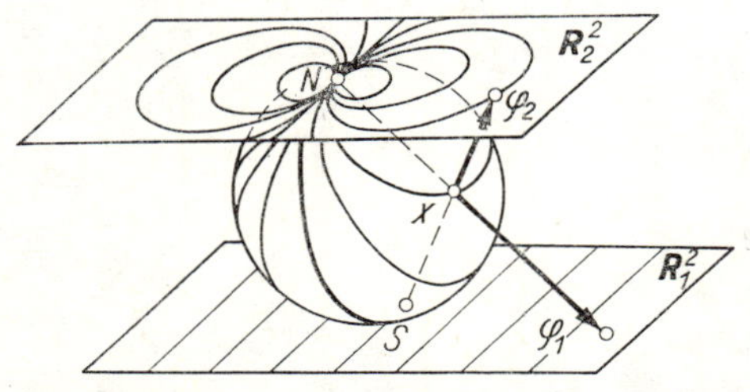

Abb. 222. Atlas der Sphäre. Die Schar der sich im Punkt N berührenden Kreise auf der Sphäre wird auf der unteren Karte durch eine Schar paralleler Geraden, auf der oberen Karte durch eine Schar sich berührender Kreise dargestellt

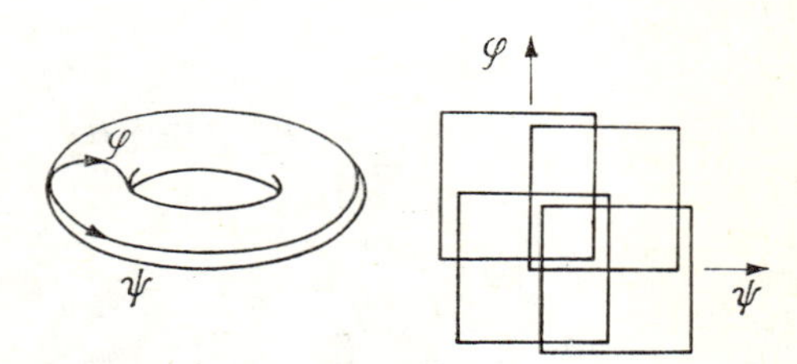

Abb. 223. Atlas des Torus

2. Der Atlas des Torus T^2 läßt sich mit Hilfe von Polarkoordinaten (Breite φ und Länge ψ) konstruieren (Abb. 223). Man kann z. B. vier Karten betrachten, die der Änderung von φ und ψ in den Intervallen

$$0 < \varphi < 2\pi, \qquad -\pi < \varphi < \pi,$$
$$0 < \psi < 2\pi, \qquad -\pi < \psi < \pi,$$

entsprechen.

3. Der Atlas der projektiven Ebene $\boldsymbol{RP}^2$ läßt sich aus drei „affinen Karten" zusammensetzen (Abb. 224):

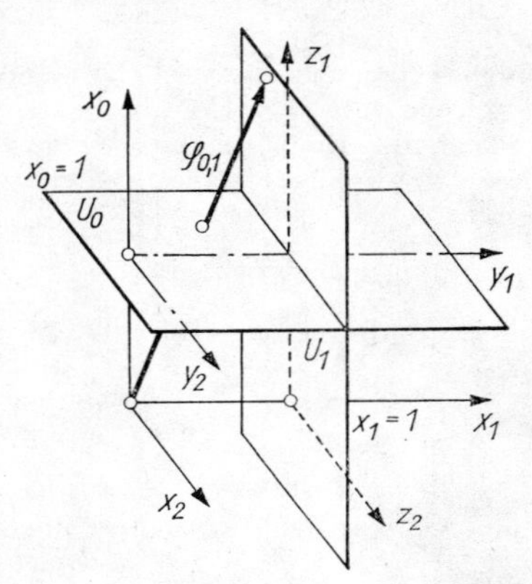

Abb. 224. Affine Karten der projektiven Ebene

$$x_0 : x_1 : x_2 \begin{cases} \xrightarrow{\varphi_0} y_1 = \dfrac{x_1}{x_0},\ y_2 = \dfrac{x_2}{x_0} \text{ für } x_0 \neq 0, \\[2ex] \xrightarrow{\varphi_1} z_1 = \dfrac{x_0}{x_1},\ z_2 = \dfrac{x_2}{x_1} \text{ für } x_1 \neq 0, \\[2ex] \xrightarrow{\varphi_2} u_1 = \dfrac{x_0}{x_2},\ u_2 = \dfrac{x_1}{x_2} \text{ für } x_2 \neq 0. \end{cases}$$

Diese Karten sind miteinander verträglich. Die Verträglichkeit von φ_0 und φ_1 bedeutet z. B., daß die durch die Beziehungen $z_1 = y_1^{-1}$ und $z_2 = y_2 y_1^{-1}$ definierte Abbildung $\varphi_{0,1}$ des Gebietes $U_{0,1} = \{y_1, y_2 : y_1 \neq 0\}$ der y_1, y_2-Ebene auf das Gebiet $U_{1,0} = \{z_1, z_2 : z_1 \neq 0\}$ der z_1, z_2-Ebene ein Diffeomorphismus ist (Abb. 225).

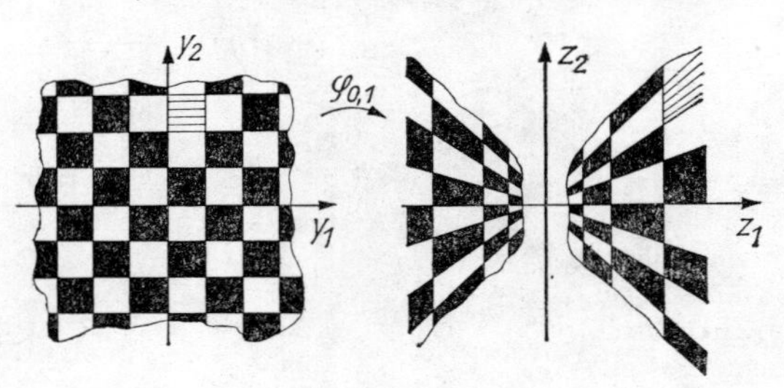

Abb. 225. Verträglichkeit von Karten der projektiven Ebene

Es gilt nämlich $y_1 = z_1^{-1}$, $y_2 = z_2 z_1^{-1}$.

Analog ist eine differenzierbare Struktur im projektiven Raum $\boldsymbol{RP}^n$ durch einen Atlas aus $n + 1$ affinen Karten gegeben.

5.1.4. Kompaktheit.

Definition. Eine Teilmenge G der Mannigfaltigkeit M heißt *offen*, wenn das Bild $\varphi(W \cap G)$ auf jeder Karte $\varphi\colon W \to U$ eine offene Teilmenge eines Gebietes U eines linearen Raumes ist (Abb. 226).

Aufgabe 1. Man zeige, daß der Durchschnitt zweier und die Vereinigung beliebig vieler offener Teilmengen einer Mannigfaltigkeit eine offene Menge bildet.

Definition. Eine Teilmenge K der Mannigfaltigkeit M heißt *kompakt*, wenn aus jeder Überdeckung von K durch offene Mengen eine endliche Teilüberdeckung ausgewählt werden kann.

Aufgabe 2. Man zeige, daß die Sphäre S^n kompakt ist. Ist auch der projektive Raum $\boldsymbol{RP}^n$ kompakt?

Hinweis. Zum Beweis kann man den folgenden Satz benutzen.

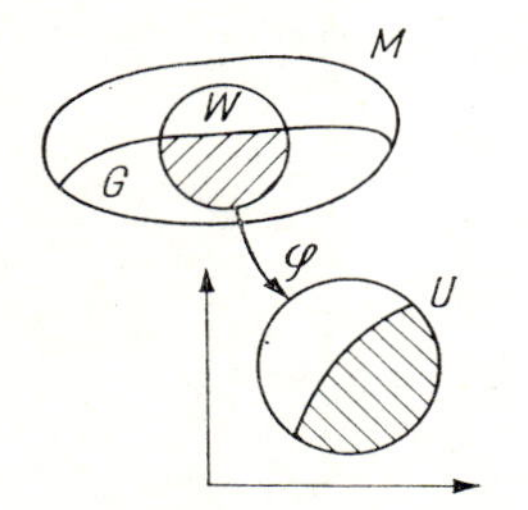

Abb. 226. Offene Teilmenge

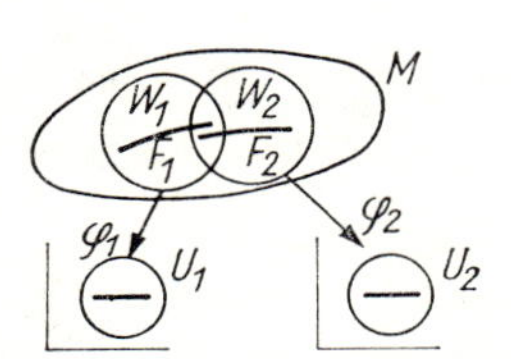

Abb. 227. Kompakte Teilmenge

Satz. *Eine Teilmenge F der Mannigfaltigkeit M* (Abb. 227) *sei die Vereinigung endlich vieler Teilmengen F_i, und jede von ihnen besitze eine kompakte Bildmenge auf einer der Karten von $F_i \subset W_i$, $\varphi_i\colon W_i \to U_i$, $\varphi_i(F_i)$ eine kompakte Menge im $\boldsymbol{R}^n$. Dann ist F kompakt.*

Beweis. Es sei $\{G_j\}$ eine offene Überdeckung der Menge F. Dann ist $\{\varphi_i(G_j \cap W_i)\}$ für jedes i eine offene Überdeckung der kompakten Menge $\varphi_i(F_i)$. Aus ihr wählen wir eine endliche Teilüberdeckung. Lassen wir j die so erhaltenen endlich vielen Werte durchlaufen, so ergeben sich endlich viele G_j, die F überdecken.

5.1.5. Zusammenhang und Dimension.

Definition. Die Mannigfaltigkeit M heißt *zusammenhängend* (Abb. 228), wenn zu zwei beliebigen Punkten x, $y \in M$ eine endliche Kette von Karten $\varphi_i\colon W_i \to U_i$ derart existiert, daß W_1 den Punkt x und W_n den Punkt y enthält, $W_i \cap W_{i+1} \neq \emptyset$ für alle i gilt und U_i zusammenhängend[1]) ist.

[1]) Das heißt, je zwei Punkte von U_i lassen sich durch einen ganz in $U_i \subset \boldsymbol{R}^n$ liegenden Polygonzug verbinden.

Ist die Mannigfaltigkeit M nicht zusammenhängend, so zerfällt sie auf natürliche Weise in zusammenhängende Teile M_i, die wir im folgenden *Zusammenhangskomponenten* nennen.

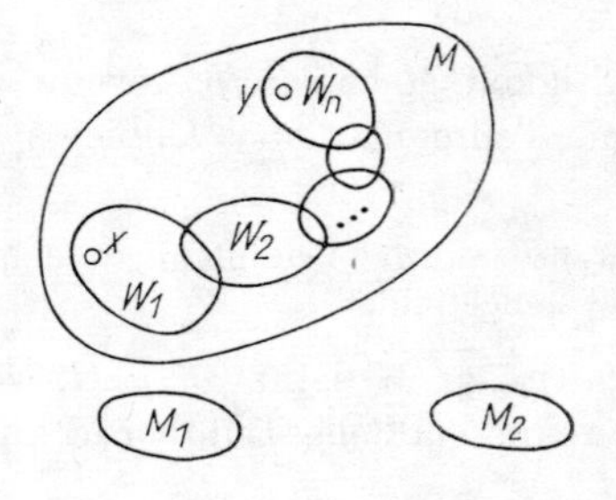

Abb. 228. Zusammenhängende Mannigfaltigkeit M und nichtzusammenhängende Mannigfaltigkeit $M_1 \cup M_2$

Aufgabe 1. Sind die Mannigfaltigkeiten, die im $\boldsymbol{R}^3$ (bzw. im $\boldsymbol{RP}^3$) durch die Gleichungen $x^2 + y^2 - z^2 = C$, $C \neq 0$, gegeben sind, zusammenhängend?

Aufgabe 2. Die Menge aller Matrizen n-ter Ordnung mit von 0 verschiedener Determinante besitzt eine natürliche Struktur einer differenzierbaren Mannigfaltigkeit (Gebiet im $\boldsymbol{R}^{n^2}$). Wieviel Zusammenhangskomponenten hat diese Mannigfaltigkeit?

Satz. *Es sei M eine differenzierbare Mannigfaltigkeit, und $\varphi_i\colon W_i \to U_i$ seien ihre Karten. Dann haben alle linearen Räume $\boldsymbol{R}^n$, in denen die Gebiete U_i enthalten sind, gleiche Dimension.*

Beweis. Die Behauptung folgt daraus, daß ein Diffeomorphismus zwischen Gebieten linearer Räume nur dann möglich ist, wenn diese Räume von gleicher Dimension sind, und daraus, daß je zwei Gebiete W_i und W_j der zusammenhängenden Mannigfaltigkeit M durch eine endliche Kette paarweise sich überlappender Gebiete verbunden werden können.

Die im Satz angegebene Zahl n heißt *Dimension* der Mannigfaltigkeit M und wird mit $\dim M$ bezeichnet. Beispielsweise ist

$$\dim \boldsymbol{R}^n = \dim S^n = \dim T^n = \dim \boldsymbol{RP}^n = n.$$

Eine nichtzusammenhängende Mannigfaltigkeit heißt *n-dimensional,* wenn alle ihre Zusammenhangskomponenten die gleiche Dimension n besitzen.

Aufgabe 3. Man versehe die Menge $O(n)$ aller orthogonalen Matrizen n-ter Ordnung mit einer Struktur einer differenzierbaren Mannigfaltigkeit und bestimme ihre Zusammenhangskomponenten sowie ihre Dimension.

Lösung. $O(n) = SO(n) \times Z_2$, $\quad \dim O(n) = \dfrac{n(n-1)}{2}$,

5.1.6. Differenzierbare Abbildungen.

Definition. Die Abbildung $f\colon M_1 \to M_2$ einer C^r-Mannigfaltigkeit in eine andere heißt *differenzierbar* (von der Klasse C^r), wenn sie in den lokalen Koordinaten auf M_1 und M_2 durch differenzierbare Funktionen (der Klasse C^r) definiert ist.

Mit anderen Worten: Ist $\varphi_1: W_1 \to U_1$ eine Karte von M_1, die den Punkt $x \in W_1$ abbildet, und $\varphi_2: W_2 \to U_2$ eine Karte von M_2, die den Punkt $f(x) \in W_2$ abbildet (Abb. 229), so ist die in der Umgebung des Punktes $\varphi_1(x)$ definierte Abbildung $\varphi_2 \circ f \circ \varphi_1^{-1}$ zwischen Gebieten euklidischer Räume differenzierbar (von der Klasse C^r).

Beispiel 1. Die Projektion einer Sphäre auf eine Ebene (Abb. 230) ist eine differenzierbare Abbildung $f: S^2 \to \boldsymbol{R}^2$.

Wir sehen also, daß das Bild einer differenzierbaren Abbildung nicht notwendig eine differenzierbare Mannigfaltigkeit sein muß.

Beispiel 2. Unter einer auf einer differenzierbaren Mannigfaltigkeit M verlaufenden *Kurve*[1]), die zur Zeit t_0 im Punkt $x \in M$ entspringt, versteht man die differenzierbare Abbildung $f: I \to M$ des t_0 enthaltenden Intervalls I der reellen Achse in die Mannigfaltigkeit M, wobei die Bedingung $f(t_0) = x$ erfüllt sein muß.

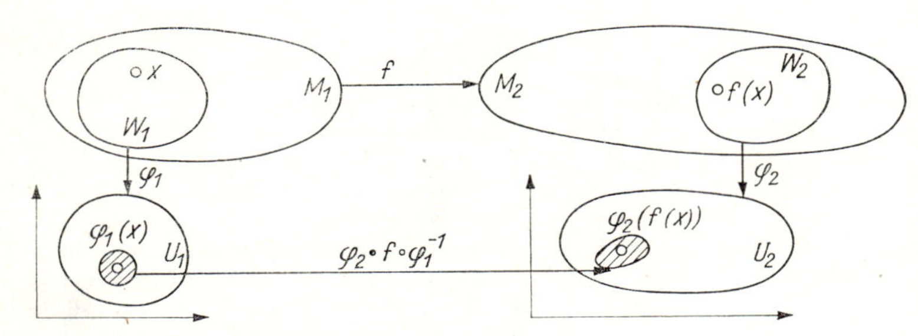

Abb. 229. Differenzierbare Abbildung

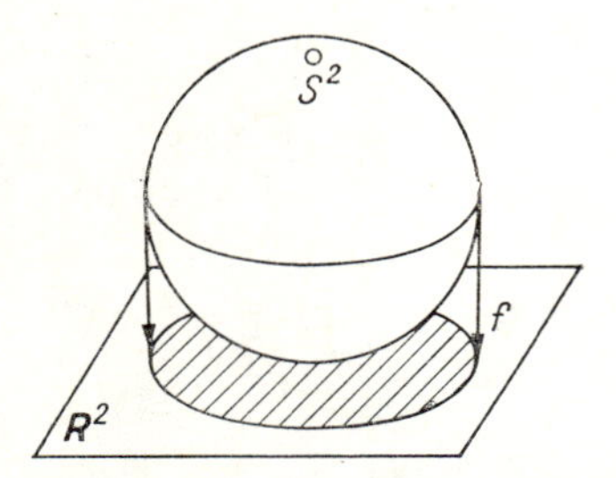

Abb. 230. Bei der orthogonalen Projektion einer Sphäre auf eine Ebene ergibt sich eine abgeschlossene Kreisfläche

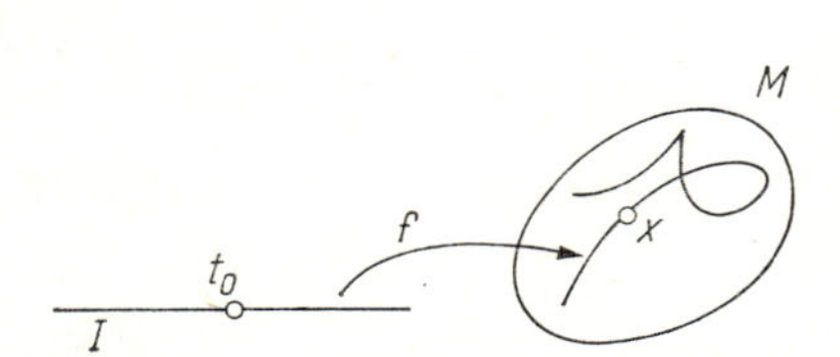

Abb. 231. Kurve auf der Mannigfaltigkeit M

Beispiel 3. Eine differenzierbare Abbildung $f: M_1 \to M_2$ einer Mannigfaltigkeit M_1 auf eine Mannigfaltigkeit M_2, deren inverse Abbildung $f^{-1}: M_2 \to M_1$ existiert und differenzierbar ist, heißt *Diffeomorphismus* von M_1 auf M_2.

[1]) Oder *parametrisierte Kurve*, da man unter Kurven auf M manchmal auch eindimensionale Untermannigfaltigkeiten von M versteht (vgl. die Definition in 5.1.9.). Eine parametrisierte Kurve kann Mehrfachpunkte, Rückkehrpunkte u. a. besitzen (Abb. 231).

Zwei Mannigfaltigkeiten M_1 und M_2 sind *diffeomorph*, wenn es einen Diffeomorphismus der einen auf die andere gibt. Beispiel: Sphäre und Ellipsoid sind diffeomorph.

5.1.7. Bemerkung. Jede zusammenhängende eindimensionale Mannigfaltigkeit M ist diffeomorph einer Kreislinie (wenn M kompakt) oder einer Geraden (wenn M nicht kompakt ist).

Beispiele für zweidimensionale Mannigfaltigkeiten sind die Sphäre, der Torus (der einer Sphäre mit einem Henkel diffeomorph ist) und die Sphäre mit n Henkeln (Abb. 232).

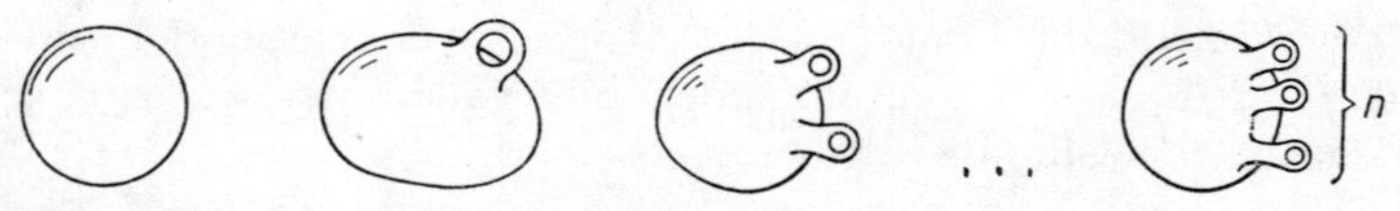

Abb. 232. Nichtdiffeomorphe zweidimensionale Mannigfaltigkeiten

In Vorlesungen über Topologie wird bewiesen, daß jede zweidimensionale kompakte zusammenhängende orientierte Mannigfaltigkeit diffeomorph einer Sphäre mit $n \geqq 0$ Henkeln ist. Über dreidimensionale Mannigfaltigkeiten ist wenig bekannt. Zum Beispiel weiß man nicht, ob eine kompakte einfachzusammenhängende[1]) dreidimensionale Mannigfaltigkeit diffeomorph der Sphäre S^3 (*Poincarésche Vermutung*) oder ihr wenigstens homöomorph ist.

Bei großen Dimensionen stimmen analytische und topologische Klassifizierung von Mannigfaltigkeiten nicht überein. Beispielsweise gibt es genau 28 stetig differenzierbare Mannigfaltigkeiten, die der Sphäre S^7 homöomorph, aber nicht einander diffeomorph sind. Sie heißen *Milnorsche Sphären*.

Eine Milnorsche Sphäre kann man im Raum $\boldsymbol{C}^5$ mit den Koordinaten $z_1, z_2, \ldots, z_5$ durch die beiden Gleichungen

$$z_1^{6k-1} + z_2^3 + z_3^2 + z_4^2 + z_5^2 = 0,$$

$$|z_1|^2 + \cdots + |z_5|^2 = 1$$

definieren. Für $k = 1, 2, \ldots, 28$ ergeben sich die 28 Milnorschen Sphären.[2]) Eine dieser 28 Mannigfaltigkeiten ist der Sphäre S^7 diffeomorph.

5.1.8. Untermannigfaltigkeiten. Die im $\boldsymbol{R}^3$ durch die Gleichung

$$x^2 + y^2 + z^2 = 1$$

definierte Sphäre ist ein Beispiel für eine Teilmenge eines euklidischen Raumes. Dieser Teilmenge vermittelt der euklidische Raum eine Struktur einer differenzierbaren Mannigfaltigkeit, nämlich eine Struktur einer *Untermannigfaltigkeit* des $\boldsymbol{R}^3$. Allgemein wird eine Untermannigfaltigkeit folgendermaßen definiert.

Definition. Eine Teilmenge V einer Mannigfaltigkeit M (Abb. 233) heißt *Untermannigfaltigkeit*, wenn jeder Punkt $x \in V$ eine solche Umgebung W aus M und eine

[1]) Eine Mannigfaltigkeit heißt *einfachzusammenhängend*, wenn sich auf ihr jeder geschlossene Weg stetig auf einen Punkt zusammenziehen läßt.

[2]) Vgl. E. Brieskorn, Beispiele zur Differentialtopologie von Singularitäten, Inventiones Math. 2, Nr. 16 (1966), 1–14.

solche Karte $\varphi: W \to U$ besitzt, daß $\varphi(W \cap V)$ ein Gebiet eines affinen Unterraumes desjenigen Raumes $\boldsymbol{R}^n$ ist, der U enthält.

Die Untermannigfaltigkeit V selbst besitzt eine natürliche Struktur einer Mannigfaltigkeit $\big(W' = W \cap V,\ U' = \varphi(W')\big)$.

Wir wollen nun den folgenden fundamentalen Satz zitieren, ohne ihn zu beweisen oder später zu benutzen.

Satz. *Jede Mannigfaltigkeit M^n ist diffeomorph einer Untermannigfaltigkeit eines euklidischen Raumes $\boldsymbol{R}^N$ (N hinreichend groß); es genügt, etwa $N > 2n$ ($n = \dim M^n$) zu wählen.*

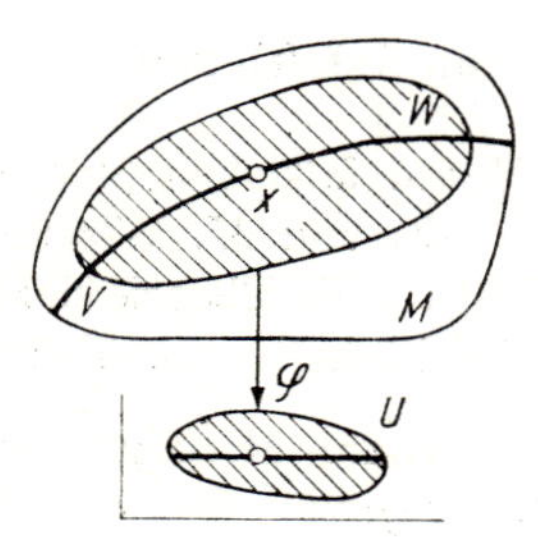

Abb. 223. Untermannigfaltigkeit

Somit umfaßt der abstrakte Begriff der Mannigfaltigkeit in Wirklichkeit nicht mehr Objekte als die „n-dimensionalen Flächen im N-dimensionalen Raum". Der Vorteil des abstrakten Herangehens besteht darin, daß sofort auch diejenigen Fälle erfaßt werden, in denen vorher keine Einbettung in einen euklidischen Raum vorgenommen wurde; dieser Vorgang hätte nur unnötige Komplikationen mit sich gebracht (Beispiel: der projektive Raum $\boldsymbol{RP}^n$). Die Situation ist hier dieselbe wie bei den endlichdimensionalen linearen Räumen (diese Räume sind sämtlich dem Koordinatenraum $\{(x_1, \ldots, x_n)\}$ isomorph, aber die Benutzung der Koordinaten macht die Angelegenheit nur komplizierter).

5.1.9. Beispiel. Zum Abschluß betrachten wir fünf interessante Mannigfaltigkeiten (Abb. 234).

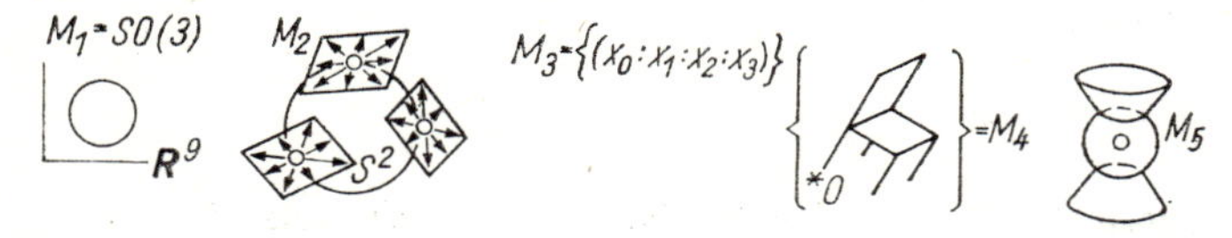

Abb. 234. Beispiele für dreidimensionale Mannigfaltigkeiten

$M_1 = SO(3)$: *Gruppe der orthogonalen Matrizen* dritter Ordnung mit der Determinante $+1$. Da jede Matrix neun Elemente enthält, ist M_1 eine Teilmenge des Raumes $\boldsymbol{R}^9$. Man erkennt sofort, daß diese Teilmenge tatsächlich eine Untermannigfaltigkeit ist.

$M_2 = T_1S^2$: *Menge aller Tangenteneinheitsvektoren an die Sphäre S^2* im dreidimensionalen euklidischen Raum. Es sei dem Leser überlassen, in dieser Menge eine Struktur einer differenzierbaren Mannigfaltigkeit einzuführen (vgl. 5.2.).

$M_3 = \boldsymbol{RP}^3$: *dreidimensionaler projektiver Raum.*

M_4: *Konfigurationsraum eines* in einem festen Punkt O angebrachten *festen Körpers.*

M_5: *Untermannigfaltigkeit des Raumes* $\boldsymbol{R}^6 = {}^{\boldsymbol{R}}\boldsymbol{C}^3$, *die durch die Beziehungen*

$$z_1^2 + z_2^2 + z_3^2 = 0,$$
$$|z_1|^2 + |z_2|^2 + |z_3|^2 = 2$$

definiert ist.

Aufgabe 1.* Welche der Mannigfaltigkeiten M_1 bis M_5 sind einander diffeomorph?

5.2. Tangentialbündel. Vektorfelder auf einer Mannigfaltigkeit

Mit jeder glatten Mannigfaltigkeit M ist eine andere Mannigfaltigkeit (der doppelten Dimension) verknüpft, das sogenannte *Tangentialbündel*[1]) von M. Wir bezeichnen es mit TM. Der Begriff des Tangentialbündels gestattet es, die Theorie der gewöhnlichen Differentialgleichungen unmittelbar auf Mannigfaltigkeiten zu übertragen.

5.2.1. Tangentialraum. Gegeben sei eine differenzierbare Mannigfaltigkeit M. Die Äquivalenzklasse der in einem Punkt $x \in M$ entspringenden Kurven ist der *die Mannigfaltigkeit M im Punkt x tangierende Vektor* $\boldsymbol{\xi}$. Zwei Kurven

$$\gamma_1: I \to M, \qquad \gamma_2: I \to M$$

(Abb. 235) sind äquivalent, wenn ihre Bilder auf einer beliebigen Karte,

$$\varphi\gamma_1: I \to U, \qquad \varphi\gamma_2: I \to U,$$

äquivalent sind.

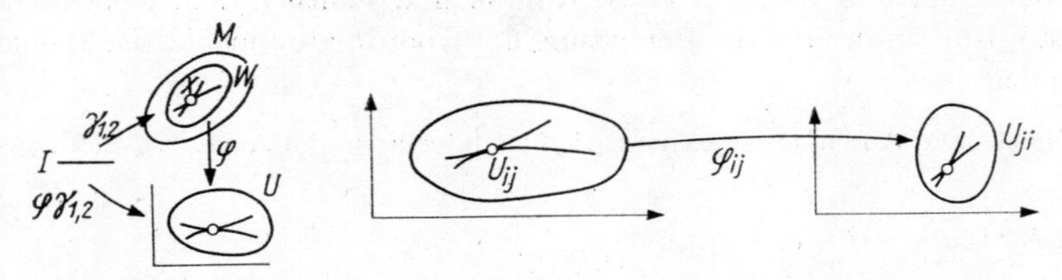

Abb. 235. Tangentialvektor

Es sei erwähnt, daß der Begriff der Äquivalenz von Kurven nicht von der Wahl der Karte eines Atlasses abhängt (vgl. 1.6.): Aus der Äquivalenz auf der Karte φ_i folgt die Äquivalenz auf jeder anderen Karte φ_j, da der Übergang von der einen zur anderen, nämlich φ_{ij}, ein Diffeomorphismus ist.

[1]) Das Tangentialbündel ist ein Spezialfall des Vektorbündels. Der noch allgemeinere Begriff ist der des Faserraumes. Alle diese Begriffe gehören zu den in Topologie und Analysis grundlegenden Begriffen; wir beschränken uns jedoch auf das Tangentialbündel, das für die Theorie der *gewöhnlichen* Differentialgleichungen von besonderer Wichtigkeit ist.

Die Menge der die Mannigfaltigkeit M im Punkt x tangierenden Vektoren ist mit einer Struktur eines linearen Raumes versehen, die von der Wahl der Karte unabhängig ist (vgl. 1.6.). Dieser lineare Raum heißt *Tangentialraum an M in x* und wird mit TM_x (oder T_xM) bezeichnet. Seine Dimension ist gleich der von M.

Beispiel 1. Es sei M^n $(n = \dim M)$ eine Untermannigfaltigkeit des affinen Raumes $\boldsymbol{R}^N$ (Abb. 236). Dann ist $TM_x{}^n$ im $\boldsymbol{R}^N$ als n-dimensionale Ebene durch den Punkt x darstellbar. Jedoch darf man dabei nicht übersehen, daß *die Tangentialräume an M in voneinander verschiedenen Punkten x, y disjunkt sind: $TM_x \cap TM_y = \emptyset$.*

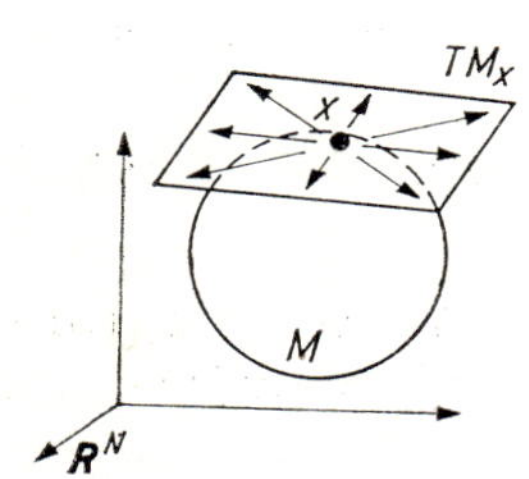

Abb. 236. Tangentialraum

5.2.2. Tangentialbündel. Wir untersuchen nun die Vereinigung der Tangentialräume an die Mannigfaltigkeit M in all ihren Punkten:

$$TM = \bigcup_{x \in M} TM_x.$$

Die Menge TM ist mit einer natürlichen Struktur einer differenzierbaren Mannigfaltigkeit versehen.

Zum Beweis dieser Tatsache betrachten wir eine beliebige Karte auf der Mannigfaltigkeit M und nehmen an, $x_1, \ldots, x_n$: $W \to U \subset \boldsymbol{R}^n$ (Abb. 237) seien diese Karte definierende lokale Koordinaten in der Umgebung W des Punktes $x \in M$.

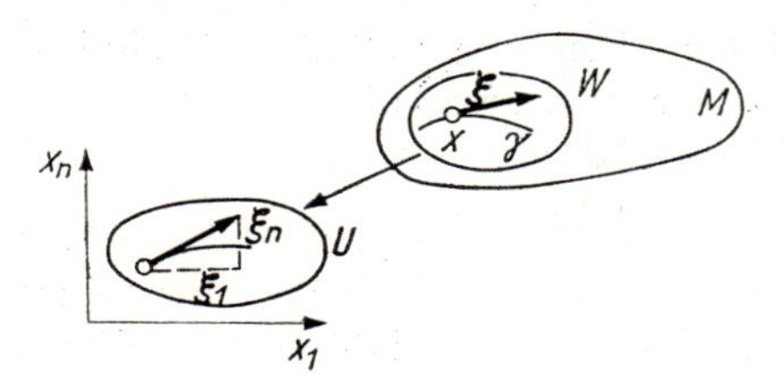

Abb. 237. Koordinaten des Tangentialvektors

Jeder Vektor ξ, der M im Punkt $x \in W$ tangiert, wird durch das n-Tupel seiner Komponenten $\xi_1, \ldots, \xi_n$ im genannten Koordinatensystem bestimmt. Ist also $\gamma: I \to M$ eine Kurve, die zur Zeit t_0 im Punkt x in der Richtung ξ entspringt, so gilt

$$\xi_i = \frac{d}{dt} x_i(\gamma(t))\Big|_{t=t_0}.$$

Folglich ist jeder Vektor ξ, der M in einem der Punkte von W tangiert, durch die $2n$ Zahlen $x_1, \ldots, x_n, \xi_1, \ldots, \xi_n$, d. h. durch die n Koordinaten des Berührungspunktes x und die n Komponenten von ξ bestimmt.

Damit haben wir die Karte eines Teiles der Menge TM erhalten:

$$\psi\colon TW \to \boldsymbol{R}^{2n}, \qquad \psi(\xi) = (x_1, \ldots, x_n, \xi_1, \ldots, \xi_n).$$

Die verschiedenen Karten von TM, die den Karten des Atlasses von M entsprechen, sind verträglich (und von der Klasse C^{r-1}, wenn M zur Klasse C^r gehört). Ist nämlich $y_1, \ldots, y_n$ ein anderes lokales Koordinatensystem auf M und sind $\eta_1, \ldots, \eta_n$ die Komponenten eines Vektors in diesem System, so sind die

$$y_i = y_i(x_1, \ldots, x_n), \qquad \eta_i = \sum_{j=1}^{n} \frac{\partial y_i}{\partial x_j} \xi_j \qquad (i = 1, 2, \ldots, n)$$

stetig differenzierbare Funktionen von x_j und ξ_j.

Also besitzt die Menge TM aller die Mannigfaltigkeit M tangierenden Vektoren eine Struktur einer $2n$-dimensionalen glatten Mannigfaltigkeit.

Definition. Die Mannigfaltigkeit TM heißt *Tangentialbündel*[1]) der Mannigfaltigkeit M.

Es existieren natürliche Abbildungen $i\colon M \to TM$ (der *Nullschnitt*) und $p\colon TM \to M$ (die *Projektion*); $i(x)$ ist der Nullvektor von TM_x, und $p(\xi)$ ist derjenige Punkt x, in dem ξ die Mannigfaltigkeit M tangiert (Abb. 238).

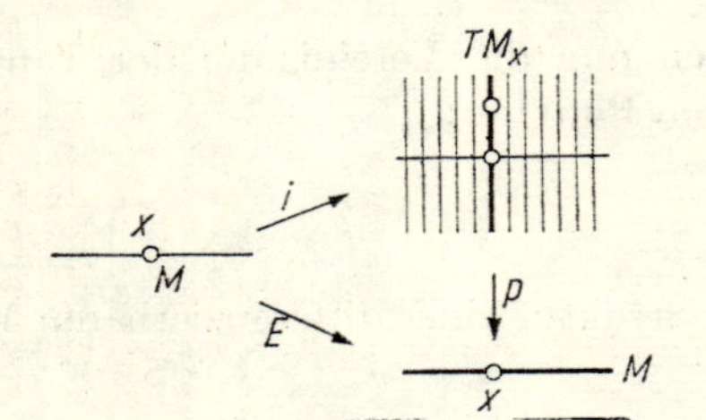

Abb. 238. Tangentialbündel

Aufgabe 1. Man zeige, daß die Abbildungen i, p differenzierbar sind, daß i eine Diffeomorphismus von M auf $i(M)$ und daß $p \circ i\colon M \to M$ die identische Abbildung ist.

Die Urbilder der Punkte $x \in M$ bei der Abbildung $p\colon TM \to M$ sind die *Fasern* des Tangentialbündels TM. Jede Faser besitzt eine Struktur des linearen Raumes. Die Mannigfaltigkeit M wird die *Basis* von TM genannt.

5.2.3. Bemerkung zur Parallelisierbarkeit. Ein Tangentialbündel des affinen Raumes $\boldsymbol{R}^n$ oder eines Gebietes $U \subset \boldsymbol{R}^n$ besitzt zusätzlich eine Struktur eines direkten Produktes: $TU = U \times \boldsymbol{R}^n$. Ein Tangentialvektor an U läßt sich nämlich durch ein Paar (x, ξ) darstellen, wobei der Punkt x zu U gehört und ξ einen Vektor des linearen Raumes $\boldsymbol{R}^n$ bezeichnet, der zu TU_x isomorph ist (Abb. 239).

Man kann dies auch anders ausdrücken, indem man nämlich sagt, der affine Raum sei *parallelisiert*: Für Tangentialvektoren an das Gebiet $U \subset \boldsymbol{R}^n$ in verschiedenen Punkten $x, y \in U$ ist eine Äquivalenz definiert.

Ein Tangentialbündel einer Mannigfaltigkeit braucht nicht unbedingt ein direktes

---

[1]) Wir benutzen diese Abkürzung statt des umständlichen Terminus *Raum des Tangentialfaserbündels*.

Produkt zu sein. Auch ist es im allgemeinen nicht sinnvoll, Äquivalenz von Vektoren zu definieren, die in verschiedenen Punkten der Mannigfaltigkeit M entspringen.

Die Situation ist hier vergleichbar mit der beim Möbiusschen Band (Abb. 240), das ein Tangentialbündel darstellt, welches als Basis eine Kreislinie und als Faser eine Gerade besitzt, jedoch nicht direktes Produkt aus Kreislinie und Gerade ist.

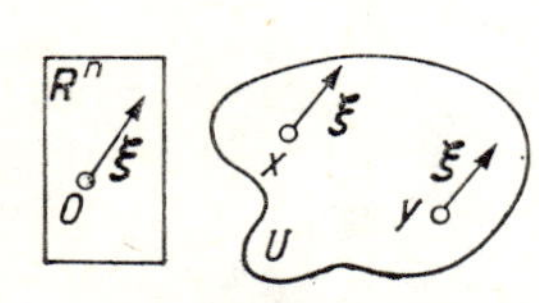

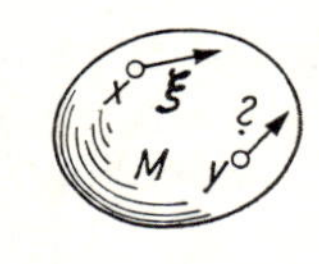

Abb. 239. Parallelisierte und nichtparallelisierbare Mannigfaltigkeit

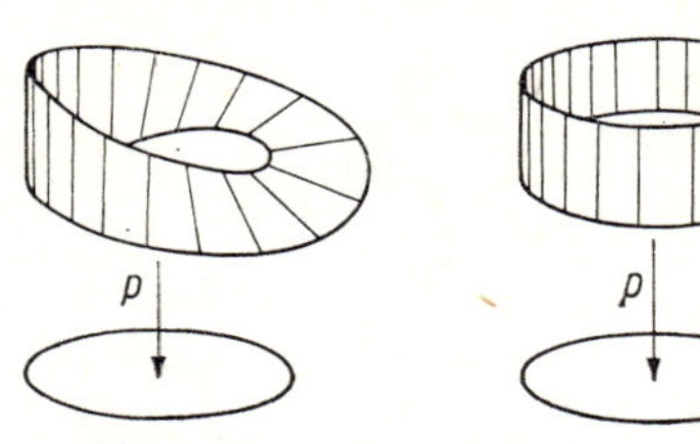

Abb. 240. Faserbündel, das kein direktes Produkt ist

Definition. Eine Mannigfaltigkeit M heißt *parallelisiert,* wenn ihr Tangentialbündel mit der Struktur eines direkten Produkts versehen ist, d. h., wenn ein Diffeomorphismus

$$TM^n \cong M^n \times \boldsymbol{R}^n$$

existiert, der TM_x in $x \times \boldsymbol{R}^n$ linear überführt. Eine Mannigfaltigkeit heißt *parallelisierbar,* wenn sie sich parallelisieren läßt.

Beispiel 1. Jedes Gebiet eines euklidischen Raumes ist auf natürliche Weise parallelisierbar.

Aufgabe 1. Man zeige, daß der Torus T^n parallelisierbar ist, das Möbiussche Band dagegen nicht.

Satz.* *Von den Sphären S^n sind nur S^1, S^3 und S^7 parallelisierbar. Insbesondere ist die zweidimensionale Sphäre nicht parallelisierbar:*

$$TS^2 \not\cong S^2 \times R^2.$$

(Hieraus folgt z. B., daß ein Igel nicht „gekämmt" werden kann, da mindestens eine seiner Stacheln senkrecht auf der Oberfläche steht (Abb. 241).)

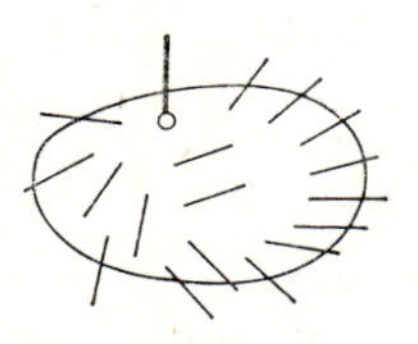

Abb. 241. Satz vom Igel

Dem Leser, der schon die Aufgabe 1 aus 5.1.9. gelöst hat, fällt es nun leicht, die Nichtparallelisierbarkeit von S^2 nachzuweisen (Hinweis: $\boldsymbol{RP}^3 \not\cong S^2 \times S^1$). Daß sich die Kreislinie S^1 parallelisieren läßt, ist evident. Die Sphäre S^3 zu parallelisieren ist eine lehrreiche Übung (Hinweis: S^3 ist eine Gruppe, und zwar die Gruppe der Quaternionen der Norm 1).

Der vollständige Beweis des Satzes erfordert ein ziemlich tiefes Eindringen in die Topologie und wurde erst vor nicht allzu langer Zeit gefunden.

Analytiker neigen dazu, alle Tangentialbündel als direkte Produkte und alle Mannigfaltigkeiten als parallelisierbar anzusehen. Vor diesem Irrtum sollte man sich jedoch hüten.

5.2.4. Tangentialabbildung. Es sei $f: M \to N$ eine stetig differenzierbare Abbildung einer Mannigfaltigkeit M in eine Mannigfaltigkeit N (Abb. 242). Mit f_{*x} bezeichnen wir die induzierte Abbildung der Tangentialräume. Sie läßt sich wie in 1.6. definieren und ist eine lineare Abbildung eines linearen Raumes in einen anderen:

$$f_{*x}: TM_x \to TN_{f(x)}.$$

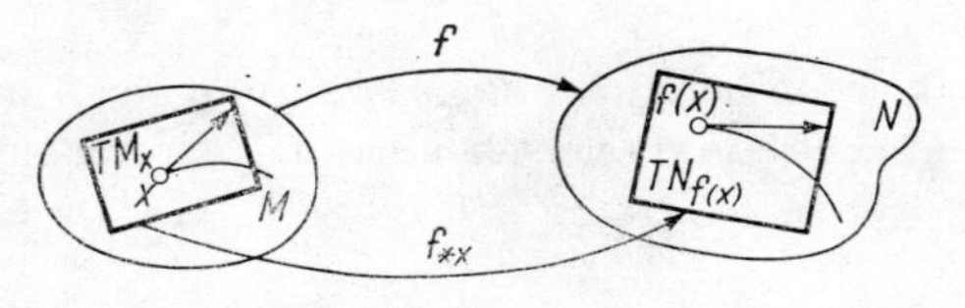

Abb. 242. Ableitung der Abbildung f im Punkt x

Wir nehmen nun an, x durchlaufe M. Die vorhergehende Formel definiert die Abbildung

$$f_*: TM \to TN,$$

$$f_*|_{TM_x} = f_{*x}$$

des Tangentialbündels von M in das von N. Diese Abbildung ist differenzierbar (weshalb?) und transformiert eine Faser von TM linear in eine Faser von TN (Abb. 243).

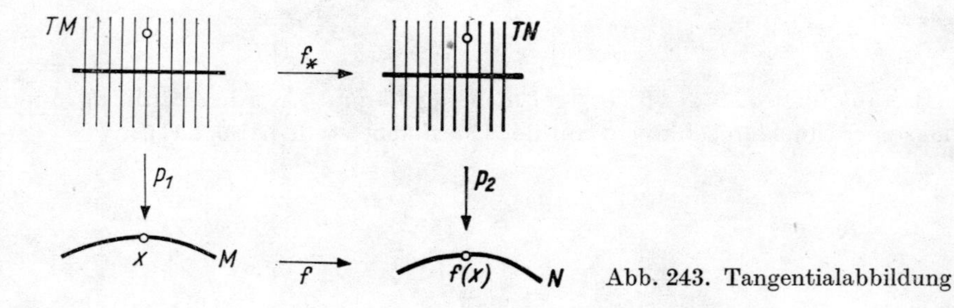

Abb. 243. Tangentialabbildung

Die Abbildung f_* heißt die zur Abbildung f gehörige *Tangentialabbildung* (in der mathematischen Literatur wird diese Abbildung auch das *Differential df der Abbildung f* genannt; oft wird auch die Bezeichnungsweise $Tf: TM \to TN$ verwendet).

Aufgabe 1. Gegeben seien zwei stetig differenzierbare Abbildungen $f: M \to N$ und

$g\colon N \to K$ sowie ihr Produkt $g \circ f\colon M \to K$. Man zeige, daß $(g \circ f)_* = (g_*) \circ (f_*)$ gilt, also

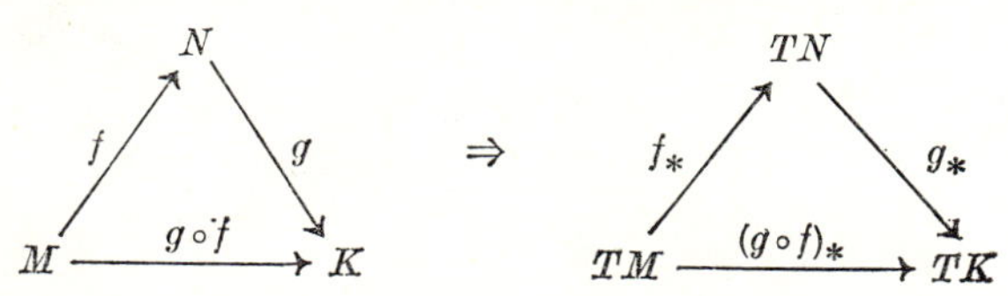

Bemerkung zur Terminologie. In der Analysis wird diese Aussage die Kettenregel genannt, in der Algebra drückt sie die Eigenschaft des (kovarianten) Funktors des Übergangs zu einer Tangentialabbildung aus.

5.2.5. Vektorfelder. Es sei M eine stetig differenzierbare Mannigfaltigkeit (von der Klasse C^{r+1}) und TM ihr Tangentialbündel (Abb. 244).

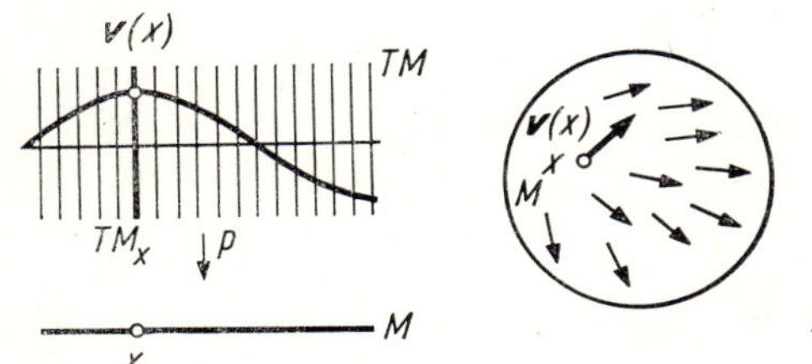

Abb. 244. Vektorfeld

Definition. Unter einem *Vektorfeld*[1]) $\boldsymbol{v}$ (von der Klasse C^r) auf M verstehen wir eine stetige differenzierbare Abbildung $\boldsymbol{v}\colon M \to TM$ (von der Klasse C^r) derart, daß $p \circ \boldsymbol{v}\colon M \to M$ die identische Abbildung ist, d. h., daß das Diagramm

$$\begin{array}{ccc} & TM & \\ \boldsymbol{v}\nearrow & & \searrow p \\ M & \xrightarrow{E} & M \end{array}$$

kommutativ ist, also $p(\boldsymbol{v}(x)) = x$ gilt.

Bemerkung. Ist M ein Gebiet des von den Koordinaten $x_1, \ldots, x_n$ aufgespannten $\boldsymbol{R}^n$, so stimmt diese Definition mit der alten in 1.1. überein. Jedoch ist in der neuen Definition kein spezielles Koordinatensystem beteiligt.

Beispiel. Wir betrachten die Familie $\{g^t\}$ von Drehungen der Sphäre S^2 um den Winkel t; Drehachse sei die Polachse SN (Abb. 245). Jeder Punkt $x \in S^2$ beschreibt während der Drehung eine Kurve (einen Teil eines Breitenkreises) mit der Geschwindigkeit

$$\boldsymbol{v}(x) = \frac{d}{dt}\, g^t x \bigg|_{t=0} \in TS^2.$$

Wir erhalten die Abbildung $\boldsymbol{v}\colon S^2 \to TS^2$; offenbar ist $p \circ \boldsymbol{v} = E$, d. h., $\boldsymbol{v}$ ist ein Vektorfeld auf S^2.

[1]) Auch der Terminus *Schnitt eines Tangentialbündels* ist gebräuchlich.

Ist ganz allgemein $\{g^t\colon M \to M\}$ eine einparametrige Gruppe von Diffeomorphismen der Mannigfaltigkeit M, so ergibt sich, genau so wie in 1.1., das Vektorfeld der Phasengeschwindigkeit auf M.

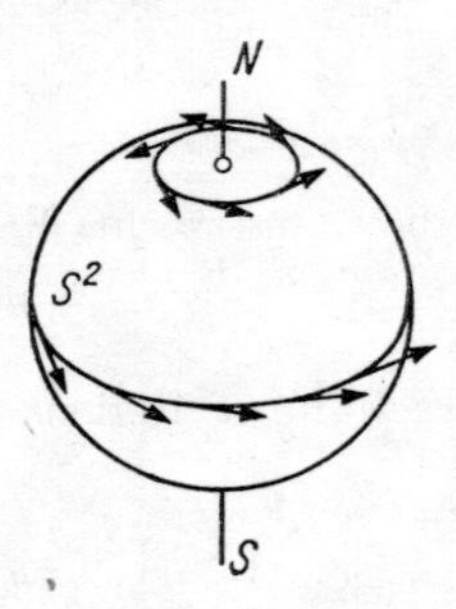

Abb. 245. Geschwindigkeitsfeld

Die gesamte lokale Theorie der (nichtlinearen) gewöhnlichen Differentialgleichungen läßt sich sofort auf Mannigfaltigkeiten übertragen, da wir rechtzeitig (in 1.6.) darauf geachtet und die fundamentalen Begriffe koordinatenfrei eingeführt haben.

Auf Mannigfaltigkeiten lassen sich insbesondere der lokale Hauptsatz über die Begradigung eines Vektorfeldes und die lokalen Sätze der Existenz und Eindeutigkeit sowie der Stetigkeit und Differenzierbarkeit in bezug auf die Anfangswerte übertragen. Die Spezifik einer Mannigfaltigkeit zeigt sich nur bei Behandlung nichtlokaler Fragen, von denen die einfachsten diejenigen nach der Fortsetzung der Lösungen und nach der Existenz des Phasenflusses bei gegebenem Geschwindigkeitsfeld sind.

5.3. Der durch ein Vektorfeld definierte Phasenfluß

Der im folgenden zu beweisende Satz ist die einfachste Aussage der qualitativen Theorie der Differentialgleichungen. Er gibt Bedingungen an, unter denen die Frage nach dem Verhalten der Lösungen einer Differentialgleichung auf einem unendlich großen Zeitintervall sinnvoll ist.

Aus diesem Satz folgen insbesondere Stetigkeit und Differenzierbarkeit einer Lösung in bezug auf die Anfangswerte global (d. h. auf einem beliebigen endlichen Zeitintervall). Dieser Satz ist als technisches Hilfsmittel zur Konstruktion von Diffeomorphismen äußerst nützlich. Beispielsweise läßt sich mit seiner Hilfe zeigen, daß jede abgeschlossene Mannigfaltigkeit, die eine stetig differenzierbare Funktion mit nur zwei kritischen Punkten besitzt, einer Sphäre homöomorph ist.

5.3.1. Satz. *Es sei M eine stetig differenzierbare Mannigfaltigkeit* (*der Klasse* C^r, $r \geqq 2$) *und* $\boldsymbol{v}\colon M \to TM$ *ein Vektorfeld* (Abb. 246). *Der Vektor* $\boldsymbol{v}(x)$ *sei nur auf der kompakten Teilmenge K der Mannigfaltigkeit M vom Nullvektor von TM_x verschieden. Dann existiert eine einparametrige Gruppe von Diffeomorphismen* $g^t\colon M \to M$, *für welche das Feld* $\boldsymbol{v}$ *gleich dem Geschwindigkeitsfeld ist:*

$$\frac{d}{dt}\, g^t x = \boldsymbol{v}(g^t x). \tag{1}$$

Folgerung 1. *Jedes Vektorfeld* $\boldsymbol{v}$ *auf einer kompakten Mannigfaltigkeit* M *ist das Feld der Phasengeschwindigkeit einer gewissen einparametrigen Gruppe von Diffeomorphismen.*

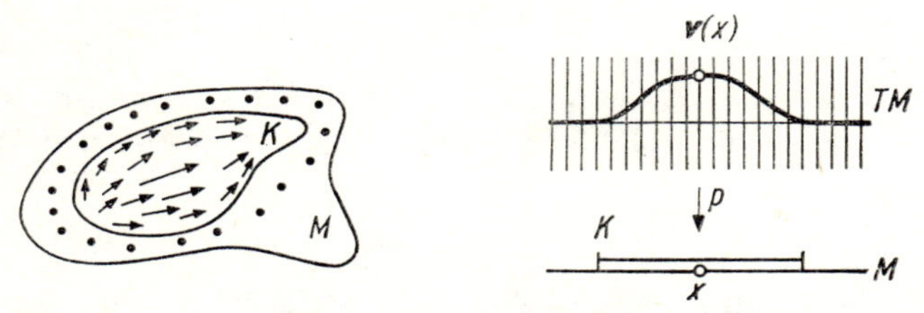

Abb. 246. Vektorfeld, das außerhalb der kompakten Menge K gleich 0 ist

Unter den Voraussetzungen des Satzes oder dieser Folgerung gilt insbesondere die

Folgerung 2. *Jede Lösung der Differentialgleichung*

$$\dot{x} = \boldsymbol{v}(x), \qquad x \in M, \tag{2}$$

läßt sich nach vorne und nach hinten unbeschränkt fortsetzen. Ferner ist der Wert der Lösung $g^t x$ *zum Zeitpunkt* t *sowohl nach* t *als auch nach dem Anfangswert* x *stetig differenzierbar.*

Bemerkung. Die Voraussetzung der Kompaktheit darf nicht fallengelassen werden.

Beispiel 1. $M = R$, $\dot{x} = x^2$ (vgl. 1.3.5.); die Lösungen sind nicht unbeschränkt fortsetzbar.

Beispiel 2. $M = \{x : 0 < x < 1\}$, $\dot{x} = 1$.

Wir wollen nun den Satz beweisen.

5.3.2. Konstruktion der Diffeomorphismen g^t für kleine t. *Zu jedem Punkt* $x \in M$ *existieren eine offene Umgebung* $U \subset M$ *und eine Zahl* $\varepsilon > 0$ *derart, daß für jeden Punkt* $y \in U$ *und jedes* t, $|t| < \varepsilon$, *eine Lösung* $g^t y$ *der Gleichung* (2) *existiert, die die einzige ist, welche den Anfangswert* y *(für* $t = 0$*) besitzt, nach* t *und* y *differenzierbar ist und der Bedingung*

$$g^{t+s} y = g^t g^s y \tag{3}$$

genügt, sobald $|s| < \varepsilon$, $|t| < \varepsilon$, $|s + t| < \varepsilon$ *gilt.*

Der Punkt x läßt sich nämlich auf einer Karte darstellen, und für Gleichungen, die auf einem Gebiet eines affinen Raumes definiert sind, ist die Behauptung schon bewiesen (vgl. Kap. 2 und 4).[1]

Also wird die kompakte Menge K durch Umgebungen U überdeckt, und wir können aus ihnen eine endliche Überdeckung $\{U_i\}$ auswählen.

Es seien ε_i die ε entsprechenden Zahlen, und wir setzen $\varepsilon_0 = \min \varepsilon_i > 0$. Dann sind für $|t| < \varepsilon_0$ die Diffeomorphismen $g^t \colon M \to M$ mit $g^{t+s} = g^t g^s$ für $|s|$, $|t|$, $|s + t| < \varepsilon$ und $g^t x = x$ für x außerhalb von K *im Großen* definiert; denn obwohl die mit Hilfe verschiedener Karten definierten Lösungen von (2), die (für $t = 0$) den Anfangswert x besitzen, a priori voneinander verschieden sind, stimmen sie für $|t| < \varepsilon_0$ auf Grund der Wahl von ε_0 und auf Grund des lokalen Eindeutigkeitssatzes überein.

Nach dem lokalen Satz über die Differenzierbarkeit ist $g^t x$ nach t und x differenzierbar, und wegen $g^t g^{-t} = E$ ist die Abbildung $g^t \colon M \to M$ ein Diffeomorphismus. Wir erwähnen noch, daß $\left.\dfrac{d}{dt} g^t x\right|_{t=0} = \boldsymbol{v}(x)$ gilt.

5.3.3. Konstruktion der g^t für beliebige t. Wir stellen t in der Form $n\varepsilon_0/2 + r$ dar, wobei n ganz und $0 \leqq r < \varepsilon_0/2$ sei. Eine solche Darstellung existiert und ist eindeutig bestimmt. Die Diffeomorphismen $g^{\varepsilon_0/2}$ und g^r wurden schon definiert.

Wir setzen $g^t = (g^{\varepsilon_0/2})^n g^r$. Dies ist ein Diffeomorphismus von M auf M. Für $|t| < \varepsilon_0/2$ stimmt die neue Definition mit der vorhergehenden (vgl. 5.3.2.) überein, und daher ist $\left.\dfrac{d}{dt} g^t x\right|_{t=0} = \boldsymbol{v}(x)$.

Man sieht sofort, daß für beliebige s und t

$$g^{s+t} = g^s g^t \tag{4}$$

gilt.

Um dies nachzuweisen, setzen wir

$$s = m\,\frac{\varepsilon_0}{2} + p, \qquad t = n\,\frac{\varepsilon_0}{2} + q, \qquad s + t = k\,\frac{\varepsilon_0}{2} + r.$$

Dann nehmen die linke und die rechte Seite von (4) die Gestalt $(g^{\varepsilon_0/2})^k g^r$ bzw. $(g^{\varepsilon_0/2})^m g^p (g^{\varepsilon_0/2})^n g^q$ an.

Zwei Fälle sind hierbei möglich:

a) $m + n = k, \quad p + q = r;$

b) $m + n = k - 1, \quad p + q = r + \dfrac{\varepsilon_0}{2},$

---

[1]) Der Eindeutigkeitsbeweis erfordert noch eine kleine zusätzliche Überlegung: Es muß geprüft werden, ob die Eindeutigkeit einer den gegebenen Anfangsbedingungen genügenden Lösung auf einer Karte auch die Eindeutigkeit dieser Lösung auf der Mannigfaltigkeit nach sich zieht. Auf einer nichtseparierten Mannigfaltigkeit braucht es nicht Eindeutigkeit zu geben (Beispiel: die Gleichung $\dot{x} = 1$, $\dot{y} = 1$, die auf der aus den beiden Geraden $\{x\}$, $\{y\}$ durch Identifizierung der Punkte mit gleichen negativen Koordinaten gebildeten Mannigfaltigkeit definiert ist). Ist jedoch die Mannigfaltigkeit M separiert, so bleibt der Eindeutigkeitsbeweis aus 2.1.7. gültig. (Die Separiertheit wird dann benutzt, wenn bewiesen wird, daß die Werte der Lösungen $\varphi_1(T)$ und $\varphi_2(T)$ im ersten Punkt T, von dem ab sie sich unterscheiden, übereinstimmen.)

Wegen $|p| < \varepsilon_0/2$, $|q| < \varepsilon_0/2$ sind die Diffeomorphismen $g^{\varepsilon_0/2}$, g^p und g^q vertauschbar. Daraus ergibt sich sowohl im ersten als auch im zweiten Fall die Beziehung (4), denn es ist $g^{\varepsilon_0/2}g^r = g^p g^q$ auf Grund von $|p|$, $|q|$, $|r| < \varepsilon_0/2$, $p + q = \varepsilon_0/2 + r$.

Es bleibt noch zu zeigen, daß $g^t x$ nach t und x differenzierbar ist. Dies folgt z. B. daraus, daß $g^t = (g^{t/N})^N$ gilt und $g^{t/N}$ für hinreichend große N nach t und x differenzierbar ist (vgl. 5.3.2.).

Somit ist $\{g^t\}$ eine einparametrige Gruppe von Diffeomorphismen der Mannigfaltigkeit M, und das zugehörige Feld der Phasengeschwindigkeit ist $\boldsymbol{v}$. Damit ist der Satz bewiesen.

5.3.4. Bemerkung. Aus dem eben bewiesenen Satz läßt sich sofort der Schluß ziehen, daß *jede Lösung der auf einer kompakten Mannigfaltigkeit M durch ein von der Zeit t abhängendes Vektorfeld $\boldsymbol{v}$ gegebenen autonomen Differentialgleichung*

$$\dot{x} = \boldsymbol{v}(x, t), \qquad x \in M, \qquad t \in \boldsymbol{R},$$

unbeschränkt fortsetzbar ist.

Dadurch ist insbesondere erklärt, weshalb es möglich ist, die Lösungen der linearen Gleichung

$$\dot{\boldsymbol{x}} = \boldsymbol{v}(\boldsymbol{x}, t), \qquad \boldsymbol{v}(\boldsymbol{x}, t) = A(t)\,\boldsymbol{x}, \qquad t \in \boldsymbol{R}, \qquad \boldsymbol{x} \in \boldsymbol{R}^n, \tag{5}$$

unbeschränkt fortzusetzen. Fassen wir nämlich $\boldsymbol{R}^n$ als den affinen Teil eines projektiven Raumes $\boldsymbol{RP}^n$ auf, so ergibt sich $\boldsymbol{RP}^n$ durch Hinzufügen einer unendlich fernen Ebene zu eben diesem affinen Teil:

$$\boldsymbol{RP}^n = \boldsymbol{R}^n \cup \boldsymbol{RP}^{n-1}.$$

Es sei nun $\boldsymbol{v}$ ein lineares Vektorfeld auf $\boldsymbol{R}^n$ ($\boldsymbol{v}(\boldsymbol{x}) = A\boldsymbol{x}$). Dann läßt sich das folgende Lemma mühelos beweisen:

Lemma. *Das Vektorfeld $\boldsymbol{v}$ auf $\boldsymbol{R}^n$ kann auf genau eine Weise zu einem stetig differenzierbaren Vektorfeld $\boldsymbol{v}'$ auf $\boldsymbol{RP}^n$ fortgesetzt werden. Das Feld $\boldsymbol{v}'$ tangiert $\boldsymbol{RP}^{n-1}$ auf der unendlich fernen Ebene $\boldsymbol{RP}^{n-1}$.*

Wir setzen insbesondere (für jedes t) das die Differentialgleichung (5) definierende Feld $\boldsymbol{v}(t)$ zum Feld $\boldsymbol{v}'(t)$ auf $\boldsymbol{RP}^n$ fort und betrachten die Gleichung

$$\dot{\boldsymbol{x}} = \boldsymbol{v}'(\boldsymbol{x}, t), \qquad \boldsymbol{x} \in \boldsymbol{RP}^n, \qquad t \in \boldsymbol{R}. \tag{6}$$

Da ein projektiver Raum kompakt ist, läßt sich jede Lösung von (6) unbeschränkt fortsetzen (Abb. 247).

Jede Lösung, die einer Anfangsbedingung in $\boldsymbol{RP}^{n-1}$ genügt, verläßt $\boldsymbol{RP}^{n-1}$ nicht, denn das Feld $\boldsymbol{v}'$ tangiert $\boldsymbol{RP}^{n-1}$.

Nach dem Eindeutigkeitssatz bleiben die Lösungen, welche den Anfangsbedingungen im $\boldsymbol{R}^n$ genügen, für alle t innerhalb des $\boldsymbol{R}^n$. Da die Gleichung (6) innerhalb des $\boldsymbol{R}^n$ die Gestalt (5) besitzt, ist also jede Lösung von (5) unbeschränkt fortsetzbar.

Aufgabe. Man beweise das eben verwendete Lemma.

Lösung 1. Mit $x_1, \ldots, x_n$ bezeichnen wir affine Koordinaten des $\boldsymbol{RP}^n$, und $y_1, \ldots, y_n$ seien andere affine Koordinaten derart, daß

$$y_1 = x_1^{-1}, \qquad y_k = x_k x_1^{-1} \qquad (k = 2, \ldots, n)$$

ist. Die Gleichung von $\boldsymbol{RP}^{n-1}$ in den neuen Koordinaten lautet $y_1 = 0$.

Die Differentialgleichung (5),

$$\frac{dx_i}{dt} = \sum_{j=1}^{n} a_{ij} x_j, \qquad i = 1, \ldots, n,$$

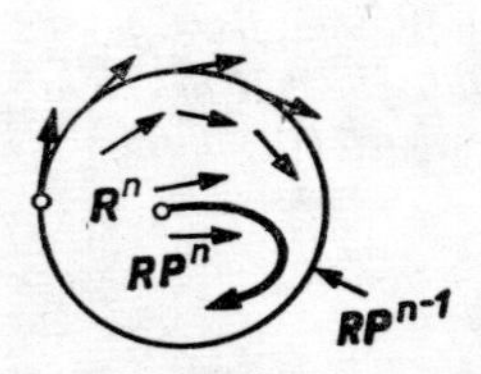

Abb. 247. Fortsetzung des linearen Vektorfeldes auf den projektiven Raum

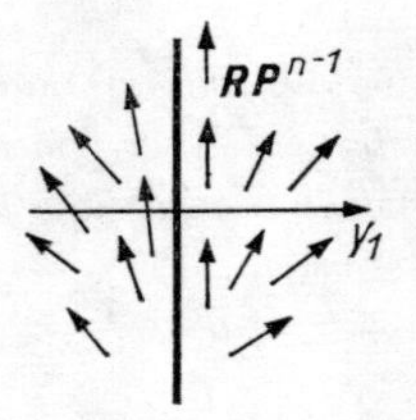

Abb. 248. Das Verhalten des fortgesetzten Feldes in der Umgebung einer unendlich fernen Ebene

erhält nun in den neuen Koordinaten die Gestalt (vgl. Abb. 248)

$$\frac{dy_1}{dt} = -y_1 \left(a_{11} + \sum_{k>1} a_{1k} y_k \right),$$

$$\frac{dy_k}{dt} = a_{k1} + \sum_{l>1} a_{kl} y_l - y_k \left(a_{11} + \sum_{l>1} a_{1l} y_l \right), \qquad k > 1.$$

Aus diesen für $y_1 \neq 0$ geltenden Beziehungen ist ersichtlich, wie das Feld für $y_1 = 0$ zu bestimmen ist. Im Fall $y_1 = 0$ finden wir $\frac{dy_1}{dt} = 0$, womit das Lemma bewiesen ist.

Lösung 2. Eine affine Transformation läßt sich als projektive Transformation auffassen, die eine unendlich ferne Ebene (aber nicht deren Punkte) invariant läßt. Insbesondere können die linearen Transformationen e^{At} zu Diffeomorphismen des projektiven Raumes fortgesetzt werden, die eine unendlich ferne Ebene invariant lassen. Diese Diffeomorphismen bilden eine einparametrige Gruppe, deren Feld der Phasengeschwindigkeit genau gleich $\boldsymbol{v}'$ ist.

5.4. Indexe der singulären Punkte eines Vektorfeldes

Im folgenden betrachten wir einige einfache Anwendungen der Topologie bei Untersuchungen von Differentialgleichungen.

5.4.1. Der Index einer Kurve. Wir beginnen mit einigen anschaulichen Überlegungen, die wir später (vgl. 5.4.7.) auf exakte Definitionen und Beweise stützen werden.

Wir betrachten ein auf einer orientierten euklidischen Ebene definiertes Vektorfeld, und wir nehmen an, auf dieser Ebene sei eine geschlossene orientierte Kurve gegeben, die nicht durch die singulären Punkte des Feldes verlaufe (Abb. 249). Diese Kurve werde von einem Punkt in mathematisch positivem Sinne durchlaufen. Dann führt der in diesem Punkt befestigte Feldvektor bei der Bewegung des Punktes eine stetige Drehung aus.[1]) Ist der Punkt nach Durchlaufen der Kurve in seine Ausgangslage zurückgekehrt, so besitzt auch der Vektor wieder seine Ausgangsposition. Dabei kann der Vektor inzwischen mehrere Drehungen in der einen oder anderen Richtung ausgeführt haben.

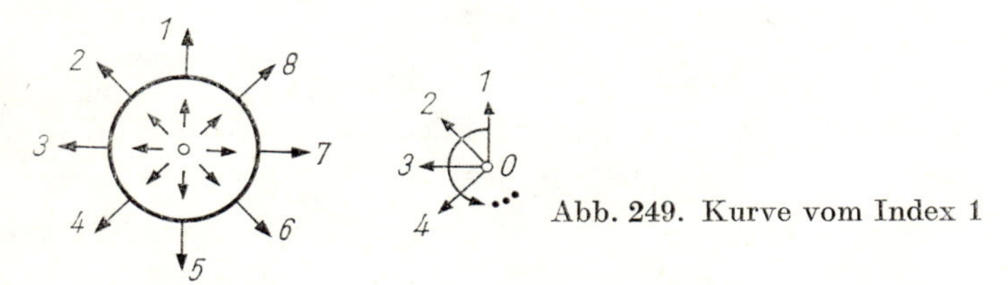

Abb. 249. Kurve vom Index 1

Die Anzahl der Drehungen des Feldvektors beim Durchlaufen der Kurve wird der *Index dieser Kurve* genannt. Dieser Index erhält das positive Vorzeichen, wenn sich der Vektor in der Richtung bewegt, wie die Ebene orientiert ist (d. h. vom ersten Einheitsvektor zum zweiten), andernfalls das negative Vorzeichen.

Beispiel 1. Die Indexe der in Abb. 250 gezeigten Kurven α, β, γ und δ sind gleich 1, 0, 2 bzw. -1.

Beispiel 2. Ist O ein nichtsingulärer Punkt des Feldes, so ist der Index jeder Kurve, die in einer hinreichend kleinen Umgebung von O verläuft, gleich 0.
Die Richtung des Feldes im Punkt O ist nämlich stetig und ändert sich in einer hinreichend kleinen Umgebung von O um weniger als etwa $\pi/2$.

Aufgabe. Durch die Beziehung $\boldsymbol{v}(z) = z^n$ (n ganz, nicht notwendig positiv) sei ein Vektorfeld auf der Ebene $\boldsymbol{R}^2 = {}^{\boldsymbol{R}}\boldsymbol{C}$ mit Ausnahme des Punktes 0 gegeben. Man berechne den Index der in Richtung wachsender φ orientierten Kreislinie $z = e^{i\varphi}$ (die Ebene ist durch das Reper 1, i orientiert).

Lösung. n.

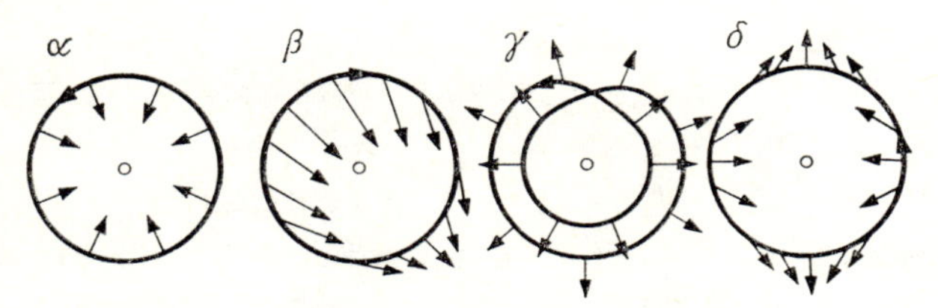

Abb. 250. Kurven mit verschiedenen Indexen

5.4.2. Eigenschaften des Index.

Eigenschaft 1. *Bei stetiger Deformation einer geschlossenen Kurve ändert sich deren Index nicht, solange die Kurve nicht durch einen singulären Punkt geht.*

---

[1]) Um die Drehung des Vektors zu verfolgen, ist es zweckmäßig, alle Vektoren in einem Punkt O zu befestigen, indem man die natürliche Parallelisierung der Ebene ausnutzt.

Die Richtung des Feldvektors in nichtsingulären Punkten ändert sich nämlich stetig, so daß die Anzahl der Drehungen ebenfalls stetig von der Kurve abhängt. Da diese Anzahl eine ganze Zahl ist, ist sie konstant.

Eigenschaft 2. *Der Index einer Kurve ändert sich bei stetiger Deformation des Vektorfeldes nicht, solange während der Deformation keine singulären Punkte des Feldes auf der Kurve liegen.*

Aus diesen beiden Eigenschaften, deren Richtigkeit intuitiv klar ist,[1]) lassen sich zahlreiche tiefliegende Sätze herleiten.

5.4.3. Beispiele.

Beispiel 1. Gegeben seien ein Vektorfeld auf der Ebene sowie eine Kreisfläche D mit dem Rand S.[2])

Satz. *Ist der Index der Kurve S von 0 verschieden, so enthält das Innere von D mindestens einen singulären Punkt.*

Gäbe es nämlich keine singulären Punkte in D, so könnte S innerhalb von D stetig deformiert werden, ohne daß S auf singuläre Punkte trifft, so daß nach der Deformation in einer hinreichend kleinen Umgebung eines gewissen Punktes O eine Kurve anzutreffen wäre (man könnte S sogar einfach auf den Punkt O zusammenziehen). Der Index der so erhaltenen kleinen Kurve ist gleich 0. Da sich der Index bei einer Deformation nicht ändert, muß er also auch vor Beginn der Deformation gleich 0 gewesen sein.

Aufgabe. Man zeige, daß das Differentialgleichungssystem

$$\begin{cases} \dot{x} = x + P(x, y), \\ \dot{y} = y + Q(x, y) \end{cases}$$

(P, Q seien auf der ganzen Ebene beschränkte Funktionen) mindestens eine Gleichgewichtslage besitzt.

Beispiel 2. Wir wollen den Hauptsatz der Algebra beweisen, der besagt, daß *jede Gleichung*

$$z^n + a_1 z^{n-1} + \cdots + a_n = 0$$

mindestens eine komplexe Wurzel besitzt.

Dazu betrachten wir das durch $\boldsymbol{v}(z) = z^n + a_1 z^{n-1} + \cdots + a_n$ gegebene Vektorfeld $\boldsymbol{v}$ auf der komplexen z-Ebene. Die singulären Punkte von $\boldsymbol{v}$ sind dann die Wurzeln der obigen Gleichung.

---

[1]) Die exakte Formulierung und der Beweis dieser beiden Behauptungen erfordert eine gewisse Übung im Umgang mit topologischen Begriffen wie Homotopie, Homologie usw. (im folgenden benutzen wir zu diesem Zweck die Greensche Formel). Vgl. etwa W. G. Chinn und N. E. Steenrod, First concepts of topology, New York—Toronto 1966, oder J. W. Milnor, Topology from the differentiable viewpoint, Charlottesville 1965.

[2]) Man kann auch den allgemeineren Fall betrachten, daß D ein beliebiger ebener Bereich ist, welcher von einer einfach geschlossenen Kurve S berandet wird.

Lemma. *In dem betrachteten Feld ist der Index einer Kreislinie von hinreichend großem Radius gleich n (die Orientierung wähle man wie in der Aufgabe von* 5.4.1.).

Die Beziehung

$$\boldsymbol{v}_t(z) = z^n + t(a_1 z^{n-1} + \cdots + a_n), \qquad 0 \leqq t \leqq 1,$$

definiert die stetige Deformation des Ausgangsfeldes, durch die man das Feld z^n erhält. Es sei

$$r > 1 + |a_1| + \cdots + |a_n|.$$

Dann ist

$$r^n > |a_1|\, r^{n-1} + \cdots + |a_n|.$$

Folglich enthält der Kreis vom Radius r keine singulären Punkte während der Deformation. Da nach Eigenschaft 2 der Index dieser Kreislinie im ursprünglichen Feld gleich dem im Feld z^n und der Index im Feld z^n gleich n ist, muß also der Index im ursprünglichen Feld ebenfalls gleich n sein. Damit ist das Lemma bewiesen.

Nun sind auf Grund des Satzes aus Beispiel 1 im Innern eines Kreises vom Radius r singuläre Punkte enthalten, die nichts anderes sind als die Wurzeln der gegebenen Gleichung, womit der Hauptsatz bewiesen ist.

Beispiel 3. Wir beweisen nun den folgenden Fixpunktsatz:

Satz. *Jede stetig differenzierbare*[1]) *Abbildung $f: D \to D$ einer abgeschlossenen Kreisfläche in sich besitzt mindestens einen Fixpunkt.*

Wir nehmen an, auf der die Kreisfläche D enthaltenden Ebene sei eine Struktur eines linearen Raumes eingeführt, und der Koordinatenursprung stimme mit dem Mittelpunkt von D überein (Abb. 251). Fixpunkte der Abbildung f sind dann die singulären Punkte des Vektorfeldes $\boldsymbol{v}(\boldsymbol{x}) = f(\boldsymbol{x}) - \boldsymbol{x}$.

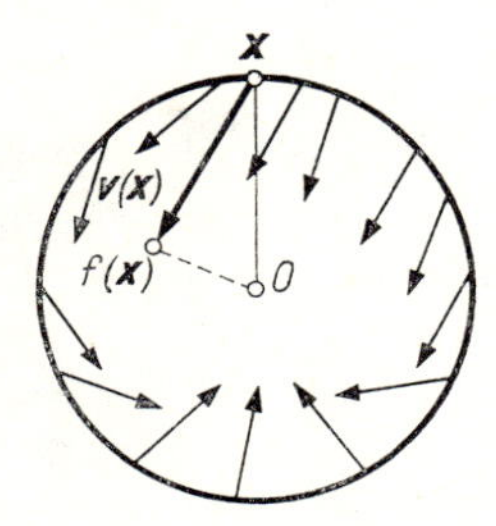

Abb. 251. Abbildung einer Kreisfläche in sich

Setzen wir voraus, es gäbe keine singulären Punkte in D, dann gibt es auch keine auf der Peripherie.

[1]) Dieser Satz gilt für jede stetige Abbildung, jedoch wollen wir hier alle Abbildungen als stetig differenzierbar annehmen und den Satz (vgl. 5.4.7.) nur unter dieser Voraussetzung beweisen.

Lemma. *Der Index der Peripherie von D ist im Feld $\boldsymbol{v}$ gleich* 1.

Existiert nämlich eine stetige Deformation des Feldes $\boldsymbol{v}$ in das Feld $-\boldsymbol{x}$ derart, daß während der Deformation keine singulären Punkte auf der Peripherie liegen (beispielsweise genügt es, $\boldsymbol{v}_t(\boldsymbol{x}) = tf(\boldsymbol{x}) - \boldsymbol{x}$, $0 \leqq t \leqq 1$, zu setzen), so sind die Indexe der Kreislinien in den Feldern $\boldsymbol{v}_0 = -\boldsymbol{x}$ und $\boldsymbol{v}_1 = \boldsymbol{v}$ gleich, und da der Index der Kreislinie $|\boldsymbol{x}| = r$ im Feld $-\boldsymbol{x}$, wie man leicht berechnen kann, gleich 1 ist, haben wir somit das Lemma bewiesen.

Auf Grund des Satzes aus Beispiel 1 gibt es dann innerhalb der Kreisfläche D einen singulären Punkt des Feldes $\boldsymbol{v}$, d. h. einen Fixpunkt der Abbildung f.

5.4.4. Der Index eines singulären Punktes des Vektorfeldes. Es sei O ein isolierter singulärer Punkt des Vektorfeldes auf der Ebene, d. h., in einer gewissen Umgebung von O liegen keine anderen singulären Punkte. Wir betrachten dann eine Kreislinie von hinreichend kleinem Radius um den Punkt O als Mittelpunkt und setzen voraus, die Ebene sei orientiert und die Orientierung auf der Kreislinie positiv (wie in 5.4.1.).

Satz. *Der Index einer Kreislinie mit hinreichend kleinem Radius und dem Mittelpunkt im isolierten Punkt O hängt nicht vom Radius ab, sobald dieser klein genug ist.*

Zwei solche Kreislinien lassen sich nämlich ineinander deformieren, ohne durch singuläre Punkte zu gehen.

Wir erwähnen noch, daß man statt einer Kreislinie auch jede andere Kurve wählen kann, die den Punkt O in positiver Richtung einmal umläuft.

Definition. Der Index einer beliebigen (und somit jeder) positiv orientierten Kreislinie mit hinreichend kleinem Radius und dem Mittelpunkt in einem isolierten singulären Punkt des Vektorfeldes heißt *Index dieses singulären Punktes.*

Beispiele. Die Indexe der singulären Punkte vom Typ eines Knotenpunktes, Sattelpunktes und Strudelpunktes (oder Wirbelpunktes) sind gleich $+1$, -1 bzw. $+1$ (Abb. 252).

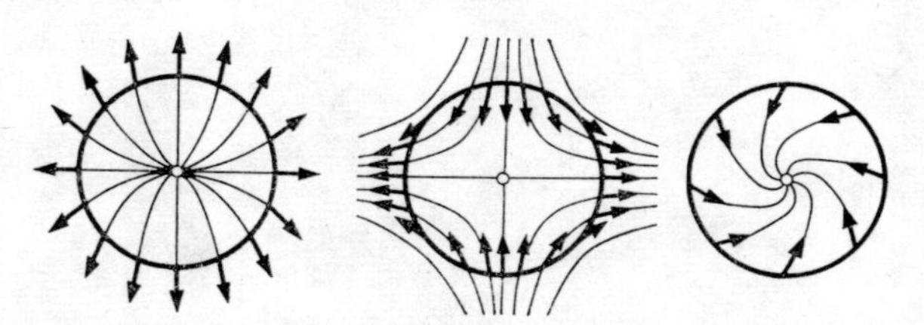

Abb. 252. Die Indexe der einfachen singulären Punkte sind gleich $+1$ oder -1

Ein singulärer Punkt eines Vektorfeldes heißt *einfach*, wenn der Operator des linearen Teiles dieses Vektorfeldes in diesem Punkt nicht ausgeartet ist. Einfache singuläre Punkte auf der Ebene sind die Knotenpunkte, Sattelpunkte, Strudelpunkte und Wirbelpunkte. Somit ist der Index eines einfachen singulären Punktes stets gleich $+1$ oder -1.

Aufgabe 1. Man konstruiere ein Vektorfeld mit einem singulären Punkt vom Index n.

Hinweis. Vgl. etwa die Aufgabe in 5.4.1.

Aufgabe 2. Man beweise, daß der Index eines singulären Punktes nicht von der Orientierung der Ebene abhängt.

Hinweis. Bei Änderung der Orientierung ändern sich gleichzeitig der Durchlaufungssinn der Kreislinie und die Richtung, in der die Drehungen gezählt werden.

5.4.5. Satz von der Indexsumme. Es sei D ein von einer einfachen Kurve S berandeter kompakter Bereich einer orientierten Ebene, und wir orientieren die Kurve S, wie im allgemeinen der Rand von D orientiert wird, nämlich so, daß D beim Durchlaufen von S links liegt. Das Reper, das vom Vektor der Durchlaufgeschwindigkeit und von dem ins Innere von D zeigenden Normalenvektor an S aufgespannt wird, muß also eine positive Orientierung der Ebene bestimmen.

Auf der Ebene sei nun ein Vektorfeld gegeben, das keine singulären Punkte auf S und nur endlich viele singuläre Punkte im Innern von D besitzt.

Satz. *Der Index der Kurve S ist gleich der Summe der Indexe der im Innern von D liegenden singulären Punkte des Feldes.*

Dem Beweis schicken wir die Bemerkung voraus, daß der Index einer Kurve die folgende Eigenschaft der Additivität besitzt.

Betrachten wir zwei durch einen Punkt verlaufende orientierte Kurven γ_1 und γ_2, so können wir eine neue orientierte Kurve $\gamma_1 + \gamma_2$ bilden, indem wir zuerst γ_1 und dann γ_2 durchlaufen.

Lemma. *Der Index der Kurve $\gamma_1 + \gamma_2$ ist gleich der Summe der Indexe von γ_1 und von γ_2.*

Der Feldvektor führt nämlich n_1 Umdrehungen beim Durchlaufen der Kurve γ_1 und noch n_2 Umdrehungen beim Durchlaufen der Kurve γ_2 aus, also insgesamt $n_1 + n_2$ Umdrehungen. Damit ist das Lemma bewiesen.

Nun zerlegen wir D in Bereiche D_i derart, daß innerhalb jedes von ihnen nicht mehr als ein singulärer Punkt des Feldes liegt (Abb. 253) und daß sich keine singulären

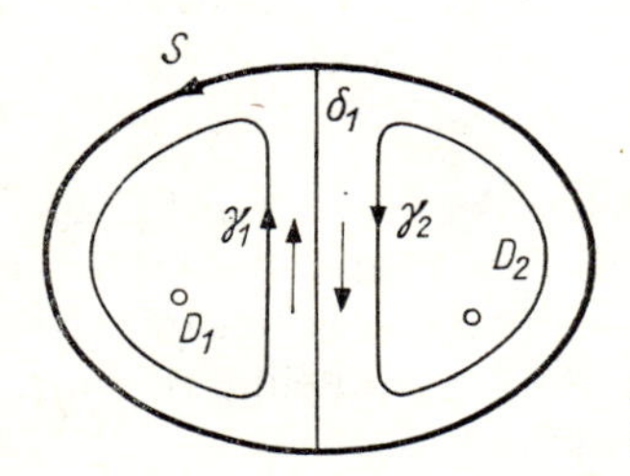

Abb. 253. Der Index der Kurve S ist gleich der Summe der Indexe von γ_1 und γ_2

Punkte auf den Rändern befinden. Wir orientieren die die Bereiche D_i berandenden Kurven γ_i wie in Abb. 253 angegeben. Dann gilt nach dem Lemma

$$\operatorname{ind} \sum_i \gamma_i = \operatorname{ind} S + \sum_j \operatorname{ind} \delta_j,$$

wobei δ_j eine geschlossene Kurve bezeichnet, die denjenigen Teil des Randes von D_i repräsentiert, der im Innern von D verläuft und zweimal, aber in verschiedenen Richtungen durchlaufen wird.

Der Index jeder Kurve δ_j ist gleich 0, da man diese Kurve an den singulären Punkten vorbei auf einen Punkt zusammenziehen kann (vgl. 5.4.8.). Der Index der Kurve γ_i ist gleich dem Index desjenigen singulären Punktes, der von γ_i umschlossen wird (oder gleich 0, wenn im Innern von D_i keine singulären Punkte enthalten sind). Damit ist der Satz bewiesen.

Aufgabe. Es sei $p(z)$ ein Polynom n-ten Grades in der komplexen Variablen z und D ein durch eine Kurve S berandeter Bereich in der z-Ebene. Vorausgesetzt sei, daß auf S keine Nullstellen von $p(z)$ liegen. Man zeige, daß die Anzahl der Nullstellen von $p(z)$ im Innern von D (unter Berücksichtigung deren Vielfachheit) gleich dem Index der Kurve S im Feld $\boldsymbol{v} = p(z)$ ist, d. h. gleich der Anzahl der Umläufe der Kurve $p(S)$ um den Nullpunkt.

Bemerkung. Damit erhalten wir eine Lösungsmethode für das Routh-Hurwitzsche Problem (vgl. 3.11.): *Man bestimme die Anzahl n derjenigen Nullstellen von $p(z)$, die in der linken Halbebene liegen.*

Zu diesem Zweck betrachten wir in der linken Halbebene einen Halbkreis von hinreichend großem Radius; sein Mittelpunkt liege in $z = 0$ und sein Durchmesser auf der imaginären Achse. Die Anzahl der Nullstellen in der linken Halbebene ist gleich dem Index des Randes S dieses Halbkreises (wenn sein Radius hinreichend groß ist und das Polynom keine rein imaginären Nullstellen besitzt). Zur Berechnung des Index von S genügt es, die Anzahl ν der Umläufe längs des Bildes der von $-i$ nach $+i$ orientierten imaginären Achse um den Koordinatenursprung zu bestimmen. Man prüft leicht nach, daß

$$n_- = \operatorname{ind} S = \nu + \frac{n}{2}$$

ist, so daß längs des Bildes eines Halbkreises von hinreichend großem Radius bei der Abbildung p etwa $n/2$ Umläufe um den Koordinatenursprung ausgeführt werden (je größer der Radius, um so besser ist die Annäherung an $n/2$).

Insbesondere liegen genau dann alle Nullstellen eines Polynoms n-ten Grades in der linken Halbebene, wenn der Punkt $p(it)$ bei Änderung von t zwischen $-\infty$ und $+\infty$ den Koordinatenursprung (in mathematisch positivem Sinne) $\frac{n}{2}$-mal umläuft.

5.4.6. Die Summe der Indexe der singulären Punkte auf der Sphäre.

Aufgabe 1.* Man zeige, daß der Index eines singulären Punktes eines Vektorfeldes auf der Ebene bei einem Diffeomorphismus erhalten bleibt.

Damit ist der Begriff des Index ein geometrischer Begriff, der nicht vom Koordinatensystem abhängt. Dieser Umstand erlaubt es, den Begriff des Index nicht nur auf der Ebene, sondern auf jeder zweidimensionalen Mannigfaltigkeit zu definieren. In der Tat genügt es, den Index eines singulären Punktes auf einer beliebigen Karte zu bestimmen. Auf allen anderen Karten hat er dann denselben Wert.

Beispiel 1. Wir untersuchen die Sphäre $x^2 + y^2 + z^2 = 1$ im dreidimensionalen euklidischen Raum. Das Vektorfeld, das die Rotationsgeschwindigkeit um die z-Achse beschreibt ($\dot{x} = y$, $\dot{y} = -x$, $\dot{z} = 0$), hat zwei singuläre Punkte: den Nordpol und den Südpol (Abb. 254). Der Index jedes dieser Punkte ist gleich $+1$.

Wir nehmen an, auf der Sphäre gäbe es ein Vektorfeld, das ausschließlich isolierte singuläre Punkte besitzt. Dann ist deren Anzahl endlich, da die Sphäre kompakt ist.

Satz.* *Die Summe der Indexe aller singulären Punkte eines Vektorfeldes auf der Sphäre hängt nicht von der Wahl des Feldes ab.*

Aus dem vorhergehenden Beispiel ist ersichtlich, daß *diese Summe gleich* 2 *ist.*

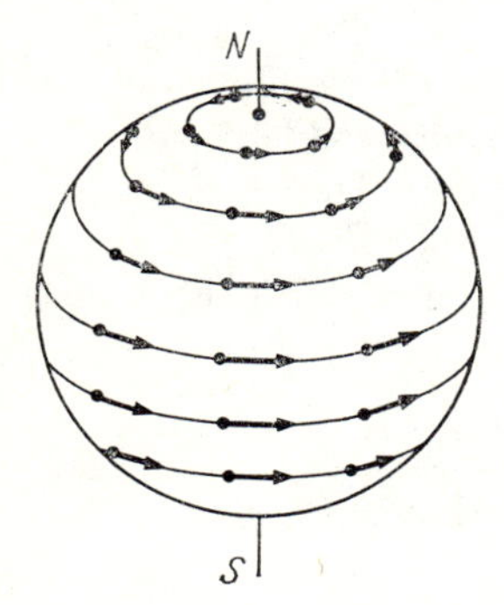

Abb. 254. Vektorfeld auf einer Sphäre, das zwei singuläre Punkte vom Index 1 besitzt

Beweisidee. Wir betrachten eine Karte, die die ganze Sphäre überdeckt, mit Ausnahme eines Punktes, den wir den *Pol* nennen. In der euklidischen Ebene dieser Karte untersuchen wir das Feld $\boldsymbol{e}_1$ der Koordinatenvektoren. Übertragen wir das Feld auf die Sphäre, so erhalten wir auf der Sphäre ein (nur in dem Pol nicht definiertes) Feld, das wir ebenfalls mit $\boldsymbol{e}_1$ bezeichnen.

Nun sehen wir uns die Karte der Umgebung des Pols an. In der Ebene dieser Karte können wir auch das Vektorfeld $\boldsymbol{e}_1$ zeichnen, das nur in dem einzigen Punkt O nicht definiert ist. Wie es aussieht, zeigt Abb. 255.

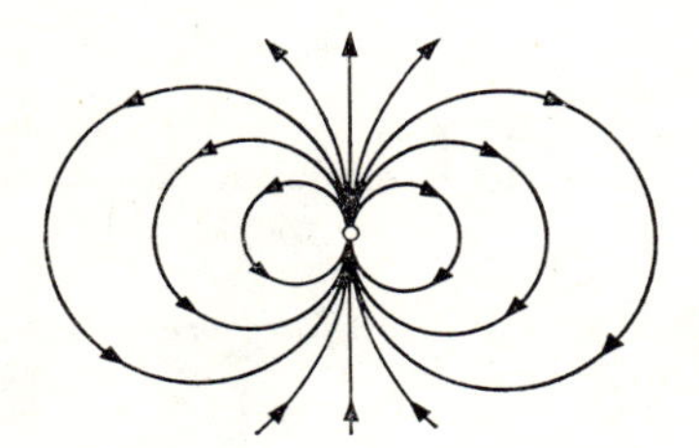

Abb. 255. Das auf der einen Karte der Sphäre parallele, aber auf der anderen Karte gezeichnete Vektorfeld $\boldsymbol{e}_1$

Lemma. *Der Index einer geschlossenen Kurve, die den Punkt O des auf der Ebene konstruierten Feldes einmal umläuft, ist gleich* 2.

Zum Beweis des Lemmas genügt es, die eben beschriebenen Operationen durchzuführen, indem man als die beiden Karten z. B. die Karten der Sphäre in stereographischer Projektion nimmt (vgl. Abb. 222). Die parallelen Geraden der einen Karte gehen auf der anderen Karte in Kreislinien über (Abb. 255). Also ist klar, daß der Index gleich 2 ist.

Wir betrachten nun ein Vektorfeld $\boldsymbol{v}$ auf der Sphäre. Als Pol wählen wir einen nichtsingulären Punkt der Sphäre. Dann sind alle singulären Punkte des Feldes auf der zum Pol komplementären Karte dargestellt, und die Summe der Indexe aller singulären Punkte des Feldes ist gleich dem Index einer Kreislinie von hinreichend großem Radius in der Ebene dieser Karte (auf Grund des Satzes aus 5.4.5.). Wir übertragen diese Kreislinie auf die Sphäre und dann von der Sphäre auf die Karte in der Umgebung des Pols. Auf dieser Karte ist der Index der Kreislinie im Feld $\boldsymbol{v}$ gleich 0, da der Pol ein nichtsingulärer Punkt des Feldes sein sollte. Auf dieser neuen Karte können wir den Index der Kreislinie der ersten Karte, wenn wir diese Kreislinie durchlaufen, als „Anzahl der Drehungen des Feldes $\boldsymbol{v}$ *in bezug auf das Feld* $\boldsymbol{e}_1$" deuten.

Diese Anzahl ist gleich 2, da auf der neuen Karte beim Durchlaufen der Kreislinie um den Punkt O im bezüglich der ersten Karte mathematisch positiven Sinne das auf der neuen Karte dargestellte Feld $\boldsymbol{e}_1$ zwei Drehungen, das Feld $\boldsymbol{v}$ dagegen keine Drehung ausführt.

Aufgabe 2.* Es sei $f\colon S^2 \to \boldsymbol{R}^1$ eine stetig differenzierbare Funktion auf der Sphäre, und die kritischen Punkte von f seien einfach (d. h., das zweite Differential ist in jedem kritischen Punkt von 0 verschieden). Man weise die Gültigkeit der Beziehung

$$m_0 - m_1 + m_2 = 2$$

nach, wobei m_i $(i = 0, 1, 2)$ die Anzahl der kritischen Punkte bedeutet, in denen der negative Trägheitsindex des zweiten Differentials gleich i ist.

Mit anderen Worten: *Subtrahiert man von der Anzahl der Minima die Anzahl der Sattelpunkte und addiert dazu die Anzahl der Maxima, so ergibt sich stets* 2.

Beispielsweise ist auf der Erde die Anzahl aller Bergkuppen, vermehrt um die Anzahl der Täler, um 2 größer als die Anzahl der Gebirgspässe. Beschränkt man sich auf eine Insel oder einen Kontinent, d. h., untersucht man Funktionen auf einer Kreisfläche ohne kritische Punkte auf der Peripherie, so gilt $m_0 - m_1 + m_2 = 1$ (Abb. 256).

Hinweis. Man betrachte den Gradienten der Funktion f.

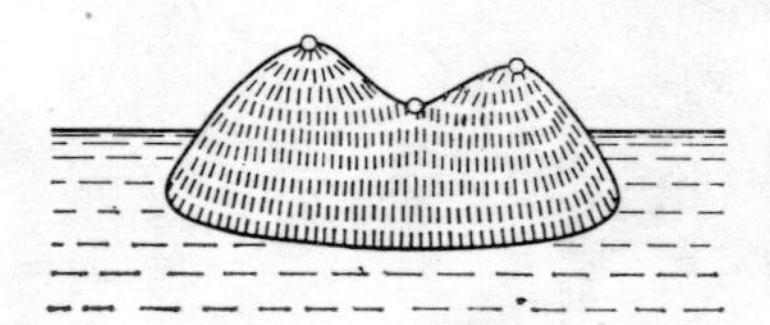

Abb. 256. Auf jeder Insel ist die Summe aus der Anzahl der Bergkuppen und der Anzahl der Täler um 1 größer als die Anzahl der Pässe

Aufgabe 3.* Man beweise den Eulerschen Polyedersatz: *Für jedes beschränkte konvexe Polyeder mit α_0 Ecken, α_1 Kanten und α_2 Flächen gilt die Beziehung*

$$\alpha_0 - \alpha_1 + \alpha_2 = 2.$$

Hinweis. Diese Aufgabe läßt sich auf die vorhergehende zurückführen.

Aufgabe 4.* Man zeige, daß *die Summe χ der Indexe der singulären Punkte eines Vektorfeldes auf einer beliebigen kompakten zweidimensionalen Mannigfaltigkeit nicht von der Wahl des Feldes abhängt.*

Diese Zahl χ heißt die *Eulersche Charakteristik der Mannigfaltigkeit.* Wir werden im folgenden z. B. sehen, daß die Eulersche Charakteristik der Sphäre gleich 2 ist: $\chi(S^2) = 2$.

Aufgabe 5. Man bestimme die Eulersche Charakteristik des Torus, einer Brezel und einer Sphäre mit n Henkeln (vgl. Abb. 232).

Lösung. 0, -2, $2-2n$.

Aufgabe 6.* Man übertrage die Ergebnisse von Aufgabe 2 und 3 von der Sphäre auf eine beliebige zweidimensionale kompakte Mannigfaltigkeit M:

$$m_0 - m_1 + m_2 = \alpha_0 - \alpha_1 + \alpha_2 = \chi(M).$$

5.4.7. Begründung. Nun wollen wir die *Anzahl der Drehungen* eines Vektorfeldes exakt definieren.

In einem Gebiet U der x_1,x_2-Ebene sei ein stetig differenzierbares Vektorfeld $\boldsymbol{v}$ durch seine Komponenten $v_1(x_1, x_2)$ und $v_2(x_1, x_2)$ definiert. Das x_1,x_2-Koordinatensystem orientiert die Ebene und versieht sie mit einer euklidischen Struktur.

Mit U' bezeichnen wir das Gebiet, das wir erhalten, wenn wir aus U die singulären Punkte des Feldes entfernen. Mit Hilfe von

$$f\colon U' \to S^1, \qquad f(x) = \frac{v(x)}{|v(x)|},$$

geben wir eine Abbildung von U' auf eine Kreislinie an. Diese Abbildung ist stetig differenzierbar (da wir die singulären Punkte des Feldes ausgeschlossen haben).

Wir betrachten nun einen beliebigen Punkt $x \in U'$. Auf einer Kreislinie in der Umgebung des Bildes $f(x)$ von x können wir Winkelkoordinaten φ einführen. Wir erhalten dann die in der Umgebung von x definierte stetig differenzierbare reelle Funktion $\varphi(x_1, x_2)$, deren vollständiges Differential wir berechnen. Für $v_1 \neq 0$ gilt

$$d\varphi = d \arctan \frac{v_2}{v_1} = \frac{v_2\, dv_1 - v_1 dv_2}{v_1^2 + v_2^2}. \tag{1}$$

Die linke Seite ist auch für $v_1 = 0$, $v_2 \neq 0$ gleich der rechten. Somit ist, obwohl die Funktion φ nur lokal und bis auf additive Vielfache von 2π definiert wurde, das Differential $d\varphi$ eine wohlbestimmte stetig differenzierbare Differentialform auf ganz U'. Diese Form werden wir ebenfalls mit $d\varphi$ bezeichnen.

Definition. Das Integral der Form (1) längs einer geschlossenen orientierten Kurve $\gamma\colon S^1 \to U'$, dividiert durch 2π, nennen wir den *Index der Kurve* γ:

$$\operatorname{ind} \gamma = \frac{1}{2\pi} \oint_\gamma d\varphi. \tag{2}$$

Nun können wir auch die oben formulierten Sätze exakt beweisen. Wir wollen dies z. B. für den Satz von der Indexsumme (vgl. 5.4.5.) durchführen.

Beweis. Ein Bereich D werde von einer Kurve S berandet, und wir nehmen an, im Innern von D mögen sich endlich viele singuläre Punkte des gegebenen Vektorfeldes $\boldsymbol{v}$ befinden. Mit D' bezeichnen wir den Bereich, der sich ergibt, wenn wir in D die singulären Punkte samt kleiner kreisförmiger Umgebungen dieser Punkte ausschließen. Dann ist der Rand $\partial D'$ von D' unter Berücksichtigung der Orientierung durch

$$\partial D' = S - \sum_i S_i$$

gegeben, wobei S_i die Kreislinie ist, die den i-ten singulären Punkt in mathematisch positivem Sinne umläuft (Abb. 257). Auf den Bereich D' und das Integral (2) wenden wir nun die Greensche Formel an und gelangen zu

$$\iint_{D'} 0 = \oint_S d\varphi - \sum_i \oint_{S_i} d\varphi .$$

Auf der linken Seite steht 0, da die Form (1) lokal ein vollständiges Differential ist. Auf Grund der Definitionsgleichung (2) erhalten wir

$$\operatorname{ind} S = \sum_i \operatorname{ind} S_i ,$$

was zu beweisen war.

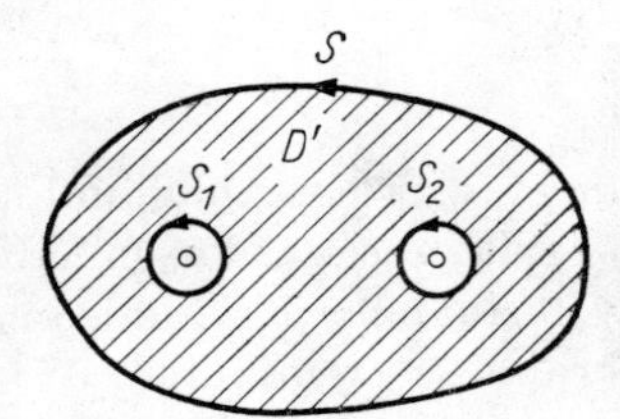

Abb. 257. Bereich, auf den die Greensche Formel angewendet wird

Aufgabe 1.* Man zeige, daß der Index einer geschlossenen Kurve eine ganze Zahl ist.

Aufgabe 2.* Für die Behauptungen aus 5.4.1. bis 5.4.4. gebe man die vollständigen Beweise an.

5.4.8. Der mehrdimensionale Fall. Die mehrdimensionale Verallgemeinerung des Begriffs der *Anzahl der Drehungen* ist der Begriff des Abbildungsgrades.

Der Abbildungsgrad ist gleich der Anzahl der Urbilder eines Punktes unter Berücksichtigung der durch die Orientierung bestimmten Vorzeichen. Beispielsweise (vgl. Abb. 258) ist der Grad der Abbildung der orientierten Kurve M_1 auf die orientierte

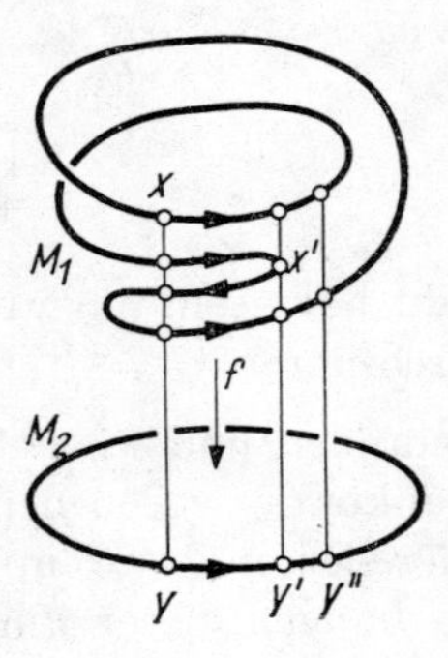

Abb. 258. Abbildung vom Grad 2

Kurve M_2 gleich 2, da die Anzahl der Urbilder $x \in M_1$ des Punktes $y \in M_2$ gleich $1 + 1 - 1 + 1 = 2$ ist.

Um zu einer allgemeineren Definition zu gelangen, gehen wir folgendermaßen vor.

Es sei $f: M_1^n \to M_2^n$ eine stetig differenzierbare Abbildung einer n-dimensionalen Mannigfaltigkeit auf eine andere. Ein Punkt $x \in M_1^n$ der Urbild-Mannigfaltigkeit heißt *regulär*, wenn die Ableitung der Abbildung f im Punkt x ein nichtausgearteter linearer Operator $f_{*x}: TM_{1x}^n \to TM_{2f(x)}^n$ ist.

Der Punkt x in Abb. 258 ist regulär, der Punkt x' dagegen nicht.

Definition. Der *Grad der Abbildung* f in einem regulären Punkt x ist die Zahl $\deg_x f$, die gleich $+1$ oder -1 ist, je nachdem, ob der Operator f_{*x} bei Abbildung des Raumes TM_{1x}^n in den Raum $TM_{2f(x)}^n$ die angegebene Orientierung invariant läßt oder nicht.

Aufgabe 1. Man zeige, daß der Grad des linearen Automorphismus $A: \boldsymbol{R}^n \to \boldsymbol{R}^n$ in allen Punkten gleich ist, und zwar

$$\deg_x A = \operatorname{sgn} \det A = (-1)^{m_-},$$

wobei m_- die Anzahl der Eigenwerte des Operators A mit negativem Realteil bezeichnet.

Aufgabe 2. Es sei $A: \boldsymbol{R}^n \to \boldsymbol{R}^n$ ein linearer Automorphismus in einem euklidischen Raum Wir definieren eine Abbildung der Einheitssphäre auf sich durch die Beziehung

$$f(x) = \frac{Ax}{|Ax|}.$$

Wie groß ist der Grad der Abbildung f im Punkt x?

Lösung. $\deg_x f = \deg A$.

Aufgabe 3. Man berechne $\deg_x f$, wenn $f: S^{n-1} \to S^{n-1}$ eine Abbildung ist, die jeden Punkt der Sphäre S^{n-1} in den diametral gelegenen Punkt überführt.

Lösung. $\deg_x f = (-1)^n$.

Aufgabe 4. Es sei $A: \boldsymbol{C}^n \to \boldsymbol{C}^n$ ein $\boldsymbol{C}$-linearer Automorphismus. Man bestimme den Abbildungsgrad seiner Reellifizierung ${}^{\boldsymbol{R}}A$.

Lösung. $\deg {}^{\boldsymbol{R}}A = +1$.

Wir untersuchen nun einen beliebigen Punkt y der Bildmannigfaltigkeit M_2^n. Der Punkt $y \in M_2^n$ heißt *regulärer Wert der Abbildung* f, wenn alle Punkte seines vollen Urbildes $f^{-1}y$ reguläre Werte sind.

In Abb. 258 ist z. B. der Punkt y regulärer Wert von f, der Punkt y' dagegen nicht.

Wir nehmen jetzt zusätzlich an, die Mannigfaltigkeiten M_1^n und M_2^n seien kompakt und zusammenhängend. Dann gilt der

Satz.

1. *Es existieren reguläre Werte.*

2. *Die Anzahl der Urbilder eines regulären Wertes ist endlich.*

3. *Die Summe der Abbildungsgrade in allen Urbildern eines regulären Wertes ist von dem betrachteten regulären Wert unabhängig.*

Der Beweis dieses Satzes ist ziemlich kompliziert und soll hier nicht angegeben werden. Man findet ihn in Lehrbüchern der Topologie.[1])

[1]) Vgl. etwa J. W. Milnor, Topology from the differentiable viewpoint, Charlottesville 1965.

Bemerkung 1. In Wirklichkeit sind fast alle Punkte der Mannigfaltigkeit M_2^n reguläre Werte; die nichtregulären Werte bilden eine Menge vom Maße 0.

Bemerkung 2. Die Voraussetzung der Kompaktheit ist nicht nur für die zweite, sondern auch für die dritte Behauptung des Satzes von Bedeutung. (Man betrachte z. B. die Einbettung der negativen Halbachse in die Zahlengerade.)

Bemerkung 3. Die Anzahl der Urbilder (ohne Berücksichtigung des Vorzeichens) für die einzelnen regulären Werte kann verschieden sein (z. B. hat in Abb. 258 der Wert y vier, der Wert y'' dagegen nur zwei Urbilder).

Definition. Die Summe der Grade einer Abbildung f in allen Urbildern eines regulären Wertes heißt der *Abbildungsgrad* von f:

$$\deg f = \sum_{x \in f^{-1}y} \deg_x f.$$

Aufgabe 5. Man bestimme den Grad der durch $f(z) = z^n$ ($n = 0, \pm 1, \pm 2, \ldots$) definierten Abbildung der Kreislinie $|z| = 1$ auf sich.

Lösung. $\deg f = n$.

Aufgabe 6. Man berechne den Grad der durch $f(z) = \dfrac{Az}{|Az|}$ ($A: \boldsymbol{R}^n \to \boldsymbol{R}^n$ ein nichtausgearteter linearer Operator) definierten Abbildung der Einheitssphäre eines euklidischen Raumes $\boldsymbol{R}^n$ auf sich.

Lösung. $\deg f = \operatorname{sgn} \det A$.

Aufgabe 7. Man bestimme den Grad der durch

a) $f(z) = z^n$,
b) $f(z) = \bar{z}^n$

definierten Abbildung der komplexen projektiven Geraden $\boldsymbol{C}P^1$ auf sich.

Lösung. a) $|n|$; b) $-|n|$.

Aufgabe 8. Man bestimme den Grad der durch ein Polynom n-ten Grades definierten Abbildung der komplexen projektiven Geraden $\boldsymbol{C}P^1$ auf sich.

Lösung. n.

Aufgabe 9.* Man zeige, daß der Index der in 5.4.7. definierten Kurve $\gamma: S^1 \to U'$ mit dem Grad der folgenden Abbildung h einer Kreislinie auf eine andere übereinstimmt: Es sei $f: U' \to S^1$ die in 5.4.7. mit Hilfe des Vektorfeldes $\boldsymbol{v}$ im Gebiet U' konstruierte Abbildung, und wir setzen $h = f \circ \gamma: S^1 \to S^1$. Dann gilt

$$\operatorname{ind} \gamma = \deg h.$$

Definition. Unter dem *Index eines isolierten singulären Punktes O* des auf einem den Punkt O enthaltenden Gebietes des euklidischen Raumes $\boldsymbol{R}^n$ definierten Vektorfeldes $\boldsymbol{v}$ verstehen wir den Grad der dem Feld zugeordneten Abbildung h einer Sphäre von kleinem Radius r und dem Mittelpunkt O auf sich. Die Abbildung

$$h: S^{n-1} \to S^{n-1}, \qquad S^{n-1} = \{x \in \boldsymbol{R}^n: |x| = r\}$$

ist durch die Beziehung

$$h(x) = \frac{r\boldsymbol{v}(x)}{|\boldsymbol{v}(x)|}$$

definiert.

Aufgabe 10. Der Operator $\boldsymbol{v}_{*0}$ des linearen Teiles des Feldes $\boldsymbol{v}$ sei im Punkt 0 nichtausgeartet. Man zeige, daß der Index des singulären Punktes 0 gleich dem Grad dieses Operators ist.

Aufgabe 11. Man bestimme den Index des singulären Punktes 0 desjenigen Feldes auf $\boldsymbol{R}^n$, das der Gleichung $\dot{x} = -x$ entspricht.

Lösung. $(-1)^n$.

Der Begriff des Abbildungsgrades gestattet es, die oben bewiesenen Sätze vom zweidimensionalen auf den mehrdimensionalen Fall zu übertragen. Die Beweise findet man in Lehrbüchern der Topologie.

Insbesondere gilt: *Die Summe der Indexe der singulären Punkte eines Vektorfeldes auf einer kompakten Mannigfaltigkeit beliebiger Dimension hängt nicht von der Wahl des Feldes ab, sondern wird durch die Eigenschaften der Mannigfaltigkeit bestimmt.* Diese Zahl heißt *Eulersche Charakteristik* der Mannigfaltigkeit.

Um die Eulersche Charakteristik einer Mannigfaltigkeit zu berechnen, genügt es, die singulären Punkte einer beliebigen auf dieser Mannigfaltigkeit gegebenen Differentialgleichung zu bestimmen.

Aufgabe 12. Man bestimme die Eulersche Charakteristik der Sphäre S^n, des projektiven Raumes $\boldsymbol{RP}^n$ und des Torus T^n.

Lösung. $\chi(S^n) = 2\chi(\boldsymbol{RP}^n) = 1 + (-1)^n, \quad \chi(T^n) = 0$.

Lösungsweg. Auf einem Torus beliebiger Dimension gibt es eine Differentialgleichung ohne singuläre Punkte (vgl. etwa 3.12.5.); daher ist $\chi(T^n) = 0$.

Nun wollen wir beweisen, daß offenbar $\chi(S^n) = 2\chi(\boldsymbol{RP}^n)$ ist. Dazu betrachten wir die Abbildung $p\colon S^n \to \boldsymbol{RP}^n$, die jeden Punkt der Sphäre $S^n \subset \boldsymbol{R}^{n+1}$ in eine Gerade transformiert, welche diesen Punkt mit dem Koordinatenursprung verbindet. Die Abbildung p ist ein lokaler Diffeomorphismus, dabei ist jeder Punkt der projektiven Ebene Bild von zwei diametral gegenüberliegenden Punkten der Sphäre. Folglich wird durch jedes Vektorfeld auf $\boldsymbol{RP}^n$ ein Vektorfeld auf S^n definiert, das doppelt soviel singuläre Punkte besitzt, wobei der Index jedes einzelnen der beiden diametral gegenüberliegenden singulären Punkte auf der Sphäre der gleiche ist wie der Index des ihnen entsprechenden Punktes im projektiven Raum.

Um $\chi(S^n)$ zu berechnen, geben wir uns die Sphäre im euklidischen Raum $\boldsymbol{R}^{n+1}$ durch die Beziehung $x_0^2 + \cdots + x_n^2 = 1$ vor und untersuchen die Funktion $x_0\colon S^n \to \boldsymbol{R}$. Wir betrachten auf der Sphäre die Differentialgleichung

$$\dot{x} = \operatorname{grad} x_0$$

und untersuchen ihre singulären Punkte (Abb. 259). Das Vektorfeld grad x_0 verschwindet in zwei Punkten: im Nordpol N $(x_0 = 1)$ und im Südpol S $(x_0 = -1)$.

Linearisieren wir die Differentialgleichung in der Umgebung des Nordpols bzw. des Südpols, so gelangen wir zu den Gleichungen

$$\dot{\xi} = -\xi, \qquad \xi \in \boldsymbol{R}^n = TS_N{}^n,$$
$$\dot{\eta} = \eta, \qquad \eta \in \boldsymbol{R}^n = TS_S{}^n.$$

Folglich ist der Index des Nordpols gleich $(-1)^n$, der des Südpols gleich $(+1)^n$, die Summe also

$$\chi(S^n) = 1 + (-1)^n.$$

Insbesondere folgt hieraus, daß *jedes Vektorfeld auf einer Sphäre gerader Dimension mindestens einen singulären Punkt besitzt.*

Aufgabe 13. Man konstruiere auf einer Sphäre S^{2n-1} ungerader Dimension ein Vektorfeld ohne singuläre Punkte.

Hinweis. Dazu studiere man die Differentialgleichung zweiter Ordnung

$$\dot{x} = -x, \qquad x \in \boldsymbol{R}^n.$$

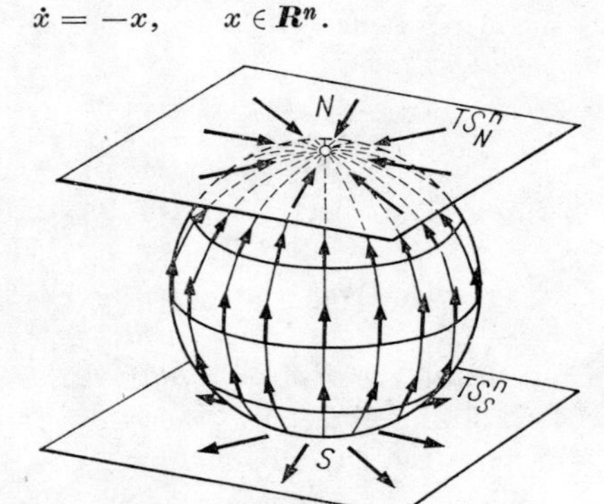

Abb. 259. Linearisierung der Differentialgleichung auf einer Sphäre in der Umgebung ihrer singulären Punkte

Prüfungsprogramm

1. Satz über die Begradigung eines Vektorfeldes (1.6.; 2.1.1.; 2.2.1.) und sein Beweis (4.3.5.)
2. Satz über die Existenz, Eindeutigkeit und Differenzierbarkeit (2.1.3. bis 2.1.6.; 4.2.1. bis 4.2.8.; 4.3.1. bis 4.3.4.). Kontrahierende Abbildungen (4.1.)
3. Fortsetzungssatz (2.1.7.) und Satz über den durch ein Vektorfeld auf einer kompakten Mannigfaltigkeit bestimmten Phasenfluß (5.3.).
4. Phasenkurven eines autonomen Systems. Satz über geschlossene Phasenkurven (2.4.).
5. Richtungsableitung und erste Integrale (2.5.; 2.6.)
6. Die Exponentialfunktion eines linearen Operators. Die Exponentialfunktion einer komplexen Zahl und die eines Jordanblocks (3.2.; 3.3.4.; 3.3.5.; 3.13.1.)
7. Zusammenhang zwischen Phasenflüssen linearer Differentialgleichungen, einparametrigen Gruppen linearer Transformationen und der Exponentialfunktion (1.3.1. bis 1.3.3.; 3.1.1. bis 3.1.3.; 3.3.1. bis 3.3.3.)
8. Zusammenhang zwischen Determinante, Exponentialfunktion und Spur. Satz von Liouville über die Wronskische Determinante (3.4.; 3.6.4.; 3.15.6.)
9. Klassifizierung der singulären Punkte linearer Systeme in der Ebene (1.4.2.; 1.4.3.; 3.4.4.; 3.5.2.; 3.7.4.; 3.8.3. bis 3.8.5.)
10. Lösung linearer homogener autonomer Systeme im Komplexen und im Reellen im Fall einfacher Wurzeln der charakteristischen Gleichung (3.5.1.; 3.6.5.; 3.7.; 3.8.)
11. Lösung linearer homogener autonomer Gleichungen und Systeme im Fall mehrfacher Wurzeln der charakteristischen Gleichung (3.13.)
12. Lösung linearer inhomogener autonomer Gleichungen, deren rechte Seiten Summen von Quasipolynomen sind (3.14.)
13. Lineare homogene nichtautonome Gleichungen und Systeme. Die Wronskische Determinante. Der Fall periodischer Koeffizienten (3.15; 3.16.1.)
14. Lösung linearer inhomogener Gleichungen mit Hilfe der Variation der Konstanten (3.17.)
15. Satz über die Stabilität bei linearer Approximation (3.10.3. bis 3.10.5.; 3.11.)
16. Phasenkurven einer linearen Gleichung im Fall rein imaginärer Wurzeln der charakteristischen Gleichung. Kleine Schwingungen konservativer Systeme (3.12.; 3.13.6.)

Beispiele für Prüfungsaufgaben[1])

1. Beim Anlegen eines Schiffes wird ein Seil um einen am Ufer stehenden Pfahl geschlungen Man berechne die Kraft, mit der das Schiff gebremst wird, wenn das Seil dreimal um den Pfahl geschlungen wurde (der Reibungskoeffizient des Seiles am Pfahl sei gleich $^1/_3$) und der Mensch am freien Ende des Seiles mit einer Kraft von 10 kp zieht?

2. Man zeichne auf einer Zylinderfläche die Phasenkurven eines Pendels, das unter der Einwirkung eines konstanten Drehmoments steht:

   $$\ddot{x} = 1 + 2 \sin x .$$

   Welche Pendelbewegungen entsprechen den einzelnen Kurvenarten?

3. Man berechne die Matrix e^{At}, wobei A eine gegebene Matrix zweiter bzw. dritter Ordnung sei.

4. Man zeichne das Bild des Quadrats $|x_i| \leqq 1$ nach Transformation des Phasenflusses des Systems

   $$\dot{x}_1 = 2x_2, \qquad \dot{x}_2 = x_1 + x_2$$

   zur Zeit $t = 1$.

5. Wieviel Ziffern besitzt das hundertste Glied der Folge

   $$1,\ 1,\ 6,\ 12,\ 29,\ 59,\ \ldots \quad (x_n = x_{n-1} + 2x_{n-2} + n, \quad x_1 = x_2 = 1)?$$

6. Man zeichne die durch den Punkt (1, 0, 0) gehende Phasenkurve des Systems

   $$\dot{x} = x - y - z, \qquad \dot{y} = x + y, \qquad \dot{z} = 3x + z .$$

7. Man bestimme alle α, β, γ, für welche die drei Funktionen $\sin \alpha t$, $\sin \beta t$, $\sin \gamma t$ linear abhängig sind.

8. In der x_1, x_2-Ebene zeichne man die Phasenkurve eines Punktes, der kleine Schwingungen ausführt:

   $$\ddot{x}_i = -\frac{\partial U}{\partial x_i}, \qquad U = \frac{1}{2}\left(5x_1^2 - 8x_1x_2 + 5x_2^2\right).$$

   Die Anfangsbedingungen lauten

   $$x_1 = 1, \qquad x_2 = 0, \qquad \dot{x}_1 = \dot{x}_2 = 0 .$$

---

[1]) Bei allen numerischen Rechnungen ist ein Fehler von 10 bis 20% im Resultat zugelassen.

9. Auf ein im Ruhezustand befindliches Pendel der Länge 1 m und mit dem Gewicht von 1 kp wirke für die Dauer von 1 s eine horizontale Kraft von 100 p. Man bestimme (in cm) die Amplitude der Schwingungen, die nach Beendigung der Krafteinwirkung auftreten.

10. Man untersuche, ob die Nullösung des Systems

$$\begin{cases} \dot{x}_1 = x_2, \\ \dot{x}_2 = -\omega^2 x_1, \end{cases}$$

$$\omega(t) = \begin{cases} 0{,}4 & \text{für} \quad 2k\pi \leqq t < (2k+1)\pi, \\ 0{,}6 & \text{für} \quad (2k-1)\pi \leqq t < 2k\pi, \end{cases} \qquad k = 0, \pm 1, \pm 2, \ldots,$$

im Ljapunovschen Sinne stabil ist.

11. Man bestimme alle singulären Punkte des Systems

$$\dot{x} = xy + 12, \qquad \dot{y} = x^2 + y^2 - 25.$$

Ferner untersuche man ihre Stabilität, klassifiziere sie und zeichne die Phasenkurven.

12. Man suche auf dem Torus $\{(x, y) \bmod 2\pi\}$ alle singulären Punkte des Systems

$$\dot{x} = -\sin y, \qquad \dot{y} = \sin x + \sin y.$$

Ferner untersuche man ihre Stabilität, klassifiziere sie und zeichne die Phasenkurven.

13. Experimentell ist erwiesen, daß beim Auftreffen eines Lichtstrahls auf die Grenzschicht zweier Medien die Sinusse des Einfallswinkels α_1 bzw. des Austrittswinkels α_2 umgekehrt proportional den Brechungsindizes n_1, n_2 der Medien sind:

$$\frac{\sin \alpha_1}{\sin \alpha_2} = \frac{n_2}{n_1}.$$

Man bestimme in einer x, y-Ebene mit dem Brechungsindex $n = n(y)$ die Gestalt der Lichtstrahlen und studiere ferner den Fall $n(y) = \dfrac{1}{y}$ (die Halbebene $y > 0$, die diesen Brechungsindex besitzt, ist das sogenannte Poincarésche Modell der Lobačevskijschen Geometrie).

14. Man zeichne die Strahlen, die vom Koordinatenursprung in verschiedene Richtungen ausgehen, in der Ebene mit dem Brechungsindex $y^4 - y^2 + 1$.
Die Lösung dieser Aufgabe erklärt die Erscheinung der Luftspiegelung. Der Brechungsindex der Luft über einer Wüste erreicht in einer gewissen Höhe sein Maximum, da in höheren und in niedrigeren (also heißeren) Schichten die Luft dünner und der Brechungsindex umgekehrt proportional zur Lichtgeschwindigkeit ist. Die Schwingungen des Lichtes in der Umgebung der Luftschicht mit dem maximalen Brechungsindex werden als Luftspiegelung wahrgenommen.
Eine andere Erscheinung, die sich durch dieselben Schwingungen des Lichtes erklären läßt, ist im Ozean der Schallkanal, durch den ein Ton Hunderte von Kilometern übertragen wird. Der Grund für diese Erscheinung ist ein Wechselspiel von Temperatur und Druck, das zur Bildung einer Schicht mit maximalem Brechungsindex (d. h. minimaler Schallgeschwindigkeit) in einer Tiefe von 500 bis 1000 m führt. Der Schallkanal kann z. B. zur Ortung von Thunfischschwärmen benutzt werden.

15. Man zeichne die Geodätischen auf einem Torus, indem man den Satz von Clairaut benutzt, der besagt, daß das Produkt aus dem Abstand zur Rotationsachse und dem Sinus des Winkels zwischen einer Geodätischen und dem Meridian konstant ist längs jeder Geodätischen auf der Rotationsfläche.

Einige häufig benutzte Bezeichnungen

$\boldsymbol{R}$	Menge (Gruppe, Körper) der reellen Zahlen
$\boldsymbol{C}$	Menge (Gruppe, Körper) der komplexen Zahlen
$\boldsymbol{Z}$	Menge (Gruppe, Ring) der ganzen Zahlen
$x \in X \subset Y$	Element x aus einer Teilmenge X der Menge Y
$X \cap Y$, $X \cup Y$	Durchschnitt bzw. Vereinigung der Mengen X, Y
$f\colon X \to X$	Abbildung f der Menge X in die Menge Y
$x \mapsto y$	Die Abbildung führt den Punkt x in den Punkt y über
$f \circ g$	Produkt der Abbildungen f und g (zuerst wird g angewendet)
*	(hinter Satz, Aufgabe) nicht obligatorisch (verhältnismäßig schwierig)
$\boldsymbol{R}^n$	linearer Raum der Dimension n über dem Körper $\boldsymbol{R}$

In der Menge $\boldsymbol{R}^n$ lassen sich auch andere Strukturen studieren (z. B. affine, euklidische oder die des direkten Produkts von n Geraden). Es wird im allgemeinen speziell darauf hingewiesen, ob es sich um einen affinen Raum $\boldsymbol{R}^n$, einen euklidischen Raum $\boldsymbol{R}^n$, einen Koordinatenraum $\boldsymbol{R}^n$ usw. handelt.

Die Elemente eines linearen Raumes heißen *Vektoren*. Sie sind in diesem Buch durch halbfette Buchstaben ($\boldsymbol{v}$, $\boldsymbol{\xi}$, ...) gekennzeichnet. Die Vektoren des Koordinatenraumes $\boldsymbol{R}^n$ werden mit einem n-Tupel von Zahlen identifiziert. Wir schreiben z. B.

$$\boldsymbol{v} = (v_1, \ldots, v_n) = v_1\boldsymbol{e}_1 + \cdots + v_n\boldsymbol{e}_n.$$

Die Menge der n Vektoren $\boldsymbol{e}_i$ ($i = 1, 2, \ldots, n$) bildet eine *Basis* des Raumes $\boldsymbol{R}^n$.

Es begegnen uns oft Funktionen einer reellen Variablen t, *Zeit* genannt. Die Ableitung nach t heißt *Geschwindigkeit* und wird meistens durch einen Punkt gekennzeichnet: $\dot{x} = \dfrac{dx}{dt}$.

Sachverzeichnis

Abbildung, differenzierbare 14
—, —, einer Mannigfaltigkeit 238
—, kontrahierende 210, 218
—, Picardsche 212
— nach der Zeit 12, 27
Abbildungsgrad 264
Ableitung einer Abbildung in einem Punkt 40, 44
— einer Funktion 77
— — — längs eines Vektors 78
— — — längs eines Vektorfeldes 78
— einer Kurve 127
Abweichung von der Vertikalen 71
Abzählbarkeit 235
Ähnlichkeit 144
algebraische Klassifizierung 145
analytische Funktion 234
— Klassifizierung 146
Anfangsbedingung 20, 37
Approximationen, Picardsche 213
—, sukzessive 212
a-priori-Abschätzung 90
Äquivalenz von Phasenflüssen 144
— von Phasenräumen, differenzierbare 144
— — —, lineare 144
— — —, topologische 145
Atlanten, äquivalente 234
Atlas 233, 234

Bahnkurve 13
Basis eines Tangentialbündels 244
Besselsche Gleichung 193
Bewegung eines Punktes 12

Cauchyfolge 103
charakteristische Gleichung 120
Clairautsche Differentialgleichung 72

Dehnungskoeffizient 102
Derivation 79
Determinante einer Matrix 115
— eines Operators 115
—, Vandermondesche 195
—, Wronskische 192, 194
Determiniertheit 9
Diagonaloperator 106, 120
Diffeomorphismus 14, 114, 239
Differential einer Abbildung 246
Differentialalgebra 39
Differentialgleichung *siehe auch* Gleichung
—, Clairautsche 72
— n-ter Ordnung 65
Differentialgleichungssystem 68, 72
—, dissipatives 98
—, konservatives, mit einem Freiheitsgrad 84
—, nichtautonomes 38
—, normales 72
Differentialoperator, linearer homogener, erster Ordnung 79
differenzierbare Abbildung 14
— — einer Mannigfaltigkeit 238
— Funktion 14
— Mannigfaltigkeit 233
—, —, endlichdimensionale 14
— Struktur 42
Differenzierbarkeit 9, 27
Dimension einer Mannigfaltigkeit 238
direktes Produkt von Differentialgleichungen 31
— — von Mengen 13
Dirichletsches Schubfachprinzip 165
dissipatives Differentialgleichungssystem 98
Divergenz 198
Drehung, elliptische 137

Drehungen eines Vektorfeldes 261
Dreiecksungleichung 214

Ebene, imaginäre 125
—, reelle 125
Eigenbasis 106
Eigenfrequenzen 177
Eigenschwingungen 96, 98, 177
Eindeutigkeitssatz im nichtautonomen Fall 62
— für Gleichungen n-ten Grades 66
—, lokaler 57
einparametrige Gruppe von Diffeomorphismen 14
— — von Transformationen 12
— — linearer Transformationen 27, 111
elliptische Drehung 137
Energie, gesamte mechanische 84, 85
—, kinetische 84
—, potentielle 84
Energieerhaltungssatz 82, 85
Energieniveaulinien 85
—, kritische 94
—, nichtkritische 91
Energieniveaumenge 85
Entwicklungsgesetz eines Prozesses, momentanes 16
sertes Integral 80
— —, lokales 82
— —, zeitabhängiges 83
erweiterter Phasenraum 13, 20
erzeugender Operator 111
erzwungene Schwingungen 184
Eulersche Charakteristik 265
— Formel 112
— Polygonzugmethode 113
—r Polyedersatz 260
—r Polygonzug 114
Existenzsatz 56
— im nichtautonomen Fall 62
— für Gleichungen n-ten Grades 66
Exponentialfunktion 102
— eines Diagonaloperators 106
— eines Operators 105, 111
— eines nilpotenten Operators 107
— einer komplexen Zahl 113

Faser eines Tangentialbündels 244
Faserraum 242
Fixpunkt 13, 211
Folge, rekursive 173
Fortsetzung der Lösung 59
— — —en der Newtonschen Gleichungen 90
Fortsetzungssatz 59
— im nichtautonomen Fall 64
— für Gleichungen n-ten Grades 68
freie Schwingungen 184
—r Fall eines Massenpunktes 17
Fundamentalfolge 103
Fundamentalsystem von Lösungen 192, 194
Funktion, analytische 234
—, differenzierbare 14
—, inverse 46
—en, linear unabhängige 178
Funktionalmatrix 44, 45
Funktor 124

Gaußsche hypergeometrische Gleichung 193
Generator 111
Geschwindigkeitsvektor 15, 41, 42
Gleichgewichtslage 13, 20, 85
—, asymptotisch stabile 159
—, im Ljapunovschen Sinne stabile 158
gleichmäßige Verteilung 168
Gleichung *siehe auch* Differentialgleichung
—, Besselsche 193
—, charakteristische 120
— mit variablen Koeffizienten 37
—, komplexifizierte 133
—, lineare 101, 128
—, — homogene, mit variablen Koeffizienten 189
—, — inhomogene, mit konstanten Koeffizienten 181
—, linearisierte 100
—, Mathieusche 193, 202
—, nichtautonome 37
—, van-der-Polsche 98
— mit getrennten Variablen 36
— der Variationen 69, 222
—, durch ein Vektorfeld definierte 19
Grad einer Abbildung in einem regulären Punkt 263
Graph einer Abbildung 13
Grenzzykel 52, 76
—, instabiler 97
—, stabiler 97

Halbwertzeit 24
Hamiltonfunktion 82
Hamiltonsche kanonische Gleichungen 68, 81
—s System 202
Hauptachsentransformation 176
Hauptsatz über gewöhnliche Differentialgleichungen 54, 55
— — — — im nichtautonomen Fall 62

Hauptsatz über lineare Differentialgleichungen mit konstanten Koeffizienten 110
Hausdorffsches Trennungsaxiom 234
homogene Koordinaten 223
Homöomorphismus 145

imaginäre Ebene 125
Index einer Kurve 253, 261
— eines singulären Punktes 256, 264
Integral, erstes 80
Integralkurve einer Differentialgleichung 20, 38
— des Phasenflusses 13
Integration von Differentialgleichungen 39
Invarianz der Linearisierung 100
inverse Funktion 46
Isomorphismus, linearer 144

Jacobi-Identität 79

Karte 233
Kepler-Problem 88
kinetische Energie 84
Klassifizierung, algebraische 146
—, analytische 146
—, topologische 147, 156
Knoten 33
Kommutator 79
Kompaktheit 237
komplexe Amplitude 183
komplexifizierte Gleichung 133
Komplexifizierung einer reellen linearen Gleichung 133
— eines reellen linearen Operators 124
— eines reellen linearen Raumes 124
Konjugiertheit 144
konjugiert-komplexer Operator 126
konservatives Differentialgleichungssystem mit einem Freiheitsgrad 84
kontrahierende Abbildung 210, 218
Koordinaten, homogene 223
Koordinatensystem, zulässiges 41
kritischer Punkt einer Funktion 86
— Wert einer Funktion 86
Kurve 126
—, parametrisierte 239
—n, einander tangierende 41

Lemma von HADAMARD 89
— von MORSE 89
Liesche Algebra 80
lineare Gleichung 101, 128
lineare homogene Gleichung mit variablen Koeffizienten 181
— inhomogene Gleichung mit konstanten Koeffizienten 189
— Unabhängigkeit 178
—r homogener Differentialoperator erster Ordnung 79
—r Isomorphismus 144
linearisierte Gleichung 100
Linearisierung eines Vektorfeldes 100
Liouvillesche Formel 118
Lipschitzbedingung 215
Lissajoussche Figur 177
Ljapunov-Funktion 149
logarithmische Spirale 130
lokaler Phasenfluß 57
Lösung einer Differentialgleichung 19, 37, 65, 128
— — —, allgemeine 141
— — —, stationäre 20

Mannigfaltigkeit 232
—, analytische 234
—, differenzierbare 233
—, —, endlichdimensionale 14
—, n-dimensionale 238
—, orientierte 234
—, topologische 234
—, zusammenhängende 237
Mathieusche Gleichung 193, 202
Menge, überall dichte 165
Methode der komplexen Amplituden 183
— des kleinsten Parameters 69
Metrik 103
metrischer Raum 103, 218
Milnorsche Sphären 240
Mittelpunkt 137
Möbiussches Band 245

Newton-Leibnizsche Formel 22
nichtautonome Gleichung 37
—s Differentialgleichungssystem 38
nilpotenter Operator 107
Niveaumenge 80
Norm 102
normierter Raum 104
Nullschnitt 244

Operator, erzeugender 111
—, konjugiert-komplexer 126
—, nilpotenter 107
Operatornorm 215

Orbit 13
orientierte Mannigfaltigkeit 234

Parallelisierbarkeit 244
Parameterresonanz 204
parametrisierte Kurve 239
Pendel 17, 39, 49ff., 56, 66f., 84, 184, 189, 206
Phasenfluß 11, 12
—, der einer Gleichung entsprechende 27
—, lokaler 57
—, durch ein Vektorfeld definierter 248
Phasenflüsse, äquivalente 144
Phasengeschwindigkeit 15
Phasenkurve 13
— einer Differentialgleichung 20
—, geschlossene 74
Phasenpunkt 11, 12
Phasenraum 9, 11, 12, 19
—, erweiterter 13, 20
—, zylindrischer 95
Phasenräume, äquivalente 144, 145
Picardsche Abbildung 212
— Approximation 213
Poincarésche Vermutung 240
Poissonscher Klammerausdruck 79
Pol 259
potentielle Energie 84
Projektion 244
Prozeß, determinierter 9
—, differenzierbarer 9
—, endlichdimensionaler 9
Punkt, kritischer, einer Funktion 86
—, regulärer, einer Mannigfaltigkeit 263
—, singulärer, eines Vektorfeldes 16

Quasipolynome 107, 177

radioaktiver Zerfall 16, 23
rational unabhängige Zahlen 164
Raum, metrischer 103, 218
—, normierter 104
—, vollständiger normierter 103
reelle Ebene 125
Reelifizierung eines Operators 124
— komplexer Räume 123
regulärer Punkt einer Mannigfaltigkeit 263
— Wert einer Abbildung 263
Reihen 104
rekursive Folge 173
Resonanz 185
Resonanzkatastrophe 185
Richtungsableitung 78
Richtungsfeld 20
Routh-Hurwitzsches Problem 162, 258

Säkulargleichung 120
Sattel 33, 156
Satz *siehe auch* Eindeutigkeitssatz, Existenzsatz, Hauptsatz
— über kontrahierende Abbildungen 211
— über die Abhängigkeit vom Parameter im nichtautonomen Fall 64
— von der stetigen Abhängigkeit und der Differenzierbarkeit nach den Anfangsbedingungen 57; nach dem Parameter 58
— über die Begradigung 226
— von Clairaut 269
— von der Differenzierbarkeit im nichtautonomen Fall 63
— — — — für Gleichungen n-ten Grades 68
— über die inverse Funktion 46, 220
— vom Igel 245
— von der Indexsumme 257
— von Liouville 195, 198
— vom Rang einer Matrix 226
— über die Stabilität durch die erste Näherung 159
Schnitt eines Tangentialbündels 247
Schwarzsche Ungleichung 214
Schwebung 185
Schwingungen, erzwungene 184
—, freie 184
—, kleine, eines konservativen Systems 175
—, schwach nichtlineare 187
Separatrizen 89
Separiertheit 234
singulärer Punkt eines Vektorfeldes 16
Spur einer Matrix 116
— eines Operators 117
Stabilität der Gleichgewichtslage, asymptotische 159
— — — im Ljapunovschen Sinne 158
Störfunktion 181
Strudel, instabiler 131
—, stabiler 131
Struktur, differenzierbare 42
— einer differenzierbaren Mannigfaltigkeit 233, 234
sukzessive Approximationen 212
Systemmatrix 101

Tangentialabbildung 246
Tangentialbündel 242, 244
Tangentialraum 40, 42, 242
Tangentialvektor 42, 242
Taylorsche Formel 106
Teilmenge einer Mannigfaltigkeit, kompakte 237

Teilmenge einer Mannigfaltigkeit, offene 237
topologische Klassifizierung 147, 156
— Mannigfaltigkeit 234
Torus, zweidimensionaler 163
Trajektorie 13
Tschebyscheffsches Polynom 177

überall dichte Menge 165
Untermannigfaltigkeit 240

Vandermondesche Determinante 195
van-der-Polsche Gleichung 98
Variablensubstitution 40
Variation der Konstanten 207
Vektorbündel 242
Vektorfeld 16, 247
Vektorintegral 215
Vektornorm 214
vollständiger metrischer Raum 103
Vergleichssatz 25

Weierstraßsches Kriterium 104
Wert, kritischer, einer Funktion 86
—, regulärer, einer Abbildung 263
Wirbel 131
Wronskische Determinante 192, 194

Zahlen, rational unabhängige 164
zulässiges Koordinatensystem 41
Zusammenhang einer Mannigfaltigkeit 237
Zusammenhangskomponenten 238
Zweig eines Sattels, einmündender 156
— — —, entspringender 156
zylindrischer Phasenraum 95